V法铸造
技术及应用

谢一华　谢东　谢田　编著

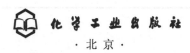

化学工业出版社

·北京·

内 容 简 介

V法铸造，也称真空密封造型、负压造型，采用这种铸造工艺生产的铸件表面质量好、尺寸精度高，同时该工艺具有金属利用率高、模具费用低、原材料消耗少、工作环境优越等优点，在国内外应用广泛。

本书从生产实际出发，全面介绍了V法铸造工艺与铸件生产全部的技术细节与生产应用情况。书中在介绍V法铸造工艺的原理特点、工艺方法、所需造型材料的基础上，重点结合生产实例，详细讲解了V法铸造生产线的设计布置和专用设备、工艺参数与铸件质量控制方法，说明了V法铸造车间的粉尘治理及防止措施。书中列举了大量典型生产实例与铸件质量控制的有效方法，读者可以结合企业的生产情况，举一反三，有效解决生产中遇到的实际问题。

本书可供铸造领域技术人员、研究人员阅读，也可供相关专业院校师生参考。

图书在版编目（CIP）数据

V法铸造技术及应用/谢一华，谢东，谢田编著. —
北京：化学工业出版社，2021.8
ISBN 978-7-122-39320-3

Ⅰ.①V… Ⅱ.①谢… ②谢… ③谢… Ⅲ.①真空
铸造 Ⅳ.①TG249.9

中国版本图书馆 CIP 数据核字（2021）第 110593 号

责任编辑：刘丽宏　　　　　　　　　　　文字编辑：李亚楠　陈小滔
责任校对：宋　玮　　　　　　　　　　　装帧设计：王晓宇

出版发行：化学工业出版社（北京市东城区青年湖南街 13 号　邮政编码 100011）
印　　装：北京七彩京通数码快印有限公司
787mm×1092mm　1/16　印张 21½　字数 556 千字　2022 年 2 月北京第 1 版第 1 次印刷

购书咨询：010-64518888　　　　　　　　售后服务：010-64518899
网　　址：http://www.cip.com.cn
凡购买本书，如有缺损质量问题，本社销售中心负责调换。

定　　价：99.00 元

京化广临字 2021—07

前　言

V法铸造，即真空密封造型，也称负压造型，因真空英文为 Vacuum，故称为 V 法铸造。此法是使用不含水分、黏结剂和其他附加物的干砂，利用塑料薄膜覆盖砂箱并抽真空使其干砂成型的一种新型的铸造方式。这种方法自应用于工业生产以来，具有其他铸造方法不可比拟的优点，如铸件表面质量好、尺寸精度高、金属利用率高、模具费用低、原材料消耗少、工作环境优越等优点，因而被称为绿色、环保的铸造方法，在国内外得到迅速发展和广泛应用。

近年来，随着科学技术及机械工业的高速发展，我国在利用和推广 V 法铸造新技术上得到长足的发展，取得了一定的成绩，积累了一定的经验。为了促进我国 V 法铸造技术的发展和应用，继承国内外的研究成果，编著者整理了从 1975 年以来所积累的国内外资料及从事的试验研究成果，尤其是经过了国内数十条 V 法铸造生产线的设计和 V 法工艺的实践经验，在此基础上编著此书，希望对读者从事 V 法铸造的研究、设计和生产实践有所帮助。全书共分十二章，秉着工艺及设备并重的原则，着力这项技术的推广和应用，并在生产实践的基础上对有关基础理论方面做一定的分析和探讨。

全书内容具有以下特点：

① 注重实用：对 V 法铸造工艺细节的介绍源于作者三十多年来的实践总结，贴近生产实际，可以直接用于指导企业的生产实际。

② 实例丰富：列举了典型铸件 V 法铸造生产的实现细节，对 V 法铸造的经济成本做了对比分析，读者可以举一反三，解决实际生产问题。

本书编著和审核过程中得到了原机械工业部济南铸造锻压机械研究所的张秀峦、宋遵奎、石义尚等同志的大力支持和中国机械工程学会铸造分会消失模与 V 法铸造技术委员会的叶升平、刘德汉、马士芳、周德刚、刘成辉、马仁东、刘余松、张海勋、李保良、高成勋、杨长春、解其军等专家的热情关注和积极支持，同时得到了他们提供的有关资料，还得到了原机械工业部设计总院赵克法教授级高工和江阴华天科技开发有限公司丁海振、程继斌、顾彩霞、葛玉洁同志的积极帮助。全书由 V 法铸造技术专家天瑞集团胡建军高级工程师统稿，并对部分章节进行了修改和补充，在此表示诚挚的谢意。

由于编者水平有限，不足之处难免，恳请广大读者批评指教。

编著者

目录

第一章

V法铸造概述

人类开始铸造物件已有几千年的历史。为了提高铸件的质量，增加铸件的产量，减轻工人的劳动强度和降低铸件的成本，很多国家努力实现铸造生产过程机械化和自动化。首先是造型工序的机械化与自动化。如今，一条自动化的高压造型生产线，只需要几个人操作，而且劳动生产率比单机造型的效率提高了几倍，甚至几十倍。

造型技术新的分类，如图 1-1 所示。

传统造型方法是用机械力作用紧实砂型，称为第一代造型法，也就是所谓的机械成型时代。随着化学工业的发展，人们开始不依靠机械力的直接作用，而是靠造型材料本身的化学反应硬化得到紧固的铸型，被称作第二代造型法，即化学成型时代。目前，国内外广泛使用的有冷固和热芯盒树脂砂、水玻璃二氧化碳法、双快水泥砂等。尽管第二代造型法与第一代造型法相比，体力劳动轻、劳动生产率高，但仍然存在着清砂困难、旧砂回用率低、环境污染严重等问题，同时，还对人体的健康有危害。1971 年，日本的技术人员发明了使用不含水分、黏结剂和其他附加物的型砂，利用塑料薄膜覆盖砂箱，并对型砂减压形成铸型的一种新型造型方法，这属于第三代造型法，即物理造型法。物理造型法是利用诸如真空、重力、磁力和冷冻等物理手段来制作铸型的方法。

德国亚亨大学工艺学教授 A. M. Hmoser 在研究造型技术后，在 1975 年写的《新的第三代造型方法》一文中，认为现有的包括高压和静压造型在内的第一代造型法将会衰退；第二代造型法（化学造型法）的应用也将逐渐减少；用物理方法成型的第三代造型法将得到越来越广泛的应用。这种预言是否正确有待实践验证。各种造型法的发展趋势，如图 1-2 所示。

在第三代造型法中，V法和其他第三代方式比较，其优点有：①成本低；②工艺简单；③效果快。真空密封造型法（Vacuum Sealed Molding Process）也称负压造型法，简称 V 法铸造（V Process）。这一崭新的第三代物理造型法诞生几十年来，以其独特的优点，引起各国铸造界的广泛重视，发展十分迅速。

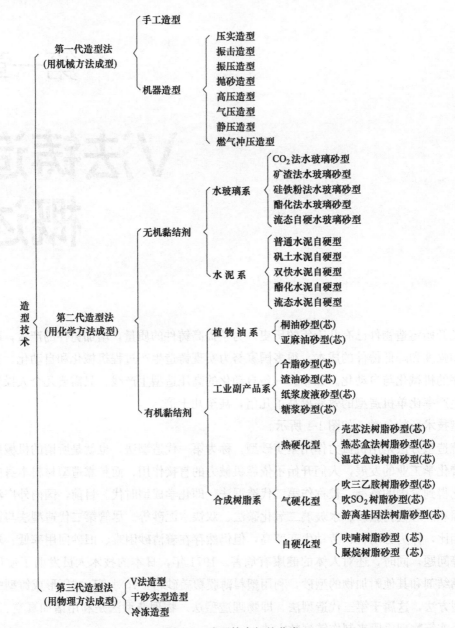

图1-1 造型技术新的分类

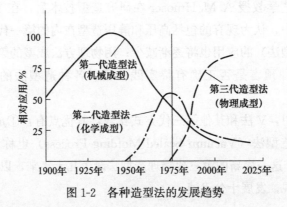

图1-2 各种造型法的发展趋势

第一节　V法铸造的基本原理

V法铸造与传统砂型铸造方法有很大的不同。所谓V法铸造就是在带有抽气室的砂箱内填入不加水分和黏结剂的原砂，经振实机构微振紧实，再用真空泵对型腔面和砂箱背面覆有塑料薄膜的砂型抽真空，利用砂箱内外的压力差使铸型定型，然后经起模、合型、浇注，待铸件凝固后，解除负压或停止抽气，型砂便溃散，从而获得铸件。由于铸件的铸造一般是用上、下型合型而成，故需要上、下型分别造型。其工艺流程如图1-3所示。

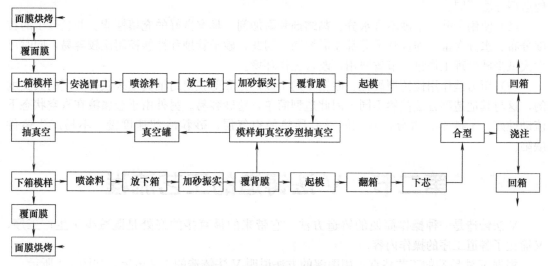

图1-3　V法铸造基本原理的工艺流程

对这种新的造型方法，人们往往会产生以下两个疑问：

（1）起模以后型腔能否保持不变？棱角是否会变圆？这个问题实践证明是不存在的。原因是砂粒之间存在着摩擦力，造型时砂型经过振实，并抽真空成负压状态，在大气压力作用下砂粒与砂粒互相挤紧，所以起模后不会发生因砂粒的移动而造成型腔变形。

（2）浇注金属液时塑料薄膜会发生什么变化？怎样保持砂型不塌？塑料薄膜的熔点和气化点是较低的，在空气中还会燃烧，所以，在高温金属液的作用下如果薄膜迅速烧蚀，型腔就将不能保持。为此，日本的《综合铸物》一书中用试验探讨了这个问题。具体试验方法如下：在填砂子的带有抽气装置的砂箱上部，铺上厚0.07mm的EVA塑料薄膜，然后把一块加热到1000℃的钢块放在薄膜上，在没有抽真空的情况下，可以看到钢块四周的薄膜立即燃烧而产生浓烟，如果先把砂箱抽真空至53.33kPa左右，然后再把加热钢块放在薄膜上，则薄膜不燃烧，只是在接触的瞬间看到轻微的白烟，稍过一会儿，可以看到钢块四周薄膜发生卷曲焦化现象，取走钢块则发现表面是一层棕色的薄砂壳，这层砂壳被认为是塑料薄膜熔化和气化后受真空吸力的作用而渗透到砂中，当其冷却下来时凝结而形成的。当钢块的加热温度高、放置时间长时，砂壳的厚度增加；当温度和时间超过某一范围时，由于塑料薄膜深入扩散到砂中而使表面变成松散砂子。

在试验中，也发现金属液流过后又漏掉的浇道和出气口中，有一层棕色的砂壳。根据上述试验和试验中发现的情况可以知道，在浇注时塑料薄膜暂时起着黏结剂的作用，使型腔表面形成砂壳。这层砂壳，即使有一些透气性，仍能起到密封的作用，从而保持着型腔的形状。因此，只要采用合理的铸造工艺和适当的浇注时间，使得在金属液接触和流过型腔时表面的砂壳还存在一定的强度，就能获得良好的铸件。

V法铸造的基本原理主要表现在"真空"和"密封"两个方面。"真空"即利用真空泵的负压将砂箱内空气抽走，使密封的砂箱内部处于负压状态，砂箱内外产生压力差。在此压力差的作用下，砂箱内干砂紧实成坚硬的铸型，并具有足够高的抗压和抗剪强度。"密封"即利用塑料薄膜将砂型的型腔面和背面密封，才能抽气产生负压。

V法铸造有三个主要特征：

（1）使用塑料薄膜。用塑料薄膜将模样覆盖起来，因此模样形状可以清晰地映现出来，生产铸件的形状可由塑料薄膜成型的范围决定，也就是说薄膜的成型是造型的关键，这与其他造型方法不同。

（2）使用干砂。干砂不含水分、黏结剂和附加剂，具有良好的充填性能。并且砂子的粒度分布、水分含量、灼烧减量等都无需控制。因此，砂子管理和性能控制比较容易，同时可大大减少砂处理工作量，节省费用，改善工作环境。

（3）压力差作用使铸型硬化。砂箱中的干砂，是靠薄膜密封抽真空来获得一定的紧实度的，这与其他造型方法截然不同，因此造型简单，落砂容易。另外由于金属液在真空状态下流动性好，干砂不含水分，砂粒间没有导热的空气层，砂粒冷却速度慢，不易产生铸件缺陷。

第二节　V法铸造的工艺流程

V法铸造是一种操作简便的铸造方法，它带来的最直接的好处是既减少了生产工序，又简化了各道工序的操作内容。

根据V法铸造的工艺特点，用图解的方法说明V法铸造的工艺流程，如图1-4所示。

（1）工装：根据铸件的结构特点，制造带有负压箱和抽气孔的模板、模样及特殊结构的砂箱，如图1-4（a）所示。

（2）薄膜加热：将塑料薄膜烘烤呈塑性状态（如EVA塑料薄膜烘烤呈凹镜面），电加热温度在80～120℃之间，如图1-4（b）所示。

（3）薄膜成型：将加热后的薄膜覆盖在模板及模样上抽真空，使塑料薄膜紧贴在模样上，并使其成型，如图1-4（c）所示。

（4）放砂箱：将带有过滤抽气管的特制砂箱放在已覆盖塑料薄膜的模样上，如图1-4（d）所示。

（5）加砂振实：往砂箱里填入没有黏结剂和附加物的干砂，借微振使干砂紧实，并刮平砂箱，如图1-4（e）所示。

（6）覆膜：将塑料薄膜覆盖在砂箱上，打开抽气阀门抽去型砂中的空气，使铸型内外存在40～53.33kPa的压力差。在压力差的作用下，铸型具有较高的硬度，型砂硬度可达95HB左右，如图1-4（f）所示。

（7）起模：去除模样内的真空，使它与大气相通，这样原来覆盖在模样上的塑料薄膜就均匀地贴在砂型表面上，然后起模，按上述工艺方法造另一半型后，如图1-4（g）所示。

（8）合型浇注：根据工艺要求在上、下型中放冷铁、下芯、放浇冒口、放浇口杯，并进行合型浇注。在浇注过程中塑料薄膜逐渐消失，但铸型仍能保持原状而不溃散，如图1-4（h）所示。

（9）脱箱落砂：待金属液凝固后，停止对铸型抽真空，使铸型内的压力逐渐与铸型外的压力相近，铸型便自行溃散，由于V法是借助内外压力差使铸型具有强度，保持清晰的腔

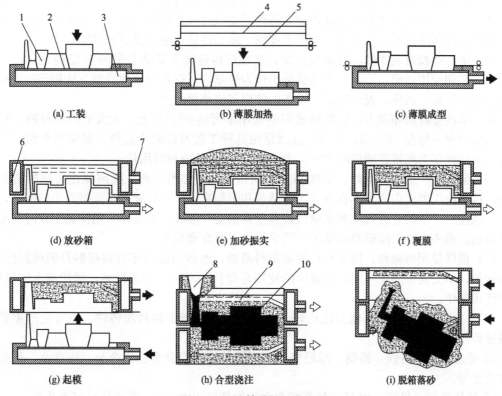

图 1-4　V 法铸造的工艺流程

1—模样；2—模板；3—负压箱；4—电加热器；5—塑料薄膜；

6—砂箱；7—单向阀；8—浇口杯；9—通气道；10—铸件

形状与轮廓。因此，无论在造型还是浇注过程中都必须将压力差维持在一定的范围内，如图 1-4（i）所示。

第三节　V 法铸造的特点

一、V 法铸造的优点

（1）铸件尺寸精度高、轮廓清晰、表面光洁

① 铸型的内表面覆有塑料薄膜，并涂有涂料，铸件表面光滑。

② 铸型的内外压力差使砂型各个部位硬度均匀，其造型强度在 85 度以上。

③ 砂箱起模容易，起模斜度在 0°～1°的范围内。

④ 在金属液的热作用下，型腔不易变形。

⑤ 浇注时，由于砂箱保持在真空状态下，金属液充型速度快，流动性好，可铸造薄型铸件。

⑥ 铸件表面光洁，尺寸精度较高，可与金属型铸件及压铸铸件媲美。

（2）铸件可满足少屑和无屑加工，金属利用率高：V 法铸造尺寸精度高，铸件加工余量少，采用 V 法铸造皮坯铸件重量可减轻 6％～8％。由于金属液在型腔中冷却速度较慢，有利于金属的补缩，故铸件的冒口也可减小，因此，提高了金属的利用率。据国外资料介绍，铸钢件可提高 20％，铸铁件可提高 25％。

（3）V 法铸件废品率低：砂型中持续的真空，使砂型内的各种气体包括浇注和冷却过程中产生的气体都被真空系统抽离铸型，铸件产生气孔缺陷减少，铸钢件中氢和氧的含量下降。真空对金属液也有吸引作用，充型速度快，流动性好，减少浇不足缺陷。

（4）生产线投资成本低，维修量较少：在现有铸造设备基础上采用 V 法铸造时，只需添加真空泵和专用砂箱，而其他专用设备也较为简单，可以省掉其他造型方法所需的混砂机和其他辅助设备，因此，投资费低，设备的使用和维修量较少。

（5）节约原材料和动力：V 法铸造旧砂回用率可达 95％以上，大大节约原材料。V 法铸造的废品率一般在 1％～3％左右，这就是说这种工艺可以减少能耗。据资料介绍，V 法铸造动力能耗仅为潮模砂造型的 60％，可以减少 40％的原材料用量。

（6）公害少、工作环境好：V 法铸造车间污染源，如粉尘源、噪声源比传统的造型方法少，这是由于型砂内完全不含水分、黏结剂和附加物等，型砂紧实是微振而不是振实，噪声小。浇注时产生的有害气体和水蒸气被真空泵抽走，落砂时不需要采用像黏土砂时使用振动落砂机，撤去真空，型砂自动落下，粉尘较少，废弃物也少。

（7）模样使用寿命长：因为模样附着塑料薄膜，型砂与模样不直接接触且起模斜度小，只有微振，不受高温高压作用，故模样的使用寿命长，不易变形和损坏，即使是木制模样，也可使用多年。

（8）应用范围广：与其他方法比较，V 法铸造可生产多种材质铸件，也可生产重量小的薄壁铸件。

① 铸造合金：铸铁、铸钢、球墨铸铁、可锻铸铁、铝合金、镁合金、铜合金、耐热和耐蚀合金等。

② 铸件重量：目前，用 V 法铸造的最大铸钢件已达 12t 重，最小铸件仅为几克。

③ 最小型芯孔径：钢琴用的铸铁弦排，有 200 多个 $\phi 8.5mm$ 小孔，均可用 V 法铸造成型。

④ 最小壁厚：V 法铸造可铸出 3mm 壁厚的铸铁件，据资料介绍，已生产出壁厚仅为 0.23mm 的铝铸件。

⑤ 公差：V 法铸造的铸件尺寸精度仅次于熔模铸造的铸件，比砂型无箱高压造型都高，一般 V 法铸件尺寸精度可达 GB 5～7 级。

⑥ 表面粗糙度：V 法铸件的表面粗糙度一般为 25～50μm，接近熔模铸造的水平，若选用细砂，表面粗糙度按国家标准测算可达 6.3～25μm。

（9）便于管理和组织生产：V 法铸造生产周期短、工艺简便、操作容易，所以质量管理比较方便，一般工人只需经过短期培训即可上岗生产。

（10）适用性强：V 法铸造既适用于手工操作的单件小批量生产，也可适用于机械自动化的大批量生产。一台机器多品种生产，更换模样方便。

由于有上述优点，V 法铸造适合于各种需求的客户，可以根据自动化的要求及客户的预算，为其量身制造生产线。

二、V 法铸造目前存在的问题

① 某些可用高效造型机生产的小铸件若改用 V 法铸造，因受工艺的限制，生产率不易得到提高。

② 塑料薄膜伸长率和成型性的限制，影响 V 法铸造进一步扩大应用范围。生产几何形状较为复杂的铸件有一定的难度。目前，薄膜伸长率极限为模样凹部深度与凹部短边长度的比为 1.5∶1，比例再大将导致薄膜破裂。借助按压工具，在凹部开口比较大的场合，比例

可达到 2：1。取代薄膜用液体或粉体塑料喷涂方法正在研究之中，尚未达到实用的阶段。

③ 用 V 法制芯，比较复杂。V 法铸造所用的砂子，比其他方法的砂子偏细，因此，长时间使用就会混入一些粗粒的芯砂，整个粒度就会发生变化，很容易造成铸件黏砂。并且，如果使用水分多的砂芯，型砂中的水分也就会增加，降低了填充性。若使用浇注后会产生腐蚀性气体的砂芯，有时也会影响真空泵的使用寿命，故常采用传统的制芯方法。

④ 提高造型速度，涂料的烘干也是一个很大的影响因素。其对策是研制快干涂料和推广无涂料 V 法铸造技术。

⑤ 地面合型浇注时，因砂箱上均带有真空软管，手工操作和搬运时均不方便。自动化能部分解决真空软管问题，但投资较大，并且必须处理好浇注后未燃烧的塑料薄膜。

⑥ V 法铸造工序中的造型、下芯、合型、浇注、冷却和输送等工序都需要砂型保持 40kPa 左右的真空状态，需要一套较为复杂的真空系统。铸型必须密封操作，否则容易塌箱。实现自动化操作，设备结构较为复杂。

⑦ V 法采用特殊的砂箱与其他造型类别的砂箱不同，不能通用，且维修量大，投资费用较高。

V 法铸造和黏土砂铸造相比，其特点见表 1-1。它具备黏土砂铸造所不具备的一些优点，但也暴露出一些黏土砂铸造中所没有的问题。尽管如此，这种铸造工艺有助于解决铸造业的噪声和粉尘等污染，具有提高铸件质量以及改善劳动环境等显著优点，因而，在铸造业得到了推广应用。

表 1-1 V 法铸造铸件的特点（与黏土砂造型相比较）

	名称	优点	缺点
铸件质量	铸件表面	可用细粒型砂,薄膜表面喷涂料铸件表面光洁	—
	表面缺陷	气孔、缩孔少	有产生夹砂的可能,不用细粒型砂时易产生渗透
	内部缺陷	气孔、缩孔少	有夹砂的可能
	尺寸精度	提高	—
	重量	壁厚变化时,铸件重量变化不大	—
铸件生产的特点	模样和砂箱	模样损伤较少,不需要起模斜度	模样制造所需工时多,故造价高,砂箱造价也高
	型砂	不需黏结剂,旧砂易回用,回收率高	粗砂容易产生渗透缺陷
	造型	不需捣实等机械压力 不需排气孔 不需熟练工人 不需考虑像自硬砂的可使用时间 铸型稳定,不受气温、湿度影响	为了保持铸型强度,要有防止真空泄漏措施,造型生产率低于高压造型,铸型在造型后到浇注一段时间必须连续抽气,大量存放铸型有困难
	铸造性能	流动性好	
	清砂	黏砂少,容易清砂	
	设备	不需要混砂设备和振动落砂机	在开始时,需要较多的设备费用
	作业环境	噪声、污水等有关污染问题极少,作业环境改善	真空泵的噪声需要得到控制
	适用范围	适用于薄壁铸件、扁平铸件和难加工材料铸件的制造,其他类铸件也可用此法	无砂箱铸型不能使用此法,大型铸件的制造有困难,形状复杂、深度大的铸件制造有困难
	其他	消耗材料只是塑料薄膜和涂料,能进行新铸件的研制且不需要造型工具,材料性能随铸件壁厚的变化较小	铸造设计困难;贮存铸型极其困难,用 V 法造型制造芯子有困难

三、V法铸造是一种环保型绿色铸造方法

铸造行业排放的固体废物主要是废砂，废砂中含有苯、甲苯、二甲苯、苯酚、苯胺、吡啶等芳香烃，还有含有机树脂类有害物质（酚醛树脂、呋喃树脂、冷芯盒树脂等），属持久性有机污染物，污染土壤和水源。因此，使用实现砂型铸造的绿色的无机黏结剂，并且降低黏结剂的加入量，采用无黏结剂的干砂造型的V法和消失模铸造是最有可能实现绿色铸造生产的有效方法。

V法铸造是一种环保型绿色铸造方法，可以从以下几个方面进行说明：

① 它采用的是不含任何黏结剂和附加剂、不含水分的细干砂，不像潮模砂造型中含有膨润土、煤粉等黏结剂和自硬砂造型中的水玻璃、树脂、固化剂等有机树脂类有害物质，三废排放量极少。日本新东公司提供的V法造型与自硬砂、潮模砂生产1t铸铁件废弃物发生量比较，如图1-5所示。

② 它是靠两层塑料薄膜抽真空使铸型坚实成型，不需要捣砂，加砂振实采用微振即可达到要求。振幅0.5～1.0mm，频率3000次/min，振实时间一般在30s左右，噪声不超过70dB，无噪声干扰。

③ 由于它是薄膜成形，浇注后的燃烧物只是厚度为0.05～0.1mm的塑料薄膜和涂料，产生的有害气体极少，且由真空吸走，对人体无影响。如图1-6所示为V法铸造最终废弃物趋于零的示意图。

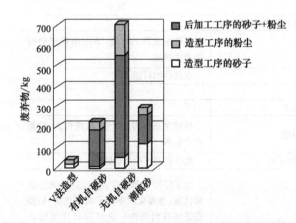

图1-5 生产1t铸铁件废弃物的发生量比较

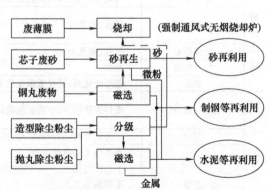

图1-6 V法造型的废弃物趋于零

④ V法铸件表面光洁，尺寸精度高，可缩短加工工序的时间，加工余量仅为树脂砂铸件的一半。同树脂砂造型比较，芯子数可减少20%。生产效率可大大提高，比其他铸造方法生产效率提高数倍。

⑤ 它不需落砂机，浇注冷却后的铸型移至落砂格子板上，去掉真空后，型砂自流到贮砂斗中，避免落砂机的噪声。

⑥ 它的旧砂处理设备大为简化，旧砂只需经磁选过筛取出杂物，经冷却去除细粉即可回用，不像砂型铸造那样有庞大的砂处理装置，大大减少了粉尘污染，且V法型砂的损耗少，也大大减少了废旧砂的排放。

⑦ 它的造型工艺较为简单，工人易掌握，劳动强度低，作业环境卫生较好，所以V法铸造具有节能、环保高品质的工艺特点。

第四节　V法铸造的应用范围

V法铸造，金属液流动性好，对薄壁及厚壁铸件均能浇注，尤其对薄壁铸件更为有利。该技术已经成为当今世界先进的造型方法之一，被应用于生产各种铸造合金的各类铸件。从初期生产的铝盒、钢琴架、浴盆等难加工件，目前已扩大到机械加工件，如汽车铸件、轻工制品、非铁合金的装饰品、铜合金铸件、铝合金的建筑制品及电子计算机基盘等方面。迄今为止，全世界已有许多国家工厂采用V法造型工艺生产铸件。

国外曾用此法铸造出了3mm的薄壁件，国内也浇出了4~150mm各种壁厚铸件。从金属种类看，铸钢、铸铁、球墨铸铁及非铁合金铸件均能适应，国内外均已生产过各种金属的铸件；从生产性质看，它既适用于成批大量生产，也适用于单件小批量生产。

当然，与其他铸造方法一样，V法铸造也有它的局限性和适应性，必须根据具体情况进行全面的分析比较，从而选择最佳的工艺方法。

V法铸造铸件的应用实例汇总，见表1-2。

表1-2　国内外V法铸造铸件的应用实例汇总

铸件名称	材质	铸件外形尺寸或砂箱尺寸（长×宽×高）/mm	重量/kg	造型方式及说明
栅格	低铬铸铁	1400×1150×80	148	原铸型废品率10%，用V法成品率提高
异形管	球墨铸铁	1500×1500×200/200	10	6~10个造型铸件，强度高，金属液流动性好
机架	铝合金	900×500×500	20	提高了铸件尺寸精度
冲模	灰铸铁	290×220×1700	80	减少加工工时，缩短生产周期
铭牌	各种牌号	686×838×150/150	（多品种）	铸件清晰度好，清理时间少
传动齿轮圈	低碳合金钢	ϕ685×35	25.5	原水玻璃砂，毛重29.5kg
压板	铸钢	ϕ410×45	12.85	原水玻璃砂，毛重17kg
篦条(1)	高铬铸铁	327×100×28	2.255	原壳型或精铸，现V法尺寸精度高，表面光洁，不需加工
篦条(2)	高铬铸铁	327×122×28	2.88	
取暖锅炉片	灰铸铁	1320×540×20	160	
织机样板	灰铸铁	1400×800×76	260	—
变速箱体(1)	铸钢	897×620×480	270	—
花屏风	铝合金	1185×885	20	
格栅	铸铁	1200×800	60	
浴盆	铸铁	1000×720×600（平均厚度3.5mm）	70	
行车轮	铸钢	1200×1200×200/300	（多品种）	原水玻璃砂，现V法，表面光洁
制动毂	球墨铸铁	2000×1600×250/250	（多品种）	原潮型铸造，现V法，一箱多件
矿山机械铸件	铸钢	1200×2400×460/460	（多品种）	—
过滤板	铸铁	2500×2500	（多品种）	—
后桥	球墨铸铁	2000×2000×400/300	（多品种）	一箱3件，铸件表面质量好
车床床身	铸铁	3500×900×220/300	1100	外模用V法
箱体	铸钢	500×460×320（平均壁厚12mm）	60	外模用V法
支座	铸钢	400×350×230（平均壁厚7~8mm）	24	外模用V法，小芯用水玻璃砂
Dg40截止阀阀体	铸钢	法兰厚度22~30mm（阀体壁厚8mm）	12.8	一箱4件
Dg150闸阀阀体	铸钢	法兰厚度42~50mm（平均壁厚16mm）	118	一箱多件

续表

铸件名称	材质	铸件外形尺寸或砂箱尺寸 （长×宽×高）/mm	重量/kg	造型方式及说明
端衬板	铸钢		230	—
格子板	铸钢		116	—
筒体衬板	铸钢		140	—
隔仓板	铸钢		39	一箱多件
衬板	铸钢		78	一箱多件
活动颚板（1）	铸钢		362	—
固定颚板	铸钢		335	—
活动颚板（2）	铸钢	2200×2200×250/250	114	—
对辊	铸钢		360	—
轮箍	铸钢		87	—
轮辊	铸钢		80	V法＋金属复合造型
钢爪	铸钢		170	—
高细对辊	铸钢		960	—
小对辊	铸钢		560	—
飞轮壳	铸铁		40	—
瓦模	球墨铸铁		60	—
摇枕	铸钢	3100×1900×550/350	880	一箱2件
侧架	铸钢	3100×1900×450/450	450	—
砂箱	球墨铸铁	1790×1400×350	800	—
压铸机工模支架	球墨铸铁	580×550×400	270	无起模斜度，只有磨削余量
人孔盖	灰铸铁	ϕ700×26	80	—
壳体	铸钢	650×610×470	30	—
铣床工作台	灰铸铁	810×810×140	500	—
环形隧道拱形体	球墨铸铁	2200×1100	（多品种）	—
印刷机侧板	灰铸铁	80×1050×1280	480	—
侧箱体	铝合金	650×480×150	11	—
冷却器壳体	铝合金	710×120	10	—
造型机托盘小车	球墨铸铁	1800×1200×160	1070	—
绕绳毂	球墨铸铁	800×ϕ680	28	—
琴排	灰铸铁	不同规格	180 等	一箱1件或一箱多件
变速箱体（2）	灰铸铁	1035×607×570	260	—
机器框架	铝合金	900×500×500	20	—
造型机零件	灰铸铁	200×600	41	—
砝码	灰铸铁	380×570×ϕ160	60	—
罩壳	灰铸铁	140×ϕ630	54	—
减速机下箱	铸钢	897×620×480	270	—
钻头	灰铸铁	ϕ400×ϕ240×680	700	—
齿轮换向器	高锰钢	ϕ568×121	92	—
链轮	高锰钢	ϕ510×150	57	—
装饰板	铝合金	不同规格	35 等	—
覆带机底座	铸钢	800×340×90	47	—
汽车后桥	铸钢	2000×1400×320/300	280	一箱2件
汽车前桥	铸钢	2000×1600×300/200	185	一箱4件
别墅门	铝合金	2600×2000×150/150	58 等	—

参 考 文 献

[1] 铁道部武汉工程机械厂. 真空密封造型 [M]. 北京：中国铁道出版社，1982.

[2] 谢一华，谢田，章舟. V法铸造生产及应用实例 [M]. 北京：化学工业出版社，2009.

[3] 谢一华，张秀峦，谢海洋，等. V法铸造装备及工艺 [J]. 中国铸造装备与技术，2002 (4)：48-50.

[4] 缪良. 迎接21世纪的挑战 [J]. 特种铸造及有色合金，1997 (4)：22-25.

[5] 柳百成，沈厚发. 面向21世纪的铸造技术 [J]. 特种铸造及有色合金，2000 (6)：11-12.

[6] A. J. 克莱格，三浦孝. V法回顾与现状 [J]. 素形材，1985 (10)：49-50.

[7] Robert May. V法造型的装备和材料 [J]. 特种铸造，1982：72-80.

[8] 王树杰. V法铸造工艺及应用 [J]. 铸造信息，2006 (12)：66-77.

[9] 樊自田，王继娜，黄乃瑜. 实现绿色铸造的工艺方法及关键技术 [J]. 铸造设备与工艺，2009 (2)：2-7.

[10] 杉浦肇. V法现状 [J]. 铸造机械，1984 (1)：55-59.

[11] 宋遵奎. 国外铸造设备发展史记事 (2) [J]. 中国铸机，1995 (2)：12-15.

[12] 王莉珠. 日本V法铸造工艺和设备发展概况 [J]. 中国铸造装备与技术，1999 (5)：11-12.

[13] 虞和润. 几种造型方法的发展及应用 [J]. 中国铸机，1991 (1)：10-15.

[14] 许永毅. 关于V法的一些统计数字 [J]. 铸造，1992 (6)：44-45.

[15] 许永毅. V法从基础到装置研制的历程 [J]. 铸造设备研究，1992 (6)：42-48.

[16] 李祖权. 真空密封铸造的进展 [J]. 铸造设备研究，1992 (5)：26-31.

[17] 程宽中. 新中国五十年造型材料的发展和展望 [J]. 铸造设备研究，2000 (4)：1-9.

[18] 李晨曦，吴春京. V法铸造的进展 [J]. 特种铸造及有色合金，1997 (4)：26-28.

[19] 土方镒夫. V法造型设备的现状和未来 [J]. 综合杂志，1973 (3)：17-21.

[20] 三浦孝. V法的现状与进步 [J]. 金属，1982 (2)：44-47.

[21] 土田正信，奥村洁. V法的现状和展望 [J]. 金属，1987 (2)：42-45.

[22] 杨正山. V法造型及其经济性评述 [M]. 李德宝，译. 北京：机械工业出版社，1985.

V

第二章

国内外V法铸造的
发展概况

第一节　V法铸造的发明及发展

1971 年初夏，日本长野县秋田（AKITA）株式会社的中田邦位和秋田铸造株式会社的本堂昌雄提出了 V 法铸造的设想，随后共同进行了试验研究。初步取得实用化成果以后，新东工业株式会社参加了共同开发，促进其迅速发展。同年 9 月，AKITA 与长野前田铁工所合作，将这项新工艺应用到前田铁工所的铸铁锅炉片的生产中。

1971 年 12 月，新东工业株式会社取得了专利制造权，第 1 台 V 法造型机于 1972 年 3 月被制造出来，造型机分卧式和立式两种。V 法铸造技术被新东工业株式会社所控制，秋田株式会社持有发明专利权，凡希望用此项技术者须经认定，授予许可证并收取专利费后才可使用。V 法铸造技术由秋田株式会社、前田铁工所、大和制作所、新东工业株式会社共同获得专利，专门从事 V 法铸造的普及和技术指导等代理工作，经办秋田株式会社的专利业务，而新东工业株式会社从秋田株式会社取得了 V 法铸造机械销售的专用权，从事设备的制造和销售业务。日本 V 法铸造发明专利和实用专利申请件数明细，见表 2-1。

表 2-1　日本 V 法铸造发明专利和实用专利申请件数明细表

项目			发明专利申请件数	实用专利申请件数	合计/件
各企业的件数	日本企业	新东工业（株）	106	76	182
		秋田（株）	159	11	170
		三菱重工（株）	54	17	71
		雅马哈（株）	43	25	68
		久保田（株）	41	21	62
		日立制作所（株）	27	17	44
		其他公司	（31家）79	（21家）43	122
	其他国家企业		（6家）6	1	7
	总计		515	211	726
各种专利的类型	铸造方法、装置		484	65	549
	薄膜		23	—	23

续表

	项目	发明专利申请件数	实用专利申请件数	合计/件
内容的件数	涂料	6	—	6
	砂	1	—	1
	分型剂	1	—	1
	砂箱	—	40	40
	模板	—	27	27
	铸型	—	20	20
	其他	—	59	59

　　1973 年 6 月，前田铁工所建成了一条 V 法造型线。砂箱内尺寸 1500mm×1000mm×150mm/150mm，上、下箱各用 1 台造型机，真空泵功率为 30kW，生产率为 4 型/h，月生产约 60t/月。1977 年新东工业株式会社与前田铁工所合作开发大型铸铁锅炉片的 V 法铸造生产线，砂箱内尺寸 2300mm×1500mm×320mm/320mm，采用四工位转台造型机，生产率为 10 型/h。日本和德国 V 法铸造生产线的主要技术参数统计，见表 2-2。

表 2-2　日本和德国 V 法铸造生产线的主要技术参数统计

公司名称	产品	砂箱规格（长×宽×高）/mm	铸型体积/dm³	生产效率 型/h	生产效率 m³/h	造型工位	浇注工位	浇注①
秋田	试验设备	1700×800×280/280	781	15	11.42	传送装置	滚道	W
真秋	试验设备锅炉部件	800×1000×200/200	320	4	1.23		平台	W
日立	试验设备电动机外壳	800×800×150	54	90	4.36		转台	S
三菱重工	试验设备	1000×1000×250/250	500	6	3.00		轨道	
新东工业	试验设备	1400×1400×300/300	1176	30	35.28	转台	转台	
高田	浴盆	1500×1100×950/220	1947	30	58.41		滚道	
神冈铸物	叉车平衡装置	1400×1300×350/570	1674	4	5.70	传送装置		W
大和	铝装饰架	2400×2200×150/150	1684	5	7.92		平台	W
绘羽罗	试验设备	1200×670×200/200	321	10	3.21	转台		
铸钢厂	耐热栅格	2400×1200×380/380	2189	6	13.13			
日立	机器铸件	1300×1100×400/400	1144	—	68.64			
土都	浴盆	1400×900×1000/250	1575	60	94.50	2 个转台	小车	
新东工业	隧道盖板	950×850×180/180	290	100	28.00			
Brechmann	仪器盘壳	1600×1600×450/450	2304	9	20.37			S
MAN Roland	印刷机架	2500×2300×300/300	3450	4	13.80			W
Pasyant	隧道盖板滤板	2500×2500×225/225	3145	6	18.75			
Porringet ＆ Schindler	仪表盘	1600×1600×400/400	2048	8	18.38	传送装置	平台	S
BHS	盖板	2400×1600×500/500	3240	6	23.04			W
Tonnies＋Wolbrandt	机器铸铁	1250×1250×300/300	937	—				
Poppe＆Sohn	轻金属铸件	1400×1000×400/400	1120	—				

　　① W 为水平浇注，S 为垂直浇注。

　　V 法铸造的出现完全打破了以前传统的造型方法，V 法铸件无论在品质、组织、铸件表面质量及尺寸精度都是良好的，特别是公害少，并且可以大大降低成本，因此，V 法铸造的出现具有深远的意义。

　　至今，V 法铸造在铸造方法中占有一个重要位置。生产铸件种类已从初期的浴盆、钢琴琴排、叉车配重等非加工铸件扩大到机加工铸件，如汽车后桥、制动毂和铁路上的辙叉、摇枕、侧架等以及铝合金、铜合金等非铁材料铸件。V 法铸造设备也发展到高速 V

法造型机与湿型造型机相竞争，向多品种小批量发展。国外使用 V 法技术的主要厂商，见表 2-3。

表 2-3　国外使用 V 法技术的主要厂商

国名	厂商	典型铸件	砂箱内尺寸(长×宽×高)/mm	生产率/(型·h^{-1})	备注
日本	东陶公司	浴盆	1400×1100	60	铸铁
	雅马哈厂	钢琴琴排	3000×1650	80	
	新东工业	隧道盖板	950×850×180/180	100	
	住友金属	车辆架	3000×1000	4	铸钢
美国	Harmany	医疗印刷设备	1219×914×305/305	20	铸铁
	Babcoc	耐蚀白口铸铁件	1371×1371	6	特种铸铁
	Duluth	铸钢阀体	2213×1371	8~11	铸钢
	明尼波利斯	矿山机械	2400×1200	8	
英国	Crown	钢琴弦排	1390×1150×80/135	15	铸铁
	Hopkinsons	铸钢阀体	1219×1219	4	铸钢
德国	Brechmann	仪器盘壳	1600×1600	9	铝合金
	MAN Roland	印刷机架	2500×2300	4	铸铁
	BHS	滤板	2400×1600	6	
法国	波普体	浴盆	1600×1600	12	

2004 年，德国 HWS（豪斯）公司为俄罗斯等国建成四工位转台式大型 V 法造型线，造型生产率为 20 型/h，砂箱内尺寸为 3000mm×1800mm×500mm/500mm，每条生产线年产 10 万吨铁路摇枕和侧架等铸钢件。同时还设计出适合于中型铸铁件的 V 法环形自动化生产线，砂箱排列成环形轨道，水平分型，砂箱尺寸为 800mm×800mm×200mm/200mm，造型生产率为 2~3 箱/min，砂处理量为 12m^3/h；小型铸件生产线采用垂直分型，砂箱垂直环形排列，砂箱尺寸为 600mm×600mm×150mm，造型速度为 90~150 箱/h，砂处理量为 14m^3/h。

据 1991 年日本 V 法铸造分会统计，日本从事 V 法铸造的企业有 149 家，欧洲有 40 家，北美有 31 家；据 1995 年 Modern Casting 统计，日本从事 V 法铸造的企业有 180 家，美国有 10 家，欧洲有 85 家。由此可见，20 世纪 90 年代，V 法铸造因其废弃物少，符合节能减排的要求，在发达国家受到青睐，并获得迅猛发展。进入 21 世纪后虽然 V 法铸造在发达国家出现萎缩，但在新兴发展中国家得到长足发展。

第二节　国外 V 法铸造的发展概况

一、日本 V 法铸造的发展

日本是 V 法铸造的发源地。V 法铸造技术在日本得到迅速推广和广泛应用。

日本用 V 法铸造生产的铸钢件有：重达 12t 的船锚（砂箱长 8m）、500kg 的壳体、310kg 的侧架、270kg 的减速机壳、160kg 行车轮、尺寸 ϕ510mm×150mm 重 970kg 的高锰钢链轮及船用不锈钢、螺旋件等。铸铁件有：叉车平衡配重、浴盆、尺寸 ϕ440mm×680mm 壁厚 100mm 重 650kg 的缸筒、尺寸 2340mm×300mm×260mm 重 326kg 的车床床身，以及 700kg 砧铁、100~470kg 锅炉铸件、钢琴琴排、门扇及齿轮箱盖等。还用此法生产 2000mm×3000mm×8mm 重 800kg 的球墨铸铁件，以及许多铜合金及铅合金铸件。所生产的铸件壁厚一般在 3.5~1000mm 范围内。

日本新东工业株式会社（简称新东公司），长期对 V 法工艺和设备进行研究，开发了一系列适合 V 法铸造生产的各种代表性的 V 法铸造生产线。

① 由于 V 法造型工艺的金属液流动性好，很适合铸造薄壁件，加之表面光洁，非常适合铸铁浴盆的生产。1974 年 8 月建成广岛长洲浴盆厂的 V 法生产线，取代了原来的湿型造型工艺。

② 叉车需要大量的平衡配重块，用 V 法铸造配重块表面光洁，节省清砂和喷漆的时间，而且重量偏差很小，很适合于 V 法造型，迄今已有数十条线在运转。

③ 1978 年 10 月，新东公司开发第一条超大型 V 法造型自动线用来铸造钢琴琴排。砂箱内尺寸为 3000mm×1650mm，并且各道工序自动完成。

④ 1980 年 2 月新东公司开发了小型化低成本的 V 法 VJP 通用造型线，其设备的高度、操作方式均适用于老车间的改造，砂箱内尺寸 1300mm×1300mm×310mm/310mm，价格相对较低，至 1991 年在日本就交付了 17 台这种造型设备。

⑤ 用 V 法铸造工艺美术型的门框、栏杆等铝合金铸件。1991 年已交付 11 条这种生产线，最大砂箱内尺寸为 4900mm×2200mm×200mm/310mm。

⑥ V 法也适用于铸钢件生产。铸钢件的冒口较多，可充分发挥通气孔的作用，较好地维持型腔与大气之间的压力差，对铸件成型有利。目前已应用于生产铁路辙叉，砂箱内尺寸为 6700mm×780mm×320mm/360mm，也用来生产大型球阀，砂箱内尺寸为 2000mm×2000mm×1100mm/500mm。

⑦ 发展大型、超大型 V 法造型设备。采用 V 法造型解决特大型铸件的造型，比用其他诸如微振、压实等方法要容易得多。特大型铸件虽然可以用抛砂机、树脂砂等办法来造型，但尺寸精度难与 V 法相比。新东公司于 1985 年 3 月开发了砂箱内尺寸为 3800mm×1400mm×600mm/400mm 的管件 V 法造型线；1989 年 6 月开发了砂箱内尺寸为 7000mm×4000mm×1000mm/800mm 的造型线，用来生产铸铝船艇壳体；1990 年 3 月建成新型的浴盆生产线，砂箱内尺寸为 2200mm×1300mm×725mm/355mm，生产率为 15 型/h。

新东公司主要以出口设备为主，并开始向国外输出 V 法技术，先后向美国、英国、德国、意大利、南非、俄罗斯、南斯拉夫、保加利亚等国输出了 V 法设备制造技术，并在当地生产 V 法设备。新东公司生产的几种 V 法造型设备技术参数，见表 2-4。

表 2-4 新东公司生产的几种 V 法造型设备的技术参数

人员及参数	造型设备型号						
	VYA	VYB	VYC	VYD	VYE	VYF	VYG
操作人员（浇注人员除外）/人	5	5	8	4	7	5	4
造型速度 /(min·型$^{-1}$)	15	15	10	35	15	15	10
砂箱尺寸（长×宽×高）/mm	1400×1400×300/300	1400×1400×300/300	1400×1400×300/300	1400×1400×300/300	1400×1500×350/650	2000×1700×300/450	1400×1400×300/300
砂处理能力 /(t·h^{-1})	10	10	20	5	15	17	13
同时浇注/型	4	4	6	2～3	4	4	4
生产率 /(型·d^{-1}①)	20～30	20～30	30～45	10～15	20～30	20～30	40～50
真空泵	水环式 2 台抽气量 15m³/min	水环式 2 台抽气量 15m³/min	水环式 2 台抽气量 15m³/min	水环式 2 台抽气量 15m³/min	水环式 2 台抽气量 15m³/min 旋转式 1 台抽气量 70m³/min	旋转式 1 台抽气量 80m³/min	水环式 3 台抽气量 15m³/min

① 此处的 1d 指 8h。

1980 年初，日本应用 V 法生产的铸钢件工厂联合起来成立了 V 法技术委员会，以提高铸件质量为主，积极交流各公司有关造型材料、涂料和薄膜等方面的经验，进一步促进了日本 V 法技术的发展。

V 法造型设备正朝着高生产率、良好的工作环境方向发展。已生产出砂箱内尺寸为 950mm×850mm×180mm/180mm、造型生产率为 35s/箱的铸件，能与湿型造型线相媲美。

此外还生产了适合多品种小批量生产的通用造型机，以及能满足小件生产而设计制造了带顶杆起模的造型机。后者设有二、四、六、八工位转台。同时还生产了带快换模板装置的大型造型机，最大砂箱内尺寸达到了 2800mm×2000mm×350mm/350mm。

日本 V 法造型不但可以生产大型、形状相对简单的铸件，同时也能生产带有砂芯、形状比较复杂的铸件，并对机床铸件、汽车铸件的 V 法造型工艺进行了研究。随着人们对铸件尺寸精度要求的提高和环保意识的增长，V 法造型工艺的应用范围会继续扩大。

二、美国 V 法铸造的发展

美国 V 法铸造技术主要是从日本引进技术，在此基础上发展起来的。美国的 Herman-Sinto 公司是在北美地区获得 V 法专利的公司，也是 V 法设备制造销售的厂家。由该公司批准使用 V 法技术的厂家有二十多家，在设备方面，大多数厂家用生产率 2~4 型/h 的半自动造型线，但最近在自动化、高速化方面有进展。埃邦斯财团的明尼波利斯电炉钢铁公司，在明尼苏达州的多鲁斯建了一个 66100m^2 的全 V 法铸造工厂，以生产矿山机械为主，砂箱内尺寸为 2400mm×1200mm×460mm/460mm，生产能力为 8 型/h，月产铸钢件 500t，将来计划增加至月产 2000t。

在宾夕法尼亚州的哈曼尼加斯帝古公司，1981 年引进了 20 型/h 的自动造型线，用于生产铝铸件。这条生产线除下芯和取出铸件之外，全部自动化。该厂使用橄榄石砂，省去上涂料工序。

在美国获准使用 V 法的多半是铸钢工厂，用于生产普通碳钢、高锰钢和特种钢等各种铸钢件。其主要产品除石油、矿山机械以外，还有铁道、车辆和核动力等机械产品。得克萨斯钢铁公司的加拿大工厂，用 V 法生产的铸件重达 4~5t。

就 V 法生产技术而言，美国比日本低，特别在砂箱结构和造型材料选择方面。美国用的砂箱，多用砂箱侧面内壁抽气，底面不设排气塞。为防止机械黏砂，通常都刷涂厚度为 0.5~1mm 的涂料层。与日本相比，塑料薄膜的伸长率差，厚度为 0.125~0.175mm，因此，常产生掉砂和气孔等缺陷。

美国 Herman-Sinto 公司经常举办获得该公司许可证的厂家会议，交流各厂的情报，发表技术论文，以提高 V 法水平。另外，联合了技术比较先进的多家公司，成立 V 法技术委员会，通过会议交流，提高质量、激励生产。

三、俄罗斯 V 法铸造的发展

苏联自 1975 年就开始研究 V 法造型工艺，随后又着手研制 V 法造型机。筑路机械设计工艺研究所科学生产联合公司研制的 V 法造型生产线，生产的数台 Bπφ-1000 型造型机，虽成功使用，但个别部件和电气部分尚待改进，公司分三个阶段对该工艺设备进行了设计和研究：Bπφ-2000 型梭动式机械化 V 法造型机为第一代的产品，该设备在维克萨市破碎设备厂使用，生产重量小于 1t 的 110TBπ 型钢破碎板铸件；Bπφ-2000/1600 型单工位自动化 V 法造型机和 Bπφ-1200/1000-4 型四工位转台式自动化 V 法造型机分别为第二代、第三代产品，后者生产率高达 15~20 型/h。苏联生产的 V 法造型机技术参数，见表 2-5。

表 2-5　苏联生产的 V 法造型机技术参数

型号	Bπφ-1000	Bπφ-2000	Bπφ-2000/1600	Bπφ-2000/1000-4
形式	—	梭动式	单工位	四工位
砂箱尺寸(长×宽×高)/mm	1000×800×150/400	2000×1200×300/500	2000×1600×600	1200×1000×400
生产率/(型·h^{-1})	3～4	3～4	4～6	15～20
起模机构载重量/kg	—	6000	—	—
薄膜加热器功率/kW	26	50	—	27
干燥板,空气加热器功率/kW	—	—	—	60
砂箱容积/m³	—	—	—	2.5
重量/t	8	18	25	—
外形尺寸(长×宽×高)/mm	5.0×3.8×4.8(不计算真空电气和液压设备及落砂装置)	17.5×3.8×4.6(不计算真空系统)	9.5×4.5×5.0	—

奥尔斯克建筑机械厂采用 V 法造型工艺,生产重量小于或等于 1t 的铸铁滚筒件,根据 V 法造型工艺,在真空造型的同时,也可真空制芯。

在安集延机械制造厂建立了 V 法实验生产线,生产多缸体高强度铸铁件,该工艺可改善复杂铸件的质量,减轻重量。

2004 年,俄罗斯从德国 HWS(豪斯)公司引进全套大型 V 法铸造生产线,用以生产机车摇枕和侧架等铸钢件。

四、欧洲 V 法铸造的发展

1973 年后,欧洲主要工业国相继从日本引进 V 法专利。欧洲的三菱公司享有专利权,设备由德国的 Heinrich Wagner-Sinto 公司和英国的 Tilghman Wheelabrator LTD 公司制造。

在英国,成功地生产出极限相对伸长率为 600% 的 EVA 塑料薄膜。在设备方面与美国相仿,以 3～4 型/h 的半自动造型机为主。比较先进的自动化 V 法造型机是英国的克兰安多利公司引进生产钢琴琴排的生产线,造型生产率为 15 型/h。

法国的波鲁休公司安装了一条浴盆 V 法自动造型线,该线的生产率为 8 型/h,除上涂料之外,全部工序自动化。由于这套设备投产,欧洲 V 法造型线的引进有所增加。在生产技术方面与日本相仿,如采用粒度指数为 AFS100 的细铸造砂。砂箱结构上也以排气塞为主,以侧面抽气并用的形式居多。

德国 Buderus 公司的 V 法造型线,是购买新东公司的专利自制的。其中抽气系统自行设计,砂箱内尺寸为 2000mm×2000mm×400mm,用来生产后桥铸件,生产率为 12 型/h,一型 3～4 件,该机为八工位转台式,上、下箱交替造型。该线共有 6 个真空泵,电动机功率为 75kW×4 和 132kW×2,共 564kW。生产的铸件表面质量较好。德国的巴沙帮多公司使用 2500mm×2500mm 的大型砂箱生产过滤板,生产率为 6 型/h。

1982 年德国瓦格纳公司和日本新东公司合作制造 4 条 V 法造型线在西欧投入生产,其中 2 条是梭动式,另外 2 条是四工位转台式。前者砂箱内尺寸 2800mm×2000mm×350mm/350mm 和 1600mm×1250mm×500mm/300mm,用来生产机器铸件及小批量铸件,生产率为 6 型/h。转台式砂箱内尺寸是 1600mm×1600mm×500mm/500mm,用于生产直径为 800mm 以下的铸管和单件小批量铸件,造型生产率为 12 型/h。

东欧各国也在积极研究 V 法技术,南斯拉夫从日本购买了一套 V 法造型线,砂箱内尺寸 2000mm×1100mm×600mm/250mm,造型生产率 30 型/h,全部操作人员 7 人。

保加利亚一家叉车厂,也购买新东工业的 V 法技术和设备,用来生产平衡配重,生产率是 4 型/h，年生产能力约 1.5 万吨。

V法铸造铝合金的企业分别在荷兰、乌克兰等国，生产薄壁、高精度铝铸件，薄至 4.7mm，厚至 123mm。

三菱公司在欧洲举办获得使用权的厂家间的情况交流会，通过会议，以德国为中心的欧洲铸造厂进行交流，如水平造型垂直浇注新技术的尝试，努力发展有独特风格的 V 法技术和工艺。

目前世界最大的 V 法铸造设备公司是德国 Heinrich Wagner 公司与日本 Sinto（新东）公司组建的 Heinrich Wagner-Sinto，简称 HWS（豪斯）公司。该公司以雄厚的技术实力向世界多国提供了最为先进的自动化程度较高的 V 法铸造生产线成套设备。部分 V 法铸造生产线情况，见表 2-6。

表 2-6 HWS 公司生产的部分 V 法铸造生产线

序号	造型线型式	型号	砂箱尺寸 （长×宽×高）/mm	生产率	生产时间	铸件种类	铸件材质	购买国家和企业
1	转台式八工位	VKF7	2000×1250×750/200	48 /（型·h⁻¹）	1981 年	浴缸	铸铁	Ideal Standard Sanifrance-F-08502 Revin/Germany（德国）
2		VDT11a	2000×2000×500/900 2000×2000×900/900 2400×2400×500/900 2400×2400×900/900	3 /（型·h⁻¹）	1998 年	零件 破碎机	铸钢	Sandvik SRP AB Svedala/Schweden （瑞典）
3		VDK6	1450×1450×300/750 1450×1450×750/300	5 /（型·h⁻¹）	2000 年			Sandvik SRP AB Svedala/Schweden （瑞典）
4	转台式八工位	VFK7	2000×1250×750/200	45 /（型·h⁻¹）	2003 年	浴缸	铸铁	Kirovsky Zavodkirov/Russland （俄罗斯）
5		VFK7			2003 年 2004 年			Zavod Universa Novokuznezk/Russland （俄罗斯）
6	转台式四工位				2004 年			Promtraceor-Promlit Cheboksary/Russland （俄罗斯）
7		VTA10	3000×1800×500/500	20 /（型·h⁻¹）	2004 年	摇枕、侧架	铸钢	Promtraceor-Promlit Cheboksary/Russland （俄罗斯）
8	转台式四工位				2004 年			Sumskoy Zentrolit Sumy/Ukraine （乌克兰）
9		VTA12	3000×1800×500/500 3500×2500×500/ 750/900/1250	3~5 型/班	2004 年 2005 年	各种铸件	铸钢/球铁	Sumskoy Zentrolit Sumy/Ukraine （乌克兰）
10	上箱和下箱 2 个模样 循环	VDK10	3000×1900× 450/550	20 /（型·h⁻¹）	2005 年	摇枕、侧架	铸钢	天瑞集团 （中国）

第三节　我国 V 法铸造的发展回顾

一、我国 V 法铸造技术的发展

我国对 V 法造型的研究和应用在世界上起步并不算晚，早在 1974 年，上海机械制造工艺研究所就开始对 V 法造型工艺进行了研究。以后华中科技大学等 20 多个院校、研究所、设计院、工厂先后都投入了这项新工艺的研究和试验。到 1980 年，我国已掌握了 V 法造型的基本技术，成功地浇铸出了钢琴琴排、阀体、气缸体，并建立起了多条简易的 V 法造型线，在铸造行业中第一次出现了"V 法热"。

1975 年初，上海新华铸钢厂与原第一机械部第二设计院合作对 DN40～DN150 的铸钢阀体进行了 V 法铸造的试验研究并取得成功，随后设计了一条半自动 V 法造型线。砂箱内尺寸 700mm×700mm×200mm/200mm，占地面积 174m^2。该线主要设备有造型机、薄膜烘烤机、落砂机、真空泵及砂的真空吸送装置，生产铸件除阀体外还生产支座板和刀座等，重量为 13～118kg。

1976 年起，华中科技大学与武汉工程机械厂在工艺试验的基础上共同研制设计了一台二工位 V 法自动造型机，全机采用液压操纵，电气部分采用程序控制器来保证各动作的连续自动转换。整机分两个工位，自动覆膜机设在一工位，送砂、加砂、盖膜和起模设在另一工位。该机设有四个液压缸，分别驱动相应的机构来完成覆膜、加砂、顶箱起模及推型动作。

上海机械制造工艺研究所与上海钢琴厂合作，用 V 法铸造生产铸铁钢琴琴排，该铸件重 70kg，外形尺寸 1370mm×1085mm。

1977 年武汉重型机床厂铸造分厂组织负压造型试验组，经过 1 年多的试验共浇铸了 40～50 种 100 多件代表性铸件，如大面积的薄壁平板铸件，铸件外形尺寸 1030mm×800mm，最大壁厚 40mm，最薄壁厚 10mm，净重 73kg；又如多泥芯组成的形状复杂的机床铸件，每箱 2 件共 14 个黏土泥芯，铸件外形尺寸 280mm×350mm×400mm，净重 75kg。这些 V 法铸件与砂型铸件相比具有表面光洁、轮廓清晰、铸造缺陷较少等特点，取得了令人满意的结果。

1979 年天津大学与一些工厂合作，采用 V 法生产铸件解决很多 V 法工艺方面的技术问题，取得显著效果，如用 V 法生产出外形尺寸为 1367mm×1032mm，重量为 76kg 的钢琴琴排和外形尺寸为 826mm×318mm×244mm，重量为 60kg 的减速器盖等。

武汉三六〇四工厂与华中科技大学对铸铁 C620 车床床身和铸钢箱体进行 V 法试验：车床床身的材质为 HT300，毛重 1.1t，外形尺寸 2800mm×560mm×560mm，壁厚 80mm；箱体的材质为 ZG25，毛重 84kg，外形尺寸 500mm×460mm×320mm，铸件壁厚 40mm，外模和泥芯全用 V 法。

武汉工程机械厂与华中科技大学对铸铁件的发动机缸体和缸盖进行试验，材质为 HT200，毛重 55kg，外形尺寸 450mm×220mm×230mm，铸件壁厚 5～30mm，缸盖 HT200，毛重 22kg，外形尺寸 430mm×170mm×100mm，铸件壁厚 4～30mm，外模用 V 法。

北京二七机车车辆厂与上海工艺所协作，对车钩、承载鞍等铸钢件进行了 V 法工艺试验，1980 年取得成功。

北京工程机械铸钢厂用 V 法试生产铸钢件的齿轮，材质为 ZG35Mn，32kg、ϕ349mm×

65mm，铸件壁厚19.5mm。

1978年12月在武汉召开了一机系统铸造行业V法造型经验交流会，会后又有不少工厂进行了试验。非铁材料（有色金属），重量3.5～2800kg，平均壁厚4～150mm，铸件外形尺寸从1400 mm×240mm到2800 mm×560mm。多数工厂外型采用V法，少量泥芯也用V法。从当时情况来看，国内V法试验成功的工厂不少，对V法造型工艺已基本掌握，但由于EVA塑料薄膜的质量及规格满足不了市场需求，部分厂家依赖日本进口；另外，国内尚无专业生产V法造型机的厂商提供成套V法设备，在一定程度上约束了我国V法技术的发展。

1980年铁道部长春客车工厂开始进行V法工艺性试验，主要对轴后盖、轴箱前盖及车钩铸钢件、铁盘和脚踏板可锻铸铁件和铝合金模板的V法铸造取得了一定成果。

1985年后，我国开始从日本引进V法铸造成套设备。首先，北京化工设备厂1985年从日本新东公司引进生产浴盆V法铸造生产线；随后1986年山海关桥梁厂，从日本新东公司引进生产铁路辙叉V法铸造生产线；沈阳铸造厂1986～1987年从日本荏原和新东公司引进生产水泵叶轮和衬板V法铸造生产线；同时，沈阳重型机器厂也引进了新东公司二手设备生产衬板等V法铸造生产线。这些设备的引进对培养我国V法技术人才，实现V法设备的国产化，促进我国V法技术的发展，起着重要的作用。

1985年，机械部济南铸锻机械研究所与沈阳重型机械公司合作对450m²烧结炉所用的篦条进行了V法造型工艺试验及造型生产线设计，于1986年10月正式投入生产，满足了宝钢工程的急需。全线年生产篦条铸件500～600t，该生产线造型生产率7～8型/h，砂箱内尺寸900mm×900mm×100mm/100mm，占地面积648m²，设备总功率249.8kW，操作人员为8～12人/班。

1988年，天津耐酸泵厂与江阴华澳机电设计研究所有限公司合作，进行了耐酸泵叶轮V法半自动造型线的设计，并于1992年正式投入生产。其主要生产耐酸泵叶轮，该线采用四工位半自动V法造型机，包括落砂、砂再生、除尘和真空系统，采用PLC程序控制，全线占地面积450m²，砂箱内尺寸1000mm×800mm×150mm/100mm，造型生产率10～15型/h，操作人员为4人。

1990年，合肥铸锻厂自行设计并制造出二工位转台式V法造铸造生产线，砂箱内尺寸1750mm×1600mm×350mm/450mm/650mm（一般件用），2300mm×1800mm×350mm/650mm/950mm（大件用），造型生产率35～45箱/d，薄膜加热、覆膜、刷涂料、模样转台、加砂、振实、起模顶箱均在转台上完成，并有一套完整的砂处理和真空系统。该生产线用来生产叉车、装载机平衡重，年产10000t，铸件最大重量2～5t，一般为262～1800kg。

1990年，陕西机械学院与黄河工程机械厂经过几年的努力，用V法铸造生产1200mm履带板铸钢件的研究获得成功。其技术经济效益优于湿型和水玻璃砂型铸造，铸件尺寸为1200mm×205mm×126mm，重量28kg，铸件材质为ZG42SiMn，砂箱内尺寸1500mm×400mm×160mm/80mm。

1992年山东泰山前田锅炉有限公司，从日本前田铁工所引进V法生产铸铁锅炉片的工艺技术，整个生产线的布置和设备基本仿照前田铁工所，由国内制造。主机是直径8m的四工位转台式造型机，在主机上完成加热、覆膜、喷涂料及烘干、放砂箱、加砂振实、顶箱、起模等。砂箱内尺寸2300mm×1500mm×320mm/320mm，造型生产率10型/h。

1996年江阴华澳机电研究所有限公司为广西田龙铸造有限公司设计并承包一条穿梭式V法铸造生产线，生产耐磨衬板、飞轮壳、阳柱爪等铸件，该线上、下箱分别在固定式振实台上完成造型工序，采用回转覆膜机，流化床砂冷却装置及砂处理成套设备。砂箱内尺寸

1200mm×1000mm×250mm/250mm，造型生产率 4 型/h。

随着 V 法技术的不断发展和普及，以及人们对铸件尺寸精度提高和环保意识的增长，自行设计的 V 法造型线逐年增多。北京叉车总厂采用 V 法生产叉车配重；沧州机床制造有限公司用 V 法生产 3 种型号的挖掘机配重；正定砖路铸造厂生产出口美国的配重；安徽蚌埠砖厂、山东鲁星搪瓷厂采用 V 法生产浴盆；常州林业机厂、北京菲美特机械厂、潞安矿务局、王庄煤矿、山东凯山工程机械厂、山西北绿树铸造有限公司等单位都曾用 V 法生产各种材质的铸件，并取得良好的社会效益和经济效益。

进入 21 世纪，我国 V 法技术发展进入了一个新的时期，开始形成像青岛双星、原第一机械部第四设计院、江阴华澳机电、江阴铸造设备等一批 V 法成套设备的专业制造厂商，完成了合力叉车、苏州乐家、成都成工集团、畅丰车桥、临沂蒙凌、山西华翔、南通超达等一批代表我国 V 法技术水平的较先进的 V 法铸造生产线，成功生产出汽车后桥、制动毂、石油支架、减速机体、铁矛、机车摇枕、侧架及各种技术难度大精度要求高的铝合金铸件。

中国铸造协会消失模与 V 法实型技术委员会及机械工程学会铸造分会消失模与 V 法铸造技术委员会，卓有成效地开展了多种学术活动，对促进我国 V 法技术的发展起着显著的推动作用。

回顾我国 V 法技术的发展历程，可以看出，V 法造型工艺显示出独特的优势，在铸件生产中应用前景广阔，可以预测，V 法铸造的应用范围将会逐步扩大，V 法铸造生产线将会逐年增加。

二、我国 V 法铸造技术的引进情况

从 1985 年起，我国先后从日本、德国引进多条高水平的 V 法造型生产线和 V 法铸造工艺技术（表 2-7），成功地生产出浴盆、叉车配重、水泵叶轮、耐磨衬板、锅炉片、摇枕、侧架等铸件。

我国进口的第一条 V 法铸造生产线是在 1985 年从日本新东公司引进的年产 3 万件 Q 型和 QH 型铸铁搪瓷浴盆 V 法铸造生产线，包括主机为四工位转台式 V 法造型机，以及合箱浇注及成套砂处理系统。这套设备是新东公司通过日商岩井（东京）和中国经济建设总公司（北京）提供给北京化工设备厂；铸造和搪瓷工艺技术从日本东陶机械（北九州市）引进。耗资约 6 亿日元。

第二条 V 法铸造生产线是在 1986 年从日本新东工业公司引进的专用生产铁路辙叉的 V 法铸造生产线，包括主机为二工位转台式 V 法造型机，以及地面合箱浇注及砂处理系统。

该设备是新东公司通过日方大同特种钢（爱知）和三井物产（东京）提供给山海关桥梁工厂的，工艺技术从大同特殊钢引进。耗资约 10 亿日元。

第三条是沈阳铸造厂由中国机械设备进出口总公司承办，通过日商岩井和千曲产业（大阪）拟由新东公司引进 V 法铸造生产线（B 线），生产 V 型、D 型水泵叶轮。该线包括主机为四工位转台式 V 法造型机，以及合箱浇注滚道及成套砂处理系统。另一条（A 线）是由日本荏原制作所（神奈川）二手设备引进的，该所负责铸造工艺技术。该线包括主机二工位转台式 V 法造型机、地面合箱、砂处理系统及真空泵。V 法 A 线 1986 年竣工，V 法 B 线 1987 年竣工。两条线总投资折合人民币 485 万元（A 线 90 万元，B 线 395 万元）。

同时，沈阳重型机械厂于 1986 年从英国引进日本新东公司二手 V 法成套设备，生产耐磨衬板等高锰钢铸件。该线上、下箱分别在一条造型滚道上完成 V 法造型的各个工序，设备包括真空泵、除尘器、水冷却循环、砂处理成套设备及电炉等。

1993 年合肥安东铸造有限公司从日本新东公司引进的铸铁叉车配重 V 法铸造生产线，

该线为穿梭式造型布置，上、下箱分别在造型台车上完成各个造型程序，设备包括真空泵系统、砂处理成套设备等。

表 2-7　从国外引进 V 法造型线汇总

厂家	引进日期	砂箱内尺寸 （长×宽×高）/mm	生产率 /(型·h⁻¹)	引进厂家	生产铸件名称
北京化工设备厂	1985 年	2200×1300×600/280	14	日本新东	浴盆
沈阳铸造厂（A线）	1986 年	1200×670×200/200	12	日本荏原	水泵叶轮
沈阳铸造厂（B线）	1987 年	1300×1300×310/310	8		衬板
铁道部山海关桥梁厂	1986 年	6700×750×310/350 6700×780×300/300	3～5		铁路辙叉
沈阳重型机器厂	1986 年	1250×1250×250/250	6		衬板
合肥安东铸造 有限公司	1993 年	1300×1300×450/650	5～6	日本新东	配重
天津英昌钢琴 铸造有限公司	1994 年	1700×1450×460	—		钢琴琴排
山西华翔冈创 铸造有限公司	1999 年	2300×1600×600/850	4		配重
泰安前田锅炉 有限公司	2000 年	2300×1500×320/320	10	日本前田技术 （国内制造）	锅炉片
河南天瑞集团铸造 有限公司	2005 年	3100×1900×450/450	20	德国豪斯	摇枕、侧架
南京 TOTO 东陶 有限公司	1994 年	1400×1100×250/750	5～6	日本新东	浴盆

河南天瑞集团铸造有限公司于 2005 年引进了年产 10 万吨生产铁路机车摇枕和侧架等铸钢件的 V 法铸造生产线，该线由德国 HWS 公司总设计，并提供核心部分——上、下箱造型圈为覆膜器、翻合箱机械手、造型转运车、造型真空梁及电气控制系统等设备。其他配套装置及砂处理等由青岛双星铸造机械有限公司完成，2006 年年底投入生产。

参 考 文 献

[1]　土田正信，奥村洁. V法的现状和展望 [J]. 金属，1987 (2)：42-45.

[2]　三浦孝. V法的现状和进步 [J]. 金属，1982 (2)：44-47.

[3]　A. J. 克莱格，三浦孝. V法回顾与现状 [J]. 素形材，1985 (10)：49-50.

[4]　T. A. Englat，荒井俊一郎. 用V法生产铸钢件 [J]. 铸物，1985 (4)：53-54.

[5]　谢一华，谢田，章舟. V法铸造生产及应用实例 [M]. 北京：化学工业出版社，2009.

[6]　叶升平，王雷. V法铸造在国内外的发展现状与展望 [J]. 特种铸造及有色合金，2008 (S1)：41-44.

[7]　杉浦肇. V法现状 [J]. 铸造机械，1984 (1)：55-59.

[8]　姚观铨，陆仲仪. 日本福山铸造工厂的真空造型 [J]. 中国铸机，1991 (1)：56-59.

[9]　叶永毅. 日本铸造厂的V法造型生产线 [J]. 中国铸机，1992 (3)：59-62.

[10]　王莉珠. 日本V法铸造工艺和设备的发展概况 [J]. 中国铸造装备与技术，1999 (5)：11-12.

[11]　宋遵奎. 国外铸造设备发展史记事 (2) [J]. 中国铸机，1995 (2)：12-15.

[12]　虞和淘. 几种造型方法的发展及应用 [J]. 中国铸机，1991 (1)：10-15.

[13]　许永毅. 关于V法的一些统计数字 [J]. 铸造，1992 (6)：44-45.

[14]　张亚辉，张勤之. V法现状及其在我国应用前景的展望 [J]. 铸造技术，1988 (4)：39-41.

[15]　徐顺庆，曹立人. 国外铸造机械 [M]. 北京：机械工业出版社，1987.

[16]　上海新华铸钢厂，一机部第二设计院. 真空密封造型试验 [J]. 铸造机械，1977 (3)：11-22.

［17］ 王树杰. V 法铸造工艺及应用［J］. 铸造信息，2006（12）：66-77.

［18］ 王其东. V 法造型在国内外的应用及发展［J］. 铸造技术，2004，25（8）：637-638.

［19］ 叶升平，刘德汉. 国内外 V 法铸造技术的发展现状与问题［J］. 特种铸造及有色合金，2009，29（2）：158-161.

［20］ 吕胜海，叶升平. 我国 V 法铸钢件的发展现状及展望［J］. 铸造设备与工艺，2009（5）：9-11.

［21］ 李祖权. 真空密封铸造的进展［J］. 铸造设备研究，1992（5）：26-31.

［22］ 吕胜海，叶升平，颜铉. 盘点我国 V 法铸造专利，评述 V 法铸造技术创新［C］. 威海：中国铸造活动周论文集，2010.

［23］ 曹文龙. 用真空密封造型法生产铸铁件［J］. 铸造，1979（2）：44-49.

［24］ 张玉海. 真空造型法的实际应用（真空造型法及其机械化的现状 第二部分）［J］. 铸造机械，1981（5）：52-58.

第三章

V法铸造工艺的试验研究及理论基础

第一节　V 法铸型的研究

V 法铸型是用塑料薄膜严密覆盖干砂，对砂箱内进行减压而成型的。V 法铸型有三大要素，即构成铸型的干砂、给铸型以强度的负压和保持铸型形状的塑料薄膜。国外学者对由这些要素所决定的铸型性质进行了研究。

一、干砂的填充性

（1）试验装置：干砂的填充性是用振幅 $450\mu m$，频率 3000 次/min，振动时间 10s 的试验机进行的。在试验机的下部装有振动电机，给试验机以振动填充干砂，使用约 500kg 硅砂。

（2）试验方法：硅砂中，使用了澳大利亚砂、海滩砂、三荣硅砂 6 号、三荣硅砂 7 号、三荣硅砂 8 号，进行适当配合。除此之外，还用了铬砂、锆砂、橄榄石砂，分别测定了它们的填充密度。使用的砂子粒度分布，见表 3-1。

表 3-1　砂子粒度分布　　　　　　　　　　　　　　　　单位：%

砂子种类	筛号							底盘砂	粒度号
	35	48	70	100	150	200	270		
铬砂	0.8	5.8	22.6	32.6	22.8	11.6	3.6	0.2	149
锆砂	—	0.2	4.2	30.0	48.2	16.8	0.6	—	172
橄榄石砂	0.2	0.2	1.6	24.0	46.6	24.8	1.8	0.4	187
澳大利亚砂	1.6	7.6	35.8	43.2	11.4	0.2	—	—	114
海滩砂	6.4	23.2	51.6	15.4	1.8	0.8	0.2	0.2	90
三荣硅砂 6 号	3.2	31.2	45.8	14.8	4.2	0.8	—	—	90
三荣硅砂 7 号	—	0.4	24.0	40.0	21.8	12.2	1.2	0.2	147
三荣硅砂 8 号	—	—	0.4	2.0	9.2	25.8	28.4	34.0	397
三荣硅砂 6 号和 8 号混合砂	2.1	20.8	30.7	10.5	5.9	9.3	9.5	11.2	192

还用穿透法测定了粒形系数。

（3）结果和分析：单一粒度的三荣硅砂的填充密度，如图 3-1 所示。70 号筛砂最大，48 号筛和 100 号筛砂次之，底盘砂最小。

在 70 号筛的砂中配合 50％其他单一粒度的砂子的型砂的填充密度，如图 3-2 所示。70 号筛砂中配合上底盘砂的型砂的填充密度最大为 1.68g/cm³。粒度越接近 70 号筛变得越小。与图 3-1 相比较，粒度配合的型砂的填充密度比单一砂的大。

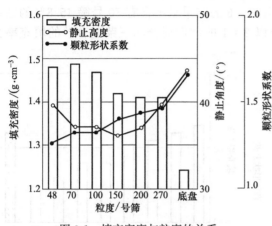

图 3-1　填充密度与粒度的关系

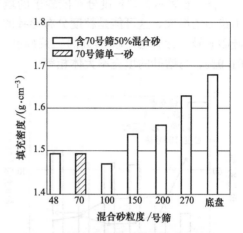

图 3-2　填充密度与混合砂粒度的关系

为了证明上述结论正确，求出了粒度接近的 100 号筛和 150 号筛混合砂，粒度相差很远的 70 号筛和底盘砂混合的型砂的填充密度，结果如图 3-3 和图 3-4 所示。前者的填充密度几乎没有变化；而后者却变化很大，含底盘砂 30％左右时，填充密度最大为 1.8g/cm³。

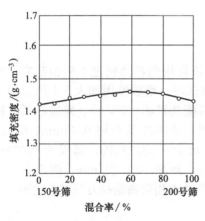

图 3-3　填充密度与 150 号筛砂和
200 号筛砂混合率的关系

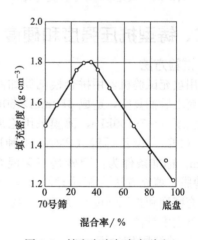

图 3-4　填充密度与底盘砂和
70 筛号砂混合率的关系

说明：粒度 A 的砂子，即使充分填充也有很大的空隙，若把粒度小的 B 砂混合到 A 砂中，空隙就减小，填充密度就增加。底盘砂的粒度最接近 70 号筛砂的空隙，因此，得出了如图 3-2 所示的结果。存在一个填充空隙的最适当的混合比例，70 号筛砂和底盘砂的混合，由图 3-4 可知，含底盘砂 30％左右最佳。

各种 100 号筛单一粒度的砂子的填充率，如图 3-5 所示。填充率用下式表示：

$$填充率＝\frac{填充密度}{真密度} \tag{3-1}$$

在各种砂子中，填充率以锆砂为最高，三荣硅砂和橄榄石砂的填充率较低，这是因为三荣硅砂和橄榄石砂是由矿石粉碎而成，砂粒间摩擦力大，流动性差的缘故。为了参考起见，求出了颗粒形状系数（粒形系数）和静止角度，如图 3-1 和图 3-5 所示。粒形系数与填充率有很大关系。

图 3-6 表示各种粒度分布的砂子的填充率。单一粒度时，锆砂的填充率最高，但图 3-6 中铬砂的最大，这可能是粒度分布导致的。由图 3-6 的结果求出含有 70 号筛 45.8％的三荣硅砂 6 号与含有底盘砂 34％的三荣硅砂 8 号以 2∶1 的比例混合的三荣混合砂的填充率为 61.9％，与锆砂的填充率大体相等。

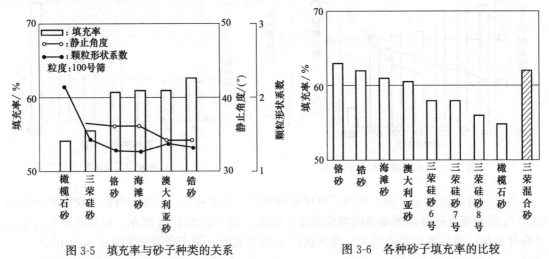

图 3-5　填充率与砂子种类的关系　　　　图 3-6　各种砂子填充率的比较

二、铸型抗压强度和硬度

1. 试验方法

使用填充试验机，用拼合模圆筒如图 3-7 所示那样用塑料薄膜把干砂包起来，加以振动，填充之后抽真空，造成 $\phi 50mm×50mm$ 的铸型试块。型砂使用如表 3-1 所示的 9 种砂子，真空度 0～79.99kPa，薄膜采用乙烯-乙酸乙烯酯共聚物（EVA）、聚氯乙烯（PVC）、聚乙烯（PE）、聚乙烯醇（PVA）4 种原料的薄膜，薄膜厚度选用 0.05mm、0.075mm、0.01mm。标准条件为：型砂是三荣混合砂，真空度为－53.33kPa，薄膜为 0.075mm 的 EVA 薄膜，填充方法为振动时间 10s，振幅 450μm，频率 3000 次/min。测定真空度、薄膜、填充密度和抗压强度与硬度的关系。试块的抗压强度用阿姆斯拉万能试验机测定，硬度是用铸型硬度计测定。

2. 试验结果和分析

给试块加负荷，使其变形而不损坏，测定这时的抗压强度。这时试块的直径与负荷的关系，如图 3-8 所示。即使试块出现变形也继续加大负荷，当负荷达到最高值以后，抗压强度随着形变的增加而降低。在负荷 W 时如果除去负荷的话，试块因为是弹性变形的，或多或少总要恢复原来的形状。因为读出变形开始时的负荷 W_0 是很困难的，所以，把比它大 2～5kg 的最高负荷 W 作为本试验的抗压强度。

试验结果：

① 真空度、铸型抗压强度和硬度的关系：抗压强度大体与真空度成比例，硬度从真空

度 26.66kPa 开始达到饱和，趋于一定值。

　　② 薄膜与抗压强度和硬度的关系：抗压强度依薄膜的种类和厚度而变化。就抗压强度而言，以乙烯-乙酸乙烯酯共聚物（EVA）和聚乙烯（PE）为最大，并且，薄膜越厚，抗压强度越高；就硬度而言，薄膜种类和厚度对它影响不大。

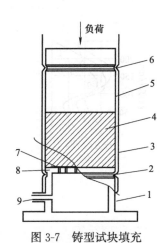

图 3-7　铸型试块填充

1—基础；2，6—垫料；3—塑料薄膜；4—型砂；

5—盖；7—滤布；8—排气孔；9—吸气口

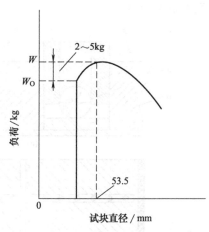

图 3-8　试块负荷变形曲线

　　③ 填充密度与抗压强度和硬度的关系：填充密度与抗压强度和硬度的关系和真空度与它们的关系相同，填充密度越大，抗压强度和硬度就越高。

　　④ 型砂与抗压强度和硬度的关系：使用表 3-1 中的几种砂子时，填充率高的砂子抗压强度低。像三荣硅砂、橄榄石砂这类粉碎而成的砂子填充率低，抗压强度高。

第二节　V 法铸型强度的形成

一、铸型内的应力

　　V法造型过程中影响铸型强度、铸件尺寸精度及质量的主要因素是振动紧实时间及真空度的大小。G. Fischer 公司提出了可用于测定铸型内的应力的方法。此法的实质是对外力作用于球上时球压头留在检验片上的压痕直径进行比较评估。在图 3-9（a）上绘出造型时测量填砂块里产生的力的工具，它是一个棒 4，在其孔里置于压力计 1。棒的长度取决于砂箱的外形尺寸，而孔数则取决于测量间距。将单面堵住棒孔的板 7 固定到棒 4 上。在形成的腔内安置塑性材料制成的检验片 6。在每个腔内放入起压头作用的测力计 2。压力计 1 由套 3 和球端头 5 组成。球用环氧树脂固定在压力计里，检验片的材料为 P-3 模料，这种模料可取得各种不同的良好压痕。

　　将装配好的装置放入试验的砂箱里，如图 3-9（b）所示。这时，可以使用几个棒。为了清除填砂质量对压头的影响，对棒放入砂箱的要求是，压头的轴线应是水平的。为防止填砂落到压力计里，在装配好的装置上应套上造型用薄膜。在振动和真空作用下，型砂被紧实。在砂箱的所有点里产生的应力，用测力计测出。在拆卸砂箱时取出棒，并根据留在检验片上的压痕，判定砂型该点里的最大负荷。

　　试验用砂箱尺寸为 800mm×600mm×240mm。应力在铸型里分布与工艺因素的关系，可在砂箱高度轴线上选出 5 个点检查应力，进行研究。进一步研究应力 P 与铸型里真空度关系及与初振动紧实时间的关系，在图 3-9（c）上标出在不同造型方式时，应力 P 沿砂箱高度 H 分布的情况。曲线 1、2、3 的振动时间相应为 35s、60s 和 10s，真空度相应为 20kPa、40kPa 和 60kPa。曲线的 S 形状表明应力在铸型里的不均匀度，从而可推测出填砂里的真空度也不均匀。

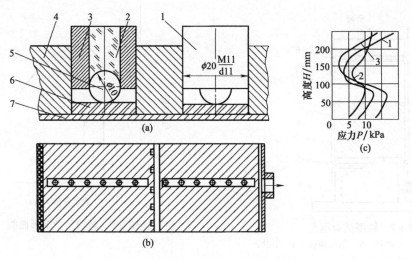

图 3-9　测定铸型内压力的方法
1—压力计；2—测力计；3—套；4—棒；5—球端头；6—检验片；7—板

在 V 法造型的研究工作中知，用定常状态的达西线性定律，可用气体通过松散介质不稳定运动方程式来表示。

第一个方程式

$$Q = \frac{K}{\mu} \times \frac{\Delta P}{l} f \tag{3-2}$$

式中　Q——液体或气体耗量，m^3/s；

　　　K——渗透系数，m^2；

　　　ΔP——过滤段上压力降，Pa；

　　　μ——（动力）黏度，$Pa \cdot s$；

　　　l——过滤段长度，m；

　　　f——过滤面积，m^2。

第二个方程式

$$\frac{p}{\tau} = \frac{K}{m\mu} \mathbf{V}^2 \left(\frac{1}{2} p^2 \right) \tag{3-3}$$

式中　$\dfrac{p}{\tau}$——压力变化，Pa/s；

　　　$\mathbf{V}^2$——二次拉普拉斯算子；

　　　p——绝对压力，Pa；

　　　m——气体质量，kg。

依据式（3-2）、式（3-3），压力在铸型截面上的分布应服从线性定律，或抛物线定律。为了确定压力在铸型截面上分布的真空特性，进行了下列试验：在尺寸 150mm×55mm×150mm 的有机玻璃制造的特殊砂箱里，用 V 法使填砂成型，如图 3-10（a）所示。砂箱配有在填砂里的 4 个水平面上测量压力的装置 1~4，并在排气箱里配有同样的装置 5。

用回线示波器记录压力，用水银压力计测量压力。KO2 和 KOO63 硅砂用作填砂。用厚 50μm 的一层薄膜从上面使砂箱密封。填砂振动紧实 30s。然后，使砂箱与真空系统接通，砂箱里建立起始真空度。在砂箱的所有点里剩余的起始压力应相同，并与真空系统里的给定剩余压力相等。用扯去薄膜或将其烧掉的方法，使上分型面上的铸型瞬时失去密封性。

在图 3-10（b）上显示出压力在定常状态时分布曲线 1、2 的特性变化。此两曲线与计算方程不同。可以假定，这一不同可以用不同颗粒的填砂在砂型体积上分布不均匀得到解释，这一假定在试验上得到证实。用 KO2 和 KOO63 砂分层填充砂箱，取得的曲线 3、4 显示出压力在不同的交替层时的分布特性。

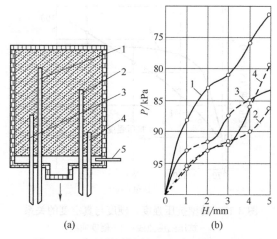

图 3-10　有机玻璃砂箱 V 法成型测压试验

较大颗粒砂的砂层可保证压力进入铸型深部时下降小，而小颗粒砂的砂层压力下降大。这表明在振动紧实的作用下，各种不同颗粒砂移位时及其在砂箱高度上再分布时产生不均匀度。为了证实，在振动紧实后 1min 时间里，分层筛分填砂进行补充试验。以 5:1 之比的 KO2 和 KOO63 砂的混合砂填充砂箱，取得了如下的结果（按照分层，从上面开始）：第一层为 52%KO2，19.5%KO16，9.5%KO1，19%KOO63；第二层为 55.7%KO2，19.3%KO16，8%KO1，17%KOO63；第三层为 56%KO2，18.2%KO16，7.6%KO1，18.2%KOO63；第四层为 58.2%KO2，20.1%KO16，7.2%KO1，14.5%KOO63。这样一来，由于振动紧实，填砂的颗粒进行再分布：小颗粒飘起，而大颗粒下沉。填砂颗粒的再分布使铸型在砂箱高度上渗透系统发生变化。这会引起剩余压力在铸型截面上的分布偏差，也如应力在体积上不均匀的结果一样。

为要精确地计算 V 法铸型里的过滤过程，必须使式（3-2）和式（3-3）取形式为：

$$Q = \frac{K_{(H)}}{\mu} \times \frac{\Delta P}{l} f \tag{3-4}$$

$$\frac{P}{\tau} = \frac{K_{(H)}}{m\mu} \nabla^2 \left(\frac{1}{2} P^2 \right)$$

式中，$K_{(H)}$ 为铸型截面渗透系数与在砂箱里位置高度的函数关系。这样可使铸型里最小压力降更加准确。最小压力降能保证生产出尺寸精度高、表面光洁的优质铸件，以及更精确地计算出铸型的真空系统。

二、铸型强度和硬度与真空度的关系

V法造型材料和紧实方法的特点，在于型砂不含黏结剂和水分，故在造型性能方面流动性很好，砂粒之间仅有内摩擦力。在振实过程中，只能使砂粒排列很紧密，但不能立即建立铸型硬度。将型砂密封，从砂箱内抽去砂粒间的空气，使其具有一定的真空度，砂粒间空隙减少，型砂更加紧实。在此种情况下，借助外界大气压力和铸型内部真空之间的压力差，使铸型建立强度。真空度（用负压值表示）与铸型强度及表面硬度的关系如图 3-11 所示。用石英砂混合料制作的试样，填充密度通过保持同样的振动时间调节到 1.64g/cm^3。真空度提到 21.3kPa 以上。当抗压强度随真空度的增加而不断增加时，硬度在真空度约为 75kPa 时，几乎达最大值。

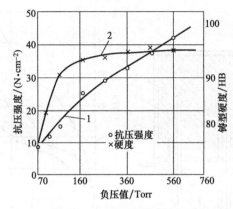

图 3-11 铸型抗压强度、硬度与真空度的关系
1—抗压强度曲线；2—硬度曲线
注：Torr（托）为非法定计量单位，1Torr≈133Pa。

如果摩擦因数和接触面积不变（利用保持填充密度不变来达到），那么，当型内压力改变时，摩擦力就改变，因此抗压强度改变。

在实际铸型中，由于金属液的作用薄膜局部熔化，导致铸型表面密封不足。因此，型内负压降低，抗压强度减小。为了防止这种情况，可在铸型表面上涂料，并使用足够容量的真空泵，根据图 3-11，在没有利用负压的情况下，抗压强度约 10N/cm^2。这似乎是由薄膜本身的强度引起的。在两种试验情况下，用砂型硬度计测得的潮型硬度始终不能和负压铸型的硬度相比。

三、V法铸型内最低真空度的选择

V法铸型时，选择铸型真空度是重要工艺参数，它带有一定经验性。型砂在起模和浇注结束期间的静态平衡，是确定 V法造型最低真空度的方法。

在上述期间间隔里，可以假定分为两个阶段：第一个阶段从浇注铸型，金属液未进入型腔；第二个阶段金属液进入型腔到结束。若型砂的细砂没有相对移动的可能，也就是处于大气压力 P_a 和砂型内部压力 P_Φ 的静态平衡状态。若型砂的细砂和混合砂之间没有摩擦力，在第一个阶段可保持铸型型腔轮廓的完整性。因为在浇注开始瞬间，型腔里压力有所增加，所以型腔减小。因为膜熔化前沿有些超越金属运动前沿，且空气通过形成的缝隙被吸到铸型内部；在第二个阶段，大气压力和铸型内部压力差开始增加。

细砂间的摩擦力使细砂保持在固定位置里，当砂型悬垂部分混合砂的重量超过摩擦力或极限抗剪力时，砂型开始崩塌（在第一阶段和第二阶段）。对这一状态进行了分析，采取如下的假设：紧实后砂型里砂粒不变形，也不相互地相对移动，砂粒的排列形式极好，不需补充紧实，型砂处于三轴心压力状态中，型砂部分可看作是各向同性体，膜可看作密封件。

水平分型面Ｖ法铸型的剖面图，如图3-12（a）所示。上半型可以把它当成两个支座上的刚性梁，假设能承载均匀分布的、来自填砂体积重量的负荷。在梁的横截面里将产生弯曲应力 σ_N 和剪切应力 $\sigma_{сд}$。在图3-12（b）的应力图上标出这些应力分布的共同特性。在任一横截面里产生的总应力可以计算出来，即

$$\sigma_{CYM} = \sigma_N - \sigma_{сд} \tag{3-5}$$

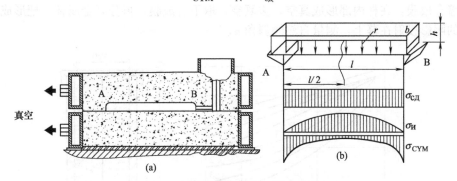

图 3-12　水平分型面的 Ｖ 法铸型的剖面

而上半型强度条件或保持模样轮廓的条件要满足下式：

$$\sigma_{CYM} \geq 0 \text{ 或 } \sigma_N - \sigma_{сд} \geq 0 \tag{3-6}$$

对上半型来说，通过跨距 AB 中心的截面是危险截面（如图3-12所示，l 为长度，b 为上半型悬垂部分的宽度，h 为悬垂部分填砂的高度）。把值代入：

$$\sigma_N = \frac{M_N}{W} = \frac{3\gamma l^2}{h} \tag{3-7}$$

$$\sigma_{сд} = \frac{P_{сд}}{F} = \frac{P_a f l \sin\alpha}{h} \tag{3-8}$$

式中　M_N——梁面里来自填砂重量的弯曲力矩；

　　　　W——截面阻力矩；

　　　　γ——紧实后型砂的密度；

　　　　F——剪切横截面面积。

$P_{сд}$ 为移动型砂的细砂必须施加的极限剪切力，用下式计算：

$$P_{сд} = P_B f b l \sin\alpha \tag{3-9}$$

式中　P_B——砂型腔及其内部的压力差；

　　　　α——型砂的自然倾斜角；

　　　　f——型砂内摩擦因数。

考虑到式（3-7）～式（3-9），我们取得砂型里最低必要真空度的表达式。这一真空度能保证在第一个阶段不会改变砂型的尺寸，即

$$P_{Bmin} = 3\gamma l f \sin\alpha \tag{3-10}$$

第二个阶段开始，铸型腔里的压力有些增加，然后，压力均衡到第一个阶段的压力值。所以，在选择时，直浇道截面、横浇道截面和内浇道截面之比为1：2：2（直浇道截面面积要比普通铸造时大25％），以及在正确选择真空装置和配件时、安装砂型时，应使砂型保持在第一个阶段真空度的静态强度。这是使用式（3-10）和第二阶段的基础。正确的合型应在

浇注时消除金属液在水平面上分流,且能保证金属液在砂型里缓慢地升起。

从以上所述得出,如果已知 γ、自然倾斜角 α 和紧实的型砂内摩擦因数 f,若已知值 l,则保证砂型完整性的 V 法砂型的最低必要的真空度总是可以计算出来的。若将砂型调整为水平浇注,就可降低砂型腔和砂型内部的必须的最低压力差。

在图 3-13 (a) 上列出,紧实的混合砂和未紧实的混合砂的细度模数不同和真空度不同(曲线 1,1′为 20kPa;2,2′为 40kPa;3,3′为 60 kPa;4,4′为 80 kPa)时型砂混合砂的自然倾斜角 α 的关系曲线。用如下的方式取得关系曲线:ϕ50mm 和 $h=100$mm 的有垂直分型的金属杯,如图 3-13 (b) 所示。装有一定细度模数的型砂,在 20s 时间内振动紧实型砂,从上覆盖合成膜,在杯内部形成真空,去真空,取下合成膜,再分开金属杯,把形成的混合砂锥体的阴影投射在幕上,测量自然倾斜角 α。

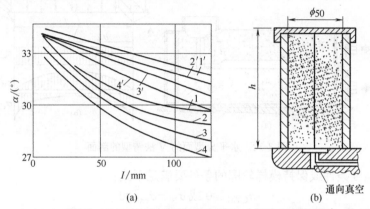

图 3-13 型砂混合砂的自然倾斜角 α 的关系曲线

在图 3-14 (a) 上列出在细度模数不同和真空度 [按图 3-13 (a) 的曲线 1~4] 不同时,型砂混合砂摩擦因数 f 的计算结果。

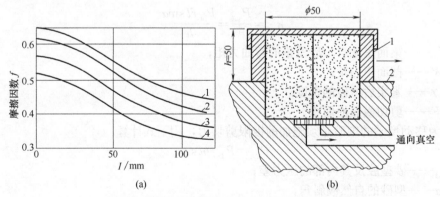

图 3-14 细度模数和真空度对型砂混合砂摩擦因数 f 的影响

按照上面所述的方式研磨到底座 2 [见图 3-14 (b)] 中 ϕ50mm,$h=50$mm 的金属型 1 紧实砂,并在真空下相对于底座 2 移动,确定最小的剪切力。为密封起见,在杯的移动平面上涂上凡士林。

已知砂型尺寸及其内的真空度,从下面的关系式中计算型砂的摩擦因数 f。

$$P_{\text{сд}} = F_{\text{TPC}} + F_{\text{TPH}} \tag{3-11}$$

式中 F_{TPC}——杯-底座相对摩擦力,$F_{\text{TPC}} = f_1 P_{\text{CT}}$($f_1$ 为初步测量无填砂的杯-底座的摩

擦因数，P_{CT} 为杯的重量）；

F_{TPH}——型砂的摩擦力，$F_{TPH}=\left[P_H+\dfrac{\pi a^2}{4}(P_a-P_\Phi)\right]f$（$P_H$ 为在杯-底座对接合面

上位移条件下填砂的重量，P_a 为大气压力，P_Φ 为杯里压力，a 为杯的直径）。

由此可得出

$$f=\frac{P_{сд}-F_{TPC}}{P_H+\dfrac{\pi a^2}{4}(P_a-P_\Phi)} \tag{3-12}$$

在时间定为 20s 的振动紧实后计算混合砂的体积质量证明，实际上，体积质量与砂型里的真空度无关，而是按照细度模数在（0.165～0.180）×10^5 范围内改变的。

在浇注宽 250mm 和厚 30mm（长度可变）的 30ЛI 钢板时，使用所列方法证明，降低砂型腔及其内部的压力差不得低于如式（3-10）所示的最低的压力差，否则会导致夹砂或冲砂，并生产出废品件。在恒定的真空度下，合格铸件板的长度是靠浇注时倾斜铸型增加的。浇注前，装铸型时的最佳倾斜角为 10°～15°，若倾斜角较大，可采取铸型对固定的补充措施。

因此，确定Ｖ法造型的其中一个主要工艺参数——铸型里必要的真空度的方法，可保证型腔模样轮廓的完整性，这将会生产出优质铸件，以及在生产各种不同类型铸件时选择铸型真空的经济方式。

四、Ｖ法铸型的变形

Ｖ法是依靠铸型内外的压力差紧实型砂。在负压铸型上，这个压力差一般为 0.03～0.09MPa。认为铸型的变形依型砂的填充条件而变化，并引起铸件缺陷和尺寸误差，因此，对型砂和填充条件进行了试验研究。

1. 试验方法

型砂是 65% 的硅砂和 35% 的硅砂的混合物，不加黏结剂，水分在 0.1% 以下。使用的模底板是平板，平板每 30mm 加一凸缘，加以补强，以求在 0.06MPa 的负压下，变形量也在 0.03mm 以下。

吸引能力和减压速度是通过改变吸引管的根数来调整的，振动台的振动加速度取 450cm/s^2。在这个加速度下振动 30s，填充密度就达到 1.63～1.65g/cm^3。铸型尺寸为 800mm×800mm×210mm。图 3-15 表示砂箱和铸型的变形量的测定位置。

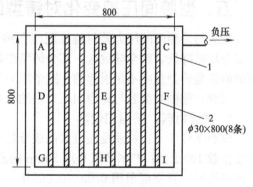

图 3-15 砂箱和铸型变形测定位置
1—抽气室；2—抽气管

变形量是在铸型中心正部的 E 点和距箱壁 30～50mm 的 A～D 点、F～I 点（共 9 个点）上测定的，由这些测定值求出了平均变形量和最大变形量。

2. 试验结果和分析

（1）填充密度和铸型的变形量：表 3-2 中记录了填充密度和铸型变形量的测定结果。在 1.44g/cm^3 的静置密度时，平均变形量为 4.36mm，最大变形量竟大到 7.30mm。如果铸型不发生变形，铸型的分型面就会高出砂箱 2mm 之多，但却相反，反而比砂箱更低。这个变

形量在抽气管与抽气室的结合部（图 3-15 中的 A～C 点和 G～I 点）最大，其次是铸型中心正部，除了这些外，在砂箱周围（D 点和 F 点）变形不大。

表 3-2　填充密度和变形量

填充密度/(g/cm³)	变形量/mm		
	平均值	最大值	铸件中心正部
1.44	4.36	7.30	3.20
1.49	1.31	1.80	1.70
1.56	1.86	1.50	1.50
1.59	0.83	1.45	1.45
1.61	0.43	0.80	0.80
1.63	0.27	0.53	0.53
1.66	0.27	0.50	0.45
1.70	0.20	0.30	0.30

用振动台给铸型以数秒的振动，使填充密度达到 $1.49 g/cm^3$，平均变形量为 1.31mm，最大变形量为 1.80mm。这时的铸型分型面高出砂箱；铸型中心正部（E 点）的变形量比砂箱周围 A～D 点和 F～I 点的变形量大。

但是，和静置密度 $1.44 g/cm^3$ 的情况相同，抽气管与砂箱抽气室连接部 A～C 点和 G～I 点的变形量比砂箱周围 D 点和 F 点的变形量大。

填充密度再大，达到 $1.63 g/cm^3$，平均变形量为 0.27mm，最大变形量为 0.53mm，变形量达到大体平衡的状态。在这种状态下，变形量没有显著的差异，但铸型中心正部的变形量有着比别的地方的变形量稍大的倾向。

（2）型砂和铸型的变形量：假设振动条件一定，型砂粒度变化时的铸型变形量随着粒度指数的增大而变大。用弗拉他利砂（粒度指数 114）造的铸型的变形量与三荣硅砂 6 号（粒度指数 90）和三荣硅砂 7 号（粒度指数 147）的情况无大差别。但用浜冈 6 号砂（粒度指数 90），变形量比前三者大，认为这是由粒形和粒度分布不同而引起的。

五、型腔间压差变化对铸型的影响

型腔与铸型间的压力差与铸件硬度和铸型强度的关系，如图 3-16 所示。一旦铸型的某一部分压差降低，就会导致这一部分铸型损坏，导致铁液凸起。铸件表面的冲刷和黏砂等表面缺陷都是铸型强度不足引起的。这个压力差还受通气孔、涂料、浇注时间等因素的影响。

因此，德国对型腔与铸型间压力差的变化和对铸型稳定性的因素做了研究。

1. 试验材料、装置和仪器

试验条件如下：材质是接近共晶成分的片状石墨铸铁；砂子的种类和粒度为硅砂，AFS 粒度指数 100±10；塑料薄膜是厚 $80\mu m$ 的乙烯基乙酸薄膜；使用以石墨和硅酸锆为主材料的水基涂料；真空度范围 0.03～0.06MPa；试验浇注温度为 1300～1350℃；为了能够进行各种测定，使用了专用 V 法造型机（砂箱尺寸 650mm×500mm×200mm）；使用了玻璃砂箱，所造的铸型上都装有传感器，以便测定砂子的压力和流速，对造型过程进行录像，以便观察金属液的充型过程。为了将这些测定数据进行摄影、存储和加工而编制了计算机程序。

2. 试验结果

（1）铸型硬度与型腔和铸型间压力差的关系：如图 3-17 所示。在日本研究所的研究和现场进行的研究都证明：在接近 200kPa 的压力差范围内铸型硬度提高得最快。

（2）关于压力曲线的变化和铁液流动曲线的变化的评价：首先想对铸型内和型腔内的压力变化以及通气孔处金属液的流速做几点说明：

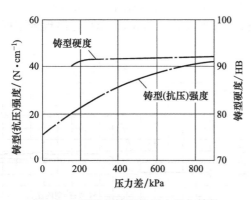

图 3-16 型腔与铸型的压力差与铸件
硬度和铸型强度的关系

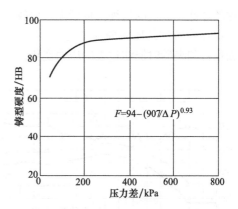

图 3-17 铸型硬度与型腔和铸型间
压力差的关系

① 图 3-18 是把真空泵分配器处的压力定为 50kPa（曲线 1）、进行浇注时型内各个部位（曲线 2，3，4，6）以及铸型型腔内（曲线 5）的压力变化。曲线 1 所示的真空泵分配器处的绝对压力的变化比铸型内绝对压力低一些，试验和预想的一样，前者变化最小，铸型内的绝对压力，凡是浇注时真空度有差别的和涂料的种类及厚度有差别的首先升高。

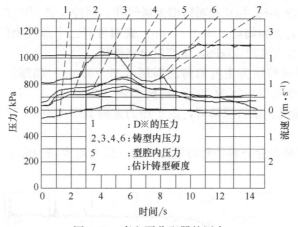

图 3-18 真空泵分配器的压力

② 真空度（曲线 2，3，4，6）是随着薄膜的燃烧和气化而降低，绝对压力再次降低，也就是说，真空度是随着金属液的充型挡住型壁而恢复。

③ 型腔内的压力（曲线 5），只要通气孔尺寸合适、布置得当，与大气压力几乎相等。

④ 浇注试验末期所看到的型腔内的压力上升就是由于金属液封闭了开放管、压力传感器延长管内的压缩空气被压缩所致，这说明金属液充型已满。

从这些说明，可以得出这样的结论：铸型内的压力降到"临界最小压力差"，当接近型腔内的压力，铸型强度就会降低，使 V 法特有的铸造缺陷产生的危险增加。

若看一下曲线 7 的变化，就会注意到铸型通气孔的重要性。由曲线 7 看出，在铸型内的压力上升期间，随着薄膜的燃烧和气化，漏气增加，铸型通气孔内的流速明显增加，然后又降低，这是由于金属液掩盖了铸型表面，从而说明通气孔和金属液掩盖的重要性。

（3）铸造条件对于铸型损坏和铸造缺陷的影响：如图 3-19 所示为无通气孔和通气口良好的铸型的压力曲线。如果是完全没有通气，在浇注时加强抽气，型腔内也不能很快补充空气压力，因此，型腔内的压力降低，变得接近于铸型内的压力，二者压力差的减少就导致了铸型稳定性的降低。产生的这种不良影响，比较一下无通气孔的铸型的压力曲线［见图3-19（a）］和通气良好的铸型的压力曲线［见图3-19（b）］就能看得清楚。图3-19（a）是出现铸型损坏、表面粗糙和夹砂时浇注过程的压力变化。

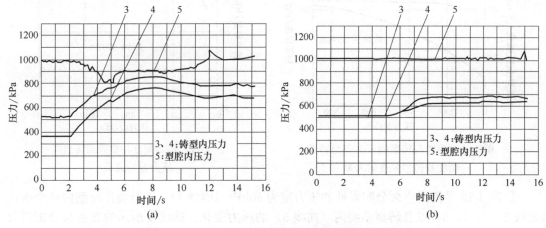

图3-19　无通气孔和通气孔良好的铸型的压力曲线

如图3-19所示，铸型内（曲线3、4）和型腔内（曲线5）的压力变化情况，石墨涂料厚度为80～100μm。图3-19（a）表明铸型无通气孔，型腔与铸型内的最小压力差约5kPa，泄漏速度大，易发生夹砂和塌箱。图3-19（b）表明带有二个通气槽的铸型（各ϕ20mm），型腔与铸型内的最小真空度约30kPa，生产出合格铸件。

图3-20是刷涂以硅酸锆为主材的薄涂料层（25～50μm）和厚涂料层（80～100μm），且真空泵分配器处的绝对压力定为72kPa时铸型内（曲线3N和3H）和型腔内（曲线5N和5H）的压力变化情况。涂料层薄时，由于压力差降到了100kPa以下，铸型毁坏（曲线3N和5H）。

如图3-20所示是铸出合格铸件时的压力变化（压力差大约30kPa，石墨涂料厚度80～100μm）。

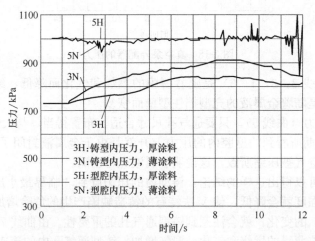

图3-20　铸出合格铸件时的压力变化

通过这2个试验就足以说明铸型内以及型腔内的压力的变化及它们的影响了。

图3-20还表明涂料厚（80～100μm）薄（25～50μm）不同时压力的变化。通气槽的直径约10mm，相当于约80mm²；真空泵的分配器处的绝对压力调整到72kPa的负压，因此，

发生了不希望出现的状态。也就是说，在接近临界压力状态下，为了得出试验曲线、铸出合格的铸件，涂料的厚度起了重要作用。硅酸锆涂料的厚度较薄（25～50μm，曲线3N）时与较厚（80～100μm，曲线3H）时相比较，前者在开始浇注后的型内压力急剧增加。当涂料较薄时，至少是开始浇注后的初期阶段型腔内的压力也降低（曲线5N）。这个降低是由于涂料覆盖效果差因而抽力强造成的。当涂料薄时，型腔内与铸型内的压力差降到10kPa以下就决定了铸型的损坏；反之，涂料较厚的话，这个压力差只能降到18kPa左右。

如图3-21所示是压力差计算出来的铸型硬度曲线。图3-21（a）中的曲线群是表明生产出无缺陷铸件的相互关系；图3-21（b）中的曲线群是表明生产出铸型损坏、表面不好铸件的例子。图3-21（a）表示的试验与图3-21（b）表示的试验相比，压力差较大，其结果是铸型硬度也高，原因是图3-21（b）的涂料厚度仅25～50μm，而图3-21（a）的涂料厚度却是80～100μm。

由于铸型强度较低，在浇道处产生砂的冲刷是不少见的。冲刷和加砂是由于浇注方案不当、金属液流速过大造成的。为了让金属液尽早地遮盖住铸型表面，浇注时应该快浇。但是，与此同时，为避免冲刷与铁豆的产生和金属液的飞散，应设计合理的浇注方案，尽量让金属液静静地流入铸型。

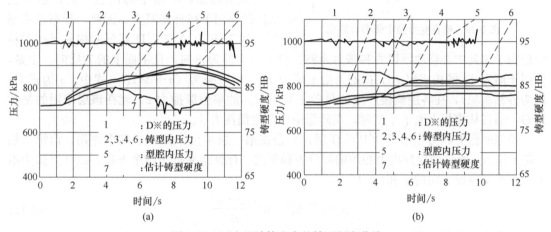

图3-21 压力差计算出来的铸型硬度曲线

如图3-21所示为当真空泵的分配器的绝对真空度设定到75kPa时，铸型内（曲线2，3，4，6）与型腔内（曲线5）的压力变化和从真空度（曲线3与5间的距离）计算出的铸型强度的变化。铸型带一个排气槽（φ10mm）。厚涂料层（约80～100μm），型腔与铸型间的最小真空度约17kPa，铸型不损坏，表面良好；薄涂料层（约25～50μm），型腔与铸型内的最小真空度约9kPa，铸型损坏，铸件表面情况不好。

（4）结论：在Ｖ法铸造上，型腔与铸型间的真空度对于铸型硬度和铸型强度是有影响的，最终反映在铸件质量上。通过对型腔内和铸型内压力变化的测定及对通气槽上金属液流速的测定，得到如下结论：

① 真空度在20kPa左右时铸型硬度最高。

② 为防止铸型塌箱，真空度最低要在10kPa以上。

③ 铸件表面粗糙、冲砂、夹砂等铸造缺陷随着真空度的增大而减少。

④ 铸型的通气槽尺寸不够大的话，气体流动就不通畅，在这种情况下抽气，就会降低型腔内的压力，使真空度变小，带来麻烦。

⑤ 涂料的种类和厚度（附着力、透气性、柔软性）对于保持足够的真空度起重要作用。

增加涂料的厚度，例如硅酸锆涂料从 25μm 增加到 100μm，石墨涂料从 50μm 增加到 250μm，能起到薄膜燃烧、气化之后遮盖住铸型表面的作用。

⑥ 为了使金属液尽快地遮盖住铸型表面，起到密闭作用，需要快速浇注，但是，为了防止冲砂等铸造缺陷，还需在内浇道的数量、形状、截面积以及布置方面多加研究。

六、V法铸型的强度计算

确定最小真空度，可保证抽真空铸型在工艺周期的不同阶段具有一定强度，因此，要研究一下从模底板上取出成品半型时其强度保持机构，首先要搞清楚抽真空半型中张力计算图，如图 3-22 所示。自半型中形成真空一刻起，沿箱口和箱肋在砂子填充料中即作用着一定张力，它与压差 $\Delta P = P_0 - P_B$ 相等，式中 P_0 和 P_6 分别是大气压力和填充料中的残余压力（抽真空后）。因此，半型填充料要承受双面单轴挤压。

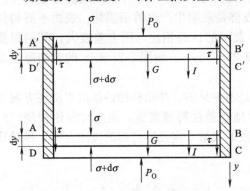

图 3-22　抽真空半型中张力计算图

众所周知，半型中形成负压时，砂子在 ΔP 的作用下被补充紧实。因此，分布在半型下 ABCD 和上 A′B′C′D′ 部分的构成层相对箱壁趋向于向其中心移动，以力和张力为例，自上而下的为正向，自下而上的为反向。于是，作用于厚为 dy 的构成层 ABCD 的力沿上棱为 σF，沿下棱为 (σ+dσ)F（式中，σ 为张力；F 为砂箱面积），在各层侧棱产生的是砂子与箱壁间的单位摩擦力 τ，就在该层作用的是重力 G，而当从模板上取下半型时，在砂层中则产生惯性力 J。

类似的张力和力作用于 A′B′C′D′ 层，只是在第一层单位摩擦力 τ′ 向下作用，而第二层 τ′ 向上作用。给这两层列出力相等的微分方程解之。计算结果得出两个方程，以计算张力沿上、下半型高度方向的 σ 和 a，即

$$\sigma = e^{Am} \Delta P + n \frac{\rho(g+a)}{A} \tag{3-13}$$

上式中，对下型而言，$m = H - y$，$n = 1$；对上型而言，$m = y$，$n = -1$。对上、下型 $A = \xi f L / F$。

式中　ρ——填充料密度；

　　　g——重力加速度；

　　　a——取型时半型加速度；

　　　ξ——侧压系数；

　　　f——摩擦因数；

　　　L——砂箱周长；

　　　F——砂箱面积；

　　　H——半型高度；

　　　y——现有纵坐标（经检查 $y = 0$）。

如图 3-23 所示为在不同负压下，尺寸为 400mm×300mm×100mm 的抽真空半型张力沿高度方向变化的关系曲线（剖面线）。计算时，采纳如下数据：$\sigma = 1596 \text{kg/m}^2$，$f = 0.3$，$\xi = 0.4$，$a = 1.2 \text{m/s}^2$。图中展示了试验中出现的张力分布（实线）。试验中，振动紧实时间为 7s，硅砂粒尺寸为 0.0002m，$\sigma = 1596 \text{kg/m}^2$。

由上述关系曲线分析表明：张力按指数定律变化，在两半铸型中张力分布曲线有交叉点。显然，这些点系大气压力从箱口和箱肋一边双面紧实作用而在填充料中产生的相等张力点。

让式（3-13）的右边部分对于上、下型均相等，并代换一下，则可找到该点纵坐标，即

$$y_{\mathrm o}=\frac{1}{A}l_{\mathrm n}\frac{2B+\sqrt{4B^2-4C(B^2-\Delta P^2)}}{2C(\Delta P+B)}$$

$$\tag{3-14}$$

式中，$B=\sigma(g+a)/A$，$C=\mathrm{e}^{-AH}$。

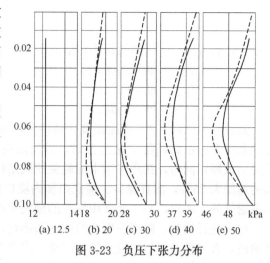

图 3-23　负压下张力分布

当扩大砂箱尺寸、捣实密度及从模板上取下半型的加速度，缩小外部摩擦因数、侧压以及半型气槽中形成的负压值时，张力分布曲线的转折点纵坐标向下移动（向箱口）。

位于曲线转折点以下的半型砂层要保持砂子在半型上部具有一定重量。当转折点纵坐标与半型箱口对准时，支承层的砂子厚度等于零，且铸型强度最小。因此，从张力沿抽真空半型高度方向的分布曲线转折点纵坐标的位置可估出该半型在制作阶段的强度。

在确定上述尺寸砂箱后计算一下最小许可负压，为此，设 $y=H$，相对计算公式 ΔP 为

$$\Delta P=\frac{\rho(g+a)F}{\xi fL}$$

$$\tag{3-15}$$

七、V 法铸型抽气量的计算

在 V 法造型过程中，型砂是处于用膜封闭的，处于抽掉空气的受限制的空间里。在 $V=V_{\mathrm C}+V_{\mathrm{BH}}$ 的条件下，从封闭的空间里抽出空气时，砂箱里的型砂得到紧实，式中 V_{BH} 换算后得：

$$V_{\mathrm{BH}}=(V_{\mathrm{ON}}-V_{\mathrm{OM}})\frac{\rho-\rho_{\mathrm H}}{\rho_{\mathrm H}}$$

$$\tag{3-16}$$

式中　V_{ON}，V_{OM}——砂箱容量和模样容量；

　　　ρ，$\rho_{\mathrm H}$——型砂的要求密度和起始密度。

由于砂粒覆有塑料薄膜，随真空的增加，抽出内部空气，并连续地提高型砂的强度和硬度。考虑到抽出内部空气，在浇注前，从半型里抽出的空气容量将是 $V_{\mathrm B}=1.3V_{\mathrm{BH}}$。

在浇注金属液时，膜熔化形成的液态合成料被吸入砂型里，可保证砂粒间的联系。膜透入砂型不会破坏真空。抽出的气体量与过程时间变化的关系，如图 3-24 所示。浇注金属液时会影响抽自下半型（虚线）和上半型（实线）的气体量。在浇注前，抽自两个半型的空气量相等；浇注时，由于在上半型里有浇口系统和冒口，膜熔化较快，所以抽自上半型的气体量比抽自下半型的要增加得快；随浇注的停止，抽自下半型的气体量减少，并接近浇注开始前的气体量。由于冒口周围的膜熔化，抽自上半型的气体量增加。在计算中，在过程的时间里，抽自上半型的气体量，比起始量增加 2 倍，而对下半型而言，实际上无改变。就对称模样来说，当上下砂箱相等时，抽空的气体量为 $V_1=4V_{\mathrm B}$。

为使真空系统的工作可靠，必须正确地选择有要求抽气速度的真空泵。要求的抽气速度按下式选择

$$S = 2.3 \frac{V_1}{t} \lg \frac{P_H}{P_K} \tag{3-17}$$

式中　P_H，P_K——气体的起始和结束压力；

　　　　S——抽气速度；

　　　　V_1——抽空的气体量；

　　　　t——抽出时间。

　　知道抽出时间 t（与浇注速度、铸件外形和牌号有关）内抽空的气体量，可选择相应型号的真空泵。由此，在 V 法造型时，砂型面应覆有塑性膜，在浇注砂型时，必须设法使浇注时间最短，同时，在浇注结束前避免使膜熔化。这样，对于铸钢件应取直浇道的截面比普通铸造的大 25％，而直浇口、横浇口和内浇口的截面之比为 1∶2∶2。在开始的瞬间，砂型是不透气的，所以，必须保证用特殊的槽式冒口使砂型通气。

　　在浇注开始后，砂型面覆盖的膜逐渐熔化，而空气和气体通过砂粒自砂型腔里抽出，在此阶段，大气通过冒口被吸入砂型腔里。浇注时砂型腔内压力的变化情况，如图 3-25 所示。

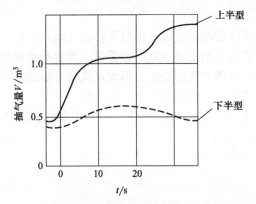

图 3-24　抽出的气体量与过程时间变化的关系　　图 3-25　浇注时砂型腔里压力的变化情况

　　过程的第一阶段结束，当膜尚未熔化，而气体通过冒口排出，在条件完成时 $V_{Bb} = V_{KP} + V_{BO}$。式中，V_{Bb} 为通过冒口排出的气体量和空气量；V_{KP} 为结晶时合金中析出的气体量；V_{BO} 为砂型腔里抽出的空气量。

　　根据研究，可确定 $V_{KP} = 1.5 V_{OT}$、$V_{BO} = 4 V_{OT}$。在使用封闭式冒口情况下，可将冒口的容量加到铸件容量 V_{OT} 上。

$$V_B = \frac{\pi R_B^4}{\eta l_B V_B}(P_\Phi - P_a) \tag{3-18}$$

式中　η——浇注温度时的气体黏度；

R_B，l_B——冒口半径和冒口高度；

P_Φ，P_a——型腔里气体压力变化。

　　在第二阶段里，空气通过冒口自大气吸入。这一瞬间，膜熔化，而结晶时析出的气体，以及通过冒口吸入的和加热时自型腔抽出的空气通过砂间隙过滤，并用泵抽出。这一条件可以在 $V_u \geqslant V_n$ 时表达出来。式中，V_u 为通过砂子过滤的气体量；V_n 为形成的气体量。

　　在通过多孔介质过滤气体时，可用式计算 V_n，即

$$V_n = \frac{KF\Delta P}{\mu \Delta l} t \tag{3-19}$$

式中　F——空气流截面面积；

ΔP——压力降；

μ——空气黏度系数；

Δl——砂层厚度；

t——过滤时间。

结合起来解前面两个方程，可计算出透气系数 K。透气系数 K 可计算出能过滤必要气体量的砂粒组织。

$$K \geqslant \frac{V_n \mu \Delta l}{F \Delta P t} \tag{3-20}$$

对于粒度不同的砂 $K \leqslant 20$，而对于粒径为 $0.15mm$ 的砂一般使用 $K = 5$。

在计算 $V_n = V_{KP} + V_B$ 时，V_B 为按图 3-25 确定的 P_Φ 值时而计算出的从大气吸入的气体量。

若在铸件里有型芯，则从型芯中析出的气体量 $V_{CT} = Q F_{CT}$。式中，Q 为析出气体的比容，此比容属表面单位，与合金牌号和芯砂组织有关，并按数据计算出来；F_{CT} 为由金属洗涤的型芯面。若在浇注开始时有型芯，则在计算 V_B 时补加后值。

如图 3-26 所示为两个各重 158kg，用碳钢制成的张紧轮铸件 [图 3-26（a）为按公式计算出有冒口的铸件，图 3-26（b）为无冒口的同一铸件]。

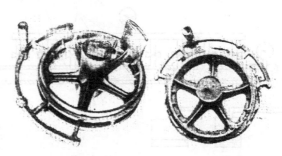

(a) 有冒口铸件　　　(b) 无冒口铸件

图 3-26　张紧轮铸件

计算实例：

1. 选择用 V 法生产铸件所需的真空泵

在单位生产时，若铸件最小，砂箱外形的最大尺寸 2200mm×2000mm×500mm，在 $P_H = 100MPa$，$P_K = 50MPa$，$t = 12s$，$P = 1.7g/cm^3$，$P_H = 1.4g/cm^3$ 时进行计算。

抽气速度为 $S = 7.8m^3/min$，选择 $S = 12m^3/min$ 的真空泵。

2. 制定生产张紧轮铸件所需的冒口尺寸

可将铸件假定地分为两个部分：中间部分和轮毂部分。将 $\phi160mm×130mm$ 的冒口和轮缘放到轮毂上。以容量为 $V_{o\delta}$ 的金属进入轮缘里。在用 V 法造型生产铸件时，必须将排气冒口放在轮缘上。在下列各数值 $\eta = 100MPa$，$\Delta P = 20MPa$，$L_B = 500mm$，$V_{OT} = V_{o\delta} = 14dm^3$，$t_1 = 0.25s$，$t$ 为依据图 3-25 的过程第一阶段的时间。时间与膜的类型、浇注温度和浇注速度有关。

根据所作的计算 $R_B = 82mm$，因而符合半径上制作的尺寸 30mm×200mm 的扇形轮。

3. 计算砂渗透系数

在下列各数值 $\Delta P = 20MPa$，$\Delta l = 200mm$，$F = 7850mm^2$，$\mu = 1.87 \times 10^{-5} Pa \cdot s$，$t = 9s$ 时，计算过滤气体必须的砂渗透系数。根据计算取得 $K = 0.2$，因而证明，实际上通过任何颗粒的砂，均可过滤气体。

第三节　V 法铸造的砂型

V 法铸造的砂型与黏土砂型比较有许多优点。但是，用 V 法造型出的砂型也存在问题，常常会在浇注过程中砂型掉砂，在铸件里出现黏砂和砂眼。这些缺陷常在大的铸件上见到，而很少在小的铝合金铸件上看到。

缺陷的主要原因是在浇注过程中砂型密封不严。下面阐述多种工艺因素对V法造型失密过程的影响并对V法砂型的尺寸精度进行了研究。

1. 铸造工艺对V法砂型质量的影响

研究是在装置上进行的，如图3-27所示。此装置是一个内径30mm和长1000mm的密封钢管1。在钢管上可模拟较大的砂型。在管的长度上每隔100mm布置短管2。短管配有截止阀。这些阀与管长度上调节真空度的真空表3相连。管的一端是敞开的，另一端通过滤水器5与真空泵6相接。钢管的截面和真空泵的排气流量大致和砂型供应的耗量相当。管内填充干砂。真空计4可预示入口的真空度。

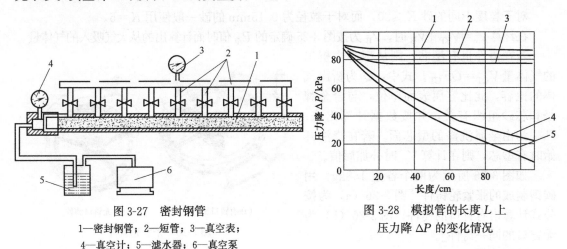

图3-27　密封钢管
1—密封钢管；2—短管；3—真空表；
4—真空计；5—滤水器；6—真空泵

图3-28　模拟管的长度L上
压力降ΔP的变化情况

在装置上模拟出砂型表面温度，以及砂型涂料对其密封度的影响。

若温度不同和涂料各异，在模拟管的长度L上压力降ΔP的变化情况，如图3-28所示。1、2、4、5各曲线表示的砂型相应地在20℃、300～500℃、1000～1100℃和1200～1400℃时覆盖塑料薄膜，曲线3表示为薄膜在大于1000℃时涂以防黏涂料。

表面涂料对V法砂型密封度的影响，如图3-29所示。图中曲线1为无涂料的薄膜；曲线2为薄膜不焙烧涂以3层Al_2O_3＋ℵφ-2胶＋丙酮涂料；曲线3为2层Al_2O_3＋ℵφ-2胶＋丙酮涂料；曲线4为1000℃焙烧后2层Al_2O_3＋ℵφ-2胶＋丙酮涂料；曲线5为2层Al_2O_3＋H_2O涂料；曲线6为1层Al_2O_3＋ℵφ-2胶＋丙酮涂料；曲线7为1层Al_2O_3＋H_2O涂料。

V法真空砂型壁厚不同时添加液体的影响，如图3-30所示。图中曲线1a，1σ，1B，1T

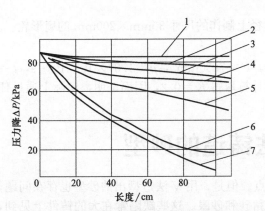

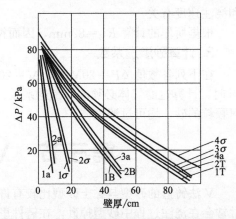

图3-29　表面涂料对真空砂型密封度的影响

图3-30　真空砂型壁厚不同时添加液体的影响

为平砂；曲线 2a，2σ，2B，2T 为用水浸过的砂；曲线 4a 为涂以丙酮和 bφ-z 胶溶液的砂；曲线 4σ 为涂 2 次丙酮和 bφ-2 胶溶液的砂。

砂型面与塑料薄膜面用天然气喷枪加热到 300～500℃，再用氧乙炔焊炬加热到 1000～1400℃。用 XA 热电偶和 BP5/20 热电偶检查加热面的温度。敞开式热电偶接头直接置于合塑料膜层的下方。用 KCп-4 自动记录电位计调整热电偶的示值。

喷枪的火焰作用于覆膜砂型面上的时间，均为 25～30s。较低温度短时间作用于砂型面上，几乎不会降低砂型的密封度，如图 3-28 的曲线 1 和 2 所示。在火焰作用下膜熔化，并被吸入砂箱。但是若砂面覆以无涂料的薄膜，则高温作用（曲线 4 和 5）后，砂型失去密封性，而涂以防黏涂料（刚玉、丙酮和 ьφ-2 胶）的膜，在高温作用后，仍保持高密封度，失去密封程度约 7％（曲线 3）。

砂型涂料对其密封性的影响进行了试验。为了弄清楚涂料在清洁状态下的影响，不使用塑料薄膜，而用喷枪嘴将涂料喷到管里的干砂面上，涂上 1 层不用胶黏结的刚玉，在出口处建立由薄膜形成的总共为 12％的密封度，如图 3-29 的曲线 1 和 7 所示。使用含 ьφ-2 胶的快干涂料，在出口处保证有 24％的密封度。用这种涂料涂 2 层，可提高砂型的密封度达 86％，而涂 3 层可达 93％。双层涂料在短时高温作用下可保持砂型起始密封度约 80％（曲线 4）。对图 3-29 的曲线 4 和图 3-28 的曲线 3 作比较，可以看出，不用膜的涂料短时高温作用下在入口真空度为 90kPa 时，在出口建立的真空度为 70kPa，而涂料结合塑料薄膜在出口可建立真空度 76kPa，相差 7％。

因而，在浇注时间里，在高温作用下，真空砂型的密封度借助于防黏涂料可保证达到 90％，而薄膜在这些情况下起到次要作用。所以，应特别注意，对用于浇注铸铁或铸钢大的 Ｖ法砂型时应涂以防黏涂料。防黏涂料的成分里一般含有溶液（水、丙酮、汽油和酒精等）。黏结剂和耐火分散颗粒能稍为提高砂型的真空度，但比含有黏结剂涂料的真空程度要小。水（低黏度溶液）和甘油（高黏度溶液）用这两种溶液能在出口建立很低的密封度，而且溶液的黏度差不多并不影响密封度。尽管甘油的黏度在正常温度时比水的黏度超过 100 倍，但含水砂和含甘油砂的密封度总共差 2kPa。

这样一来，在实验条件下，涂以涂料的砂型密封度主要是靠分散颗粒建立的，而很小程度是靠黏结剂的，因而，2 次使用涂料（涂第 2 层）可提高密封度 1 倍，使其接近覆以塑料薄膜砂型的密封度。Ｖ法砂型在高温时的密封度主要是靠防黏涂料来保证的。

2. Ｖ法砂型的尺寸精度

对 Ｖ法铸造的砂型工作腔的尺寸变化进行了研究。砂型的收缩率 E_ϕ（％）按照待研究对象的几何位置、尺寸大小和造型方法，可用下式计算：

$$E_\phi = (X_{\Phi cp} - X_M)/X_M$$

式中　$X_{\Phi cp}$——取砂型的中间尺寸，mm；

　　　X_M——模型的有关尺寸，mm。

研究了按模型制作的支架件如图 3-31（a）所示的砂型；活塞锤件，如图 3-31（b）所示的砂型。砂型用外形尺寸 1000mm×800mm×250mm 的专用砂箱制造。KO16 为硅砂用作耐火涂料，按 roст10354-73 要求制造的厚 0.1mm，宽 1500mm 的 C 牌号聚乙烯膜用作分型面和 Ｖ法砂箱面上的密封。

лп1585A 型装置用于造型，模型上覆膜时的真空度为 52.6～60kPa。在起模和测量砂型尺寸期间的真空度为 66～80kPa。用模底板振动 18s 来紧实型砂（振幅 0.8～1mm，频率 47Hz±2.5Hz），砂型的工作腔制成凹穴和凸缘形式，并使用同一模样，且造型方法相同。在首批试验时，直接按模型造样。在第二批试验时，把按模型制出的凹穴用作模样，按照其

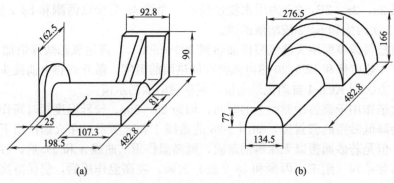

图 3-31 支架件及活塞锤件的砂型

制出凸缘，再完成第二次造型。依据砂型工作腔里的几何尺寸位置对两组尺寸进行研究：a组尺寸为砂型分型面或与其平行的尺寸；b组为与分型面垂直布置的尺寸，见表 3-3。

表 3-3 零件的模型尺寸

尺寸组	支架件	活塞锤件
a	198.5；107.3；482.8；81.0	276.5；134.5；482.8
b	162.5；92.8；90.0	77.0；166.0

造出 23 个砂型，每一个砂型有按支架件模样制出的工作腔，另一个工作腔按活塞锤件模样制作。其中 13 个砂型制成有凹穴形式的工作腔，另外 10 个砂型则制成有凸缘形式的工作腔。

弄清表 3-3 中在制作 a 组尺寸用的呈凹穴形状的砂型工作腔时，$X_{\Phi cp}-X_M$ 是随 X_M 增加而增加的，而 E_Φ 与 X_M 无关，为 0.6%。对 b 组尺寸而言，$X_{\Phi cp}-X_M$，E_Φ 差接近零。在制作呈凸缘形状的砂型工作腔时，$X_{\Phi cp}-X_M$，E_Φ 差接近零，既可用于 a 组尺寸，也可用于 b 组尺寸。

研究的结果证明，在密封砂箱的内外压力差的作用下，塑料薄膜处的砂层借助薄膜的变形紧实充分。膜在砂型内部移位，并与膜底板和模样等位布置，但有间隙。若砂型的工作腔以凹穴的形状，则 a 组尺寸增加间隙量为 1 倍，而 b 组尺寸在砂型内部位移，并不改变自己的数值。为制作呈凸缘形状的砂型工作腔，在使用 2 次造型时，形成砂型分型面的塑料薄膜，在相反方向里有再次变形，模样和砂型形成的间隙相反，所以，全部尺寸的 E_Φ 为零。

研究结果可以计算出用 V 法制造铸件用模样的收缩量，最大铸型尺寸 D 的确定可用下式计算：

$$D=4f(10.67-128.92\Delta P)\delta \tag{3-21}$$

式中　f——静摩擦因数；

　　　δ——型砂紧实度，g/cm^3；

　　　ΔP——铸型内真空度，Pa。

当真空度为 -400×133.322Pa 时，依上式计算结果：硅砂 $D=7000$mm；锆砂型 $D=3400$mm。

第四节　V 法铸型薄膜的剥离

V 法铸型的表面覆盖着一层塑料薄膜，但浇注过程中时会发生剥离。若发生这种情况，薄膜剥离后的铸型表面上就会露出游离的砂粒，造成不稳定；而且，因高温金属液软化了的薄膜还会沾着砂子混入金属液中，有时会造成铸件夹砂和薄膜气体造成的气孔。

作为剥离的原因，可以认为是因为塑料薄膜有热收缩性，薄膜浇注受热而产生收缩力或因薄膜成形时伸长不充分，残余收缩应力大于浇注时降低了的铸型的吸引力所造成的。基于上述理由，日本新东公司学者对影响薄膜剥离的几个因素进行了试验研究。

一、薄膜面积伸长率与剥离

如图 3-32 所示为试验用铸型，通过它可观察中央突起部分的薄膜的剥离情况。

造型时，变换不同的突起高度 H，使薄膜的面积伸长率在 $100\% \sim 400\%$ 之间变化。面积伸长率是用成型后减去成型的面积的差除以成形前的表面积的比。

薄膜是用红外线煤气喷灯均匀加热之后成形的。这时，直接测出薄膜的成形温度很困难，因此，在实际操作上，把薄膜出现凹镜面现象作为基准。表 3-4 表示各种薄膜出现镜面的温度，这些温度（就是各种薄膜的软化点以上稍高一点的温度）是在方木箱上固定薄膜，在空气溶槽中徐徐升温，观察镜面产生时测到的。本试验是在镜面发生后再加热 10s 后成型。

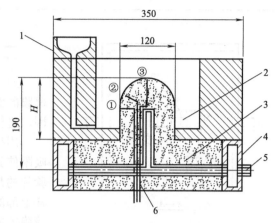

图 3-32　剥离试验用的铸型
1—浇口杯；2—薄膜；3—抽气管；4—砂箱；
5—抽真空接头；6—压力测定管（管内径 2mm）

表 3-4　各种薄膜镜面发生温度

薄膜材质	凹镜面发生温度/℃
EVA	85～90
PE	100～105
PP	128～132

砂子是用三荣硅砂 100 号，铸型内压力为 48kPa，金属液是相当于 HT20 的铁水。浇注温度为 1350℃。浇口系统、铸型底部以及侧壁用了 CO_2 铸型，这是为了使其他因素对中央突起部的影响最小。

图 3-33 和图 3-34 是不产生剥离和产生剥离的例子；图 3-35 是图 3-34 经切削加工的结果。中央部分的缺陷是薄膜混入造成的。

图 3-33　不产生剥离的情况

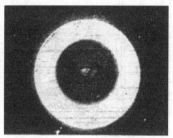

图 3-34　产生剥离的情况

图 3-35　产生剥离的情况经
切削加工的结果

表 3-5 列出铸型表面剥离试验的结果，结果表明：无论哪种薄膜，当面积伸长时都会发生剥离，并且，发生剥离的倾向依薄膜的种类而异，尤其是 PP 薄膜，最容易产生剥离。

表 3-5　铸型表面剥离试验结果

面积伸长率/%	EVA	PE	PP
100	○	○	○
200	○	○	○
300	○	○	×
400	×	×	×

注：○—不产生剥离；×—剥离。

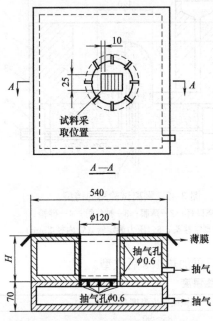

图 3-36　模样的形状和试料采取位置

二、薄膜的热收缩

通过上述试验，可以认为薄膜的剥离倾向是依薄膜的面积伸长率和材质而不同的，为了了解其原因，进行了薄膜的热收缩力的试验。

用如图 3-36 所示的模样，将试验用薄膜加热、吸附使其伸长，以中央底部采取测定用的试料。试验片的尺寸为长 25mm，宽 10mm。这时，改变模样上部的高度 H，使薄膜的面积伸长率发生变化，薄膜的成型条件与上述剥离试验的条件完全一样。

如图 3-37 所示是测定热收缩力所用装置的结构图。将薄膜固定在距离为 20mm 的上下夹头之间，在距离薄膜 20mm 的地方设置碳化硅发热体，进行发热，用测力传感器测出薄膜产生的热收缩力，经应变仪记录应变数据。发热体的温度为 1400℃，与铸铁液的温度大体相同。

测定结果，即面积伸长率与热收缩率关系，如图 3-38 所示。热收缩力用各试验片的最大值来表示。这些结果可以看出，即使面积伸长率增大，热收缩力也未必变大，像 PE、EVA 薄膜反而有所减小。

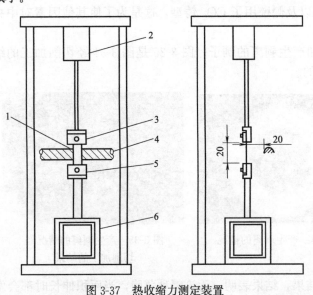

图 3-37　热收缩力测定装置

1—薄膜；2—传感器；3，5—夹头；4—碳化硅发热体；6—上、下调整装置

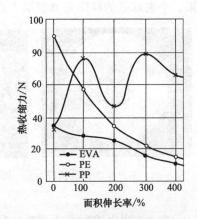

图 3-38　面积伸长率与热收缩力的关系

因此，可以断定热收缩力对于薄膜的剥离，几乎没有影响。

三、薄膜的弹性收缩

残留在成型后的薄膜上的弹性收缩力与薄膜伸长时的张力大体相等，用下述的试验方法调查了薄膜的成型条件与张力的关系。

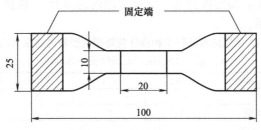

图 3-39　薄膜试验片

如图 3-39 所示为薄膜试验片的形状。试验片是从薄膜的横向上截取的。如图 3-40 所示是薄膜的拉伸试验装置。

将试验片预先装到装置的夹头上，在设定温度的聚乙二醇恒温溶槽中浸渍，用砝码通过滑车施加载荷，测定试验片的伸长。从测定结果求出了薄膜的伸长率为 300％和 500％时成型温度和张力的关系。

测定结果，即薄膜伸长率与张力的关系，如图 3-41 所示。在伸长率一定时，薄膜伸长所需要的张力，无论哪种薄膜都是随着温度的升高而减小；如果在温度相同的情况下，张力将随着伸长率的增大而变大。

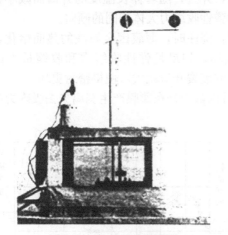

图 3-40　拉伸试验装置图

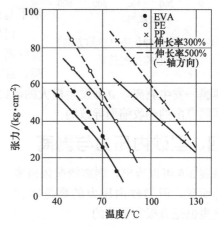

图 3-41　薄膜伸长率与张力的关系

尚且，在这个试验中，薄膜的伸长率为方便起见，测定的是单轴方向的伸长率，但认为面积伸长率的倾向也大致如此。

若将这些结果与以前所得到的结果相比，可以认为在同一成型条件下，伸长率高、弹性收缩力大，薄膜的剥离倾向就强。

关于不同材质的薄膜的剥离倾向，EVA 薄膜较小，PP 薄膜较大。因为 PP 薄膜在高温下张力大，薄膜成型时需要较大的伸长力，因此，残留下的弹性收缩力就很大，必然容易产生剥离。

从图 3-41 中可以看出，不论哪种薄膜，都是温度越高，成型所要的张力越小，塑性变形率越大，因此，凡是需要在较高温度下成型的薄膜都不容易产生剥离。

为了证实这一点，用如图 3-42 所示的铸型进行了薄膜出现"镜面"就立即成型和出现"镜面"后再加热 10s 然后成型，这两种情况下的剥离试验使用的 EVA 薄膜，厚度为 $100\mu m$，面积伸长率为 300%。

表 3-6 为试验结果。可以认为，镜面发生后再加热，提高薄膜的成型温度的场合与出现镜面立即成型的场合相比，即使提高真空度（型砂内的压力），使铸型的薄膜的吸附力降低，薄膜也不易发生剥离现象。

表 3-6　EVA 薄膜的加热程度和浇注前铸型的型砂内的压力与剥离关系

（薄膜厚 $100\mu m$，面积伸长率 300%）

浇注前铸型的型砂内的压力/kPa	94.66	87.99	74.66	61.33	48.00
薄膜出现镜面后就成型	—	—	×	×	○
出现镜面后再加热 10s 才成型	×	×	○	○	○

注：○—不产生剥离；×—剥离。

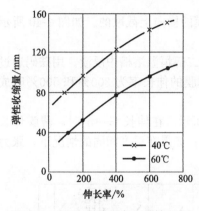

图 3-42　EVA 的伸长率（单轴方向）
与弹性收缩量的关系

使用 EVA 薄膜对薄膜的伸长率和弹性收缩量的关系进行了研究，如图 3-42 所示。薄膜试验片的取法和形状与上述测定弹性收缩力相同。用如图 3-40 所示的装置将试验薄膜片在保持在一定温度的聚乙二醇溶槽中伸长到各种伸长率，立即从溶槽中取出，测定负荷状态和除去负荷后试验片标线部分的长度，这个差就是弹性收缩量。伸长温度取 40℃ 和 60℃。

从图 3-42 可以看出，薄膜的弹性收缩量随着伸长率的增加而增大，并且，随着伸长温度的升高而减小，显示了与前面的弹性收缩力大体相同的倾向。

可以推断：浇注时，薄膜因金属液的热而熔化，铸型的密封被破坏，如果是弹性收缩力和收缩量大的薄膜，那么薄膜的破裂开口就大，使得密封更坏。

薄膜一发生剥离，立即发生极大的收缩，这可以认为是在薄膜产生剥离失去吸附力的瞬间，薄膜自由的热收缩而导致的。

四、型砂内压力与剥离

由表 3-6 可以看出，剥离情况依薄膜的条件而异，但型砂内压力的高低对薄膜的剥离也是有很大影响的。

图 3-43 的（a）、（b）是表 3-6 中浇注前型砂内压力为 75kPa 的情况下浇注中砂型内压力变化的测定结果。压力测定是如图 3-43 所示的三点，各部位的铸型表面内 2mm 处。压力变化是用压力变换器连续地记录到记录仪上。

开始浇注时，接触金属液的那部分

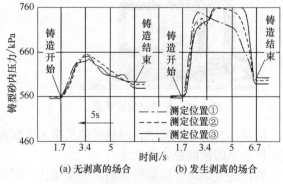

图 3-43　浇注中型砂内的压力变化
（浇注前型砂内的压力 75kPa）

薄膜就熔化、消失，密封被破坏，型砂内的压力就上升。无薄膜剥离的场合，在型砂内的压力与型腔内的压力（这时是大气压）之间还残存着一个压力差，一经金属液覆盖了铸型面，压力就再恢复到接近设定压力。但发生薄膜剥离的场合，铸型面的密封受到完全破坏，铸型型砂内的压力就变得与型腔的压力大体相等。

可以推断，在图 3-43（a）中，铸型型砂内的压力如果定得过高，前面所说的那个压力差就变小，薄膜在铸型面上的吸附力就减弱，因而也就容易发生剥离。

五、试验结论

经 V 法铸型的薄膜的剥离原因进行的试验研究，其结论如下：

① 使薄膜发生剥离的主要原因是成型时残留下的弹性收缩力。

② EVA、PE 等在高温下不太强的薄膜，其热收缩力对于剥离没有太大的影响，热收缩力在发生剥离后使薄膜急剧收缩。

③ 铸型型砂内的压力一高，对于薄膜的吸附力就减弱，因而容易发生剥离。铸型型砂内的压力因浇注而升高，但不发生剥离时，与型腔内的压力存有一个压力差。发生剥离时，铸型型砂内的压力急剧升高，不再保有型腔与型砂内的压力差。

如上所述，为了防止因剥离而产生的铸造缺陷，将薄膜充分加热成型至关重要。作为材质来讲，EVA 薄膜最适当。另外，需要保持铸型型砂内适当的压力。

第五节　浇注时薄膜的烧失与壳层的形成

一、薄膜在真空下的烧失现象

V 法造型是用薄膜来密封砂箱，由于塑料薄膜的熔点低，浇注时会在高温金属液的热辐射作用下气化并烧失，这时铸型为什么仍旧能够保持其形状，并能铸出轮廓清晰的铸件？这是大家十分关心的问题。

国内外铸造工作者都曾做过薄膜高温加热的模拟试验，来观察薄膜气化及烧失的现象。这种模拟试验是用一个 200mm×200mm×150mm 尺寸的箱子进行的。箱子的底部接真空源，箱内填满干的细硅砂，用 EVA 薄膜覆盖在上面加以密封，使之形成一个实体铸型，再将一块重约 1.57kg、尺寸为 100mm×100mm×200mm 的钢块加热到 1000℃，放在上述铸型的薄膜表面上，当铸型未与真空系统接通时，即没有真空作用时，炽热的钢块与薄膜接触，薄膜立即着火燃烧，燃烧时有火焰。但若将上述铸型接通真空系统，施以 61.33kPa 的真空吸力时，用同样炽热的钢块放在薄膜上，该薄膜却是无焰燃烧，即当炽热的钢块接触薄膜的瞬间，会升起一股微弱的白烟，当去掉钢块以后，可观察到接触处留下一层薄薄的褐色壳层。这种褐色壳层结构的形成，是由于塑料薄膜在高温熔化后，因受真空吸力渗入砂中，冷却时和砂子凝聚或固结形成的；升起的一小股白烟，是一小部分塑料薄膜在高温下气化形成的，显然，若薄膜愈厚，产生的气体就愈多，这样就容易发生铸件气孔等缺陷。

薄膜在熔化后产生的气体，由真空抽走，在腔一边是由冒口排出，当排出速度不够迅速时，使得腔内气压大于空气大气压，过多的气烟会残留在金属液中，待金属液冷却后，产生气孔。

某些铸件在没有冒口的情况下，更易产生气孔现象。

二、壳层形成的机理

为了说明 V 法铸型型腔内薄膜烧失和浇注过程中壳层形成的机理，如图 3-44 所示。模拟了浇注时 V 法铸型内出现的几种状态。图中，①处是浇满了金属液的铸型部分；②处是未与铸型顶面相接触的金属液部分；③处是被金属液加热的铸型部分。图中，D 处接近室温，保持造型时状态；C 处达到了薄膜产生热变形的温度，薄膜在真空吸力的作用下，被吸附在表层砂粒相互接触点之间；B 处温度更高，薄膜由 C 处的状态发展到熔融状态，在吸力的作用下进行渗透，并扩散到铸型表层的较深处，形成密封层，因此能继续保持铸型的气密性；A 处是最早和金属液相接触的铸型部分，它是在非常短的时间里，经历了 D、C、B 三处的状态而后形成的。在 A 处的状态下熔化了的薄膜物质，边扩散，边在高温作用下在界面处形成与砂相结合的壳层，但因填不满砂粒间的空隙，所以不能保持气密性，但只要在该处能及时浇满金属液，就能靠金属液的填充起密封作用，浇出合格铸件。

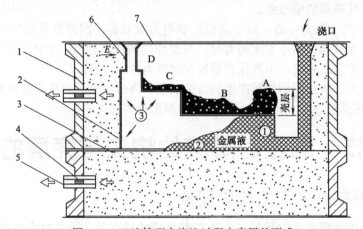

图 3-44　V 法铸型在浇注过程中壳层的形成
1—砂箱；2—薄膜；3—砂粒；4—过滤器；5—管接头；6—冒口；7—盖板

实际上，当金属液沿着图 3-44 中①、②、③处的顺序填充型腔时，型腔面的薄膜是连续地按 D、C、B、A 的顺序发生状态变化的。发生这些变化的时间，虽然由于薄膜在型腔中所处的位置不同而差异很大，但由于薄膜的熔点低，它在金属液的高温作用下，会在很短的时间内完成这些状态变化，而最终达到 A 处的状态。所以在 V 法造型工艺中，要求金属液能平稳而快速地充填型腔，使型腔中的薄膜能尽快地转变为 A 处的状态。处在流动的金属液前沿附近的塑料薄膜，在转变为 A 处状态以前的瞬间，它被烧失熔化面积的大小与金属液的温度、金属液的填充速度、铸件的壁厚等因素有关，在这种状态时必然会造成型腔漏气。此外，离流动的金属液前沿稍远处的薄膜，由于金属液的飞溅，或者较长时间受到高温金属液的热辐射作用，也会造成型腔漏气，它们是整个铸型密封的薄弱区，即薄膜导前烧失区。在浇注过程中，这个薄膜导前烧失区的面积及位置是不断变化着的。为了减少薄膜导前烧失区的面积，在 V 法造型中，要求采取各种工艺措施，如缩短浇注时间，采用底注式、开放式浇注系统、倾斜浇注、平浇时不断流等。

三、影响壳层形成的因素

关于薄膜熔化后影响其形成壳层的因素，国外也曾作过试验。试验方法是把在电炉内加热并保温一段时间后 600℃、1000℃的钢块放在 V 法铸型的中央。然后测定放置 10s、30s 及 60s 后表面砂层中所形成的壳层厚度。如表 3-7 所列的是 1000℃钢块作用于薄膜时所得到的壳层厚度。从表中可以看出，壳层的厚度随钢块的放置时间的延长而增加；并且有向型砂内迁移的趋向。此外，还发现聚乙烯醇在短时间内即被烧失，而不能形成壳层。

表 3-7　各种薄膜获得的壳层厚度　　　　　　　　　　单位：mm

薄膜类别	钢块放置时间/s		
	10	30	60
EVA　乙烯-乙酸乙烯共聚物薄膜	3.5	5.3	7.1
PVA　聚乙烯醇薄膜	1.0~2.0	无壳层	无壳层
PE　聚乙烯薄膜	3.2	3.3	4.8
PVC　聚氯乙烯薄膜	2.7	4.8	4.7

在 1000℃ 钢块的热作用下，在 0~120s 的加热时间内，V法铸型型腔面所形成的壳层中，由熔融薄膜形成的黏结物质质量分数的变化情况，如图 3-45 所示。由图 3-45（a）中可以看到，薄膜愈厚，壳层中黏结物质的质量分数越高，壳层的强度越强。

图 3-45（b）说明厚度相同，但种类不同的薄膜所形成的壳层中，黏结物质的质量分数随加热时间变化的关系。很明显，聚氯乙烯薄膜的黏结物质质量分数较低，故其壳层较脆弱。

此外，从图 3-45 中还可以看出，各种薄膜不论厚薄如何，其黏结物质的质量分数均随着加热时间的延长而降低。

国外还曾经用加热到 1400℃ 的硅碳棒，放在离薄膜表面 1~2mm 处，爆热约 3s，来观察施有涂料的薄膜在高温下形成壳层的状况，其试验方案如图 3-46 所示。涂料是用酒精调滑石粉制成的，用毛刷涂在薄膜的砂侧。用 150 号和 200 号细砂，并振动 30s 做成试验铸型。铸型的真空度为 68kPa，薄膜厚度为 0.075mm，试验结果如下：

① 在硅碳棒正下面中央部分的薄膜熔融气化，并被吸入砂中形成壳层，而周围温度未达到薄膜熔化的区域，则不能形成壳层。

② 涂料厚度过薄（0.5mm 以下），对壳层的形成，与未涂涂料的一样，几乎没有影响。

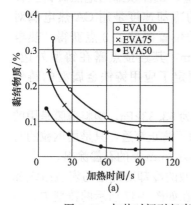 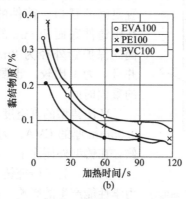 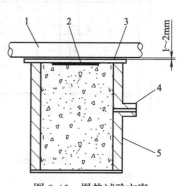

图 3-45　加热时间引起壳层中黏结物质浓度的变化

图 3-46　爆热试验方案
1—硅碳棒；2—涂料层；3—薄膜；
4—抽气管接头；5—箱体

③ 涂料厚度较薄为 0.3~0.4mm 时，在经过 1~2s 的短时间爆热后，有一部分薄膜被炭化残存在表面，若延长爆热时间，则这些炭化部分又被烧失。

④ 若涂料中存有溶剂未被干燥，则薄膜虽被烧失，但不能形成壳层。

第六节　不同造型材料 V 法铸型的冷却能力

根据浇注方法，用不同造型材料制成 V 法铸型测定了它的表面热物性值，其冷却能力却有所不同，其中碳化硅砂与锆砂之间没有太大差异。铸造金属的冷却速度，是决定铸件品质的重要因素之一。V法铸型的冷却速度比湿型和自硬铸型都慢。这是由于 V 法铸型不含水分和黏结剂，砂粒与砂粒之间的热导率差所造成的。

采用了热导率大的造型材料，从对 V 法铸型的冷却能力的改善效果进行了研究。造型材料选用了硅砂、锆砂、碳化硅粒、钢粒、钢珠与硅砂的混合物。首先铸造了工业用的纯铝，测定了各种造型材料的外表热物性值。然后，为了评价各种铸型的冷却能力，铸造了纯铝的圆柱铸件。实测了凝固时间，并与亚当斯（Adams）的计算式得出的计算值相比较，研究了表面热物理性值的准确性。还研究了关于这些铸型的冷却能力对纯铝铸件的宏观组织和力学性能的影响。

一、试验方法

作为造型材料，除使用了硅砂、锆砂之外，还采用了碳化硅粒、钢粒、硅砂的混合物。碳化硅的纯度为 95% 以上，粒度分布：350μm 以上占 1%，350～250μm 占 25%，250～177μm 占 35%，177～125μm 占 22%，125～74μm 占 5%，74～44μm 占 5%，小于44μm 的占 7%。钢粒的化学成分为：$W(Fe) = 97.4\%$，$W(C) = 1.0\%$，$W(Si) = 0.8\%$，$W(Mn) = 0.8\%$。其平均直径 0.8mm。混合料中，钢砂与硅砂的比例为 2:1（质量比）。用这些造型材料，使用与上述同样的装置和条件造 V 法铸型，铸造纯铝，测定了铸型的外表热物性值。

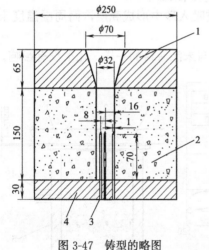

图 3-47　铸型的略图

1，4—绝热砖；2—V法铸型；3—CA 热电偶

为了评价用这 5 种造型材料的 V 法造型的冷却能力，在如图 3-47 所示的铸型中浇注了纯铝的圆柱铸件（直径 32mm，高 150mm），温度 760℃和 710℃的 2 种，快速铸造。试样顶部用绝热砖铸型设置足够的冒口。铸件的冷却速度是用 CA 热电偶对在距铸件底面 70mm 的位置测定了 3 点获得。热电偶的保护管外径为 2mm，其连接点露在铸型外边。并且，为了比较，也测定了应用铸铁金属型的铸件的凝固时间。

V 法铸型的真空度为 53.33kPa，塑料薄膜是用的 0.05mm 厚的 EVA。为了防止穿透，只是用钢粒的时候，在铸型外侧涂上一层 2mm 厚的石墨涂料。

另外，为了研究铸型的冷却对纯铝的宏观组织和力学性能产生的影响，在如图 3-47 所示的铸型中，不设热电偶，仍用上述条件铸造圆柱铸件，供作试样。

其宏观组织是从距底面 60mm 的横断面，70～100mm 的纵断面上观察的。测量抗拉强度和伸长值的试验片是采用的从圆柱铸件的中央部分取的 JISA 号试验片，用岛津制的英斯特龙试验机，用 2.5mm/min 的变形速度进行了试验。

二、试验结果与分析

1. 纯铝圆柱铸件的凝固时间

用硅砂、钢丸作造型材料，以 760℃的浇注温度浇注纯铝，其冷却曲线，如图 3-48 所示。用硅砂的情况，约过 15s 失去过热度，此后，铸件全部均匀冷却，在 640℃以下，冷却曲线的倾斜度变大；用钢丸的情况，经过 8s 失去过热度，从铸件的周围进行凝固，在642℃铸件全部均匀冷却，此后，冷却曲线的倾斜度变大。把冷却曲线的倾斜度变化的温度称作固相线温度，把浇注后到达固相线温度的时间称作凝固时间。用硅砂、钢丸时的固化线温度分别为 640℃ 和 642℃，凝固时间分别是 190s 和 51s。总括其他试验条件，可整理出圆柱铸件的凝固时间的试验值和计算值，见表 3-8。

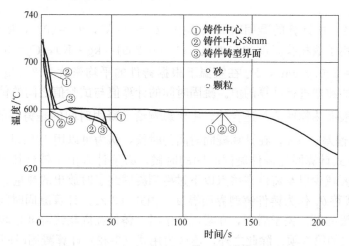

图 3-48　圆柱铸件的冷却曲线（浇注温度 760℃）

一般砂型铸件的凝固时间的计算往往用 Chvorinov 式，但是，圆柱铸件的凝固时间可以根据对 Chvorinov 式修正的 Adams 式进行正确计算。根据 Adams 式，圆柱铸件的凝固时间 t_f 为：

$$t_f = \left[\frac{R}{q(1+\sqrt{1+P})} \right]^2 \text{（s）} \tag{3-22}$$

式中，$q = 2\bar{b}(\theta_1 - \theta_2)/\sqrt{\pi}Q$；$P = \pi Q/4\bar{C}\bar{\rho}(\theta_1, \theta_0)$；$R$ 为铸件半径，cm；$\bar{C}$ 为平均比热容；$\bar{\rho}$ 为平均密度；θ_0 为初始温度；θ_1 为铸造金属的液相线温度，℃。

表 3-8　圆柱铸件的凝固时间的试验值和计算值 t_f

造型材料	浇注温度 θ_e/℃	固相线温度 θ_s/℃	凝固时间(试验值) t_{1f}/s	凝固时间(计算值) t_{2f}/s	$\dfrac{t_{2f}-t_{1f}}{t_{1f}}$/%
硅砂		643	160	158	−1
		640	190	191	1
碳化硅砂		642	111	121	9
		643	135	144	7
锆砂	710	644	114	118	4
	760	640	145	144	−1
混合料		646	81	76	−6
		643	89	93	4
钢丸		640	50	45	−10
		642	51	54	6
金属型		—	19	—	—
		643	23	—	—

其中，Q 是铸件凝固终了时铸件放出的热量，用下式计算：

$$Q = \rho_1 C_1 (\theta_e - \theta_1) + \rho_s L + \rho_s C_s (\theta_1 - \theta_s) \tag{3-23}$$

式中　ρ_1、ρ_s——液体、固体金属的密度，g/cm³；

　　　C_1、C_s——液体、固体金属的比热容，J/(kg·K)；

　　　θ_e——浇注温度，℃；

　　　θ_s——铸造金属的固相线温度，℃；

L——铸造金属的凝固潜热，J/kg。

式（3-23）右边第 1 项是由过热度放出的显热量，第 2 项是凝固潜热，第 3 项是在液相线以下由过冷度放出的热量。铸件铸型界面温度如图 3-48 所示是不一定的，但已假定液相线温度是一定的。

根据式（3-22）所计算的凝固时间（其中：$\theta_1 = 660℃$，$\theta_0 = 20℃$，$R = 1.6cm$）。铸造金属的热物性值用了液相线温度的文献值：$C_1 = 0.259J/(kg \cdot K)$，$C_s = 0.305J/(kg \cdot K)$，$L = 95J/kg$，$P_s = 2.67g/cm^3$，$P_s$ 在室温下根据铸件的平均密度为 $2.67g/cm^3$，线胀系数是根据文献介绍的数据进行计算的值。凝固时间的计算值与试验值之间的偏差在 10% 以下，显然，所得到的表面热物性值是适合的。主要影响给予凝固时间的是铸型的热物性值 $\bar{b}$，在此所得到的 $\bar{b}^2$ 的偏差是 5%，在计算凝固时间的时候，认为可以用 10% 以下的精度。

根据 Adams 式计算圆柱铸件凝固时间的时候，必须计入由于铸件铸型界面温度下降，铸型吸收热量就要减少以及铸件在熔点以下过冷到凝固终了时放出的热量。关于前者，例如用 $(\theta_1 + \theta_s)/2$ 代替 θ_1 作为铸件铸型界面温度，由式（3-22）计算凝固时间，其偏差在 3% 以下，所以认为没问题。关于后者，在凝固终了时，铸件在固相线温度是均匀的，所以考虑了式（3-23）右边的第 3 项。除此之外，还认为用式（3-22）计算凝固时间的时候，凝固收缩和铸型铸壁移动是产生误差的原因。关于凝固收缩，在式（3-23）计算过热度放出的热量用了液体金属的密度，而计算凝固潜热时用了固相金属的密度。另外，在温室中，铸件的平均直径是 31.5mm，而在液相线温度中计算铸件直径则为 32.1mm。

为比较，在表 3-8 中还特地表示了用金属型的凝固时间，用钢丸作造型材料时的凝固时间约是金属型的 2.5 倍。

2. 铸型冷却能力对纯铝铸件的宏观组织及力学性能的影响

如图 3-49、图 3-50 所示是表示用不同造型材料时的纯铝的宏观组织。在图中，冷却能力从左到右按由小到大的顺序排列着，当浇注温度 760℃时，其宏观组织与冷却能力没有关系，铸件全部都是比较粗的柱状晶。在用混合料和钢丸时，柱状晶的粒度少许细些，这是由于冷却能力大，浇注以后很快在铸件铸型界面附近生成的核更多地保留下来的缘故。浇注温度 710℃时的宏观组织，除钢丸外，其余都没有太大的差别，是少量的激冷晶和细柱状晶。在用钢丸的时候，是激冷晶、非常细的柱状晶和等轴晶，这是由于浇注温度低和冷却能力大，浇注后不久很快生成的核残留在铸件中央部位的缘故。在此，与其说是铸型的冷却能力，不如说是浇注温度对纯铝的宏观组织的影响大。而且，对于宏观组织（特别是 $AlFe_3$ 相的形状），几乎看不出由于铸型冷却能力和过热度而引起的差异。

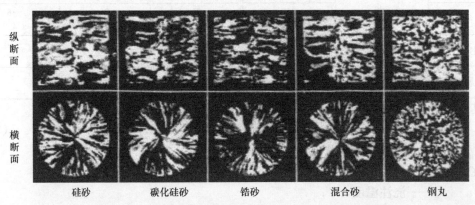

硅砂	碳化硅砂	锆砂	混合砂	钢丸

纵断面

横断面

图 3-49　用不同造型材料时的宏观组织（浇注温度 760℃）

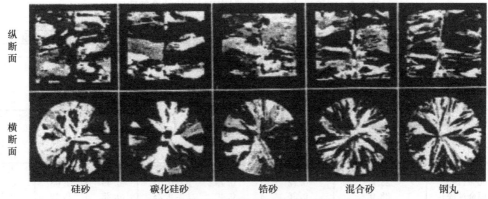

纵
断
面

横
断
面

　硅砂　　　碳化硅砂　　　锆砂　　　混合砂　　　钢丸

图 3-50　用不同造型材料时的宏观组织（浇注温度 710℃）

图 3-51 表示造型材料对纯铝的力学性能的影响。抗拉强度不怎么随冷却能力和浇注温度而变化，总在 50～60MPa。至于伸长率，浇注温度 710℃的比 760℃的少许大些，同时，认为不太随冷却能力而变化。

根据试验结果得出如下结论：

① 铸型的冷却能力（表面热扩散率）依硅砂、碳化硅砂、锆砂、混合砂、钢丸等造型材料的顺序而增大，但对碳化硅砂和锆砂没有多大差异。

② 根据 Adams 式，凝固时间的计算值与实测值之间的偏差在 10%以下，故认为根据浇注所得到的表面热物性是合适的值。

③ 纯铝的圆柱铸件的宏观组织及力学性能，在本试验中不太受铸型冷却能力的影响。

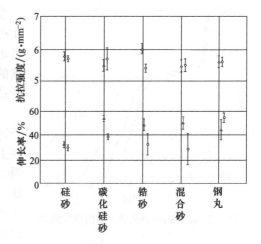

图 3-51　造型材料对力学性能的影响
〇—浇注温度 760℃；△—浇注温度 710℃

第七节　V法铸型对凝固速度的影响

国外学者提出，用 V 法造型与通常的方法浇注同一种铸型进行比较时，铸件凝固速度较慢。并指出，最初阶段冷却速度较快，而在浇满后，很快就慢下来。用铸铁对直径为 12.7mm、25.4mm、38.0mm、50.8mm 的试棒进行浇注试验，以带保护套的 U 形热电偶测试棒中部的温度，记录冷却曲线。由于试棒足够长，消除了端面影响，试验是在硅砂或锆砂的潮模和水玻璃砂以及 V 法铸型中进行的。此外，为力图弄清黏结剂、水分和空气有无的影响，还用两种不同筛号的无黏结剂的砂子在实型中浇注试棒，其结果列于表 3-9。如图 3-52 所示为 ϕ50.6mm 试棒试验结果曲线。由于潮模与水玻璃砂以及 V 法硅砂与锆砂的曲线几乎一样，因此在图中用同一曲线表示。同理，硅砂和锆砂的 V 法铸型曲线也几乎一样，故也用同一曲线表示。

这些结果证实了，当使用 V 法造型时，冷却速度减慢。在试验中，没有发现在最初阶段的冷却速度有什么不同。并且用硅砂与锆砂生产的两种试棒的凝固速度没有差别。对此结果，提出下列解释：在 V 法铸型中，没有水分、黏结剂和空气循环，因此，铸件的热量主要靠通过铸件的表面或邻近位置的砂子传到空气中；在实型铸造中，也用无黏结剂的砂子，但冷却速度却很快。这是因为在实型中，有足够的机会利用经过铸件的循环空气来散热。这

表 3-9 断面尺寸和铸型种类不同时铸件的冷却速度

冷却速度规范/℃	断面尺寸/mm	冷却速度/(℃·s^{-1})					
		潮模	水玻璃砂	V法		实型	
				硅砂	锆砂	AFS25	AFS45
1170~1190 (高于共晶温度)	12.7	—	—	—	—	—	—
	25.4	4.00	4.00	3.33	2.86	4.00	4.00
	38.0	2.00	1.82	2.86	1.54	2.86	4.00
	50.8	0.91	0.91	0.83	0.94	0.44	0.24
1140~1170 (经过共晶点)	12.7	—	—	—	—	—	—
	25.4	0.27	0.29	0.20	0.18	0.49	0.35
	38.0	0.13	0.14	0.09	0.08	0.18	0.15
	50.8	0.08	0.08	0.05	0.05	0.16	0.12
1090~1190 (凝固全过程)	12.7	2.13	2.56	1.82	1.64	3.03	2.85
	25.4	0.72	0.79	0.51	0.46	1.08	0.92
	38.0	0.36	0.40	0.23	0.23	0.49	0.40
	50.8	0.20	0.21	0.13	0.14	0.41	0.25

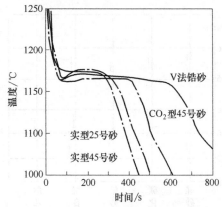

图 3-52 ϕ50.8mm 灰铸铁试棒的冷却曲线

一观点，可由实型用细砂时铸件凝固速度减慢这一事实得以证实。在潮模或水玻璃砂型中，不仅水分蒸发带走热量，而且因为黏结剂的存在，可以通过更为连续的直接的途径散热，但其透气性介于V法和实型两种造型方法之间，这样，其冷却速度居于两者之间。

铸件凝固速度和凝固后冷却速度较慢的现象，对于铸铁，用V法浇注较薄的铸件，不出现碳化物；而在生产率高的情况下，降低冷却速度，将使整个过程变慢，特别是对用铸型输送机组成的V法造型自动生产线，由于砂箱数量有限，更为突出。对于铸钢，较慢的冷却速度有利于补缩，但凝固时间长，将增加偏析，在这方面尚需进一步研究。

第八节　铸型与铸件的冷却速度

浇注后V法铸型的传热比普通湿型要慢，因此在浇注过程中，V法造型的铸件比湿型法的铸件的冷却速度也要慢些。这可以从下述试验得到证实：将金属液分别注入 ϕ50mm×150mm 的两个棒状铸型中，其中一个是V法铸型，另一个是湿型法铸型。在同样的浇注条件下，分别用仪表测定浇注后铸件中心及其周边的温度分布状况，所得铸件的冷却曲线，如图 3-53 所示。从图中可以明显地看出，V法造型的铸件比湿型法的铸件冷却速度慢。这可分析一下铸型的冷却过程即可看出。由于V法铸型中几乎不含发气物质（如水及可燃有机物等），所以在浇注后，就不会像在湿型中那样，发生水的汽化，及可燃物质生成气膜的现象，并大量吸热，而V法是通过干砂之间的热传导来冷却，所以冷却速度就慢得多。另外，注入V法铸型内的金属液，在真空吸力作用下，具有密贴于型腔壁面的倾向，这也有利于热的传导，但与铸型型腔表面水的汽化及有机物燃烧时大量吸热形成快冷的条件相比，其冷却效果较差，因此，V法造型的铸件比湿型法的铸件冷却速度慢。

铸件同铸型在浇注金属液结束后延时 0.5min 和 10min 时，分别测得的温度分布状况，如图 3-54 所示。该铸件是一个 ϕ30mm 的圆棒，铸型分别用V法和湿型法制成。从图看出，浇注结束初期 0.5min 时，不论是V法和湿型法的铸型，其型腔面与砂型内部之间的温差很大，在靠近型腔面附近，其温度梯度也较陡，而远离型腔面的型砂处，其温度梯度则渐趋平

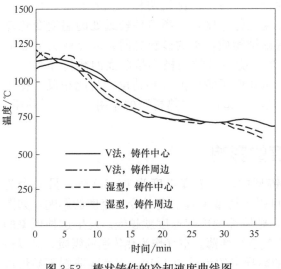

图 3-53　棒状铸件的冷却速度曲线图

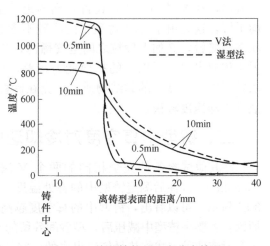

图 3-54　棒状铸件的温度分布情况

缓。随着冷却时间的延长，达到 10min 时，型腔面与砂型内部之间的温差，已经明显的减小，而且型腔面附近的温度梯度也大为降低。在这种状态下，V 法铸型内各点的温度，都比湿型法铸型内的高，即 V 法铸型比湿型法的铸型冷却速度慢。

影响 V 法铸型冷却速度的因素很多，主要是型砂中有无黏结物质和水分，以及真空度大小和型砂的粒度及其分布。为了定量地研究这些因素的影响程度，国外曾将 V 法铸型与水玻璃砂铸型（简称 N 法）做了一些对比试验，所得结论如下。

一、型砂中黏结物质对冷却速度的影响

用如图 3-55 所示的铸型进行测试。采用 V 法和 N 法分别制出同一型砂的铸型，为了除掉 N 法铸型中的水分，在造好铸型后，将它放在电炉内，在 250℃温度下烘烤一昼夜。型砂的填充密度：V 法铸型是 $1.65g/cm^3$，N 法铸型是 $1.62g/cm^3$。浇注时间：V 法铸型是 4.3s，N 法铸型是 4.2s。浇注后测得的温度变化曲线，如图 3-56 所示。从图中看出，型砂

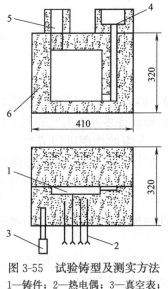

图 3-55　试验铸型及测实方法

1—铸件；2—热电偶；3—真空表；
4—浇道；5—冒口；6—砂型

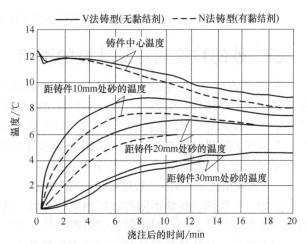

图 3-56　型砂中黏结物质对冷却速度的影响

中含有黏结物质的铸型，其铸件的冷却速度较高。另外，比较两种铸型的温度曲线，不难看出，在 V 法铸型中，铸件表面附近的温度变化急剧，而离铸件较远处的温度变化趋向平缓，这是由于 V 法铸型中的型砂不含有黏结物质，干的砂粒之间是以点或类似点的状态相接触，又加上砂粒之间空气稀薄，热量只能靠砂粒间极小接触面的热传导和热辐射来传递出去，所以热的扩散能力较差，从而降低了铸件的冷却速度。与此相反，在 N 法铸型中，型砂中的黏结物质，填充在砂粒之间，起到了"热桥"的作用，减少了热阻，故其冷却速度较快。

二、铸型中真空度对冷却速度的影响

在其他试验条件完全相同的两个 V 法铸型中，一个真空度为 66.66kPa，另一个为 26.66kPa。浇注后测定铸型中的各处温度，可得出铸型中真空度对冷却速度的影响，如图 3-57 所示。可以看出，铸型中的真空度越高，则铸件的冷却速度就越慢。发生这种现象的原因，主要是铸型中减压后，型砂间残留的空气变得稀薄。空气作为热传递的媒质，是以传导和对流两种方式将热量传递出去的。空气的热导率约为砂的 1/10，空气稀薄则不易形成对流。因此铸型中的真空度越高，则铸件的冷却速度就会越慢。

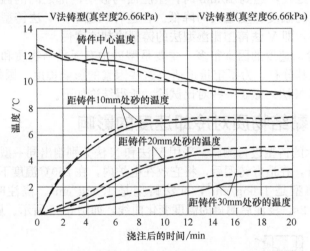

图 3-57　铸型中真空度对冷却速度的影响

三、砂的粒度对冷却速度的影响

在 V 法铸型中，砂粒之间是呈点或近似点的状态接触，砂粒越细，则接触点的数目越多，越有利于热传导，但另一方面由于砂粒之间相互交错，形成许多互不沟通的间隙，妨碍了存留在砂粒间的空气的热对流作用不利于传热。综合这两方面的作用可知铸型的砂粒愈细，其传热的效果就愈差，这可从如图 3-58 所示的冷却曲线中得到证实。该冷却曲线是两个 V 法铸型浇注后测得的，一个铸型的砂子是 65 号砂，另一个铸型的砂子是 100 号砂，而 100 号砂的粒度比 65 号砂的粒度细，所以冷却速度就慢一些。这个试验结果，与上述分析是一致的。另外两种粗细不同的砂所制成的铸型，其冷却曲线虽有差异，但却十分接近，这说明砂的粒度及其分布，对冷却速度的影响并不明显。

综上所述，V 法铸型铸件与其他铸型铸件相比，其冷却速度较慢，主要原因是 V 法铸型的砂子中没有黏结物质，以及由于有真空吸力，使空气呈稀薄状态的原因。

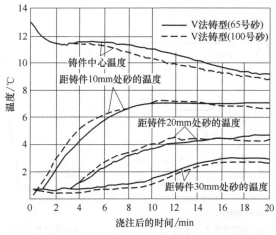

图 3-58　砂的粒度对冷却速度的影响

第九节　V法浇注时铸型抽气量的变化

在 V 法造型中，为了维持铸型的形状和强度，必须使铸型砂内与大气压之间保持一定的压力差。因为铸型漏气，必须对铸型进行连续抽气才能维持这个压力差。铸型内漏气的原因很多，主要是塑料薄膜与砂箱之间不能完全密封，也可能是合型时擦破了型腔薄膜；此外，更主要的是浇注时高温金属液烧失了塑料薄膜，形成薄膜导前烧失区，因而增大了漏气量。这就需要在金属液凝固前，必须连续用真空泵进行抽气，才能维持型腔的几何形状，保证获得合格的铸件。在操作中，从造型、浇注，一直到落砂，都要用真空泵不停地进行抽气。很明显，同一铸型在不同的阶段，所需的抽气量也不一样，而以浇注时的抽气量最大。所以研究浇注时铸型内的抽气量变化，对合理的制定工艺、选定真空泵的容量，都是很重要而有实际意义的。

为了找出影响浇注时铸型抽气量变化的主要因素，可做如下的试验：试验时，浇注的铸件为 200mm×400mm×20mm 的板状物，所用砂箱为抽气管式，尺寸为 690mm×445mm×125mm，采用厚度 0.05mm 的 EVA 薄膜，不上涂料，型砂用混合硅砂，水平分型，倾斜 9°浇注，浇注温度为 1350～1360℃，真空度为 48kPa，抽气量用流量计和压力变换器及自动记录仪来测定。

试验所得浇注时铸型内抽气量的变化情况，如图 3-59 所示。从图中可以看出，无论是上型还是下型，在浇注开始的一段时间内，抽气量都大幅度增加，最大的抽气量是在上型，其值为 0.41m³/min，这是由于上型受高温金属液热作用的时间较长，存在着薄膜导前烧失区的因素，以后随着金属液充满型腔，部分恢复了铸型的密封性，因此抽气量又迅速下降，并趋向平稳，如图 3-59（a）所示。

为了进一步弄清薄膜在高温金属液长时间作用下对抽气量的影响，利用上述相同的条件进行了另一试验，不同的是型腔为 200mm×400mm×60mm 的板状，并且只设在下型，上型为盖箱。使用 100 号硅砂，水平浇注，当型腔部分浇注三分之一程度的金属液时，立即取开上型，并观察其铸型面。测得的抽气量变化曲线如图 3-59（b）所示。上型的抽气量在浇注的初期也是迅速增大，并一直保持着这个最大值，没有下降的趋向。上型抽气量最大值为 3.37 m³/min，与前一个试验相比，抽气量明显地增大得多。观察上型的型腔部分，发现大

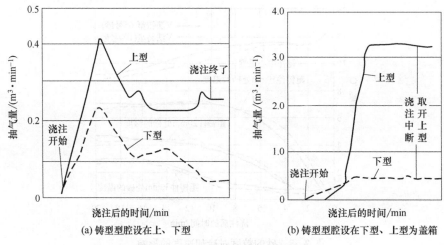

(a) 铸型型腔设在上、下型　　　　　　　(b) 铸型型腔设在下型、上型为盖箱

图 3-59　浇注时铸型抽气量的变化

部分薄膜成分已被熔融渗透到砂粒中去了，因此几乎完全失掉了密封性。在此试验中，下型的抽气量变化很小，这是因为型腔设在下型能被金属液及时填满的缘故。从这个试验得知，浇注时型腔内薄膜的先期烧失，是使铸型抽气量增大的主要原因。

除上述外，还试验过影响铸型抽气量的其他因素，如不同的型砂、有无涂料层、铸型真空度的大小等，试验结果如图 3-60 所示。

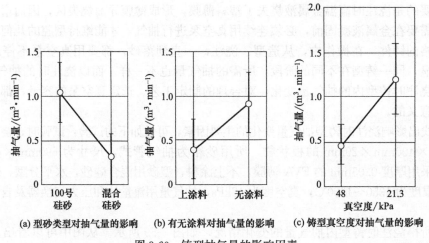

(a) 型砂类型对抽气量的影响　　(b) 有无涂料对抽气量的影响　　(c) 铸型真空度对抽气量的影响

图 3-60　铸型抽气量的影响因素

从图 3-60 中可以看出，当型砂颗粒较粗、无涂料，以及真空度较小时，铸型所需的抽气量相对大些。由此可见，当型砂颗粒较粗时，若能涂以适当的涂料，综合两者的作用，将不会明显地影响其抽气量的变化。

需要进一步指出的是，浇注时由铸型抽走的空气量，是薄膜与砂箱结合部分的漏气量。影响这个漏气量的主要因素，是薄膜与砂箱结合部分的长度和它们之间的密封程度。浇注时从铸型里抽走的空气量，是型腔内薄膜导前烧失区的漏气量和型砂中少量水分所形成的水蒸气，以及薄膜烧失时产生气体量的总和。

综上所述，影响抽气量的主要因素是砂箱的大小、砂的粒度及粒度分布、真空度大小、铸型是否涂有涂料、浇注温度的高低等。由于影响抽气量的因素很多，所以每一铸型每次的实测值基本不可能相同。

铸型的抽气量与其真空度之间存在着一定的关系。当铸型的抽气量超过其漏气量时，铸型内的真空度将会增大，也就是其绝对压力值就会降低，当对铸型的抽气量不足以抵消其漏气量时，铸型的真空度将会减小，以致其内外压力差达不到维持铸型的强度，而垮砂或塌型。对铸型抽气量的大小，取决于真空泵的负荷能力和同时造型的铸型数目。

铸型在浇注时的抽气量，是决定真空泵容量的重要依据，也是保证铸件质量必须考虑的重要因素。表3-10是日本新东公司所用Ｖ法造型的砂箱尺寸与所需抽气量之间的参考标准。

表3-10　砂箱尺寸和抽气量的参考标准

| 砂箱尺寸 | 抽气量/(m³/min) | | |
(长×宽)/mm	浇注前	浇注中①	浇注后
800×800	0.3～0.4	—	0.5～1.0
1100×1100	0.4～0.5	—	1.0～1.5
1400×1400	0.5～0.6	1.0～2.0	1.0～2.2
600×2000	0.6～0.8	1.8～3.0	1.5～2.3

① 抽气量峰值。

参 考 文 献

[1] Б. Й. КОБРИСКАЯ, А. М. ЯНОВСКИЙ (НИИСЛ). Ｖ法研究现状. ЛИТеЙ НОЕ ПРОИЗВОДСТВО, 1978 (7)：22-25.

[2] л. Ф. ВыгОДНЕР. Ｖ法的计算. ЛИТЕЙНОЕ ПРОИЗВОДСТВО, 1983 (8)：14-15.

[3] в. Р. ЗАкРОЧИМСкИЙ, А. Г. МИРОШНИЧЕНкО, Г. В. НЕМЧЕНкО, et al. Ｖ法砂型的尺寸精度. ЛИТЕЙНОЕ ПРОИЗВОДСТВО, 1983 (8)：16-17.

[4] Н. В. ГАВРИН, М. А. СТАРОСЕДСКИИ, А. В. ПАНФЙлОВ, et al. 某些工艺因素对用Ｖ法造型法生产的砂型质量的影响. ЛИТЕЙНОЕ ПРОИЗВОДСТВО, 1983 (8)：15-16.

[5] А. В. ГРЕЧАНИКОВ, Е. А. ЧЕРНИГОВА. 对Ｖ法砂型里最低必要真空度的选择. ЛИТЕИНОЕ ПРОЕ ПРОИЗВОДСТВО, 1987 (1)：18-19.

[6] М. Ю. СОдЫШКОВ, В. А. ВАСИЛЬЕВОДСТВО, О. А. ГОРБУНОВ. Ｖ法造型时铸型强度的形成. ЛИТЕЙНОЕ ПРОИЗВОДСТВО, 1987 (1)：16-17.

[7] 福迫达一, 久保公雄, 大中逸雄. 关于Ｖ法铸型的热物性值 [J]. 铸物, 1979 (1)：27-32.

[8] 福迫达一, 久保公雄, 大中逸雄. 用不冈造型材料的Ｖ法铸型的冷却能力 [J]. 铸物, 1979 (2)：14-19.

[9] Takashi Miura. Ｖ法造型用塑料膜的特性 [J]. Giesserei, 1975, 62 (17).

[10] Takashi Miura. Ｖ法造型时砂子的抗压强度与填充密度 [J]. Giesserei, 1976, 63 (5).

[11] 伊与田吉次. Ｖ法铸型的研究 [J]. 新东技报, 1972 (3).

[12] 河野良治郎, 三浦孝, 伊与田吉次. Ｖ法铸型的变形 [J]. 铸物, 1973 (2)：852.

[13] 河野良治郎. Ｖ法铸型薄膜的剥落 [J]. 铸物, 1975 (12)：35-40.

[14] 西川和之. Ｖ法用塑料薄膜的特性和高温时的动态 [J]. 新东科技, 1972 (3).

[15] 杉浦肇. Ｖ法与湿型法铸造的灰铸铁件的各种性能比较 [J]. 新东科技, 1972 (3).

[16] 近藤真一. Ｖ法铸件的尺寸精度 [J]. 新东科技, 1972 (3).

[17] 小寺侍规, 安国孝司. 负压造型法铸造的球铁件的特性 [J]. 铸物, 1937 (9)：134.

[18] 杉浦肇. Ｖ法现状 [J]. 铸造机械, 1984 (1)：55-59.

[19] 谢一华. Ｖ法造型工艺理论分析及Ｖ法铸造生产线 [C]. 武汉：首届全国Ｖ法铸造技术与生产管理研修班, 2010.

[20] 西安市铸造学会, 陕西机械学院铸造教研室. 负压造型法译文集 [M]. 西安：陕西机械学院, 1980.

[21] 林尤栋, 李永, 谈志国, 等. 浇注时负压铸型的压差变化及其控制 [J]. 西安理工大学学报, 1980 (2)：65-74.

第四章

造型材料

V 法铸造所用的造型材料主要有型砂、塑料薄膜、涂料等，这些造型材料种类繁多、性能各异。它们的性能不仅直接影响着铸件的质量，还牵涉到生产能力和造型成本。因此，对 V 法铸造中造型材料的使用要有选择性，只有这样，才能保证 V 法铸造的高质量、高效益和低成本。本章着重介绍 V 法造型材料的特性，在使用时应注意些什么问题。

第一节　型　砂

一、V 法铸造对型砂性能的要求

选择合适的型砂十分重要，它直接影响铸型强度、真空泵的空气吸取量和铸件表面粗糙度。对型砂性能的要求：耐火度高、流动性好、填充密度大、水的质量分数小于 0.1%。用于 V 法铸造的砂种有：硅砂、锆砂、铬铁矿砂、橄榄石砂等。其粒度：铸铁件粒度为 70～140 号筛，均匀度大于等于 70% 的天然硅砂；铸钢件粒度为 70～100 号筛，精制硅砂；铸造低熔点的非铁合金件时采用粒度为 140～270 号筛，均匀度大于 70% 的天然硅砂；特殊工艺条件时也可使用钢丸和铁丸代替型砂。

粒度是标志粒径大小程度用筛分试验的方法来确定的。国际上按美国铸造师协会（AFS）的砂粒细度读数来标定砂粒的粗细分布。我国可按 GB/T 9442—2010 所规定的试验方法进行测定，其筛号与筛孔的基本尺寸，见表 4-1。

表 4-1　筛号与筛孔基本尺寸对照表　　　　　　　　　　　　　单位：mm

筛号	6	12	20	30	40	50	70	100	140	200	270	底盘
筛孔尺寸	3.350	1.700	0.850	0.600	0.425	0.300	0.212	0.150	0.106	0.075	0.053	—

铸造用砂的粒度组成通常用残留量最多的相邻三筛的前后两筛号表示，如 50/100 表示该砂集中残留在 50、70、100 三个筛中，且 50 号筛中的残留量比 100 号筛中的多。若 100 号筛中的残留量比 50 号筛中的多，则用 100/50 表示。最集中的相邻三筛上残留砂量之和占砂子总量的比例称为主含量。主含量愈高，粒度愈均匀。铸造用砂粒度的主含量应不少于 75%，相邻四筛上的残留量应不少于 85%。

V法铸造常用以下几种砂料。

1. 硅砂

硅砂是指二氧化硅（SiO_2）的质量分数大于或等于 75%，粒径在 $0.053 \sim 3.350$mm 之间的硅砂粒。硅砂可分天然硅砂和人工硅砂两种。

天然硅砂是由火成岩风化破碎，经水流或风力搬运沉积而成。为了提高天然硅砂的质量，可进行水洗、擦洗、擦磨、浮选加工而成，其泥的质量分数应低于 $0.5\% \sim 0.3\%$，表面状态良好。硅砂价格便宜、料源充足，有一定的耐热度，故多被采用。

根据国家标准《铸造用硅砂》（GB/T 9442—2010）铸造用硅砂按二氧化硅含量分级，见表 4-2。硅砂的化学成分，见表 4-3。

表 4-2　铸造用硅砂分级

分级代号	98	96	93	90	85	80
最小二氧化硅质量分数/%	≥98	≥96	≥93	≥90	≥85	≥80

表 4-3　铸造用硅砂各级的化学成分

分级代号	SiO_2 质量分数/%	杂质化学成分质量分数/%			
		Al_2O_3	Fe_2O_3	CaO+MgO	K_2O+Na_2O
98	≥98	<1.0	<0.3	<0.2	<0.5
96	≥96	<2.5	<0.5	<0.3	<1.5
93	≥93	<4.0	<0.5	<0.5	<2.5
90	≥90	<6.0	<0.5	<0.6	<4.0
85	≥85	<8.5	<0.7	<1.0	<4.5
80	≥80	<10.0	<1.5	<2.0	<6.0

2. 镁橄榄石砂

在 V 法铸造中常用镁橄榄石砂，它的主要矿物组成为镁橄榄石（$2MgO \cdot SiO_2$）和铁橄榄石（$2FeO \cdot SiO_2$）的熔块矿物 $(MgFe)_2SiO_2$，熔点 $1750 \sim 1800℃$，可适用于高锰钢 V 法铸造的铸钢件。镁橄榄石砂有如下特点：

① 导热性能好，热膨胀缓慢均匀，不易产生夹砂。

② 无游离的 SiO_2 存在，无硅尘危害，浇注时无 CO 气体产生，生产环境良好。

③ 耐火度高，抗金属氧化物侵蚀能力强，特别对高锰钢铸件有很高的化学稳定性，能有效防止铸件的化学黏砂和机械黏砂，铸件表面光洁，轮廓清晰，尺寸准确，合格率高。

④ 回收利用率高。

镁橄榄石粉作为涂料具有触变性好、屈服值适宜、悬浮率高、易涂挂、涂层强度高、高温爆热不开裂、抗黏砂性强、铸件表面光洁、涂层烧结成壳自行剥离等优良性能，按《铸造用镁橄榄石砂》标准（JB/T 6985—1993）的规定，其化学成分、物理性能，见表 4-4、表 4-5。

表 4-4　镁橄榄石砂（粉）化学成分（质量分数）　　　　单位：%

粒径/mm	MgO	SiO_2	Al_2O_3	Fe_2O_3	Cr_2O_3	其余
0.300～0.212	≥45	≤40	≤3	≤11	不限	≤1
0.850～0.212	≥40					

表 4-5　镁橄榄石砂（粉）物理性能

名称	圆粒度	微粒	水分(质量分数)	耐火度	灼减量	真密度
镁橄榄石砂(粉)	≥75%	3%	≤0.5%	1700℃	3%	$3.0t/m^3$

从表中看出，镁橄榄石砂（粉）属碱性，抗碱性熔渣能力强，耐火度高，能抵御高锰钢金属液体的冲刷，同时成本较低。

3. 锆砂

锆砂的主要矿物组成为硅酸锆（$ZrSiO_4$），纯硅酸锆熔点为 2430℃（因含有 Fe_2O_3、CaO 等杂质，实际 V 法铸造选用锆砂的熔点在 2200℃），为中性、弱中性或酸性材料。

4. 铬铁矿砂

铬铁矿砂的主要矿物成分 FeO、Cr_2O_3，其有害杂质为 $CaCO_3$、$MgCO_3$ 等，熔点高于 1900℃，导热性好、有良好的抗碱性熔渣和抗黏砂作用，用于 V 法铸造的铸钢件和涂料的耐火骨料。

锆砂和铬铁矿砂价格比较昂贵，但由于 V 法铸造旧砂回收率达 95% 以上，消耗量较少，又因为锆砂和铬铁矿砂的耐热度较高，可使铸件表面更加光洁，而且能避免产生硅尘，所以在 V 法铸造中常被采用。

二、V 法铸造对型砂的选用要点

在选用型砂时，必须注意砂子的粒度、粒形、对铸型填充密度及强度的影响。

采用不同颗粒大小的型砂浇注铸钢件，其对铸型及铸件质量的影响，见表 4-6。从表中可以看出，用粗砂铸型易塌箱，铸件黏砂严重；而用细砂，铸型良好，并且铸件黏砂现象大大减少。在实际生产中，一般采用 70/140 号筛或 100/200 号筛的硅砂，对锆砂和铬铁矿砂经常采用 100/200 号筛较合适。

表 4-6　V 法造型用型砂颗粒对铸型及铸件质量的影响

型砂种类	颗粒/号筛	SiO_2 的质量分数/%	铸型质量	铸件黏砂面积/铸件总面积/%
天然硅砂	50/100	96	有塌箱	80
天然硅砂	70/100		尚可	50
人造硅砂	70	98	有塌箱	40
天然硅砂	100/140	96	良好	<10
人造硅砂	100/200	98	良好	0

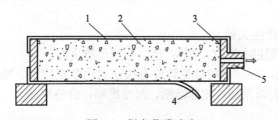

图 4-1　揭离薄膜试验

1—薄膜；2—型砂；3—砂箱；4—揭开的薄膜；5—真空接头

砂子的填充密度，对砂型的强度有直接的影响。V 法的生产实践表明，锆砂的填充密度最高，而硅砂及镁橄榄石砂较差。采用混合砂时，由于细砂填充在粗砂的间隙里，所以可提高填充密度，但也要注意防止出现"偏析"现象。有人曾经分别用 S50/100 的湖口砂和 S100/200 人造硅砂，制出无型腔的 V 法砂型，并将此砂型如图 4-1 所示水平放置。然后，分别将其下面的薄膜逐渐剥离，观察砂型及真空度的变化，得到的结果见表 4-7。这个试验结果说明采用细砂，由于填充密度大，对维持砂型内外压差有利，因而砂型的强度也较高。

表 4-7　剥离薄膜的试验

型砂种类	铸型硬度/HB	真空度/kPa	剥离薄膜时铸型的变化	备注
S50/100 江西湖口砂	91~93		薄膜剥离开 1/3 时，开始掉砂，剥去 1/2 时塌型	
S100/200 人造硅砂	89~90	53.33	薄膜剥离开 1/2 时，开始有少许砂粒掉下，薄膜全部剥离开后，铸型仍能完整地保持着，约 5min 后铸型塌型	塌型前真空度降至 46.66kPa

注：所用砂箱为 300mm×400mm×100mm，装有环形过滤抽气管的改装砂箱，真空泵为 SZ-2 型。

砂子的粒形对于填充密度及砂型强度也有影响。角形砂具有高的抗压强度和低的填充密度，圆形砂具有低的抗压强度和高的填充密度。因为 V 法造型的强度是在砂型内外的压力差作用下，靠砂粒间的摩擦阻力即抗剪强度产生的。有较高流动性的圆形砂，其填充密度虽然高，但由于其表面光洁，砂粒间的摩擦阻力小，所以抗压强度低；而流动性较差的角形砂，因其表面棱角障碍，有较大的摩擦阻力，所以虽然填充密度低，但抗压强度却较高。

对型砂的选用要点是：

① V 法铸造选用的砂子较细，这是因为型砂中无水分、黏结剂和附加物，浇注时不产生气体。塑料薄膜的发气量很小而砂型是连续抽气，型砂的透气性好，另外砂型表面有一层塑料薄膜起隔离作用，不易产生铸件的黏砂。由于这些有利条件，型砂选用细砂，可获得表面光洁的铸件。细砂透气性小，当薄膜烧损时，漏气量小，对保持型腔有一定的好处。而不宜选用粗的型砂，因为粗砂在抽真空时，铸件容易产生机械黏砂缺陷。

② 砂子中不应含对紧实性有害的杂质。

③ V 法造型所使用过的旧砂通过再生后可以回用，但必须注意以下几点：

a. 型砂重复使用时，砂中的粉尘量将有所增加，需要及时加以控制，否则会影响铸型硬度，或使铸件表面产生脉纹状夹砂缺陷。

b. 旧砂回用要注意砂中的水的质量分数，一般不得超过 1%，否则会影响到砂子流动性和振实效果。若砂子水的质量分数过大，铸型会产生明显的紧缩现象，而使铸件壁厚增大；此外，过多的水分是造成铸件产生气孔的主要原因。因此，即使是采用新砂，也应注意控制砂中水的质量分数。

c. 旧砂回用时，若砂的温度过高，造型时会使实体模变软，很难使铸型保持应有的形状，所以旧砂的温度必须冷却到 50℃ 以下才能回用。

d. 旧砂中夹杂的细碎薄膜残料愈积愈多，如不及时清除，会使砂的填充性变坏，即使振动也不能使干砂充分紧实。

三、型砂在防金属液渗透中的作用

1. 对金属渗透的分析

某单位用 V 法生产叉车平衡重，浇注后铸件局部剖开，其剖面如图 4-2 所示。砂芯的纵断面，按颜色可分为黑色区、过渡区和灰色区。黑色区靠近铸件孔壁，其中金属与砂芯熔融为一体；灰色区位于砂芯头内。在扫描电镜下观察，3 个区的照片，如图 4-3 所示。黑色区表明，该区内渗铁（渗入砂中的铁）呈氧化状态，系因该区位于铸件孔内，渗入的金属液在冷却过程中被氧化所致。渗铁的严重性依灰色区、过渡区、黑色区的顺序增加，其中黑色区已全部渗透。表 4-8 分析了测得各区的化学成分。

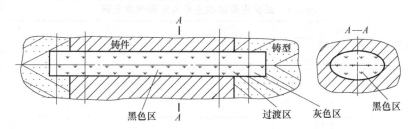

图 4-2　浇注后铸件局部剖面

由表 4-8 可知，各区的含铁量均在 40% 以上，表明渗铁程度相当严重，其中过渡区的含铁量偏高。

(a) 黑色区(Fe+SiO₂等烧结相)200×　(b) 过渡区(Fe+SiO₂烧结相+SiO₂相)100×　　(c) 灰色区(SiO₂+氧化铁相)

图 4-3　各区的扫描电镜照片

表 4-8　浇注后砂芯断面中各区的化学成分（质量分数）　　　　单位：%

元素区域	Si	Fe	Al	Mn	K
黑色区	54.25	40.13	2.92	1.15	1.55
过渡区	47.23	47.14	3.52	0.98	1.12
灰色区	54.57	40.06	3.15	0.71	1.51

　　由图 4-3 可见，黑色区砂粒已被烧结，灰色区和过渡区内砂粒轮廓较清晰，无烧结现象。砂芯的渗入物是铁和氧化铁，发现有金属液与芯砂的反应产物。因此可以认为，1 号芯砂的渗铁是机械黏砂，其产生的原因是该芯砂周围铸件壁厚很大（300～600mm），在浇注和冷却期间，该芯砂长时间受到高温金属液的加热和侵蚀，导致砂粒膨胀，间隙扩大，减少了毛细孔对渗入金属液的阻力。同时，在 V 法造型条件下，浇注期间砂型呈负压状态，对渗入孔隙的金属液有吸引力，从而加剧了渗透，随着金属液的冷却和孔隙中真空度的降低，渗透逐渐停止。

2. 防渗透的试验和结果

　　由于 V 法铸造在浇注期间铸型保持一定的真空度，即对渗入砂型的金属液的吸力不能减小，为了防止渗透，应从增大砂型毛细孔对金属液的阻力着手。采用增加砂型中细砂比例和刷二次涂料（一次刷棕刚玉涂料，一次石墨涂料）等办法，但收效不大。于是从改变型砂成分和粒度着手（涂料不变）进行试验。首先，全部用铬铁矿砂加呋喃树脂配制型砂。浇注后未发现砂型渗铁。但是，由于铬铁矿砂价格较贵，这将大大提高铸件成本。于是，根据现有原材料的种类，拟定几种配方进行实验。表 4-9 为试验用的原砂成分和粒度，表 4-10 为试验用的型砂配方。

表 4-9　试验用原砂的主要成分和粒度分布　　　　单位：%

粒度分布/号筛	铬铁矿砂 $W(Cr_2O_3) \geqslant 46\%$ $W(FeO) \leqslant 27\%$	细硅砂 SiO₂	3 号硅砂 SiO₂	原树脂砂 SiO₂
12	—	—	49.80	—
20	—	—	47.40	0.60
40	—	—	1.40	47.40
50	2.11	—	—	29.50
70	40.22	3.0	—	9.50
100	20.10	10.60	—	4.00
140	18.60	38.50	—	1.40
200	—	19.0	—	—

续表

粒度分布/号筛	铬铁矿砂 Cr$_2$O$_3$≥46% FeO≤27%	细硅砂 SiO$_2$	3号硅砂 SiO$_2$	原树脂砂 SiO$_2$
270	—	19.10	—	—
底盘	—	8.0	0.80	0.50
AFS	61.20	136.00	10.10	38.60

注：表中数值为SiO$_2$的质量分数。

表 4-10　试验用型砂配方及使用效果　　　　单位：%

序号	铬铁矿砂	细硅砂	3号硅砂	原树脂砂	呋喃树脂	固化剂	AFS细度	使用效果
0	100.0	—	—	—		30.0	61.2	不黏砂，易清砂
1	—	—	—	100.0	2.0	34.0	38.6	黏砂，难清砂
2	—	60.0	—	40.0			99.0	
3	30.0	50.0	20.0				89.4	不黏砂，易清砂
4	20.0	60.0	20.0		1.8		96.2	
5	10.0		30.0				92.0	
6	5.2	63.1	31.5		1.9	28.0	93.0	基本不黏砂，易清砂
7	5.3	—	94.7				40.0	黏砂，难清砂
8	10.0	—	90.0		1.8		39.8	
9	—	66.7	33.3				95.5	不黏砂，易清砂
10	—	100.0	—		2.2	30.0	136.0	黏砂，难清砂

注：1. 固化剂量是指占树脂的质量分数。

2. 1号配方为原来使用的树脂芯砂配方。

3. 试验环境温度25℃，相对湿度70%。

4. 由于细砂成分较多，比表面积增大，树脂加入量比正常量稍大。

　　由表4-10可见，除1、2、7、8、10外，其余配方均取得了明显效果。其中以6号配方中含铬铁矿砂最少，因而成本最低，故定为生产用配方。这些使用效果好的配方有以下特点：

　　① 平均AFS细度一般在60%以上，效果差，平均细度都在40%以下。

　　② 配方中含有一定数量的粗砂，这样砂型中粗细砂发生相变膨胀的时间不一致，先膨胀的细砂可以填充在粗砂粒之间的孔隙中，从而减小砂型的总膨胀量，同时，降低了由于砂型膨胀而扩大毛细孔半径的可能性。

　　③ 由9号配方看出，全部采用硅砂，当粒度配比适当，有明显的抗渗透作用。

3. 结论

　　① 平衡重铸件属机械黏砂，产生原因与铸件结构特点和造型方法有关。

　　② 砂越细，抗机械黏砂能力越强的传统看法有一定的片面性，试验表明，只有当型砂的粒度配比合理且含有一定量的铬铁矿砂时，才能取得好的抗渗透效果。

　　③ 采用所研制的6号型砂配方，不但能有效地防止渗透，而且可以减少清砂工作量，因而具有明显的经济效益。

第二节　塑料薄膜

　　塑料薄膜是V法造型生产主要原材料之一，其性能不但直接影响铸件的品质，还影响到生产效率和生产成本。因此，在V法造型中选择什么样的塑料薄膜，是一个很关键的问题。

一、V法铸造对塑料薄膜的性能要求

V法造型是用塑料薄膜通过加热后软化，并利用真空将它吸附在凹凸不平的模样表面上。由于模样轮廓复杂，要求薄膜有较好的工艺性，不产生折痕和破裂。用 V 法造型的塑料薄膜很薄，一般只有 0.03～0.25mm，然而在深模样上成型。薄膜有相当大的延展，最终厚度可以薄到 0.006mm。所以，塑料薄膜在模样或芯盒内的成型能力的好坏，直接影响铸件的粗糙度和尺寸精度。因此，薄膜的选择、质量控制及使用方法是 V 法铸造的重要环节。选择薄膜要求如下：

① 薄膜必须没有气泡滴和针孔等缺陷，因这些缺陷在加热时可能变成大的孔洞。

② 在成型时，形状缺陷不应发展，如皱纹部分重叠就是形状缺陷。

③ 成型后的薄膜不再保留弹性，如使用不合适的薄膜或成型时加热不够，则可能发生弹性恢复，使薄膜在成型后的冷却中有从模样上缩回去的特性。

④ 薄膜不应与模样黏住。

⑤ 浇注时薄膜产生的气体应无毒。

⑥ 薄膜必须有适当的伸长特性。

⑦ 薄膜拉伸时应无方向性。

总之，V法造型一般选用热塑性薄膜，要求薄膜的成型性好，易涂（刷）涂料，方向性小、热塑应力小，对热量不敏感，软化温度区间长，燃烧时发气量小，不产生有害气体，价格低廉。

二、塑料薄膜的特性

1. 伸长率和抗拉强度

V法造型常用的塑料薄膜，见表 4-11，主要影响因素是加热状态下薄膜的伸长率、抗拉强度和薄膜最容易伸长时的温度。

表 4-11　V 法造型常用的薄膜材料

薄膜种类	缩写符号
聚乙烯(Polyethylene)	PE
聚氯乙烯(Polyvinyl Chloride)	PVC
聚丙烯(Polypropylene)	PP
乙烯-乙酸乙烯酯共聚物(含乙酸乙烯酯 17%)(Ethylene-Vinyl Acetate Copolymer)	EVA
聚乙烯醇(Polyvinyl Alcohol)	PVA
聚苯乙烯(Polystyrene)	PS

薄膜试样的形状参见图 3-36，它在纵向或横向做成圆筒。薄膜试样安装在试验仪的拉紧装置上，然后浸入容器。容器中充满确定恒温的聚乙二醇。这样，把试样加热到预期温度后，利用重量装置加载，量出薄膜试样破裂时的总负载和伸长长度。表 4-12 为几种塑料薄膜的抗拉强度。

表 4-12　几种薄膜的抗拉强度　　　　　　　　　　单位：MPa

品种及方向		荷重		
		$5.0 kg \cdot cm^{-2}$	$9.0 kg \cdot cm^{-2}$	$30.0 kg \cdot cm^{-2}$
PE(厚 0.05mm)	纵向	53	55	75
	横向	68	130	319
EVA(A公司)	纵向	65	100	300
	横向	160	328	568

品种及方向		荷重		
		5.0kg·cm^{-2}	9.0kg·cm^{-2}	30.0kg·cm^{-2}
EVA(B公司)	纵向	85	173	292
	横向	183	193	420
EVA(C公司)	纵向	40	63	200
	横向	170	205	470
PVC	纵向	28	47	173
	横向	68	118	328
PVA	纵向	0	0	65
	横向	0	0	86

注：薄膜厚度0.075mm，加热到95℃，加热时间60s。

图4-4表示各种试验薄膜，以加热温度作参考变量研究负荷与伸长率之间的关系，这些曲线随温度增加，变化比较陡，温度升高，薄膜变得柔软，可在较小负荷下伸长，此外所有实验薄膜，横向伸长率均大于纵向，这一特点应该与薄膜制造工艺过程有关。

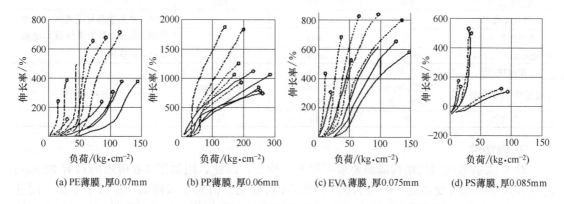

(a) PE薄膜，厚0.07mm (b) PP薄膜，厚0.06mm (c) EVA薄膜，厚0.075mm (d) PS薄膜，厚0.085mm

图4-4 各种薄膜塑料在不同温度下横向和纵向伸长率与负荷的关系
注：图中，——为纵向，----为横向。

图4-5表示出各种薄膜在不同的温度下与抗拉强度和极限伸长率之间的关系。由图看出，聚乙烯（PE）薄膜伸长率差；聚丙烯（PP）薄膜在较高的温度条件下（130℃）才有好的伸长率；聚苯乙烯（PS）薄膜仅在120℃才有较好的伸长率；而乙烯-乙酸乙烯酯共聚物（EVA）薄膜伸长率比较理想；聚氯乙烯（PVC）薄膜虽有较好的伸长率，但在气化时，会分解出氯化氢等有害气体；而聚乙烯醇（PVA）薄膜因有吸潮性，不便于使用。

PS薄膜相对于其他薄膜表现出完全不同的性状［见图4-4（d）］。首先在加热而没有负荷时，稍有发皱，然后出现与加热温度和负荷相适应的伸长；120℃时，伸长率最大，高于或低于此温度，伸长率急减，就是说，

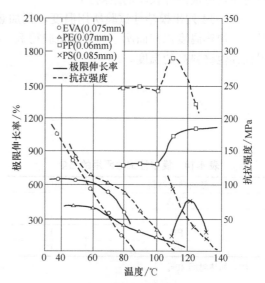

图4-5 各种薄膜材料温度与（纵向）
极限伸长率和抗拉强度的关系

成形温度范围是很狭窄的。PS 极限伸长率差不多和 PE 一样，但比 EVA 低。

薄膜强度随温度提高而降低。此外，薄膜的伸长性和强度有方向性，即在薄膜的压延方向（纵向）上比横向上伸长性差。但燃烧速度则纵向快。因为有方向性，薄膜的纵向在模样的凹凸部分不能密覆，形成"薄膜桥"。浇注时，"薄膜桥"部位先燃烧，容易造成铸件缺陷。

为适应 V 法不断发展的需要，一些新的薄膜材料也正在被开发利用，例如，国外研究的 LDPE、Surlyn 等。其中 LDPE 是一种低密度的聚乙烯薄膜，性能与 EVA 相近；Surlyn 则是用离子聚合树脂吹制成的塞纶薄膜，性能优于 EVA 和 LDPE。表 4-13 为 LDPE 及 Surlyn 与 EVA 的特性比较。此外，还做了如下比较试验：以 1300℃的金属液作为辐射源，在相距 5mm 处放置被试的几种薄膜，在规定的爆热时间里，观察被试薄膜的状态变化，以塞纶薄膜烧失所需的时间最长。这一特性，对于 V 法造型是非常适用的。

表 4-13 三种薄膜的特性比较

特性	EVA 17%乙酸乙烯	LDPE M68	Surlyn-1707	备注
热分解温度/℃	250	350	350	伸长率系指软化至破断时的极限伸长值；σ_b 系指所加重力至破断时的强度值
软化温度/℃	150	190	190	
软化伸长率/%	75	105	825	
软化强度 $\sigma_b/(mN)^{-1}$	98.00	85.26	166.60	
耐破性/倍	2.5	2.0	10.0	—
成型性（面积比较）	厚度 100μm 时为 5 倍	厚度 100μm 时为 5 倍	厚度 50μm 时为 5 倍	—
炭化性	中	弱	强	—

2. 模塑性

对 V 法造型所用的塑料薄膜要求三维方向伸长，因此，用如图 4-6 所示的具有 200mm 的正方形敞口和可变高度（h）的盒子 3 做模塑性试验。薄膜 1 试样固定在盒子上面，用黏土密封圈 2 封闭。然后用气体加热的红外线辐射器从上面加热并做真空吸附试验。因为直接测量薄膜温度是很困难的，所以预先进行改变加热温度与薄膜试样间距离的试验，以便求得使薄膜具有极限伸长率的距离。

表 4-14 列出模塑性试验所用温度，其加热温度是用酒精温度计测得的指定地点的空气温度。加热温度比前面所述的伸长试验得高。PE 由于结晶的原因，其比热容较大，所以使用较其他材料高的温度。

表 4-14 模塑性试验所用的温度

塑料薄膜材料	温度/℃
EVA	90
PE	135
PP	125
PS	105

注：加热时间 40s。

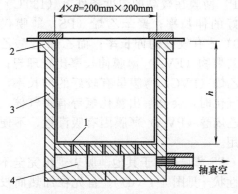

图 4-6 塑料薄膜模塑性试验盒
1—塑料薄膜；2—黏土密封圈；
3—盒子；4—抽气室

表 4-15 表示当试验盒的深度从 120mm 改变到 260mm 时，各种薄膜材料的模塑性的试验结果。EVA 的模塑能力直到 260mm 仍没有断裂，而 PE 可保持到 220mm，PP 和 PS 则在深度为 120mm 时就破裂。由此可见，以 EVA 薄膜的伸长变形最好，它能覆盖的凹入部分深度 h 与开口宽度（$A \times B$）之比是 260：200＝1.3：1，一般将此比值叫做塑料薄膜的极限拉伸比。对于 PVA 薄膜的极限拉伸比为 1.1：1；对于 PP 薄膜比值为 0.6：1。要提高 PP 薄膜极限拉伸比，必须提高加热温度。目前国内 V 法造型采用 EVA、PVA 和 PVC 薄膜。

表 4-15 各种薄膜材料的模塑性

盒深/mm	EVA	PE	PP	PS
120			能成型	
160		能成型	破裂	破裂
200	能成型			
220				
240		破裂		
260				
280	破裂			

3. 塑性变形

V 法造型时，避免产生铸造缺陷的一个主要因素是利用一种适当加热的、塑性变形好的薄膜来制造铸型。

如果薄膜存在拉伸弹性变形，那么在浇注时，由于其弹性，薄膜将皱缩，从而使砂层强度破坏，导致铸件产生夹砂。为针对这种缺点采取预防措施，测定了各种薄膜的塑性变形值。把在不同温度的热溶液中浸泡的薄膜实样拉伸到极限伸长值的一半，极限伸长值就是前面试验时在不同温度下确定的值，然后将试样从溶液中取出，分别测出试样有、无负荷时的长度。有负荷与无负荷长度之比值，以百分数表示，即为该塑料薄膜的塑性变形值。

图 4-7 表示各种薄膜的温度与塑性变形之间的关系。在所有的情况下，塑性变形都随温度的升高而增加，PE 和 EVA 更是如此。PP 和 PS 的塑性变形值在 95％ 以上几乎是常数，与 PE 和 EVA 相比，和温度的关系较小。

通过对 PE、PP、EVA 和 PS 薄膜各种性能的试验结果表明：PP 薄膜的伸长率和塑性变形最好；PS 薄膜具有良好的塑性变形能力，但是伸长性能的温度范围很狭窄；PE 薄膜的性能一般，但伸长能力不如 EVA。在这些薄膜中，EVA 薄膜对 V 法造型是比较适合的。它是乙烯和乙酸乙烯酯单体共聚合而得。EVA 塑料具有聚氯乙烯的

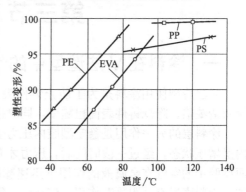

图 4-7 各种薄膜材料的温度与塑性变形之间的关系

柔软性和橡胶的弹性及低密度聚乙烯的成型性。它的性质主要取决于共聚物中 2 种单体的比例和分子量的大小。其中乙酸乙烯酯（VA）的含量在 5％～50％。其含量与抗拉强度成反比，与伸长率成正比；熔融指数（MI）与抗拉强度及伸长率均成反比。

三、塑料薄膜成型的操作经验

V 法造型的技术关键是薄膜成型。冷覆薄膜达不到毫无折皱的覆膜效果，这些折皱反

映在铸件表面上出现很细的条痕，所以应该用经过烘烤的薄膜进行覆膜，以便得到良好的覆膜效果。在 V 法造型的生产实践中，很多单位总结了很多薄膜成型的经验，现归纳如下：

① 由于目前绝大多数生产单位还凭观察来决定薄膜的烘烤程度，就需要在实践中积累经验，经过烘烤的薄膜在模样板上覆膜成型后，尽可能地没有残留弹性，尤其是在边角部位。没有残留弹性的覆膜被金属液烧破后，不会扩大开口面积。而有残留弹性的覆膜部分在被金属液烧破后，就会迅速地扩大开口面积，使该部分铸型的表面强度骤然下降，在金属液的冲击下造成夹砂或轮廓不清晰。在薄膜覆膜后如能及时发现，可在该处涂刷能溶该种薄膜的溶剂或进行局部加热消除薄膜的残留弹性。

② 由于伸长率的限制，对于有较深凹部的模样，薄膜没有足够的伸长率来覆盖深处的角落，而且有时会破裂。如遇这种情况可采用辅助方法，如用条形木块在覆膜时将薄膜压入深凹部位，薄膜就能覆上。这种成型压块对辅助成型和减少折皱都是有用的。

③ 用于 V 法造型的薄膜厚度一般为 0.03～0.25mm，对于凹凸特别大的模样，也可使用稍厚的薄膜。但为了减少发气量，防止浇注后产生呛火和气孔，宜尽可能使用薄的薄膜。

④ 浇注时，薄膜遇到金属液而熔融或汽化。同时，因受负压作用，熔融的薄膜浸透到型砂中去并与型砂结合成壳层。这个壳层的存在，对于维持铸型及形成铸件是有用的。但是在浇注厚壁铸件时，由于金属液长时间通过型壁，使最初形成的壳层中的有机物渐被烧失，有可能引起铸件夹砂。在薄膜上涂以涂料对防止夹砂是有效的，这样，厚壁铸件也容易铸造。

⑤ 在覆膜时，还必须注意正确地利用薄膜的弹性，即尽可能将薄膜伸张到它的弹性限度。覆膜成型后，薄膜消失弹性，成为没有弹性、塑性变形的薄膜。如果薄膜某处留有弹性，当薄膜与金属液接触时，在整个薄膜被烧失前，剥落成疙瘩，型砂被暴露出，不但会引起夹砂，而且有疙瘩的薄膜瞬时燃烧，产生气体，易使铸件产生气孔。所以，在某种程度上，用 V 法铸造铸件，在操作技术上如何正确地控制和使用薄膜十分重要。

第三节　涂　料

一、涂料在 V 法造型中的作用

V 法造型使用涂料是为了防止铸件表面黏砂、二次氧化、烧结坑、塌箱、掉砂、冲砂等铸造缺陷，降低铸件表面粗糙度，同时也能提高铸型的密封性，稳定型腔压力变化。

涂料层的另一作用是稳定型腔内压力变化。据资料介绍，有涂料的铸型在刚浇注时型腔内呈增压状态，经过一段时间后，压力才开始降低。其原因是涂料壳可提高铸型的密封性，而型腔中的空气在金属液的作用下迅速膨胀。薄膜和黏结剂的气化等使型腔内空气压力增加，涂料壳层有"阻隔"作用，使气体不能顺利排除，由图 4-8 可清楚看出，在其他条件相同的情况下，有涂料的铸型浇注时型腔内压力降低得少些，压力降低的时间也短些，这些都证实了涂料具有稳定型腔中压力变化的作用。

涂料可提高铸型的密封性，它的作用分析，如图 4-9 所示。从图 4-9（b）中可以看出，在浇注铸型时，在高温的金属液和真空泵不断抽气的作用下，塑料薄膜被熔融而渗入砂内，在薄膜消失后的很短时间内，仍可保持铸型的气密性，而不致垮砂或塌型。但当塑料薄膜成分继续向砂内扩散形成壳层 2 后，就不可能再保持铸型的气密性，同时，又因型腔表层的塑料薄膜烧失，就会在铸型的表面露出松散的砂子 1。这是造成冲砂、黏砂的主要原因，如果在型腔表面上喷（刷）涂料，则可以防止此种缺陷。其原因由图 4-9（a）可看出，由于有涂料层 3，可以提高铸型的密封性，在高温金属液作用下，可阻挡金属液的侵入，避免砂子直接与金属液接触而造成铸件黏砂。

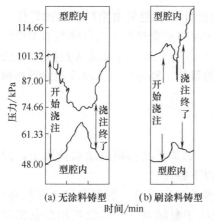

图 4-8 涂料对型腔中压力变化的影响

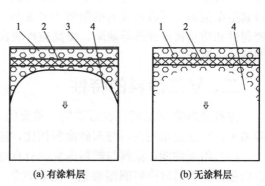

图 4-9 涂料的作用分析
1—松散砂子；2—熔融塑料与砂子结合的壳层；
3—涂料层；4—型砂

如图 4-10 所示是有无涂料层的铸型，在浇注时型腔内的压力变化情况。从图中看出，型腔表面上无涂料层时，浇注初期处于增压状态，而后由于薄膜烧失，铸型密封性降低，转为减压状态。有涂料层时，整个浇注过程中，型腔始终处于加压状态，由此表明，涂料层可提高铸型的密封性。

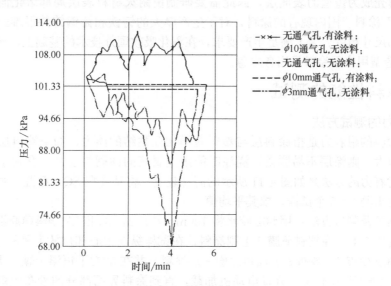

图 4-10 铸型型腔内的压力变化

V 法造型是将涂料涂敷在塑料薄膜上，涂料除应具有普通造型用涂料的性能（如悬浮性、触变性、抗裂纹性、常温及高温强度）外，还必须具有较好的附着力、不流淌、迅速干燥等特性，在浇注后能形成薄壳从铸件表面剥离下来。

涂料涂敷在塑料薄膜的哪一侧好，目前有两种意见：

① 主张将涂料涂敷在靠铸件一侧的塑料薄膜上，认为这样可阻碍薄膜裂解产生的气体进入铸件，从而减少铸件产生气孔的可能性。但涂层易脱落，涂料必须对薄膜有较大的附着力，另外要求涂料的发气量要小。

② 主张将涂料涂敷在薄膜靠型砂的一侧，认为这样可以避免由涂料引起的铸件尺寸误差，并且涂层夹在薄膜与砂子之间也不易脱落。由于涂料层受热产生的气体没有薄膜阻挡易被真空泵抽走，所以对涂料的附着力和发气量要求不那么严格，也可以达到提高 V 法铸型密封性和防止铸件黏砂等缺陷，提高铸件表面质量的目的。经分析认为将涂料涂敷在薄膜靠型砂的一侧较好。

二、V 法涂料的特性

涂料是影响 V 法铸件表面质量的重要因素之一，如果将涂料喷在塑料薄膜上，而不是砂型上，V 法造型用涂料与型砂涂料相比，应具有以下特性：

（1）附着性能：涂料与塑料薄膜要有良好的润湿性和附着性。塑料薄膜为非标性材料，表面张力低不易被涂料润湿渗透，附着性能主要取决于黏结剂。V 法涂料用的黏结剂使涂料应具有常温和高温强度之外，还必须对塑料薄膜有足够的附着力，使之牢固地附着在薄膜上。

（2）干燥速度：V 法生产工艺不能采用高温烘干，要求涂料快速自干或低温干燥，温度应低于 50℃，以满足生产线工艺要求，影响干燥速度的主要因素是溶剂种类，因此需毒性小、无味、黏度适合、价廉的溶剂及能促进涂料快干的附加物。

（3）不流淌性　指在涂料喷涂在塑料薄膜上后，涂料不应该流淌。

（4）耐火骨料　V 法造型是在浇注过程中塑料薄膜熔化后渗到涂料及砂型里，而使砂型表面形成薄壳成为铸型的表面层，因此需要研制由耐火材料表层局部熔化而引起烧结的"固相烧结型"涂料。国内现有的涂料，对于生产厚大的铸铁和铸钢铸件很难达到所要求的表面粗糙度和尺寸精度。为了满足生产要求，在消化吸收国外技术的基础上，研制适合我国国情的 V 法造型用快干涂料是当务之急。

三、涂料性能的测试

1. 附着力的测试方法

V 法用涂料的附着力是指涂料层与塑料薄膜相互黏结的能力，如果涂料层与塑料薄膜之间的附着力大，则涂层不易脱落，浇注时能耐金属液的冲刷与浸蚀，有利于提高铸件质量。其测试附着力的方法是如图 4-11 所示的简易装置，将其装在 SQL 型湿拉强度试验仪上进行测试，每组测 3～5 个试样，求其平均值。

试样的制备及测试方法：用 502 胶水将 100mm×25mm 的 EVA 塑料薄膜贴在 75mm×25mm 的载玻片 5 上，在塑料薄膜 2 上刷涂料，在试样纵向中心部位放上吊杆 4，然后在涂料层的上面铺放纱布 3，纱布 3 上面再涂敷一层涂料，并在 50℃下恒温干燥，干燥后，夹持在 SQL 型湿拉强度试验仪上，开动电动机加载，直到涂料界面部分的纱布脱落为止，测试载荷值。

2. 流淌性的测试方法

涂敷在塑料薄膜上的涂料流淌性，也是 V 法涂料不可忽视的性能指标。涂料的流淌性直接影响涂层厚度和表面质量，流淌性太大，在垂直面上会出现上面涂层薄，甚至没有涂料，下面涂层厚，出现底部堆积，干燥困难的问题；流淌性太小也难以保证涂敷性能。其测试方法如下，如图 4-12 所示。

用型砂制成槽型试样，在其上面贴上塑料薄膜 3，取一定量的预处理好的被测涂料装于漏斗 1 内，涂料由漏斗滴在槽型试样 2 一端，将其倾斜 30°停止流淌后测其流动长度。根据所测流淌长度和涂料重量计算出每克涂料的流淌长度，评定涂料的流淌性能。

3. 涂料干燥速度的测试方法

涂料的干燥速度是 V 法涂料中一个很重要的指标，在 V 法生产线上涂料的干燥速度往往决定了生产周期，因此，要求涂料要有较快的干燥速度以提高生产效率，涂料的干燥速度取决于溶剂从涂料层中往空气中挥发的速度。其测试方法是将待测的涂料刷（喷）在 100mm×100mm 的塑料薄膜上，立即在电子天平上称重，每隔 1min 记录一次重量直至恒重（精确到 0.01）。另外还要测试溶剂在涂料中的残留量，以评定涂料的干燥程度。其测试方法是将黏度持续时间控制在 10s（涂 $\phi6mm$）的涂料，刷在 100mm×100mm 的 EVA 塑料薄膜上，吹热风（50℃）2min 后称重，即为烘干的重量，将此试样再放入双盘红外线干燥器上烘至恒重，为烘干后质量。溶剂残留量和溶剂挥发率可按下式计算：

$$溶剂残留量 = \frac{烘干前试样重量 - 烘干后试样重量}{烘干前试样重量}$$

$$溶剂挥发率 = \frac{干燥前试样重量 - 吹风后试样重量}{干燥前试样重量 - 烘干至恒重的试样重量}$$

图 4-11 测试附着力的简易装置
1—吊钩；2—塑料薄膜；3—纱布（上有涂料）；
4—吊杆；5—载玻片；6—底座

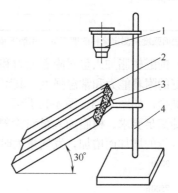

图 4-12 流淌性的测试方法
1—漏斗；2—试样；3—薄膜；4—支架

四、涂料性能的分析

1. 涂料对塑料薄膜附着性能的分析

在 V 法生产中涂料涂敷在薄膜上，干燥后填砂造型，为使涂料在填砂过程中不致从薄膜上脱落，涂料除其本身应具有一定强度外还应与薄膜之间有较好的附着力和高温强度，以免在浇注过程中被金属液冲刷掉造成冲砂或夹砂等铸造缺陷。

EVA 塑料薄膜属极性很小的物质，分子排列有规律，加之在生产过程中使用脱膜剂，故在其表面难以附着涂料，同时涂料在塑料薄膜上没有渗透性，因此，需选择与塑料薄膜具有较好亲和力的黏结剂，使涂料能很好地与塑料薄膜黏附起来。为增加涂料与塑料薄膜之间的附着力，可以加入适当的附加物使塑料表面活化，来达到这个目的。

（1）黏结剂的种类对附着力的影响：V 法涂料是将其涂敷在塑料薄膜上，而塑料薄膜的一切特点都是由合成树脂所带的高聚物特征及其分子结构的化学物理特性所决定。由于材料的极性和吸附能力不同，对涂料中黏结剂的要求也不相同，因此，要求涂料除应具有普通涂料的共同性能外，还应具有自己的特点。

V法造型采用的塑料薄膜一般是 EVA，因此，涂料应选用与 EVA 薄膜之间有吸附力黏结剂，以便使涂料能很好地黏附在薄膜上。沈阳铸造研究所曾经以铸钢件用的涂料为基础，对黏结剂的种类、性质和加入量进行了大量的试验，其结果如表 4-16 所示。表中数据表明在没有附加物的情况下，1 号和 2 号涂料附着力较大，但 1 号涂料的表面耐磨性不好，说明涂料本身的常温强度低，2 号涂料虽然附着力不如 1 号涂料好，但涂料的耐磨性能好，又具有较好的附着能力，故选用酚醛树脂作黏结剂。

表 4-16　黏结剂的种类及附加物对涂料性能的影响

序号	涂料种类	黏结剂及附加物/%								涂料性能			
		酚醛树脂	EB-P黏结剂	松香	硅酸乙酯	氧化镁粉	松节油	活性剂B	湿润剂	表面强度/(mg·64r⁻¹)	流淌长度/(mm·g⁻¹)	表面裂纹情况	附着力/N
1	铸钢用水基自干	—	4.00	—	—	—	—	—	—	283.2	118.4		1730.00
2	铸钢用快干	2.00	—	—	—	—	—	—	0.01	129.5	45.6		427.00
3	铸钢用水基自干	—	4.00	—	—	2.00	—	—	—	967.9	21.4	干燥无裂纹	180.00
4	铸钢用快干	—	—	2.00	—	—	—	—	—	1110.0	69.0		—
5		—	—	—	5.00	—	—	—	—	510.0	51.0		366.60
6		2.00	—	—	—	—	—	0.05	0.01	46.0	58.5		553.33
7		2.00	—	—	—	—	0.05	—	0.01	660.0	115		366.60

注：表面强度是测定涂料的磨下量，用磨下量的多少来衡量涂料的表面强度。

（2）酚醛树脂加入量对附着能力和常温强度的影响：以酚醛树脂为黏结剂的涂料对塑料薄膜有较好的附着能力和常温强度，其附着力随加入量的增加而增加。涂料磨下量随树脂加入量增加而减少，如图 4-13、图 4-14 所示。当树脂加入量达到 2% 时，磨下量曲线趋于平缓，附着能力也能满足要求。树脂加入量对涂料的发气量的影响，如图 4-15 可知。涂料的发气量是随树脂加入量的增加而增加，发气量大时会增加铸造缺陷，因此，取酚醛树脂加入量为 2%。

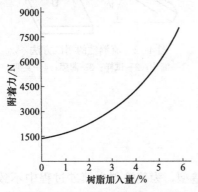

图 4-13　树脂加入量对附着力的影响

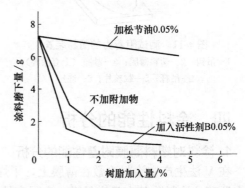

图 4-14　树脂加入量及附加物对表面强度的影响

（3）附加物对附着能力的影响：在涂料中加入附加物可以改善塑料薄膜的表面状态，增加涂料与塑料薄膜之间的附着力，试验结果如图 4-16 所示。由图可见，松节油和活性剂 B 能增加涂料与薄膜之间的附着能力，而且随其加入量的增加而增加，又从表 4-16、图 4-14 可知松节油降低涂料的表面强度，而当加入 0.05% 以下的活性剂 B 时能增加涂料的表面强度，当加入量超过此值时表面强度下降，如图 4-17 所示，故取加入量为 0.05%～0.1%。

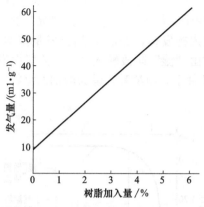

图 4-15 树脂加入量对涂料的发气量

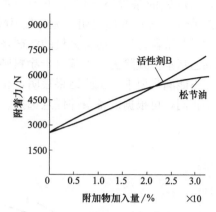

图 4-16 附加物加入量对附着力的影响

2. 涂料干燥速度的试验分析

在 V 法生产线上，涂料的干燥速度往往影响生产周期，因此要求涂料要有较快的干燥速度满足生产需要。干燥速度取决于溶剂的挥发速度，其干燥过程也就是溶剂从涂料层中挥发的过程。一般可分为两个阶段，即"湿"阶段和"干"阶段，第一阶段为"湿"阶段挥发，第二阶段为"干"阶段挥发。在"湿"阶段挥发中，溶剂分子的挥发是受溶剂分子穿过涂层表面的液气边界层的表面扩散阻力所制约，在这个阶段，溶剂挥发的速度较快，当涂料层面的树脂形成薄膜时，涂层内部的树脂也凝结了，这时即进入了第二阶段，即"干"阶段挥发。溶剂的挥发受到较大的阻力，挥发速度会明显下降，可见溶剂和黏结剂是影响干燥速度的主要因素，其次，热风、温度、涂层厚度、耐火材料种类等也是不可忽略的影响因素。

（1）溶剂的种类对涂料干燥速度的影响：溶剂的种类是影响挥发速度的主要因素，溶剂挥发速度越快，涂料的干燥速度也就越快，快干（自干）涂料用的溶剂有醇类和氯化烃类，也有水基自干涂料。因氯化烃类有毒，需要很好的通风设备。对醇类和水基自干涂料的干燥速度的试验，结果如图 4-18、图 4-19 所示。

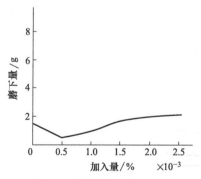

图 4-17 附加物加入量对表面强度的影响

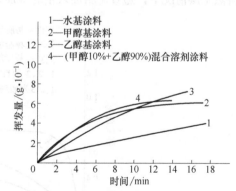

图 4-18 不同溶剂对涂料干燥速度的影响
注：环境温度 22℃，相对湿度 83%。

由图 4-18 所示的曲线说明在自然干燥的情况下曲线 4 和 2 溶剂的挥发速度比曲线 1 和 3 快，达 6min 以后曲线 2 和 4 趋于平缓，已由"湿"阶段挥发转入"干"阶段挥发，且混合溶剂的挥发速度比单一乙醇溶剂快，在曲线 2、4 进入"干"阶段挥发时，曲线 1、3 仍然处于"湿"阶段挥发，经过 16min 后仍未达到"干"阶段挥发。因此，在自然干燥的条件下，使用甲醇、乙醇混合溶剂较好，如通风条件较好的车间也可以使用甲醇作溶剂。

在加热风的条件下，醇基快干涂料比水基自干涂料挥发速度快，所需时间短，如图 4-20 所示。图中曲线表明，无论是甲醇还是乙醇快干涂料仅需 2min 就由"湿"阶段挥发转入"干"阶段挥发，而且大量的溶剂是在 1min 之内挥发掉，2min 以后挥发量基本不变，即溶剂已基本挥发除去。水基自干涂料则需 5min 才由"湿"阶段转入"干"阶段挥发，干燥速度不能满足要求。试验结果表明，在有热风的条件下，甲醇和乙醇为溶剂的涂料干燥速度几乎相同，可根据设备条件任意选择。

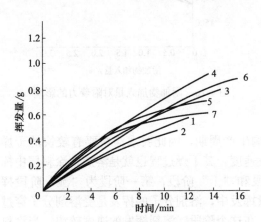

图 4-19　混合溶剂对涂料干燥速度的影响
（1～7 代表的涂料种类同表 4-16）
注：环境温度 15℃，相对湿度 56%。

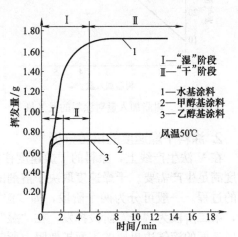

图 4-20　醇基涂料与水基涂料挥发曲线对比
注：环境温度 26℃，相对湿度 69%。

（2）黏结剂加入量对涂料干燥速度的影响：影响涂料干燥速度的因素还有黏结剂的种类和加入量，一般来说，在干燥过程中黏结剂的浓度越来越大，因此，对溶剂的阻滞作用也越来越大，黏结剂加入量越多，则溶剂中的浓度越大，阻滞作用也随着增加，影响溶剂的挥发速度，使涂料层中的溶剂残留量增加，涂料干燥速度也会减慢。如图 4-21 所示，曲线 1、2、3 表明，在自然干燥情况下，随着树脂加入量的增加，溶剂挥发量减少，涂料的干燥速度减慢。

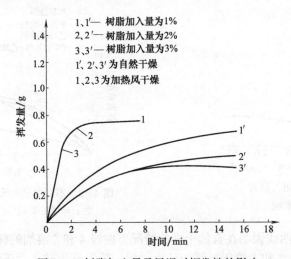

图 4-21　树脂加入量及风温对挥发性的影响

另外，涂料层中溶剂的残留量直接影响着涂料的发气量，涂料中溶剂残留量的测试结果（见表 4-17）。

表 4-17　涂料的残留量和挥发率

涂料种类	吹风时间/min	溶剂残留量/%	溶剂挥发率/%	
			2min	5min
乙醇基快干		1.06	96.4	97.00
甲醇基快干	2	1.00	97.8	98.20
水基自干		9.40	68.7	77.60

溶剂的残留量和挥发率是随溶剂的种类和吹风时间而变化，在吹风时间相同的情况下，醇基涂料挥发率高，残留量少。在溶剂相同的情况下，挥发率随吹风时间的增加而增加。但挥发速度减慢，主要是由溶剂及黏结剂的分子结构、形状、尺寸大小而决定的，随着分子尺寸或支链程度的增加，立体网状结构增多，则溶剂在涂层中挥发受到阻滞，所以挥发速度减慢。

（3）环境温度、湿度及热风对涂料干燥速度的影响：涂料"湿"阶段的干燥速度取决于环境的温度和湿度。温度高相对湿度小时，溶剂本身的挥发速度快，在涂料层中的扩散速度也快，便加快了涂料的干燥速度，也加快了树脂的成膜速度，因此，就很快转入了"干"阶段的挥发，此时虽然挥发速度减慢，但大量的溶剂早已在成膜前的"湿"阶段挥发掉，因此总的干燥时间短。反之温度低，湿度大时，溶剂中分子不易挥发，虽然成膜时间长，但由于大量的溶剂分子没挥发掉，所以在转入"干"阶段挥发后，仍然有大量的溶剂分子存在，因此减慢了涂料的干燥速度。

如果加热风，则从图 4-21 可知干燥曲线 1、2、3 比自然干燥曲线 1′、2′、3′大大地缩短了干燥时间，这是由于热风能减薄液气界面处的高浓度气膜，从而降低了溶剂表面分子的扩散阻力，加快了扩散速度，缩短了干燥时间。

（4）涂层厚度对涂料干燥速度的影响：涂层厚度是影响干燥速度的主要因素之一，这是由于涂层厚度增加时，会使溶剂扩散到涂层表面的过程变长，从而延长了涂料中溶剂的扩散时间，降低了干燥速度。但涂层厚度与涂料的抗黏砂性能有关，在其他条件相同的情况下，涂料厚时抗黏砂能力强，但干燥时间长，延长了生产周期。因此，在喷涂料时要控制涂层厚度并尽量喷涂均匀，减少干燥速度的偏差。

3. 耐火骨料的选择

耐火骨料对防止金属液渗透、冲浸，起着十分重要的作用。必须根据合金的种类、铸件壁厚、可能产生铸造缺陷的形式和其他因素等正确的选择。作为涂料中的耐火骨料要有足够的耐火度和蓄热性，热胀系数要小，成本低，来源广，另外粒度形状和大小要适合。最好使用级配粉，并且使涂料中的耐火骨料在浇注温度下能有少量液相出现，形成固相烧结中的有液相参加烧结，即颗粒之间互相烧结，且界面之间逐渐扩大，最后数个颗粒结合在一起而形成涂料壳，在冷却过程中能很容易地从铸件表面剥离下来。

用于高锰钢件用快干涂料一般选用镁砂粉，其主要成分为 MgO，是由菱镁矿（$MgCO_3$）经 1500～1650℃熔烧粉碎而成，熔点一般在 2000℃左右，由于它不与金属氧化物作用，所以适合作高锰钢铸件的涂料用。用于铸钢件和合金钢铸件的涂料选用锆英粉作涂料的耐火骨料，锆英粉热胀系数小、耐火度高、有很高的热稳定性。当有黏土混入时，容易生成低熔点化合物。配涂料时利用这一性质，加入了少量的黏土，使颗粒之间出现少量的液相形成固相烧结，从而使涂料形成烧结壳，增加铸型的密封性，并降低铸件表面粗糙度。

用于铸铁件的涂料一般选用硅石粉和石墨粉按比例配合使用。硅石粉来源广，价格低廉，耐火度高，是我国涂料中使用较多的耐火填料。但它膨胀性大，涂料干燥后易裂纹。为减少和消除硅石粉膨胀而产生的裂纹，加入土状石墨和磷片石墨。石墨粉资源丰富，价格低廉，耐高温，热胀系数小，化学稳定性好，不与金属作用，能减少涂料裂纹，但加入量不应超过 40%，若超过则附着性不好。

五、涂料性能的要求

对涂料的要求归纳起来是：密封性好、防止黏砂、能亲和塑料薄膜、发气量少。

（1）密封性：塑料薄膜的熔化破坏整个砂型的密封性，是造成漏气的主要原因，希望当塑料薄膜熔化之后，涂料能起第二道密封作用。在浇注过程中塑料薄膜产生的气体，由于有牢固的涂料层阻碍不能进入铸件，而被抽走，减少气孔产生。

在塑料薄膜覆膜成型以后，将涂料刷在塑料薄膜上（即靠砂型一侧）。涂料所以能起密封作用是因在浇注过程中塑料薄膜和涂料中的低熔点黏结物都已熔化，并渗透到粒度很细的涂料中，填补了空隙，形成结构牢固的涂料壳层，保持型腔面的完整，故能密封型腔。

（2）防止铸件黏砂：因为 V 法造型的型砂是干砂，不含水分和黏结材料，浇注过程中不仅不能产生一层保护性的气膜，相反由于真空吸力有把金属液吸进砂型里去的倾向，因此，V法造型比普通潮模砂造型有更大的机械黏砂的可能性。为防止机械黏砂，采用不被金属液浸润的石墨粉材料作涂料的耐火骨料，同时它的粒度很小，能减少空隙的孔径，不让金属液渗进去。对于厚壁铸件用滑石粉。硅石粉不是理想的耐火骨料，也不能防止铸件黏砂。

（3）涂料与塑料薄膜亲和：有些涂料刷不到塑料薄膜上去，就像在蜡纸上写墨笔字一样，水基涂料和水玻璃涂料都存在这个问题，称为不亲和。但是，往涂料里加入少量的烷基磺酸钠，经过搅拌涂料便能很牢固地黏在塑料薄膜上面。其原因是烷基磺酸钠溶于水时其分子就分解成两部分：一部分叫阳离子，即带正电荷的钠离子；另一部分叫阴离子，即磺酸根离子。阴离子很特别，它的一端是碳和氢组成的链状部分（化学上叫碳氢链）具有增长性或亲油性；另一端是碳和氧组成的亲水基部分（化学上叫做羟基）。本来不与塑料薄膜亲和的涂料，由于表面活性剂的作用，降低水的表面张力，利用碳氢链和塑料薄膜黏在一起。

（4）涂料发气量少：浇注时金属液对砂型产生剧烈的热作用，把型腔迅速加热到接近金属液的温度，无疑各种物质都产生了大量气体，其中以水分的发气量最大而且迅猛。据资料介绍，此时水蒸气的膨胀体积可达 5000 倍以上；再者它属氧化性气体，易使金属液氧化，增加金属液对砂型的润湿能力，造成了气体自砂型面渗入金属液的有利条件，进入金属液之中形成气孔。所以要用无水快干涂料以防止气孔产生。

六、涂料配比及性能指标

（1）涂料配比：涂料配比是影响涂料性能的重要因素，如表 4-18 所列可供参考。

表 4-18　涂料配比（质量分数）　　　　　　　　单位：%

材料名称	铸铁件用涂料	锰钢件用涂料	碳钢及合金钢件用涂料
锆英粉	—	—	70～85
镁砂粉	—	90～100	—
土石墨粉	15～30	—	—
磷片石墨	5～10	—	—
硅石粉	80～60	—	—
刚玉粉	—	—	15～30
膨润土	2～5	1～5	1～5
黏土	1		1
酚醛树脂	2～5	2～5	2～5
活性剂 B	0.05～0.10	0.01～0.10	0.05～0.10
润湿剂	—	0.01～0.10	0.01～0.10
乌洛托品	8～15	8～15	8～15
工业酒精	适量	适量	适量

（2）涂料配制工艺：涂料的配制方法一般有碾压、搅拌、胶体磨研磨等。涂料配比为：膨润土∶活性剂 A∶乙醇＝1∶0.5∶3。对膨润土进行有机化处理，待配料用。

制备涂料的加料顺序：

$$耐火骨料 \longrightarrow 黏结剂 \xrightarrow{干混 10～15min} 悬浮剂 \longrightarrow 附加物 \longrightarrow 胶黏剂 \longrightarrow 溶剂$$

涂料可制成糊状和膏状，可用塑料桶包装。若是粉状和粒状可用袋装。在使用膏状涂料时，涂料中加入 10%～15% 的工业酒精将其搅拌均匀。当浓稠度到规定的范围内，即可喷（刷）涂料。

在加料过程中要不断进行碾压，待原材料全部加完后继续碾压 4～6h。如用胶体磨，可将所有的原材料在搅拌机中搅拌 20～30min，然后加入胶体磨研磨 5～10min，即可出料。

（3）涂料性能指标：涂料性能指标见表 4-19（供参考）。

表 4-19　涂料性能指标（质量分数）　　　　　　　　单位：%

项目名称	铸钢件用涂料	铸铁件用涂料	高锰钢用涂料
黏度（ϕ6mm）/s	9～11	9～11	9～11
体积质量	2.2～2.4	1.3～1.5	1.5～1.7
悬浮性/（%2h）	＞96	＞96	＞96
附着力/g	＞300	＞150	＞300
真屈服值 τ/Pa	＞6	＞6	＞6
干燥速度（热风）/min	1～2	1～2	1～2
发气量（1000℃）/（mL·g^{-1}）	＜26	＜30	＜45
抗高温裂纹	1 级	1 级	1 级
pH 值	6～8	6～8	6～8
铸件表面粗糙度	12.5～6.3μm	—	—

（4）涂料的质量控制：涂料的质量控制包括原材料质量控制、生产过程控制及产品质量控制等。

① 原材料质量控制　原材料的好坏对涂料的性能影响很大，原材料厂要进行严格的检验，如：锆英粉中氧化锆的含量是否为 65%，酒精中水分及甲醇含量是否超标，悬浮液成胶特性如何，等等。建立严格检验制度对保证涂料质量和分析质量事故原因都有重要作用。

② 生产过程控制　主要包括工艺卡的制定、配合、监督、现场取样化验及设备管理等。

③ 产成品检验　涂料在出厂前要进行严格的检验，必检项目有：湿度、悬浮性、黏度等。检验的方法及措施，要保证产品达到性能要求。

④ 贮存运输防护　桶装涂料一般贮存期为 3～6 个月，在贮存、运输和使用时应远离火源，按易燃易爆品处理。

七、涂料的涂敷方法及设备

涂料要想达到最佳的使用效果，除了涂料本身要具备优良的性能外，正确的涂敷方法和有效的涂敷设备也是十分重要的。传统的涂料涂敷方法有刷涂、喷涂和浸涂。采用哪种形式主要取决于涂料的种类、产品的批量以及模样的大小和形状。喷涂时，将稀释好的涂料倒入喷枪罐中，接好压缩空气，调好气压对准铸型的 EVA 薄膜喷涂，在喷涂过程中，喷枪与薄膜间应保持 300～400mm 距离，以免产生喷涂厚度不均或造成涂料的浪费。同时喷枪移动时，要保持缓慢而匀速。涂料的厚度随铸件大小、壁厚、液体金属压力大小、热作用强度、砂粒粗细等不同而变化，对中小型铸件涂层厚度要求一般在 0.3～2mm 之间，较大铸件涂料厚度一般在 3～5mm 之间。涂料喷好后，涂层应是均匀的颜色，如有未喷到的地方或喷涂一次还达不到涂料厚度可进行补喷或进行第二次喷涂，但需要在第一遍干燥后进行第二遍的喷涂。涂料喷好后，应进行低温烘烤或自干，如低温烘烤时，建议烘烤时间控制在 5～15min。

近年来，国内外在涂料涂敷方法及设备方面也取得了很多新进展。一方面，传统的喷涂方法及设备有了很大改进，如出现了低压热空气喷涂及高压无气喷涂；另一方面，一些新的涂敷方法如流涂、静电粉末喷涂、非占位涂料（转移涂料）法及粉末环绕喷涂法等相继出现，为铸造生产提供了更多的选择余地。未来涂料涂敷方法的发展趋势有以下几点：

（1）更好地保证铸件尺寸精度和表面质量：铸件尺寸精度和表面质量取决于砂型芯的尺寸精度和表面质量，而涂料的涂敷质量对砂型芯的尺寸精度和表面质量有很大影响。因此，要想进一步提高铸件的尺寸精度和表面质量，必须从根本上改变涂料的涂敷模式。非占位涂料是解决上述问题的一条有效途径。目前非占位涂料技术主要有微波法、自硬法和热模法三种基本形式。尽管目前非占位涂料还不够完善，应用面也还比较窄，但是先进的涂敷模式以及由此带来的高精度、低粗糙度和使用效果代表了铸造技术的发展方向。

（2）高效率、高质量的涂敷方法：提高涂敷效率和涂敷质量是涂料技术的发展趋势。流涂是近年来发展起来的一种新型高质量、高效率的涂敷技术。它是用泵将贮罐中的涂料淋在砂型的表面上，多余的涂料从砂型流下后返回涂料贮罐中。流涂涂层平整光滑、无刷痕、操作环境好、施涂效率高。

（3）新型涂敷工艺和设备：近年来出现了一些新的涂敷方法和设备，如静电粉末喷涂及粉末环绕喷涂法等。国外已将静电粉末喷涂法用于湿型砂生产线。粉末环绕喷涂法是 1996 年德国 LAMP 公司开发的一种涂敷方法，用来防止有机黏结剂分解产物进入型腔引起的气孔及黏砂缺陷。该法是将耐火粉与一定比例的干砂混合并装入喷涂室中，通过装在底部的振动器及压缩空气使混合物运动起来，对放在混合物上砂型进行环绕喷射，通过撞击和摩擦作用使耐火粉嵌入砂型表面的孔隙之中，砂粒的动能较高，可强化撞击和摩擦作用，使耐火粉嵌得更深更牢。

喷涂法有 3 种形式，即空气喷涂、低压热空气喷涂和高压无气喷涂。

① 空气喷涂法：它是用压缩空气来直接雾化涂料的方法。主要设备是空压机和喷枪。涂料罐与喷枪分别软管连接。气源压力为 0.24MPa，可调。主要缺点是：由于空气反弹及空气在铸型（芯）空隙中形成涡孔等影响，使涂料很难深入空隙之中，涂层附着强度较低，并且部分涂料散入空气中，散失率达 50% 以上，涂料利用率低，环境污染严重，对工人健康不利。由于空气喷涂压力低，所以涂料的最高黏度的持续时间不能超过 24s（以 4 号黏度计测量）。由于涂料较稀，每次只能喷涂薄膜一层，否则要流挂，工作效率较低。用醇基涂料喷涂时，载液雾化散入空气中易引起火灾。

② 低压热空气喷涂法：它特点是空气经预热至比室温高 20℃ 以上，空气压力低到约 0.035～0.070MPa。此外，涂料一般也预热到 50～60℃，预热后黏度大为降低，这样可用大量低压热空气将涂料微粒喷涂在铸型（芯）表面。这种工艺消除了涂料回弹现象，改善了劳动条件，并可节省涂料。

③ 高压无气喷涂法：它是利用特殊形式的气动、电动或其他动力驱动的涂料泵，将涂料增至高压，通过狭窄的喷嘴喷出，产生负压，剧烈膨胀，使涂料形成极细的扇形雾状，高速喷向铸型（芯）表面形成涂层。

它对铸型（芯）表面的撞击作用小，固体微粒回弹量少，涂料飞散损耗小，涂料的收益率高达 80% 以上，与空气喷涂相比，可节省 1/3 左右的涂料。又由于涂料中无空气，因此，喷涂时无反冲力，角落和边缘都能获得均匀的涂层，涂料的最高度持续时间度可达 80s，一次喷涂可获得 15～150μm 的涂层，大大提高了工作效率，并且涂层容易积聚，涂层表面也较光滑。高压无气喷涂的涂层附着强度高，具有节省涂料、减少环境污染、提高生产效率等

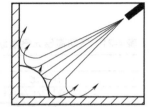
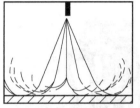

气垫妨碍角落涂层，涂料下降到侧面　　空气回弹也同时把涂料微粒带回造成严重的污染和浪费

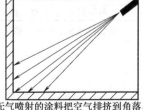
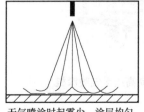

无气喷射的涂料把空气排挤到角落，使角落和边缘获得均匀的涂层　　无气喷涂时起雾少，涂层均匀一致减少污染，节省涂料

图 4-22　有气与无气喷涂方法的对比

优点。图 4-22 所示为有气与无气两种喷涂方法的对比。

综合上述分析，第一种空气喷涂法逐渐被淘汰，使用较少；第二种，使用一般；第三种，正在逐渐推广，会广泛使用。

高压无气喷涂设备的结构形式很多，以动力源分类有气动式、电动式、内燃式；以单位时间内喷涂能力分类有大、中、小型，即大型 10L/min 以上、中型 2～8L/min，小型 1～2L/min；以压力分类有高压与超高压之分，即高压为 0～27MPa，超高压为 27～53MPa。

江苏某公司生产的电动高压无气喷涂机，如图 4-23 所示，技术参数见表 4-20。上海特兰森涂装机械有限公司生产的气动高压无气喷涂机，如图 4-24 所示，技术参数见表 4-21。高压无气喷涂机的主要工作部位为双作用式气动液压增压泵，换向机构为特殊形式的先导式全气控配气换向装置。进入压缩空气后，活塞移动到气缸上或下端部时，使上或下先导阀动作，控制气流瞬间推动配气换向装置换向，从而使气动马达的活塞做稳定连续地往复运动。由于活塞与涂料高压泵中的柱塞刚性连接，并且活塞的面积比柱塞的面积大，因而使吸入的高密度涂料增压，被增压的高密度涂料经高压软管输送至无气喷枪，最后在无气喷嘴释放高压、瞬时雾化后均匀地喷射在铸件表面。

图 4-23　电动高压无气喷涂机

表 4-20　电动高压无气喷涂机技术参数（厂家提供）

指标	参数
电机额定功率/W	1000
电压/V	220
最大输出压力/MPa	20
最大喷射流量/(L/min)	1.71
最佳喷射距离/mm	350～400
喷射宽度/mm	250
整机质量/kg	11.5

图 4-24　气动高压无气喷涂机

表 4-21　气动高压无气喷涂机技术参数（厂家提供）

指标	参数
压力比	35∶1
空载排量/(L/min)	50
进气压力/mPa	0.3～0.6
空气消耗量/(L/min)	100～1000
整机质量/kg	120
外形尺寸(长×宽×高)/mm	1060×700×1170

注：空载排量是指空载压力工况下的涂料排量。

八、自制涂料及涂料产品

国内不少 Ｖ法铸造厂家，根据本厂 Ｖ法铸件的特点及对涂料的工艺要求，经过反复试验和不断总结经验，自制出适合于本厂铸件使用的涂料。

（1）铸铁 Ｖ法用涂料配方　见表 4-22。

表 4-22　铸铁 Ｖ法用涂料配方　　　　　　　　　　单位：%

序号	成分(质量分数)												
	滑石粉	铝矾土	土状石墨	鳞片状石墨	石英粉	膨润土	黏土	SN悬浮剂	酚醛树脂	松香	硅酸乙酯	JFC活性剂	乙醇
1	100	—	—	—	—	—	—	—	—	—	—	—	100
2	—	100	20	—	—	—	—	—	—	—	60	—	适量
3	—	—	70	30	—	—	1.5	—	—	2.8	—	—	87.2
4	—	—			—	—	—	1～10	2～7	—	—	0.01～0.1	适量
5	—	—	15～30	5～10	60～80	2～5	1	—	—	—	—	0.05～0.1	

表 4-22 说明：

①　1 号涂料是白色铸铁涂料，这种涂料对改善车间环境有很大作用，但由于这种涂料没有添加任何黏结剂和附加剂，在塑料薄膜上附着强度非常低。由于 1 号涂料使用滑石粉，2 号涂料使用石墨粉，这两种固体润滑剂对塑料薄膜的附着力都很小。

②　3 号涂料中加入了松香与乙醇混合液，这种涂料能较好地黏附在薄膜上。

③　4 号涂料中不但加入了酚醛树脂作为黏结剂，而且加入 JFC 活性剂作为涂料的渗透剂，使涂料黏结强度高，而且流淌性能较好。

④　5 号涂料在北京浴盆 Ｖ法生产线上进行了生产验证，表明各项技术指标完全符合要求，铸件表面光洁。

（2）铸钢 Ｖ法用涂料配方　见表 4-23。

表 4-23　铸钢 V 法用涂料配方　　　　　　　　　　单位：%

序号	成分(质量分数)														
	刚玉粉	锆英粉	镁砂粉	莫来石粉	SN悬浮剂	酚醛树脂	膨润土	黏土	活性剂	润湿剂	硅酸乙酯	烷基磺酸钠	乌洛托品	乙醇	松香
1	—	100	—	—	1~10	1~5	—	—	0.01~0.10	—	—	—	—	适量	1~5
2	100	—	—	—			—	—	0.01~0.10	—	—	45	—	适量	1~5
3	—	—	—	100	1~10	1~5	—	—	0.01~0.10	—	—	—	—	适量	1~5
4	100	—	—	—	1~10	1~5	—	—	0.01~0.10	—	—	—	—	适量	1~5
5	15~30	70~85	—	—		2~5	1~5	1	0.05~0.10	0.01~0.10			8~15	适量	1~5
6	—	—	100	—				2~5	0.01~0.10	0.01~0.10			8~15	适量	1~5

表 4-23 说明：

① 铸钢 V 法涂料加入酚醛树脂、松香、活性剂等黏结剂和附加剂是为了增加涂料对塑料薄膜的附着力。

② 1、3、4 号涂料在某厂 V 法生产线上得到应用。该厂原来不用涂料，铸件表面粗糙，一些厚大的铸件如轴承盖、泥浆泵盖等铸件，在冒口部位出现严重的二次氧化烧结坑，不但影响了表面质量，而且给清理工作造成极大困难。缺陷产生的主要原因是由于浇注时薄膜烧失，真空度下降过多、过快，露出松散砂造成的。因此，解决 V 法生产中铸件存在的上述缺陷，除进一步改善薄膜性能外，最有效的办法是使用涂料。经生产验证这些涂料悬浮性好，对塑料薄膜附着力大，干燥速度快，抗黏砂性强，明显地降低了铸件表面粗糙度，铸件表面质量好。

参 考 文 献

[1] 李德成，沈桂荣. 铸型涂料的高压无气喷涂 [J]. 特种铸造及有色合金，1996 (5)：37-38.

[2] 李晨曦，吴春京. 真空密封铸型强度测试方法 [J]. 特种铸造及有色合金，1997 (5)：25-27.

[3] 李澍臻，梁兴旺，吴春京，等. 真空密封造型喷涂成膜技术研究 [J]. 特种铸造及有色合金，1998 (3)：22-23.

[4] 宋会宗，黄乃瑜，周静一. 铸造涂料技术的发展趋势 [J]. 铸造技术，2000 (5)：28-32.

[5] 西川和之. V 法用塑料薄膜的特性和高温时的动态 [J]. 新东科技，1972 (3).

[6] 胡彭生. 型砂 [M]. 2 版. 上海：上海科学技术出版社，1994.

[7] 谢一华. V 法铸造装置及工艺 [J]. 中国铸造设备与技术，2002 (4)：48.

[8] 伊藤嘉绍，林雅一，大朋崇文. 最近的 V 法 [J]. 素形材，1996 (11)，14-18.

[9] Takashi Miura. V 法造型用塑料薄膜的特性 [J]. Giesserei, 1975, 62 (17).

[10] 叶升平，孙之成. 消失模铸造与 V 法铸造 [M]. 北京：机械工业出版社，2010.

[11] 西川和之. V 法用塑料薄膜的特性和高温时的动态 [J]. 新东技报，1972 (3).

[12] 刘德汉. EVA 铸造膜生产与应用现状及其进步和发展 [C]. 合肥：第十一届消失模与 V 法铸造学术年会论文，2013.

[13] 赵溶，杨严军，李远才，等. V 法铸造涂料性能检测方法及其评价 [C]. 合肥：第十一届消失模与 V 法铸造学术年会论文，2013.

[14] 宫海波. V 法造型工艺与设备 [J]. 机械工业部济南铸造锻压机械研究所，全国铸造科技信息中心，1995.

[15] 沈建华，姜升，牛德良，等. "V" 法造型用白色涂料的研制 [J]. 现代铸铁，2001 (3)：52-53.

[16] 庄学功，徐庆柏. V 法铸造涂料的研制和应用 [J]. 铸造工程，2015 (1)：17-18.

[17] 中国机械工程学会铸造专业学会. 铸造手册：造型材料（第四卷）[M]. 北京：机械工业出版社，1992.

第五章

V法铸造工艺

第一节　V法铸造工艺设计的特点

V法铸造工艺与常规的铸造工艺完全不同，它是用塑料薄膜，使用真空泵来造型的，打破了具有悠久历史的铸件制作技术，是一个划时代的新工艺。它具有以下3个特点：

① 使用不含黏结剂的干砂作造型材料。

② 用塑料薄膜把模样盖起来，使砂箱内处于近真空状态，从而使铸型得到紧实。

③ 涂料涂在塑料薄膜上。

从造型过程来看，V法铸造技术有加热塑料薄膜、覆膜成型、加砂振实、抽真空和起模等工序，比普通造型工艺多了覆膜和抽真空工序。它的主要设备有真空泵、振实台、薄膜加热装置、模板、模样及特殊砂箱。由于它的特点，造型、落砂、清理等工序大大简化，不需要混砂机和黏结剂的供给设备，使造型和砂处理系统得到简化。

第二节　V法铸造工艺设计原则与要求

对某一产品，在确认采用V法铸造的经济性、可靠性之后，合理有效的工艺是铸件质量的根本保证。在制定V法造型的铸造工艺时，除了可以运用砂型铸造工艺的一般原则以外，还需特别注意以下几点。

（1）要正确选择浇注位置：在考虑有利于薄膜覆膜成型的同时，应考虑在开始浇注时使塑料薄膜接触金属液和受高温金属液辐射热的投影面积尽可能小。所以，平板铸件以倾斜浇注为宜，柱形、箱形铸件以立浇底注为好。

（2）浇注方式的选择：要使金属液在型腔中流动平稳，应避免直接冲刷型壁，造成卷气和涡流散射等现象。按照以上考虑，V法造型工艺采用垂直、底注方式比较有利，对于大平面的铸件则宜采用倾斜浇注。对于一箱多件的小型铸件，考虑到落芯和设置冒口的方便，仍以水平浇注为好。但在不得已的情况下也可以采用阶梯式浇注或顶注，要求有更高的型砂密度、真空度和抽气速率。V法铸造工艺大多采用水平分型，采用底注半封闭式浇注系统，以开放或半开放式为宜。

（3）要确保整个浇注过程中，未浇满的型腔始终连通大气：浇注时必须满流浇注，不断流。为保证浇注时铸型内外的压力差，型腔顶部应设置通大气的出气口或明冒口。暗冒口在V法铸造中也可采用，但其顶部应采取排气措施，如贮气量不大的侧暗冒口，可在冒口顶部通入砂型内埋入一截砂芯，利用铸型的抽真空通过砂芯将冒口内气体排除。因为V法是利用压力差来实现的，所以型腔内必须保持大气压力。如果型腔除浇道外没有与大气连通，则浇注时，金属液堵塞浇道。由于薄膜本来就不可能绝对密封，金属液进入后部分薄膜受热作用更增加了透气性，因而造成塌砂和产生夹砂等缺陷。另一方面，在浇注后期如果浇注速度较快，型腔中的空气来不及通过型壁而被抽走，就会产生气孔。此时冒口或出气口就能起排气的作用。

（4）砂芯的选择：砂芯尽可能在外模上自带出来，有些不便自带的砂芯，可以单独做出，还可以用其他砂芯装配到V法外模中去，但其排气孔一般宜在砂芯头处与外模真空连通，以利排气。有些不是V法做成的砂芯，可以在外模填砂前，先用薄膜封妥（嵌入外模砂内的泥头部分不封），预先装配到V法制芯的芯盒和外模中去，使之与后者连成一体，使此种小芯牢固而又精确地封合装配在V法砂芯或外模上。

V法造型工艺可以采用现有各种方法制造的砂芯，但需注意砂型抽真空条件下的特殊情况，必须注意到：

① 浇注以后一定时间，芯头处的薄膜受热后部分烧失，使砂芯中间处于负压状态，从而引起金属渗入砂子，铸件内壁产生黏砂。

② 由于铸件冷却较慢，砂芯在高温下的时间较长，使铸件容易产生黏砂。因此，砂芯所用砂子要细一些，最好涂一层耐热涂料，芯头要有较大的出气道与大气相通，使浇注时砂芯通气，浇注后加速冷却，有利于铸件黏砂问题的解决。

为保证铸件质量，根据工艺需要，普通铸造的一些其他工艺措施，诸如模样活块、砂芯、冷铁、镶铸件等，V法铸造同样可以采用。

V法铸造的技术经济优势及质量可靠性已成共识，其应用也日趋广泛。但鉴于其工艺原理与传统造型法有很大区别，工艺适应性也有所不同，应用中必须针对其工艺特性，对工艺装备条件、产品结构、质量要求进行综合分析，采取实用有效的工艺措施，严格工艺过程控制，才能充分发挥V法铸造的优势。

第三节　塑料薄膜的覆膜成型

一、塑料薄膜成型条件

将塑料薄膜加热到塑性状态后，覆盖在带有抽气箱的模板上，由真空泵通过底板及模样上的抽气孔不断抽气，使塑料薄膜紧实地贴附在模样上，如图5-1所示。对于贴合不严处，可用热风机将塑料薄膜局部加热，使其完全贴合成型。

不同成分及不同厚度的薄膜，其成型性有很大差别。所谓成型性，是指薄膜加热烘烤到一定温度时，薄膜在模样上吸附而不发生破裂时所具有的成型能力，其指标 $K \geqslant H/B$。H为塑料薄膜所吸附的凹面深度，B为凹面宽度，如图5-2所示。模样结构的 H/B 必须小于

塑料薄膜 K 值。塑料薄膜覆膜成型所需真空度视模样复杂程度而定，一般为 $0.03\sim$ $0.05MPa$。几种 V 法常用塑料薄膜中以 EVA 最为理想，其 K 值可达 $1.25\sim1.50$，即 $H\leqslant$ $(1.25\sim1.50)B$。

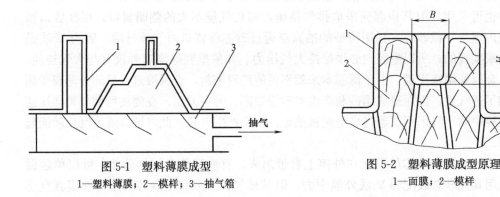

图 5-1　塑料薄膜成型
1—塑料薄膜；2—模样；3—抽气箱

图 5-2　塑料薄膜成型原理
1—面膜；2—模样

如图 5-3 所示为薄膜的成型条件，当 H 及 B 值不同时成型的可能性。上述公式主要是根据现在所用塑料薄膜实际伸长率确定的。若改用性能更好的塑料薄膜，那么公式中的系数需要重新确定。

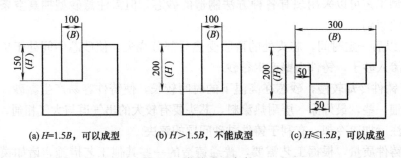

(a) $H=1.5B$，可以成型　　(b) $H>1.5B$，不能成型　　(c) $H\leqslant1.5B$，可以成型

图 5-3　薄膜成型条件

根据公式 $H=1.5B$，$H>1.5B$，$H\leqslant1.5B$ 不仅可以预先判别模样特殊断面处的塑料薄膜成型问题，而且也可确定模样在工作台上的位置和相互之间的距离，这对编制 V 法造型铸件工艺和生产准备带来方便。

根据公式若已判别模样某处形状不能成型时，可在产品零件设计或铸件工艺设计许可的条件下，改变该处的几何形状，调整 H 和 B 的尺寸以便成型。实在不允许改变，可采取预成型的办法解决。

塑料薄膜的预成型如图 5-4 所示，是在 T 形槽的工作台模样上，根据经验公式判别 T 形槽处的塑料薄膜不能成型。从尺寸链分析，T 形槽展开长度为 238mm，而槽口处宽度仅 36mm，即要求把 36mm 的塑料薄膜伸长至 238mm 这是不可能的。

对 T 形槽的成型，可用预成型法，即另外做两个断面尺寸和长度与 T 形槽完全相同的凸出来的预成型模 1（称阳模），如图 5-5 所示。在覆膜前把它装在模样的 T 形槽 3 内，用塑料薄膜进行覆膜成型，即把难成型的凹型变成凸型。正式成型时，拿去预成型模，把已成凸型的塑料薄膜 2 留下的痕迹作为标记插入 T 形槽内，再次抽气即可获得 T 形槽的形状。

要防止塑料薄膜被"吸破"。已成型的塑料薄膜如有局部破裂会造成漏气，破坏砂型的密封性，降低砂型强度甚至有塌箱的可能。虽然在破裂的地方可另剪一小块塑料薄膜贴补，

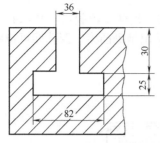

图 5-4 有 T 形槽的工作台模样

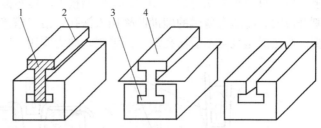

图 5-5 预成型法示意图

1—预成型模；2—塑料薄膜；3—T 形槽；4—预成型

但影响造型的工作效率。

分析塑料薄膜在成型过程中造成破裂有下列原因：

① 吸气孔过大 负压箱和模样上吸气孔过大，塑料薄膜容易破裂，当然吸气孔应该愈小愈好，但考虑到加工方便，通常抽气孔直径为 1～2mm。

② 烘烤温度过高 薄膜烘烤温度过高，会引起塑料薄膜强度下降，一般不低于 80℃，与季节室温有关。

③ 成型真空度过高 覆膜成型所需要的真空度比造型过程中的真空度要低，其值为 0.02～0.03MPa，真空度过高会导致薄膜破裂，如果薄膜吸附不好，可加大抽气量来解决。

④ 模样的成型工艺性差 模样局部断面形状不适合覆膜成型条件，即变形量超过塑料薄膜伸长率的极限。

二、覆膜成型的操作

塑料薄膜在适当的温度下烘烤，十多秒即可以看到铺得很不平整的塑料薄膜面逐渐开始向中心收缩，整张薄膜立即绷紧而出现发亮的凹镜面，随之呈镜面的塑料薄膜慢慢开始下塌。这种情况的出现，说明所烘烤的塑料薄膜已加热到预定的温度。此时应迅速降下吸膜框，把塑料薄膜罩在模样及模板上，由于负压箱已经在抽气，于是塑料薄膜所罩住的空间形成真空，在外侧大气压力作用下把塑料薄膜均匀地紧贴在模样表面，从而完成了覆膜成型操作。

塑料薄膜成型的具体操作要慢慢熟悉，逐渐积累经验。一般来说，当塑料薄膜出现镜面开始下塌约 7～10s 即可覆膜。若时间过长，成型后塑料薄膜有些地方会被"吸破"；时间过短，塑料薄膜尚未达到永久变形的程度，往往成型不好，结果型腔面的直角都变成圆角。

三、覆膜成型的改进措施

对于结构复杂、常规覆膜方法难以成型的铸件，或者针对多品种不同批量铸件生产的需要，在应用 V 法铸造时，可采用辅助成型，对工艺装备进行柔性改进，或 V 法与其他造型方法联合应用等措施，以扩大 V 法铸造的适应范围。

模样结构成型性的改进方法：

① 辅助成型 对于模样上的深凹槽处，覆薄膜时，可人工用一块由木料或泡沫塑料修成的光滑压块将薄膜压向深凹处，再接通真空，吸附薄膜。这种措施简便易行，可使模腔的成型深度增加 1～2 倍。

② 局部预成型法 浇冒口大时常采用局部预成型法，如图 5-6 所示。冒口棒 1 预先包裹薄膜 3（用胶带纸 5 缠绕固定），模样覆薄膜后，将冒口座 2 顶部的截面薄膜割开，包裹薄

膜的冒口棒在其上定位，起模时先从背面取出冒口棒。某些深孔也采用此法成型，如图 5-7 所示，做一只轮廓形状与深孔相同的辅助凸模 2，其外覆薄膜 3，模样 1 覆膜后，从深孔沿口割开薄膜，将覆有薄膜的辅助凸模插入深孔，沿口搭接好，抽出辅助凸模，深孔即可覆膜成型。此法成型性可不受槽孔深度的限制，颇为实用。

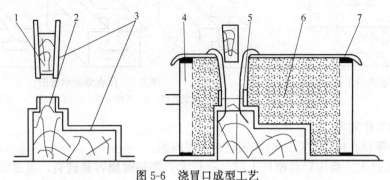

图 5-6　浇冒口成型工艺

1—冒口棒；2—冒口座；3—薄膜；4—砂箱；5—胶带纸；6—砂型；7—背膜

③ 局部强化抽真空吸膜成型　对于某些难以吸膜成型的凹腔部位，还可以在模样结构上采取强化抽真空措施，如图 5-8 所示。Ⅰ区型腔背后单独设置一抽气室，另设一道专用抽气管道，覆薄膜时，该抽气道先一步抽气，以强化该区域薄膜的吸附。

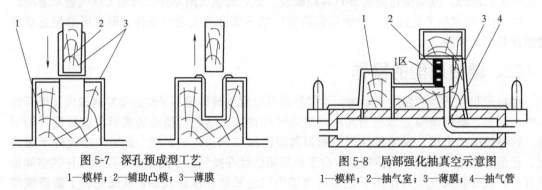

图 5-7　深孔预成型工艺

1—模样；2—辅助凸模；3—薄膜

图 5-8　局部强化抽真空示意图

1—模样；2—抽气室；3—薄膜；4—抽气管

四、改善薄膜的成型能力

（1）使用溶剂软化成膜：用 V 法造型时，覆膜后先在塑料薄膜的表面上喷涂一种能溶解塑料薄膜的溶剂，然后按一般 V 法进行造型。溶解的塑料薄膜连同溶剂一起，在真空吸力的作用下，吸入铸型表面并形成固化层。这种工艺一方面改善了薄膜的成型能力，可用于生产复杂铸件；另一方面也克服了一般真空铸型浇注时，因塑料薄膜燃烧引起的塌箱、冲砂等缺陷，改善了铸件质量。

若使用的薄膜为水溶性聚乙烯醇薄膜或水溶性羧基甲醇纤维素膜，覆膜前，先在薄膜上喷水或水蒸气，渗透于薄膜内的水分使薄膜充分软化而具有伸长性。使用这种材料和工艺不必加热，真空吸力就可以使薄膜紧附于模样上成型。此外，覆膜前如果在模样上喷涂分型剂（如滑石粉等）将有利于起模。

（2）使用橡胶质薄膜：日本研制出一种高伸长率、高成型性的橡胶质薄膜。这种薄膜不必加热，在室温下就可以覆膜。使用通常的塑料薄膜，烘烤后薄膜的成型能力为 1.1～1.3；而这种橡胶质薄膜，在室温下的成型能力就可达到 5～6。用这种橡胶膜可以生产出极复杂的铸件。

（3）热风加压覆膜　在向模板、模样上的小孔抽气使薄膜成型的同时，通过薄膜上面放置的金属密闭箱体上的小孔压入热风，借助于薄膜内外的压力差和提供的热量，薄膜的成型能力得以明显提高，使之在凸凹度比较大的模样上也能成型。

第四节　浇注系统与浇注工艺

浇注系统是铸型中液态金属流入型腔的通道总称。铸铁件浇注系统的典型结构，如图5-9所示。它由浇口杯1（外浇口）、直浇道2、直浇道窝3、横浇道4和内浇道6等部分组成。浇注设备的结构、尺寸、位置高低等，对浇注系统的设计和计算有一定影响。

浇注系统设计得正确与否对铸件质量影响很大，铸件废品中约有30%是因浇注系统不当引起的。

一、浇注系统的基本要求

① 所确定的内浇道的位置、方向和个数应符合铸件的凝固原则或补缩要求。

② 在规定的浇注时间内充满型腔。

③ 提供必要的充型压头，保证铸件轮廓、棱角清晰。

④ 使金属液流动平稳，避免严重紊流，防止卷入、吸收气体和使金属过度氧化。

⑤ 具有良好的挡渣能力。

⑥ 金属液进入型腔时线速度不易过高，避免飞溅、冲刷型壁或砂芯。

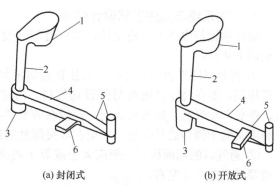

(a) 封闭式　　　(b) 开放式

图 5-9　典型浇注系统的结构

1—浇口杯；2—直浇道；3—直浇道窝；4—横浇道；
5—末端延长段；6—内浇道

⑦ 保证型内金属液面有足够的上升速度，以免形成夹砂结疤、皱皮、冷隔等缺陷。

⑧ 不破坏冷铁和芯撑的作用。

⑨ 浇注系统的金属消耗小，容易清理。

⑩ 减小砂型体积，造型简单，模样制造容易。

二、浇注系统的分类

传统把液体金属视为理想流体，因此封闭式就是充满式，开放式就是不充满式（浇注系统）。而液体金属是实际流体，有黏度，有阻力。在砂型中只有全部浇道的金属液为正压力（$p > 1Pa$），才呈充满式流态。试验证明：封闭式是充满式，而开放式就不一定是非充满式浇注系统。浇注系统按各单元截面的比例分类见表5-1。

表 5-1　浇注系统按各单元截面的比例（浇口比）分类

类型	截面比例关系	特点及应用
封闭式	$A_杯 > A_直 > A_横 > A_内$	阻流截面在内浇道上。浇注开始后，金属液容易充满浇注系统，挡渣能力较强，但充型液流的速度较快，冲刷力大，易产生喷溅，一般地说，金属液消耗少，且清理方便，适用于铸铁件
开放式	$A_{直上} < A_{直下} < A_横 < A_内$	阻流截面在直浇道上口（或浇口杯孔）。当各单元开放比例较大时，金属液不易充满直、横、内浇道，呈非充满流动状态，充型平稳，对型腔冲刷力小，但挡渣能力较差，一般地说，金属液消耗多，不利于清理，常用于非铁材料（有色金属）、球墨铸铁及铸钢件

续表

类型	截面比例关系	特点及应用
半封闭式	$A_直 < A_横$ $A_横 > A_内$ $A_直 > A_内$	阻流截面在内浇道上,横浇道截面为最大。浇注中,浇注系统能充满,但较封闭式晚,具有一定的挡渣能力。由于横浇道截面大,金属液在横浇道中流速减小。充型的平稳性及对型腔的冲刷力都优于封闭式。适用于各类灰铸铁件及球墨铸铁件
封闭开放式	$A_杯 > A_直 < A_横 < A_内$ $A_杯 > A_直 >$ $A_{集渣包出口} < A_内$ $A_直 > A_阻 < A_横后 < A_内$ $A_直 > A_阻 < A_内 < A_横后$	阻流截面设在直浇道下端,或在横浇道中,或在集渣包出口处,或在内浇道之前设置的阻流挡渣装置处 阻流截面之前封闭,其后开放,故既有利于挡渣,又使充型平稳,兼有封闭式与开放式的优点 适用于各类铸铁件,特别是在一箱多件时应用广泛

三、浇注系统的设计计算

1. 浇注系统与浇注工艺设计要点

浇注系统与浇注工艺的设计,除应遵照一般造型的原则外,根据 V 法造型的特点,应注意以下几点:

① 在金属液充满型腔之前,为使被金属液填充部分始终与大气相通,保证型腔内外始终有压差,要在浇注系统外另外设通气口,可避免因压力差减少而塌箱,有利于型腔的排气,避免产生气孔。通气孔原则上应设在铸型型腔的最高处,如铸型有局部突起处,突起处的高度又低于铸型的最高处时,应在该突起处的顶部设置通气口。

② 通气口的截面积,一般应大于或等于内浇道总截面积的一半,通气口的厚度应是该处壁厚的三分之二左右。

③ 浇道,以开放式或半开放式较好,该系统的设计原则是应保证金属液流动能"静而快"。采用底注式,少用或不用顶注。浇注系统的比例为 $\sum A_直 : A_横 : \sum A_内 = 1 : (1 \sim 2) : 1$。

2. 铸铁件浇注时间的计算

影响浇注时间的因素有:合金的种类、浇注温度、浇注系统的类型、铸件结构和铸型的种类等。目前,对浇注时间的确定实际上是根据经验图表和经验公式来计算的。大多数经验公式仅考虑铸件的壁厚和注入铸型中的金属液重量。

浇注时间经验公式如下:

$$t = k \sqrt[3]{\delta G_1} \qquad (5-1)$$

式中 t——浇注时间,s;

G_1——浇入型内的金属液总重量,kg;

δ——铸件的平均壁厚,mm,对于圆形或正方形的铸件,δ 取其直径或边长的一半;

k——系数,对灰铸铁取 2.0,需快浇时可取 1.7,对铸钢可取 $1.3 \sim 1.5$。具体数值的选择可参考表 5-2。

表 5-2　铸铁件 k 值的选择

铸件种类或工艺要求	大型复杂铸件、高应力及大型球墨铸铁件	防止侵入气孔和呛火	一般铸件	厚壁小件、球墨铸铁小件防止缩孔、缩松
k 值	$0.7 \sim 1.0$	$1.0 \sim 1.3$	$1.7 \sim 2.0$	$3.0 \sim 4.0$

3. 铸钢件浇注时间的计算

铸钢由于熔点高,易氧化和流动性差,收缩大,易产生缩孔、缩松、热裂、变形等缺陷,所以,除了应按有利于补缩的方案设置浇注系统外,还应配合使用冷铁、收缩肋、拉肋等，采用不封闭的浇注系统，其形状、结构要简单，并有较大的截面积，使钢液充型快而平稳。对于中小铸件，多采用底注式浇注系统；对于高大件则宜采用阶梯式浇注系统。

浇注时间可按下式确定：

$$t = k\sqrt{G_1} \tag{5-2}$$

式中　t——浇注时间，s；

　　　G_1——型内金属液总重量，kg；

　　　k——随铸件重量、形状而定的系数，其数值可参考表 5-3 确定。

表 5-3　铸钢件 k 值的选择

浇注重量/kg	50	500	1~10000
复杂形状	0.50	0.60	0.80
简单形状	0.75	0.90	1.20

4. 浇注系统内浇口的计算

根据流量方程和伯努利方程可推导出铸件内浇道截面积的计算公式：

$$S_{内} = \frac{G_1}{0.31\mu t\sqrt{H_0}} \tag{5-3}$$

式中　$S_{内}$——内浇道截面积，cm^2；

　　　G_1——型内金属液的总重量，kg；

　　　μ——流量系数；

　　　t——浇注时间，s；

　　　H_0——作用于内浇道的金属液静压头，cm。

因为式中的 H_0 在浇注时大多是变化的，可用平均压头 $H_均$ 代替，则水力学公式可改写成：

$$S_{内} = \frac{G_1}{0.31\mu t\sqrt{H_均}} \tag{5-4}$$

式中　G_1——包括浇冒口在内的金属总重量，kg，浇冒口的重量按铸件重量的比例求出，见表 5-4；

　　　μ——流量系数，见表 5-5。

表 5-4　浇冒口重量占铸件重量的比例　　　　　　　单位：%

铸件重量/kg	大量生产	成批生产	单件、小批生产
<100	20~40	20~30	25~35
100~1000	15~20	15~20	20~25
>1000	—	10~15	10~20

表 5-5　铸铁及铸钢的流量系数 μ 值

种类		铸型阻力		
		大	中	小
干型	铸铁	0.41	0.48	0.6
	铸钢	0.30	0.38	0.5

内浇道的分布范围，如图 5-10 所示。分布范围不应超过左右两个 45°角，因为一旦金属液自下而上流入型腔，这部分铸型就可能塌箱，从而铸件形成夹砂。

直浇道的形状，如图 5-11 所示。直浇道应做成带有斜度的，因浇注金属液时，直浇道不可能充满，如做成直的，直浇道处的塑料薄膜可能烧坏，负压就没有了，造成局部塌箱。

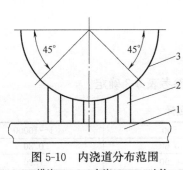

图 5-10　内浇道分布范围
1—横浇口；2—内浇口；3—叶轮

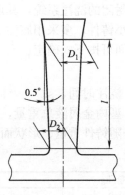

图 5-11　直浇道形状

直浇道直径为 $D_1 = D_2 + 2X$，$X > l\tan 0.5°$，l 为直浇道棒长度。

横浇道通常分为两支，在直浇道两侧，通常做成带有圆角的梯形，往往做在模板上。

四、浇注工艺

1. 浇注速度

在浇注过程中，并非型腔内所有的薄膜立即消失，只有与金属液直接接触的区域以及与此毗邻的区域，其塑料薄膜才首先消失。为使砂型强度在薄膜气化消失的短暂时间内金属液到达并维持密封作用，应尽可能缩短浇注时间并绝不断流。据国外资料介绍，铸钢件浇注速度，小件是 8～10kg/s，大件是 25～30kg/s。在不增加浇注速度的前提下，也可用增大内浇道通道面积，或用分开内浇道等方法来实现，或把铸型倾斜 4°～12°浇注，铸件越长、越大，倾斜角相应也要大些。

2. 浇注温度

浇注温度与普通砂型铸造的要求基本相同。一般认为 V 法铸型中金属液流动阻力小，冷凝得慢，浇注温度可稍低一些。但为了防止由于薄膜燃烧时产生的气体使铸件产生气孔或针孔，希望将浇注温度提高 15～20℃。浇注温度提高了，薄膜的烧失速度加快，就要求浇注时间短些，使金属液尽快充满铸型，防止出现塌箱现象。

某单位用 V 法造型试制 475C 型气缸盖时，曾经多次由于塌箱而失败。后来降低金属液温度，浇成了第一个缸盖。在以后试生产过程中，以比湿型稍低的浇注温度进行浇注，有好的效果。铸件经过几次解剖检验没有发现气孔、缩松之类的缺陷，水压试验结果是耐压 0.7MPa 以上。在试制千斤顶外壳铸件时，采用低温快浇，铸件外表是完好的，但破坏性检查时，发现铸件都在不同程度上出现皮下气孔，而湿型铸造的却没有。经过分析认为是金属液夹气所致，后来慢浇，力求平稳，问题就得到了解决。此外，铸铁件表面机械黏砂的程度与金属液处于液态的时间长短有关。所以认为用 V 法造型生产铸铁件时，首先要求浇注平稳，从平稳中求快，而浇注温度仍以稍低一些为好。对于平做平浇铸件，除了上述要求外，还需要保证金属液充满直浇道和浇注过程中不能断流以防止上箱塌箱。这一点必须给予足够的重视。

3. 浇注时铸型所需的真空度

为了保证铸型的强度和硬度，要求浇注时真空度高些，但过高会增大铸件表面粗糙度，所以必须综合考虑。一般真空度控制在 0.04MPa 左右，浇注时由于型腔内塑料薄膜的烧失而漏气，型腔内的压力下降，一般要降低 0.01MPa 左右，随着金属液充填型腔，压力又回升。如果在浇注过程中压力下降过低，或一直下降而无回升，则可能已塌箱。解决办法是减少型腔的漏气和加大铸型的抽气量。根据实际操作的经验，浇注时可将铸型多增加一个抽气管，增大抽气量来弥补漏气，也可在浇注时多开一台真空泵，提高整个真空系统的负压和抽气量。

4. 浇注后铸型的抽气时间

一般说来，壁厚 15～20mm 的铸铁件，浇注后 5min 停止抽气，可得到良好的铸件。总的来说，铸件壁越厚，重量越大，则所需抽气保压时间也越长。图 5-12 为铸钢件重量与浇注后抽气时间的关系曲线，仅供参考。由于 V 法铸造工艺的特殊性，浇注后铸型冷却速度较慢，应根据铸件的材质、重量、形状等因素来确定解除真空负压的时间，否则将会使铸件变形。

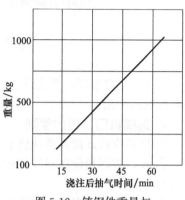

图 5-12　铸钢件重量与铸后抽气时间

5. 在浇注过程中注意要点

① 浇注速度要适当。因为在浇注时砂型表面的砂壳强度只能维持一个短暂的时间，所以必须在这一时间内完成浇注过程，否则就会产生塌砂和冲砂等现象。另一方面，在某些情况下，由于不便在型腔的各个最高点上都设置出气孔，型腔中的气体一部分要通过型壁排出，但是塑料薄膜的透气性是极小的。所以，如果浇注速度太快，就会产生气孔。适当延长浇注时间，使薄膜在金属液到达以前已经受辐射热作用而使型壁具有一定的透气性，就能顺利排气而避免产生气孔。因此，适当的浇注速度应在避免产生上述两方面问题的前提下来选定。

② 浇包的浇道要对准砂型的直浇道，避免卷入空气，而且不能断流。

③ 防止金属液飞溅进入冒口或出气口中，以免过早地破坏局部型腔的薄膜。为此，必须采取一定的措施。为了满足以上要求，有条件时可以采用拔塞浇道杯，由液面高低和底注口大小来控制浇注速度。

④ 倾斜浇注。合型完毕后，将砂箱倾斜进行浇注，这样能使金属液由低向高平稳上升，减少型腔中塑料薄膜熔化区的面积，且能保证冒口最后进入金属液，始终保持砂型内外压力差。倾斜的方向要将冒口端垫得高于浇注口端。

第五节　冒口与冷铁

一、冒口

冒口是铸型内用以贮存金属液的空腔，在铸件形成过程中补给金属，有防止缩孔、缩松、排气和集渣的作用。习惯上把冒口所铸成的金属实体也称为冒口。

通用冒口适用于各种铸造合金，是按照顺序凝固的原则设置的。

按冒口的形状，有圆柱形、球顶圆柱形、长（腰）圆柱形、球形及扁球形等多种。图 5-13 为常用冒口种类。

1. 基本条件

① 冒口凝固时间大于或等于铸件（被补缩部分）的凝固时间。

② 有足够的金属液补充铸件的液态收缩和凝固收缩，补偿浇注后型腔扩大的体积。

③ 在凝固期间，冒口和被补缩部位之间始终存在被缩通道，扩张角（$\phi \neq 0°$）向着

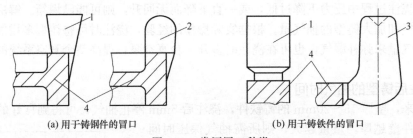

(a) 用于铸钢件的冒口　　　　　　　　　　　(b) 用于铸铁件的冒口

图 5-13　常用冒口种类

1—明顶冒口；2—暗顶冒口；3—侧冒口；4—铸件

冒口。

为实现顺序凝固，要注意冒口位置的选择，冒口有效补缩距离是否足够，并充分利用补铁和冷铁的作用。

2. 选择冒口位置的原则

① 冒口应就近设在铸件热节的上方或侧旁。

② 冒口应尽量设在铸件最高、最厚的部位。对低处的热节增设补铁或使用冷铁造成被缩的有利条件。

③ 冒口不应设在铸件重要的、受力大的部位，以防组织粗大降低强度。

④ 冒口位置不要选在铸造应力集中处，应注意减轻对铸件的收缩阻碍，以免引起裂纹。

⑤ 尽量用一个冒口同时补缩几个热节或铸件。

⑥ 冒口布置在加工面上，可节约铸件精整工时，零件外观好。

⑦ 尽可能设置明冒口，并设在铸型最高处，这样可以不设通气孔，就能起到补缩、通气、排渣的作用。

由于 V 法造型铸件比普通造型铸件冷却得慢，帮冒口的补缩性能好，冒口设置位置也是一个值得研究的问题。

二、冷铁

冷铁是用来控制铸件凝固最常用的一种金属块。各种铸造合金均可使用冷铁，尤以铸钢件应用最多。

1. 冷铁的主要作用

① 与冒口配合使用，加强铸件的顺序凝固，扩大冒口的有效补缩距离，不仅有利于防止铸件产生缩孔、缩松缺陷，而且能减少冒口的数量或体积，提高工艺出品率。

② 加快铸件热节部分的冷却速度，使铸件趋向于同时凝固，有利于防止铸件产生变形和裂纹。

③ 加快铸件某些特殊部位的冷却速度，改善其基体组织和性能，提高铸件表面硬度和耐磨性等。

④ 难于设置冒口或冒口不易补缩到的部位放置冷铁，可减少或防止出现缩孔、缩松。

2. 外冷铁

外冷铁作为铸型的一部分，浇注后不与铸件熔合，落砂后可回收并重复使用。

外冷铁的材料以导热性好，热容量大，有足够的熔点。常用的材料有轧制钢材和铸铁、铸钢的成型冷铁。形状一般根据铸件需激冷部分的形状来确定。

外冷铁的种类可分为直接外冷铁和间接外冷铁两类。直接外冷铁（明冷铁），如图 5-14 所示。

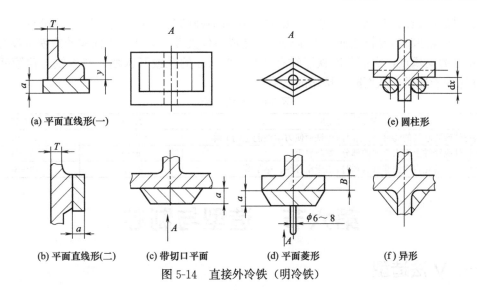

(a) 平面直线形(一)　　(b) 平面直线形(二)　(c) 带切口平面　(d) 平面菱形　(e) 圆柱形　(f) 异形

图 5-14　直接外冷铁（明冷铁）

3. 内冷铁

将金属激冷物直接插入需要激冷部分的型腔中，浇注后该激冷物对金属液产生激冷并同金属熔接在一起，最终成为铸件的组成部分。这种激冷物称为内冷铁。

内冷铁通常是在外冷铁激冷效果明显不够时才采用，而且多用于厚大的质量要求不高的铸件，如铁砧子、落锤等。对于承受高温、高压的铸件，不宜采用。

由于要求内冷铁与铸件金属相熔合，所以用作内冷铁的材料应与铸件材质基本相同。对于铸钢件和铸铁件宜用低碳钢作内冷铁，铜合金铸件应用铜质内冷铁。对于质量要求不高的铸件，可用浇注后的直浇口棒作为内冷铁，中小型铸件可用钢丝、铁钉、钢屑等作内冷铁。图 5-15 为铸钢件常用内冷铁的形状和安置方法。内冷铁的表面应十分干净，使用前要去除锈、油污和水分。

确定内冷铁的尺寸、重量和数量的原则是：冷铁要有足够的激冷作用以控制铸件的凝固，且能够和铸件本体熔接在一起而不削弱铸件强度。

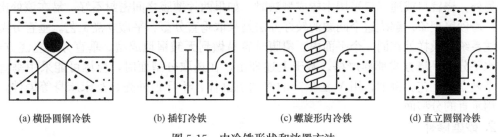

(a) 横卧圆钢冷铁　　　(b) 插钉冷铁　　　(c) 螺旋形内冷铁　　(d) 直立圆钢冷铁

图 5-15　内冷铁形状和放置方法

内冷铁的重量 $W_{冷}$ 可根据经验公式计算：

$$W_{冷}=KW_{件} \tag{5-5}$$

式中　$W_{件}$——铸件或热节部分的重量，kg；

K——比例系数，即内冷铁重量占铸件热节部分重量的比例，见表 5-6。

由于V法铸造可借助真空吸力来固定冷铁，安置冷铁方便，但必须注意：

① 冷铁应在覆膜成型后，填砂前安放。对于小块冷铁可直接放在已覆膜的薄膜面上，而后填砂、振实、抽气后即可将冷铁固定在所需安放的位置处。

② 面积较大的冷铁最好采用暗冷铁，即不直接接触金属液面。因为在振实过程中，在

冷铁与薄膜间往往会挤入一层薄砂，在通气效果不好的情况下，这一层薄砂没有足够的强度，因而在浇注时容易被金属液冲刷带走，造成铸件夹砂。为此，大面积的冷铁可设几个高5~10mm的支承点，大部分冷铁还钻有 $\phi25~30mm$ 的孔或开沟槽，使冷铁与薄膜间的砂层与其他砂子连通，从而减少垮塌的危险。

表 5-6　K 值的选定

铸钢件的类型	K/%	内冷铁直径/mm
小型铸件或要求高的铸件，防止因内冷铁而使力学性能急剧下降	2~5	5~15
中型铸件或铸件上不太重要的部分，如凸肩等	6~7	15~19
大型铸件对熔化内冷铁非常有利时，如床座、锤头、砧子等	8~10	19~30

第六节　造型与制芯

一、V 法造型

塑料薄膜成型后，喷涂料，涂料烘干，放上砂箱，向砂箱内填充干砂，同时开动振动器振实，关闭接通模底板的抽气阀门，刮出多余型砂，在砂箱上平面覆盖一层塑料薄膜。接通连接砂箱的抽气管，抽出砂箱中的气体。在砂型内保持负压状态下的起模，从而完成 V 法造型的全过程，如图 5-16 所示。

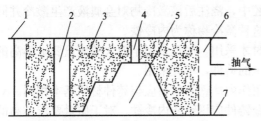

图 5-16　起模后砂型
1—背膜；2—浇口；3—型砂；4—冒口；
5—模样；6—砂箱；7—面膜

1. 分型面的选择

当采用水平分型面时，在浇冒口或通气口的根部，薄膜往往出现一些较大的皱褶，如果伸长到模样表面，就会增加铸件的表面粗糙度。为了避免这种现象，可将浇冒口或通气口移设于离模样本体较远处，使根部的薄膜皱褶不致伸长到模样面上。

另外，浇冒口或通气口采用木棒成型法时，如果两片薄膜之间密封不好，易在该处出现漏气、垮砂等现象。解决这个问题的较好办法是采取垂直分型、平做立浇工艺。垂直分型面的浇注系统与模样处在同一个平面内，覆膜时容易做到无皱褶地成型。垂直分型立浇方式，不像水平分型平浇方式那样严格。基于上述理由，在选取分型面时，应尽可能采用垂直分型、平做立浇工艺。例如，用 V 法生产的汽油机缸体、千斤顶外壳、车床床身等铸件，都曾采用垂直的分型面。

2. 砂型修补

V 法造型，在一般情况下不需要修补，若因操作不慎或其他原因，型腔表面局部出现凹凸或薄膜破损时，就需要进行修补。修补的方法是：先将该处的薄膜切开，用干砂补平，然后再覆上薄膜，并用黏胶密封。

当薄膜破损，出现局部漏气时，用小块塑料薄膜覆上，由于真空的抽吸作用，将塑料薄膜吸住，达到密封的目的。若薄膜破损面积较大时，应在粘补处将大块薄膜用黏胶粘牢，可保证砂型的密封性。

二、V 法制芯

目前国内外在 V 法造型中用的型芯，由于技术上的困难，绝大多数仍采用砂芯、CO_2

水玻璃砂芯、树脂砂芯、覆膜砂芯等。这样，虽然 V 法铸件外形落砂容易，外表面光洁，尺寸精度较高，但砂芯落砂和铸件内腔的粗糙度等却仍然得不到改善，因此使 V 法的优点不能充分地显示出来。此外，用普通砂芯，会使型砂中混入粗颗粒的砂芯砂，使砂的组成及粒度分布发生变化，因而，使铸件易出现黏砂等缺陷。如果使用的芯砂中含水分较多，则水分也会转移到 V 法用砂中去，而使砂的填充性变坏。如果使用的砂芯在浇注时放出腐蚀性气体，还可能会降低真空泵的使用寿命。因此，采用 V 法制芯对于提高铸件质量、便于生产管理和充分发挥 V 法的长处，都是十分必要的。

形状简单的型芯用 V 法制出并不很困难。制芯前应按一般设计芯盒的要求，制造带有抽气室的芯盒，芯盒可用木制和铝合金制成。制芯的工艺过程，如图 5-17 所示。图 5-17（a）先在芯盒内面 1 上覆膜；图 5-17（b）将两半芯盒体组合在一起，中间插入一根带滤网的抽气管 5；图 5-17（c）填入干砂加以振实，并将上端薄膜封口，同时使插在芯子里的抽气管 5 与真空接通；图 5-17（d）所示是使芯盒的抽气室与真空泵断开，撤除芯盒即可得到 V 法型芯。这种型芯不用烘烤便可下到型腔内，然后合型浇注，在整个过程中插入芯内的抽气管始终与真空泵接通。待铸件凝固后，真空撤除，芯砂自动溃散，可由铸件内腔中倒出，由于插入型芯中的抽气管具有一定强度和刚性，可以起到芯骨的作用，因此，V 法制芯通常不需要加芯骨。但铸件内腔形状复杂时，就会遇到许多技术上的难关，其中主要的困难是抽气管的设置、薄膜的成型以及型芯的填砂和紧实。

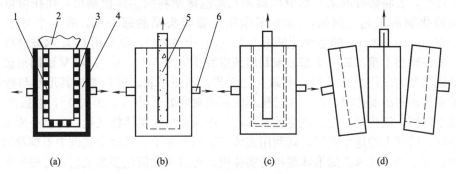

图 5-17　V 法制圆柱形芯的制作工艺
1—芯盒内面；2—薄膜；3—抽气孔；4—抽气室；5—抽气管；6—管接头

为了突破 V 法制芯这一技术难关，国内做过一些探索工作，积累了不少有益的经验。某单位采用垂直分型，平做立浇工艺，则 V 法制芯中的某些难题较易得到解决。例如，计量箱的 V 法制芯及车床床身的型芯，传统造型方法一般都是采用若干个砂芯块组合成的，如图 5-18 所示的车床床身，是由 7 个芯块组成的。V 法造型采用垂直分型工艺时，则可将这些芯块连接起来，形成一个整体型芯，这样便于设置抽气装置，如图 5-18 所示。在此整体型芯内装有数根金属抽气软管 2，这些抽气软管分别与抽气盒 4 连接，再通过软管接头 7 与真空泵接通，这样即可使整个型芯具有足够的压力差，来保持其形状和强度；并可避免因外接抽气管太多，下芯时操作不便。整个抽气装置固定装在座板 6 上，此座板即为砂型合型时的底板。

由于型芯上凹凸部分高差较大，开口宽度又小，覆膜成型较困难，容易出现褶皱现象，影响砂的填充。解决的办法是用宽度略小于型芯凹处开口尺寸的钢条，按照凹处的轮廓形状，弯制成一个成型压框。制芯覆膜时先将此压框对位放在薄膜上，接通真空泵抽吸薄膜时，在重力作用下，薄膜按压框钢条的形状产生局部变形，向下伸长，即可完全密贴在芯盒上各凹处成型，而不会出现薄膜的褶皱现象。

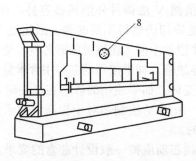

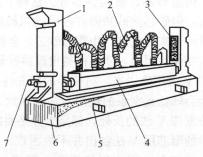

(a) V法制的车床床身整体型芯　　　　(b) V法制的车床床身整体型芯用的抽气装置

图 5-18　V法制的型芯及所用的抽气装置示例

1—型芯箱壁；2—金属抽气软管；3—抽气口；4—抽气盒；5—手把；6—座板；7—软管接头；8—型砂

　　对于形状复杂或有凸出过高的型芯，V法制芯时也可部分地或整个地采用预制薄膜套的方法。这方法是事先按型芯的形状或按薄膜难于成型部分的形状，制出一个或数个薄膜套，在芯盒上覆膜时，先将此薄膜套放在芯盒相应位置上定位，然后接通真空泵，使薄膜吸附成型。如图 5-19 所示是用预制薄膜套方法制成的 V 法型芯示例。该铸件是一个壁厚大体相同的空心箱体，该型芯与盖箱做成一体，浇注时吊置于下型内。

　　除上述外，若将铸件的某一部分用聚苯乙烯泡沫塑料的实体模制出，往往可以省去型芯，或可简化制芯工艺。例如，C620 车床床身靠床头箱的那一端，有一个外形尺寸为 670mm×500mm×300mm 的空腔 ［见图 5-20 （a） 中 A 处］，原来用 CO_2 水玻璃砂生产该铸件时，是在砂型上箱吊装一个型芯来制出该空腔 ［见图 5-20 （b）］，用 V 法制出该型芯并不难，V法造型时采用垂直分型，平做立浇工艺，不便吊装。但只要按其形状与壁厚做成聚苯乙烯泡沫塑料的实体模，固定在已覆膜的模板对应处 ［见图 5-20 （c）］，然后按 V 法工序制出整个铸型，浇注时，金属液将此聚苯乙烯泡沫塑料的实体模气化，并填补原来实体模所占的空间，铸件上的这个空腔，就利用实体模制造出来了。从这个实例中不难看出，在铸件的局部位置，采用聚苯乙烯泡沫塑料的实体模，可以大大简化型芯工艺，可根据实际情况考虑采用。

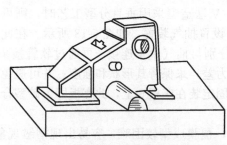

图 5-19　用预制薄膜套法制成的 V 法型芯

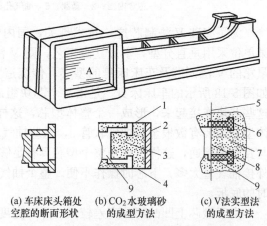

(a) 车床床头箱处　　(b) CO_2 水玻璃砂　　(c) V法实型法
空腔的断面形状　　　的成型方法　　　　的成型方法

图 5-20　车床床头箱处空腔的成型

1，4—水平分型面；2—砂箱壁；3—吊芯；

5—垂直分型面；6—实体模；7—型砂；

8—塑料薄膜；9—型腔

由以上叙述可以看到，采用 V 法制芯，应尽可能减少铸型内芯块的数量，最好采用整体型芯，否则在装配带有抽气管的多个型芯及抽气管接通真空泵的问题上会遇到不易解决的问题。但是，V 法制造整体型芯，往往会遇到覆膜的困难，这时可考虑采用二次成型方法，或用 V 法实型法以及喷涂成膜法等来解决。目前，V 法制芯技术尚处于探索阶段，一旦 V 法制芯能突破工艺上的困难，V 法铸造工艺必然会进一步飞跃发展。

第七节　落砂与清理

一、落砂

1. 铸型溃散

对于小件或非铁材料的 V 法铸件可通过撤销铸型的真空而破坏铸型并取出铸件；对于大型砂箱铸件，如果简化操作可以就地落砂，吊起砂箱即可，然后吊起铸件，最后由铲车将余砂倒入砂处理口。如果将在落砂口进行落砂，需将砂箱从保温区吊至落砂口。如果薄膜保护好的话，可以用带真空泵桥式起重机，对砂箱重新接通真空，落砂前需断开真空；如果薄膜保护不好，需在浇注之前将砂箱坐在托盘上，托盘要有足够强度吊起上、下两箱至落砂处。

2. 落砂

V 法造型中铸件的冷却速度与湿型、水玻璃、树脂砂造型相比有明显的差别。一般 V 法铸件的冷却速度比其他造型方式要慢，当铸件冷却凝固以后，即可停止抽气，再过一定时间，进行开箱落砂。

某单位对阀体进行了试验比较，控制如下：$\phi 40$ 阀体浇注后 5min 停止抽气，10min 开箱；$\phi 150$ 阀体浇注后 15min 停止抽气，30min 开箱。所用的砂箱是背面管式抽气型。先在砂型上面铺一层砂子，盖住浇道等金属部分，再覆盖一张薄膜（可以利用旧的），然后将上箱重新抽真空，用桥式起重机把它吊起，此时铸件会跟着上来，移到落砂处上方，拔掉抽气管解除真空，铸件和砂子就一起落下。

铸件落砂以后，表面带着少量砂子，过了一定时间，凸起部分的砂子逐渐自行崩落，可以看到紧靠铸件的一层黑色砂壳厚度仅 1mm 左右，背面即为松散的原砂，其他部分的砂子经过轻微振动后，大部分也能从铸件上落下。

二、铸件清理

经落砂后的合格 V 法铸件先切去浇冒口，再进行铸件的表面清理。按铸件的材质、形状复杂程度和铸件质量来确定清理方法。一般国内采用抛丸清理滚筒和转台式或悬挂式抛喷丸清理室等设备。

国外资料介绍碱煮方法，利用超声波可提高效率；还有用音频振荡法进行表面清理；有的采用电液压及电化学清理。电液压清理是在水中采用高压（达数万伏）放电，利用压力波的冲击作用激发铸件和型芯，产生强烈振动。二者振动频率及振幅不同，使铸件与型壳（芯）界面上产生很大应力，从而使型壳（芯）强烈破碎。这种方法生产率高、无灰尘、能有效地清理硬的型芯（如水玻璃砂芯）。电化学清理法一般是用碱溶液加热到 $450 \sim 500 ℃$，负极接铸件，正极接清理槽，通电 $8 \sim 15$min，水中洗 $6 \sim 8$min，共 $14 \sim 20$min。电流为 $800 \sim 1200$A、电压 $6 \sim 12$V（直流电）。美国 Kolene 公司采用的电解液成分（质量分数）为氢氧化钠（75%～95%）、氟化钠（2.5%）、硼砂（2.5%）、氯化钠（1%～10%），接线柱

电压 $2\sim6V$，电流密度 $4\sim6A/cm^2$。

美国专利（专利号：3698467）介绍当铸件在清洗液中清理时，通高压以强化清理，即将带有砂芯的铸件放入碳酸钾浓度为 $30\%\sim40\%$、温度为 $157\sim270℃$ 的溶液中，压力为 $355\sim567kPa$，时间为 $3\sim12h$。

第八节　Ｖ法铸造工艺适应性分析

随着Ｖ法铸造技术的不断发展和应用范围的不断扩大，Ｖ法铸造工作者开始对Ｖ法铸件的工艺特性、铸件结构大小及批量的适应性等方面进行大量的探索和实践，认为Ｖ法铸造虽广泛适用于各类铸件的生产，但鉴于其铸型成型方法的特殊性，在工艺方案论证时，有必要进行全面细致的经济性和可行性分析。以下是对Ｖ法铸造工艺适应性分析：

① 同一台Ｖ法造型机，为了适应不同大小的铸件的生产，可以从两方面采取措施：

a. 造型机上配用工艺装备的适用性。

b. 砂箱的通用性。

对Ｖ法造型来说，铸型尺寸精度主要是靠模样的精度及模样与砂箱的配合精度实现的，只要造型机振实台的激振力足够，同一台造型机可以使用一定尺寸范围内的砂箱。需要指出的是，设备的机械化程度对铸件结构适应性有一定影响，如起模工序，若采用机械起模装置，或液压顶箱起模机起模，平稳性比桥式起重机或人工起模好得多，不易损坏铸型，对铸件高度的适应性比人工起模可提高 $2\sim4$ 倍。

② Ｖ法铸造由于其特制模样的费用较高，一般要求批量较大。模样结构类似于普通铸造的模板模样，但由于薄膜覆膜需要抽真空，固定模样的模板下必须设有抽气箱（或称负压箱），这种带抽气箱的型板一般用铝合金或结构钢制作。为降低成本，采用钢木结构制作的模板使用效果也很好。

③ 对于单件小批量铸件，如果将抽气模板设计成通用结构，只需制作模样，应用Ｖ法铸造经济上是可行的。为此，设计制作了一批通用抽气模板，用于小批量铸件及试制产品的生产，取得质量和经济双重效果，其结构如图 5-21 所示。通用抽气模板（带抽气箱）上设置数个定位销，模样装配板 2 与通用抽气模板间设计有配合基准。模样 1 做好后，定位固定于模样装配板上，模样装配板装配于通用定位销中。更换模样时，只要取出模样装配板即可。

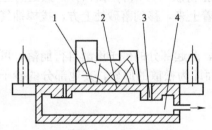

图 5-21　通用抽气模板（带抽气箱）
1—模样；2—模样装配板；
3—通气孔；4—通用抽气型板

④ 为了降低单件小批量铸件的Ｖ法模样费用，模样可以采用木塑混合结构，即以木材作骨架，泡沫塑料作主体，其泡沫塑料的密度和硬度要求较高，可用聚苯乙烯泡沫塑料。木塑结构模样作为一个整体，在造型后从铸型取出。对于模样的局部不易起模部分可用气化模，轻质泡沫塑料成型，造型后该部分不起模，直接浇注，但应考虑该部分的排气畅通。

参 考 文 献

[1]　铁道部武汉工程机械厂. 真空密封造型 [M]. 北京：中国铁道出版社，1982.

[2]　谢一华，谢田，章舟. Ｖ法铸造生产及应用实例 [M]. 北京：化学工业出版社，2009.

[3]　虞和洵. 几种造型方法的发展及应用 [J]. 中国铸机，1991 (1)：10-15.

[4]　曹文. 真空密封造型工艺及其应用 [J]. 铸造设备研究，1995 (5)：31-35.

[5]　谢一华，张秀峦，谢海洋，等. Ｖ法铸造装备及工艺 [J]. 中国铸造装备与技术，2002 (4)：48-51.

[6]　刘虹. Ｖ法铸造工艺及其参数的分析与选择 [J]. 中国铸造装备与技术，2003 (6)：45-46.

[7]　常安国. 真空密封造型工艺 [J]. 特种铸造及有色合金，1992 (6).

[8]　徐奇，颜炫，叶升平. Ｖ法铸造工艺创新实践 [J]. 铸造设备与工艺，2013 (1)：28-31.

[9]　汪大新，高华. Ｖ法铸造工艺方案的评价模型 [J]. 铸造工程，2014 (3)：24-26.

[10]　汪大新，高华. Ｖ法铸造砂芯加套冷铁工艺 [J]. 铸造工程，2014 (2)：41-42.

[11]　中国机械工程学会铸造专业学会. 铸造手册：铸造工艺（第5卷）[M]. 北京：机械工业出版社，2000.

[12]　方强，崔明胜，周绍雷. Ｖ法铸造模型的三维模拟分析与快速制造 [J]. 铸造技术，2015：36 (1)：177-179.

[13]　刘晓艳，崔明胜. Ｖ法铸造工艺适应性分析与改进措施 [J]. 铸造，1999 (9)：29-31.

[14]　《铸造工艺装备设计手册》编写组. 铸造工艺装备设计手册 [M]. 北京：机械工业出版社，1989.

[15]　王莉珠. 日本Ｖ法铸造工艺和设备发展概括 [J]. 中国铸造装备与技术，1999 (5)：11-12.

[16]　樊自田，王继娜，黄乃瑜. 实现绿色铸造工艺方法及关键技术 [J]. 铸造设备与工艺，2009 (2)：2-7.

[17]　谢一华，谢田. Ｖ法铸造装备特性对工艺过程的影响 [C]. 江阴：全国第三届Ｖ法铸造研讨班论文，2014.

第六章

工艺装备

第一节 砂 箱

砂箱是 V 法铸造生产大量使用的工艺装备之一，在设计砂箱时必须使砂箱符合 V 法造型工艺要求，同时又要符合 V 法生产线造型、运输设备的要求，因此，正确选择和设计砂箱的结构对保证铸件质量、提高生产效率、减轻劳动强度、降低成本，及保证安全生产都有很大的意义。

一、砂箱功能及设计和选用原则

1. V 法砂箱必备的六大功能

① 抽气功能。至少 2 个抽气孔互换负压源，需要抽气为单向阀或加手动/电磁阀。

② 顶箱功能。如果是地面顶箱机构，需 4 个耳；如果机械手，需要 2 个端板。

③ 翻箱功能。1 个中间轴或 2 个翻转端板。

④ 定位功能。用于上、下箱 2 个。

⑤ 吊起运输功能。不论何种情况，必须有该功能。

⑥ 夹紧机构。

2. 设计和选用砂箱的原则

① 根据铸件的工艺资料、铸件的工艺图，以及模样和浇冒口系统在模样或砂箱中的布置和合理的吃砂量来确定砂箱的内尺寸。

② 砂箱的规格和尺寸尽可能标准化、系列化和通用化，便于降低成本和生产管理。

③ 在满足 V 法工艺要求和安全生产要求的前提下，砂箱结构应简单而轻便，砂箱定位精度应保证铸件尺寸精度。

④ 砂箱的结构必须要有一定的精度和刚度，确保安全生产，经久耐用。

V 法造型所用的砂箱结构与普通造型砂箱不同，其最大特点是四壁密封，并且内部须装过滤、抽气装置。如砂箱尺寸过大，则应设置抽气管。砂箱有两个方面的作用：

a. 提供一个结实的封闭箱体以容纳型砂，并有定位销、套、卡紧机构及吊柄等附件。

b. 将真空泵所产生的真空传递到造型材料中，从铸型中抽去空气使铸型具有一定的紧实度，便于起模、合型、浇注。

如图 6-1 所示为 V 法砂箱结构。

二、砂箱的本体结构设计

1. 侧面抽气砂箱

砂箱由箱体、过滤网、固定过滤网孔板、合型定位座、左右抽气单向阀及吊箱支座等组成，如图 6-2 所示。

箱体 4 由钢板或槽钢焊接而成，形成一个环形外壁和内壁的夹层箱体。在抽气孔板 5 上开有很多圆形孔，并钻有固定滤网的螺纹孔。过滤网 8 可根据工艺要求选择 100～140 号筛的耐热不锈钢网，或采用透气不透砂的席纹编织网，并用固定滤网带孔压板 7 双层夹住固定在砂箱的内壁上。该固定滤网带孔底板 6 上钻有许多均布 $\phi 25$ 孔，并要求两板的孔一致。砂箱的外壁焊有合型定位座。该座一端钻有定位孔，另一端钻有椭圆形孔，保证定位精确，利于合型。左、右抽气单向阀 3 固定在外壁上，并和内壁、外壁的内腔相通。当造好铸型，可用吊箱支座 2 运至合型区。顶箱锁紧板 9 可两用，用来顶箱起模的支承点；合箱后，上、下箱经螺栓锁紧，防止浇注时涨箱。

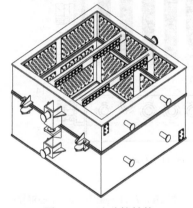

图 6-1 V 法砂箱结构

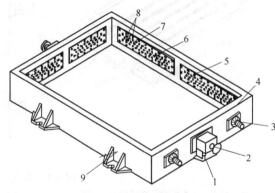

图 6-2 侧面抽气砂箱

1—合型定位座；2—吊箱支座；3—单向阀；
4—箱体；5—抽气孔板；6—带孔底板；7—带孔压板；
8—过滤网（两层金属丝网）；9—顶箱锁紧板

侧面抽气砂箱的顶面无横挡，因此，对浇注冒口系统的设置和浇注以及铸件的落砂都很方便。但这种砂箱由于自身的特点，即抽气孔都是在 4 个内壁面上，靠近内壁的真空度较高，而砂箱中心的真空度稍小，从而影响铸型的硬度。特别是对于结构较复杂的铸件，则更易显示出它的不足，而形成塌箱。所以建议采用此种砂箱时应根据铸件的特点而定，砂箱的面积不宜过大，砂箱也不宜过高。

2. 侧顶面抽气砂箱

为了解决上述问题，在砂箱结构上又做了改进。如中大型砂箱，在上箱的上部设计成纵横交错的矩形抽气管，如图 6-3 所示，在抽气管的两侧及下部钻有小孔，用滤网及带孔的钢板压封，以利于在大尺寸砂箱的情况下确保铸型的紧实度。在砂箱的两侧设有真空对接装置，与 V 法造型线的自动翻箱机真空管相对接，保持铸型不塌箱。

3. 管式抽气砂箱

该砂箱是一种适合于大、中、小各种类型的，较为实用的砂箱，如图 6-4 所示。

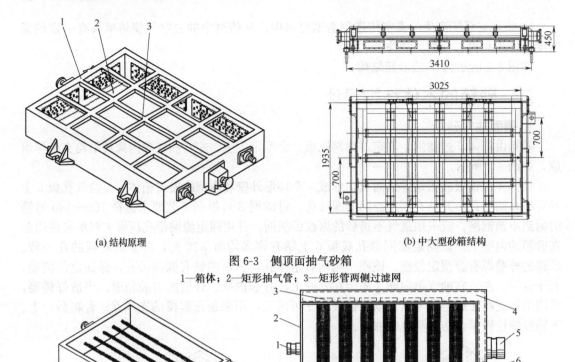

(a) 结构原理

(b) 中大型砂箱结构

图 6-3　侧顶面抽气砂箱

1—箱体；2—矩形抽气管；3—矩形管两侧过滤网

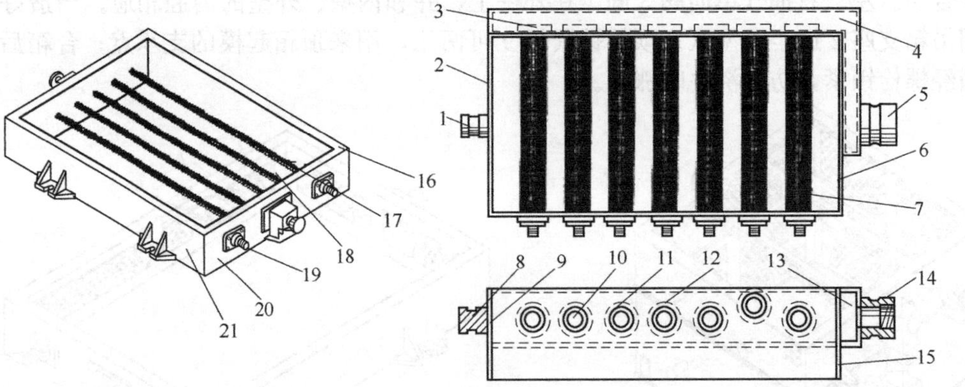

(a) 结构原理

(b) 日本专利

图 6-4　管式抽气砂箱

1,8—砂箱把手；2,6,9,15—砂箱壁；3—管接头；4,13—抽气室；5,14,17—抽气管；7,11—筛网；10—空心钢管；
12—透气小孔；16—抽气室；18—过滤网；19—单向阀；20—侧壁；21—端壁

　　这种砂箱的结构是由钢板焊接成完全密封的夹层，夹层的中间部分形成抽气室16。并
在内壁的对称面焊接钻有许多小孔的抽气管17与抽气室相通。并在抽气管的外面一层包过
滤用的不锈钢丝网或铜筛网（过滤网18），以防止细砂或粉尘被吸走。空心钢管10的分布
可由砂箱的大小及铸型的特征来定，一般间距为 200～300mm 左右。由于这种砂箱利用每
根钢管上的抽气孔抽气，所以砂型的各处得到较为均匀的真空度，铸型的强度和刚度相对较
高。缺点是设置浇冒口和取出铸件不方便，通用性差。

4. 金属软管抽气砂箱

　　由于中小型铸造厂多品种小批量的生产，砂箱尺寸规格不一，很难实现砂箱的通用性，
因此设计了一种简易、灵活的金属软管抽气砂箱，如图6-5所示。

　　这种砂箱结构简单，由钢板焊接而成，砂箱内绕挂着一段金属软管3（常用的电线保护
软管），软管的一端接着真空系统的抽气管接头4，另一端呈环形状，端部密封。当真空泵
抽气时，通过金属软管的各活动节的缝隙来抽吸砂中的空气，又能阻止细砂及粉尘的吸入。
砂箱内金属软管的位置可随铸件形状而变化。对于需要局部增加紧实度的位置极易实现。金
属软管的放置不宜离型腔表面太近，根据经验以大于 30mm 为较理想位置。金属软管的直

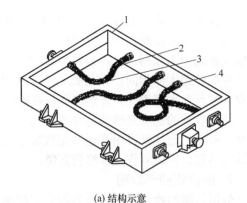

(a) 结构示意   (b) 实物

图 6-5 金属软管抽气砂箱
1—单壁砂箱；2—软管挂钩；3—金属软管；4—管接头

径及长度应根据砂箱大小及铸型的特征来选取，一般选用管径 25mm 及 35mm 两种。金属软管砂箱抽气效率高，使用寿命长。金属软管来源广、安装方便、维护简单、易装易卸，它可挂在砂箱内壁上，也可埋入砂芯里，尤其适用于普通砂箱改装。

5. 吸盘抽气砂箱

该砂箱是国外制造大型 V 法铸件而设计的一种砂箱，如图 6-6 所示。它的特点是在侧面抽气砂箱 1 内，加装一个扁平形的吸盘 3。这种吸盘可根据铸型特点放置在砂箱内适当的位置。在砂箱减压时，吸盘也减压，这样即可使砂箱内的全部型砂获得均匀一致的真空度。这种吸盘不仅适合于大的铸型，也适合于浇冒口较多、较复杂的铸型。吸盘的大小、形状应与铸型相匹配，可用一个大吸盘也可同时用几个小的吸盘，这样就可用一个砂箱来铸造多个铸件，扩大砂箱的通用性。这种砂箱不太适合用于大批量机械化生产。

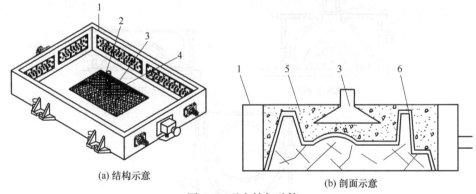

(a) 结构示意   (b) 剖面示意

图 6-6 吸盘抽气砂箱
1—侧面抽气砂箱；2—金属滤网；3—吸盘；4—管接头；5—砂子；6—模样

6. 多吸头抽气砂箱

国外资料介绍的一种多吸头抽气砂箱，如图 6-7 所示。在常用的单壁砂箱 1 的内壁上，固定一个圆柱形的抽气室 2，此抽气室是用普通钢管将两头封死制成中空的，并在砂箱的壁面一侧焊有一个抽气接头与抽气室相连，以便接软管与真空泵相通。在抽气室的另一侧，焊有几根软管接头 4 与各耐热软管 5 相接，耐热软管可用聚四氟乙烯、聚酰胺或硅橡胶等耐热材料制成，也可用金属软管制成。抽气室内的抽气接头数量可根据铸型的工艺要求制成多个，用金属软管时可直接连接双数接头，以便金属软管形成环形。如用耐热软管 5，则另一端装有吸头 7，吸头上装有滤网 6，这样即形成了一个供 V 法造型用的抽气砂箱。此种砂箱

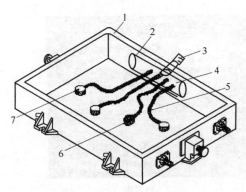

图 6-7　多吸头抽气砂箱

1—砂箱；2—抽气室；3—抽气管接头；4—软
管接头；5—耐热软管；6—滤网；7—吸头

的吸头及大小，可根据砂型的需要确定。吸头上滤网选用多少号筛数的网，应以保证砂子不被吸进抽气系统中为原则。这种砂箱的操作与本节前述几种的砂箱大体相同，只是吸头 7 在砂箱中的位置须按预定方案埋设，才能取得较好效果。

此种砂箱的优点是砂型能获得均匀而较高的强度，砂箱的箱体既可用普通砂箱改装也可用侧面抽气砂箱，所以制作及维修较方便。

7. 组合式抽气砂箱

根据铸型的特点，设计出多种形式的抽气砂箱，以适应 V 法铸造的工艺要求。下型为漏斗形砂箱即为组合式抽气砂箱的一种，如图 6-8 所示。如图 6-8（c）所示的铸型是由上型 A 及下型 B 组成。上型 A 所用的砂箱为侧面抽气式；而下型 B 所用的砂箱为漏斗形，为五面封闭的容器结构。内壁 4 的面上钻有许多抽气孔 9；内壁 4 的上部与外侧壁 2 的上缘 3 处焊死；内壁 4 的下部设有开口 8，这样中空部分就形成了抽气室 11。底板 10 的开口处装有可绕铰链 6 转动的挡板 5。造型时，如图 6-8（a）所示，先将漏斗形砂箱翻过来，使开口 8 朝上，进行覆膜、套箱，再从开口 8 处向箱内填砂。砂子填充满后，关闭挡板 5，然后使砂箱接通抽气软管，脱膜后即可得到下型，上、下型合型后，即可浇注。铸件冷凝后落砂时，打开挡板 5，砂箱内的干砂就因自重从开口 8 处流入落砂斗 14 中，可收回再用。

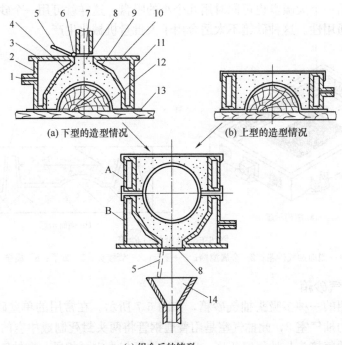

(a) 下型的造型情况　　　　(b) 上型的造型情况

(c) 组合后的铸型

图 6-8　下型为漏斗形砂箱的铸型

A—上型；B—下型；

1—抽气管；2—外侧壁；3—上缘；4—内壁；5—挡板；6—铰链；7—进砂口；8—开口；
9—抽气孔；10—底板；11—抽气室；12—模样；13—薄膜；14—落砂斗

8. 垂直造型用砂箱

背抽式单面垂直造型用砂箱，如图 6-9 所示。可环形垂直排列的双面造型用砂箱，如图 6-10 所示。

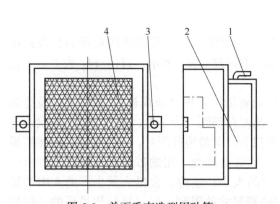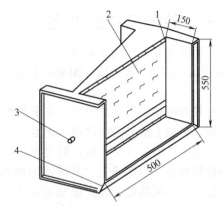

图 6-9 单面垂直造型用砂箱
1—抽气孔；2—抽气箱；3—定位孔；4—过滤网

图 6-10 双面造型用砂箱
1—抽气管；2—横隔网；3—抽气口；4—薄膜定位槽

9. 吸气管可旋转的砂箱

该砂箱是俄罗斯申请的专利。它是在侧面抽气式砂箱基础上改进而成的。为了提高铸型的紧实度，在上箱和下箱的壁上装有带铰链连接的矩形抽气管，当浇注冷却后，铸型落砂时，矩形管向拆卸面方向旋转，铸件与型砂一起落到格子板上。

吸气管可旋转砂箱的结构如图 6-11 所示，它是由箱体 1、内壁过滤网 3、单向阀 2 和能回转的矩形抽气管 4 等组成。抽气管的一端设有活动铰链 6 与砂箱外壁的固定铰链 5，同轴销 7 连接，因此，矩形抽气管可以拆卸。另外抽气管的两侧即管侧部 8 和下部 9 装有过滤

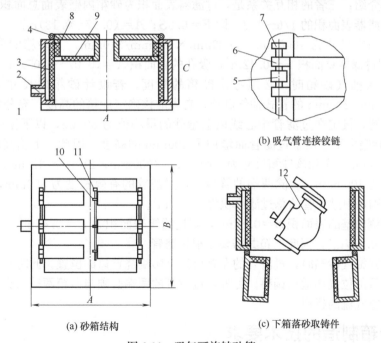

(a) 砂箱结构

(b) 吸气管连接铰链

(c) 下箱落砂取铸件

图 6-11 吸气可旋转砂箱
1—箱体；2—单向阀；3—内壁过滤网；4—矩形抽气管；5—固定铰链；6—活动铰链；7—轴销；
8—管侧部过滤网；9—管下部过滤网；10—挡圈；11—销子；12—铸件

器，而侧部的过滤器与砂箱的内壁过滤网 3 连通，这样使矩形抽气管内也能形成真空。使用时将矩形抽气管的另一端用挡圈 10 与销子 11 固定。这种砂箱的优点是通用性大，使用简便，下箱放矩形抽气管时落砂无障碍。

三、砂箱尺寸的确定

砂箱的尺寸一般用砂箱分型面处内框的长度 A、宽度 B（圆形砂箱用直径 D）及高度 H 来表示，即 $A \times B \times H$，如果有上箱，则以 $A \times B \times H_1/H_2$ 表示，H_1、H_2 为上、下箱高度。

砂箱内框轮廓尺寸的确定，主要是根据铸件的铸造工艺图（或模样），浇注系统及冷铁的布置，再加上适当的吃砂量来确定。上、下箱的配对问题，为了上、下箱合型的准确，为了某种带多件铸件（如轮毂）的对齐，日本常常把下、上箱编号配对，在合型时，以相同编号的砂箱合型，以保证上、下模样的准确对齐。V 法造型线上用的砂箱尺寸应与造型机的工作台面、起模高度、最大振动激振力和举升力的大小相适应。大批大量生产的大中型铸件，一般设计为专用的 V 法砂箱，则不受通用砂箱尺寸的限制，但尽可能使最后的一位数字为 0 或 5。

V 法砂箱的吃砂量是指型腔与砂箱内壁及砂箱合型后型腔距上、下箱平面的距离。根据经验，对中小型铸件，吃砂量推荐在 80～120mm，大型铸件应根据铸件外形、壁厚等因素而定，适当放大一些。

V 法砂箱过滤器面积及吸孔面积的确定，保证砂箱内过滤区域面积比十分重要，过滤面积过大或过小都会导致问题

设定：S 为表示砂箱内壁表面总面积；F 为表示过滤器表面积；A 为表示吸孔的总面积。

根据资料介绍：三者的相互关系是，过滤器表面积为砂箱内壁表面总面积的 1/2，吸孔的总面积为过滤器表面积的 1/6～1/8，即 $F = 0.5S$；$A = (0.17 \sim 0.13)F$。

例如，砂箱内尺寸为 1000mm × 1000mm × 210mm/310mm，上砂箱的内壁表面积为 $S = 0.84m^2$ 则过滤器总面积 $F = 0.42m^2$，吸孔的总面积 $A = (0.07 \sim 0.05)m^2$。

在采用管式抽气砂箱时，必须考虑砂箱的高度。若设计砂箱内尺寸为 1000mm × 1000mm × 100mm/200mm 的管式抽气砂箱，首先应该确定砂箱的高度，充分考虑过滤管有足够的空间位置，设定在过滤管中心线以上型砂的最小值为 50mm，以下型砂的最小值为 56mm，这样砂箱由于采用了过滤管而增加了 106mm 的高度。因此，上箱高度为 206mm，下箱高度为 306mm，实际该砂箱尺寸为 1000mm × 1000mm × 210mm/310mm。已知砂箱内过滤管的长度为 1000mm，去除两端的管接头，过滤管的有效长度为 850mm，过滤管的外径为 40mm，则每根过滤管的总过滤面积为 0.107m²。

上箱四面侧内壁的表面积 $S = 0.84m^2$，则过滤管表面积为 $F = 0.42m^2$，而每个过滤管的过滤面积为 0.107m²，因此上箱共需要 4 根过滤管。

在设计管式抽气砂箱时，过滤管的布置可能会影响浇冒口的位置，此时必须满足铸件工艺要求，过滤管的位置作适当调整。另外，过滤管的两端必须与砂箱两端的真空腔连通，保证过滤管内真空气流的畅通。

四、砂箱制造的技术要求

V 法砂箱的制造目前尚无标准和规范，现参照高压、气冲造型线所有砂箱的技术要求，供设计时参考。

1. 砂箱焊接的技术要求

① V法砂箱大多数采用钢板焊接而成，砂箱焊接后若出现焊接变形和扭曲可以进行矫正，但必须保证砂箱的尺寸公差和几何公差，见表6-1。

表6-1 V法砂箱的尺寸公差和几何公差　　　　　单位：mm

砂箱内框平均尺寸[①]	上平面、滑道面对下平面的平行度公差值	砂箱内框尺寸偏差值		对称度公差值[②]
		宽度	长度	
≤500	<3	±2	±2	2
501~1000	<4	±3	±3	3
1001~1500	<5	±4	±4	4
1501~2000	<5	±5	±5	5
>2000	<6	±6	±6	6

[①] 指内框长度和宽度相加的平均值。
[②] 砂箱两侧面、两端面对砂箱内框尺寸 A 和 B 的中心线应保持对称。

② 钢板焊接的砂箱必须保证焊缝强度，所有焊缝不得有气孔、渣孔、裂纹等缺陷。

③ V法砂箱具有特殊的结构，但必须保证砂箱有良好的气密性。一方面保证焊接工艺不得漏焊；另一方面在砂箱组装时，必须保证过滤网、带孔压板与箱体的安装密封，三者之间应打胶，确保密封效果。

④ 砂箱的箱把、吊轴、翻箱轴、顶箱板、夹紧板等附件的焊接必须按设计要求焊牢，确保砂箱吊运和翻箱的安全。

2. 砂箱热处理时技术要求

砂箱加工前必须进行自然时效或热处理，以消除焊接应力并改善加工性能。现推荐 V 法焊接砂箱的热处理规范。

① 热处理类型：退火。

② 加热温度：860~880℃。

③ 保温时间：3~4h。

④ 出炉温度：360℃。

砂箱需要焊补的各种缺陷，应在退火之前进行。凡退火后在加工面上又进行焊补的，一般应进行二次退火，若不影响加工和使用性能，可不进行二次退火。

3. 砂箱机械加工的技术要求

① 砂箱加工的精度要求，见表6-2。

表6-2 砂箱加工的精度要求　　　　　单位：mm

砂箱内框平均尺寸	≤500	501~1000	1000~1500	1501~2000	2001~2500	>2500
分箱面平面度公差值	<0.10	<0.15	<0.20	<0.30	<0.35	<0.50
填砂面与分箱面平行度公差值	≤0.10	≤0.20	≤0.25	≤0.35	≤0.45	≤0.80

② 砂箱定位销孔孔距、定位销孔孔径和定位销孔距偏差，见表6-3。

表6-3 砂箱定位销孔、中心距、孔径偏差表　　　　　单位：mm

定位销孔中心距	≤600	601~850	851~1100	1101~1650	1651~2200
定位销孔孔径及偏差	$20^{+0.033}_{0}$	$25^{+0.033}_{0}$	$30^{+0.033}_{0}$	$35^{+0.033}_{0}$	$40^{+0.033}_{0}$
定位销孔中心距偏差	±0.05	±0.10	±0.15	±0.20	±0.20
定位销孔中心和分型面的垂直度偏差值	0.03~0.05	0.03~0.05	0.03~0.05	0.06~0.10	0.06~0.10

③ 砂箱加工表面粗糙度，见表6-4。

表 6-4　砂箱加工表面粗糙度

分箱面平面	填砂面平面	定位销孔	定位套与孔的配合面平面	砂箱滑道面	锁紧孔或锁紧槽	其他
$\overset{6.3}{\triangledown}$	$\overset{6.3}{\triangledown}$	$\overset{1.6}{\triangledown}$	$\overset{1.6}{\triangledown}$ 或 $\overset{0.8}{\triangledown}$	$\overset{6.3}{\triangledown}$ 或 $\overset{3.2}{\triangledown}$	$\overset{12.5}{\triangledown}$ 或 $\overset{6.3}{\triangledown}$	$\sqrt{}$

4. 砂箱使用及维修

① 砂箱在使用之前应仔细检查翻箱轴、吊轴、顶箱板、夹紧板、箱壁内过滤网、单向阀等关键部位，发现有破损等情况，应停止使用。

② 砂箱使用一段时间后，应经常检查砂箱的变形情况及附件的使用情况，如达不到砂箱的技术要求，应立即停止使用，否则将产生铸件废品。

③ 砂箱的定位销孔、定位套内孔磨损极限，见表 6-5。当磨损量超出极限值时，允许镶套修复，但不超过两次，V法砂箱的定位套内孔磨损极限不得超过 0.2mm，根据铸件的质量要求，其磨损极限可以适当大于或小于表 6-5 中的规定。

表 6-5　砂箱定位销孔、定位套内孔磨损极限值　　　　　　　　单位：mm

定位销孔或定位套内孔(直径或宽度)	20	25	30	35	40
圆孔直径或方槽宽度的磨损极限	0.20	0.25	0.30	0.35	0.45

五、塑料薄膜与砂箱的密封方法

V法造型主要靠薄膜覆盖砂箱，抽真空达到砂箱的紧实成型，因此，塑料与砂箱箱体的密封十分重要。除了要求砂箱的两个端面须经过机加工外，对于中小型砂箱要求覆盖砂箱的上、下薄膜比砂箱的边长出 50～100mm，造型时，将多余的部分卷起来，一般可以达到满意的密封。对于较大的砂箱，可在砂箱箱体的侧面开长条形的密封缝隙 1，或在砂箱体的顶面及底面开凹状的密封气孔 6，来提高其密封性，如图 6-12 所示。当接通真空系统时，使薄膜覆盖在这些缝隙或气孔上，由于大气压力的作用，即可均匀牢实地将底膜紧贴在砂箱上。

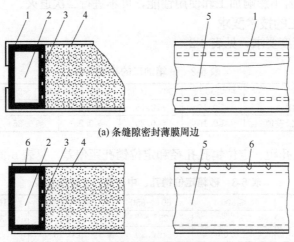

(a) 条缝隙密封薄膜周边

(b) 凹形气孔密封薄膜周边

图 6-12　薄膜周边的密封

1—长条缝隙；2—砂箱抽气室；3—砂箱内壁抽气孔；4—塑料薄膜；5—砂箱；6—凹状气孔

国内创造出一种简便易行的密封薄膜的方法，即将薄膜的余边折卷在砂箱外壁面上，用若干个小块永久磁铁，将薄膜的余边吸附在砂箱的四周壁面上，达到薄膜密封效果，这是因为塑料薄膜不阻隔磁性，永久磁铁可将塑料薄膜的余边牢固地压在砂箱壁面上。把永久磁铁吸附在砂箱壁面上，或从砂箱壁面上取下来都十分方便，所以这种方法既适用于小型砂箱，也适用于大中型砂箱，是一种比较理想的密封薄膜周边的方法。

六、砂箱附件

V 法砂箱附件是指定位用的导销、导套、夹紧砂箱用的夹紧机构、负压单向阀等。

1. 导销、导套

为了确保铸件的尺寸精度和提高生产效率，合箱时需要借助于导销、导套来定位，定位装置由三部分组成，即箱耳、定位销和定位套。砂箱的定位销和定位套既用于造型时模板和砂箱之间的定位，也用作合箱时上、下箱的定位。由于动作频繁，销套易于磨损和变形，所以定位销、套的材质及直径可按如表 6-6 及图 6-13 所示的结构及尺寸参考选用。

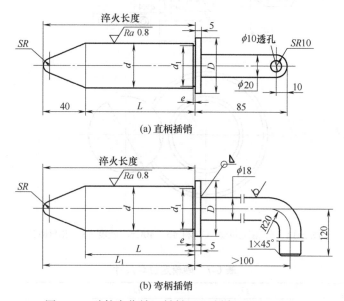

(a) 直柄插销

(b) 弯柄插销

图 6-13　砂箱定位销（材料 45，硬度 40～45HRC）

表 6-6　砂箱定位销尺寸　　　　　　　　　　　　单位：mm

d	D	d_1	e	L	L_1	SR
$20^{-0.10}_{-0.16}$	30	19	2	60、80、100、120、140	120、140、160、180	6
$25^{-0.15}_{-0.25}$	35	24			120、140、160、180、200	8
$30^{-0.20}_{-0.30}$	40	29		80、100、120、140、160、180	140、160、180、200、220、240、260	10
$35^{-0.25}_{-0.40}$	45	33	3	100、120、140、160、180、200	180、200、220、240、260、300	12
$40^{-0.35}_{-0.55}$	50	38		120、140、160、200、240	200、240、280、300、340	16

合箱定位销有定位段和导向段两部分，定位段的高度和导向段的锥度是根据上箱模样和下箱砂芯在上箱中芯头的斜度来决定，若位于下箱的砂芯在上箱中有较高的芯头，则定位销的导向段应设计长一些，这样可以利用导向段来校正合箱方向，而不致卡坏型和芯。

砂箱的定位销孔极易磨损，为了延长砂箱的使用寿命，常在箱耳定位孔内镶导套。导套分定位套和导向套两种。定位套的定位孔为圆孔，起主要定位作用；导向套的定位孔是椭圆孔或长方孔，导向套可以起到补偿上、下箱定位孔距间的误差，使造型和合箱时定位销不被卡死。

　　导套和定位箱耳孔的配合可采用 n6 等级的公差配合，但这种配合容易松动，为了防止松动，可以设计成带止转的定位套和导向套。另外也可采用 r6 等级的公差配合，这种配合不易松动，所以不需要带止转部分。定位套的结构，如图 6-14 所示，相关尺寸见表 6-7；导向套的结构，如图 6-15 所示，相关尺寸见表 6-8。

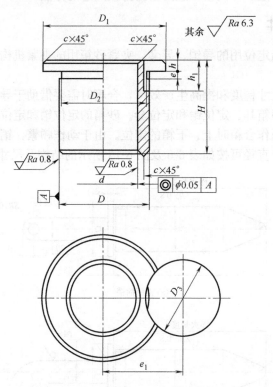

图 6-14　砂箱定位套（材料 45、40Cr，硬度 48～53HRC）

表 6-7　砂箱定位套尺寸　　　　　　　　　单位：mm

| e_1 | | D_3 | D_1 | | | D_2 | | | H | h | h_1 | e | c |
B 型	C 型		A 型	B 型	C 型	A 型	B 型	C 型					
25±0.030	26±0.030	$22^{+0.050}_{+0.020}$	35	37	44	27	29	33	25	4	12	2	1
28±0.030	30±0.030		44	47	52	33	36	40	30				
32±0.050	35±0.050	$24^{+0.060}_{+0.040}$	50	54	60	38	43	48	35	5	13	3	1.5
35±0.050	40±0.050		54	60	69	43	48	58	40				
37±0.050	45±0.050		60	64	82	48	53	68	45			4	
45±0.050	48±0.050		69	82	90	58	68	76	50				

表 6-8　砂箱导向套尺寸　　　　　　　　　单位：mm

| e_1 | D_5 | D_1 | | D_2 | | D_3 | D_4 | H | h | h_1 | h_2 | h_3 | e | c |
C 型		B 型	C 型	B 型	C 型									
26±0.030	$22^{+0.050}_{+0.020}$	37	44	29	33	25	22	25	4	16	11	12	2	1
30±0.030		47	52	36	40	32	28	30			16			
35±0.050	$24^{+0.060}_{+0.040}$	54	60	43	48	40	36	35	5	24	19	13	3	1.5
40±0.050		60	69	48	58	48	40	40			21			
45±0.050		64	82	53	68	55	45	45			24		4	
48±0.050		82	90	68	76	60	55	50			29			

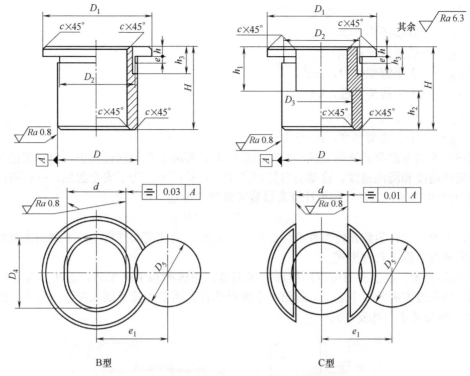

图 6-15　砂箱导向套（材料 45、40Cr，硬度 48～53HRC）

2. 砂箱夹紧装置

（1）抬型力的计算：铸型在浇注时，整个型腔充满金属液体，此时上半铸型受到金属液体向上的压力，将上半型抬起，这个力就叫抬型力。抬型力示意，如图 6-16 所示。

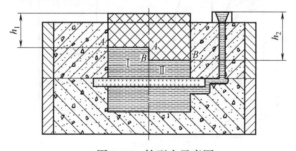

图 6-16　抬型力示意图

抬型力可用下列公式进行计算：

$$P_{抬}=P_{型}+P_{芯}-(G_{型}+G_{芯})=F_1 h_1 r_{液}+$$
$$F_2 h_2 r_{液}+V_{芯} V_{液}-(V_{型}\, r_{型}+V_{芯}\, r_{芯}) \tag{6-1}$$

式中　$P_{抬}$——含金属液体作用在上半铸型的抬型力，N；

　　　$P_{芯}$——砂芯所受的浮力并传递给上铸型，N；

　　　F_1——相应于 I 型腔顶面的水平投影面积，cm^2；

　　　F_2——相应于 II 型腔面的水平投影面积，cm^2；

　h_1，h_2——分别为 $A—A$ 面和 $B—B$ 面至浇口杯液面的高度，cm；

　　　$r_{液}$——金属液的密度，g/cm^3；

$V_{液}$——被金属液包围的那部分砂芯体积，cm^3；

$V_{芯}$——砂芯体积，cm^3；

$G_{芯}$——砂芯重量，kg；

$V_{型}$——上半铸型体积，cm^3；

$G_{型}$——上半铸型重量，kg；

$r_{芯}$——砂芯密度，g/cm^3；

$r_{型}$——上半铸型密度，g/cm^3。

上述公式只考虑金属液体充满型腔时的静压力，实际上在浇注过程中，由于浇包距浇口杯有一定的高度和浇注速度，这都会对铸型产生一种动压力。为了安全起见，一般将计算出的抬型力再加 30%~50%，作为计算夹紧装置强度的重量，即

$$P_{抬总}=(1.3\sim1.5)P_{抬} \tag{6-2}$$

（2）夹紧装置：为防止铸型在浇注过程中的抬型，浇注前必须将上、下型用夹紧装置夹紧。夹紧装置有以下几种形式。

① 楔形箱卡。小型砂箱可以用楔形箱卡夹紧，用这种箱卡夹紧时，需在砂箱的适当位置（如砂箱长度方向的 4 个端部）焊出 4 个楔形凸台，箱卡用锤子砸入楔形凸台内，如图 6-17 所示。相关尺寸，见表 6-9。

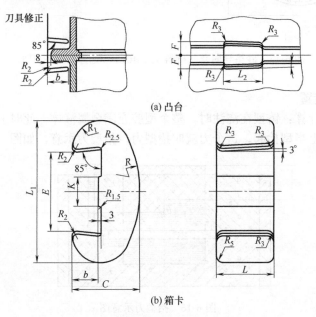

图 6-17　楔形箱卡、楔形凸台结构

表 6-9　楔形箱卡、楔形凸台尺寸　　　　　单位：mm

箱卡规格	砂箱内框	砂箱高度 H	箱卡尺寸								凸台尺寸				楔形凸台数
$E\times L$	平均尺寸		E	L	L_1	C	K	R	R_1	R_2	F	b	L_2	a	
41×45	≤400	100~300	41	45	75	38	20	65	17	3	25	15	75	5	2
48×55	401~500	100~300	48	55	90	44	20	90	20		29	18	80		
58×60	501~750	100~400	58	60	110	52	22	95	22	5	35	20	100	5~8	2~4
73×65	751~1000	150~400	73	65	130	64	27	110	27		43	25	120	10~13	4
83×70		401~500	83	70	150	70	45	130	30	7	49	30		10~20	

注：箱卡的材料，HT200、QT50-5。

②锁紧螺栓。对于大中型砂箱，可采用锁紧螺栓来紧固上、下箱，如图 6-18 所示。箱耳锁紧螺栓尺寸，见表 6-10。在上、下箱上分别焊有箱耳 2 和 3，当合箱时，将固定在下箱紧固耳 2 上的铰链式螺栓 5 放入上箱紧固耳 3 的槽内并用螺母 6 拧紧，开箱时松动螺母，螺栓回到下箱卡住。这种方法操作简便、可靠、实用。

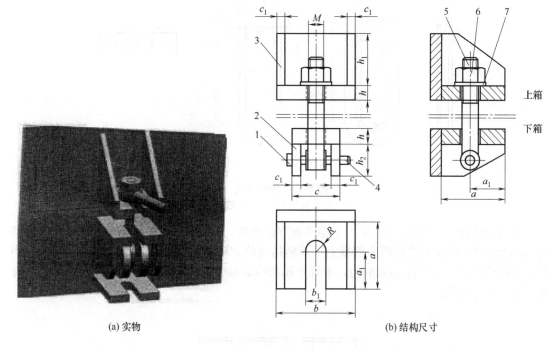

(a) 实物　　　　　　　　　　　　　　　　　(b) 结构尺寸

图 6-18　砂箱锁紧螺栓

1—圆柱销；2—下箱紧固耳；3—上箱紧固耳；4—开口销；5—铰链式螺栓；6—六角螺母；7—平垫

表 6-10　箱耳锁紧螺栓尺寸表　　　　　　　　　单位：mm

砂箱内柜平均尺寸	a	a_1	b	b_1	c	c_1	M	h	h_1	h_2	R
1800～1000	90	50	120	28	72	10	24	20	78	48	14
1001～1500	100	55	130	32	78	12	26	22	84	51	16
1501～2000	115	64	140	38	84	14	30	26	90	55	19
2001～2500	130	70	150	42	90	18	36	30	95	59	21
2501～3000	150	84	160	48	96	20	40	35	105	62	24

③螺栓卡具。中型砂箱如果没有紧固孔，可用螺栓卡具夹紧，它是利用上、下箱上的吊轴，将螺栓卡具套在吊轴上，拧紧梯形螺栓，达到夹紧砂箱的目的，如图 6-19 所示。螺栓卡具结构尺寸见表 6-11。

表 6-11　螺栓卡具结构尺寸　　　　　　　　　单位：mm

L	B	d	Ⅰ型								Ⅱ型						
			L_1	D	H	h	t	R	R_1	R_2	B_1	B_2	d_1	d_2	R	L_1	h
160～450	80	T20×4	82	40	20	10	75				140	60	18	18	58	40	40
220～480	100	T24×5	95	45	35	13	85	10	5		170	80	20	21	70	50	45
		T30×6	100	50	40	16	90				180	100	25	26	25		50

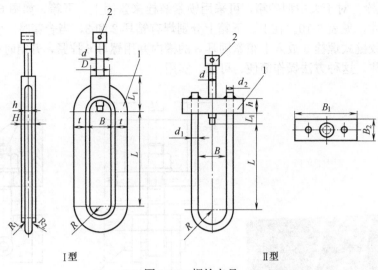

图 6-19 螺栓卡具

1—螺栓卡主体；2—梯形螺栓

④ 手动钩锁。大型砂箱可采用手动钩锁方法锁紧，如图 6-20 所示。在上箱上装有曲柄钩 2，固定轴 3 焊在上箱的两个侧壁上，曲柄钩可绕固定轴旋转，下箱上焊有锁紧轴 4，当上、下箱合箱后，人工搬动曲柄钩，卡到下箱的锁紧轴 4 上，达到锁紧的目的。这种方法简单可靠，操作方便。

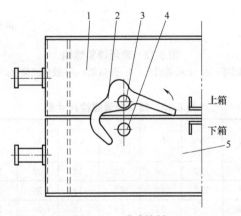

图 6-20 手动钩锁

1—上箱；2—曲柄钩；3—固定轴；4—锁紧轴；5—下箱

⑤ 对锁紧固螺栓卡具。这种卡具如图 6-21 所示。

图 6-21 对锁紧固螺栓卡具

1—带环螺栓；2—紧固螺栓；3—对锁孔

3. 单向阀

V法铸造从造型、合箱、浇注到凝固的全过程都要求砂箱与真空系统相接通，以保证砂箱内外有一定的压力差，维持砂箱内铸型的强度。因此，每个砂箱上均要设有2个单向阀，用软管与真空管道连接，尤其"地摊式"的合箱浇注，每副砂箱就需有2条真空软管分别与上、下箱连接，如图6-22所示。如果用在V法线的翻箱机上，砂箱将设计特殊结构的单向阀，将在其他章节介绍。砂箱上的单向阀目前常用的有两种：一是橡胶球式单向阀，如图6-23所示；二是翻板式单向阀，如图6-24所示。这两种单向阀的结构和原理基本相同。阀座焊在砂箱外壁上，阀体固定在阀座上，当砂箱需抽真空时，将真空软管套在阀体的管接头上，此时在负压作用下，橡胶球或翻板即打开，砂箱内与真空系统接通，覆盖薄膜的铸型将获得一定的强度，当拆除真空软管砂箱内的负压将球或翻板吸住起着短时密封作用，这样砂箱在互换真空软管时不至于垮箱。经试验，橡胶球式单向阀的保压时间为10～15min，翻板式单向阀的保压时间15～20min，当然这与球和翻板的橡胶材质有很大的关系。

图 6-22 "地摊式"的合箱浇注

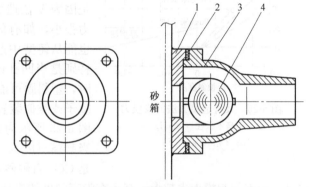

图 6-23 橡胶球式单向阀

1—阀座；2—橡胶密封垫；3—阀体；4—橡胶球

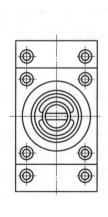

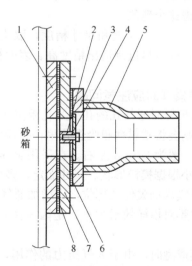

图 6-24 翻板式单向阀

1—砂箱上阀座；2—翻板紧固螺钉；3—阀体；4—橡胶翻板；5—真空管连接阀体；

6—密封垫；7—连接板；8—密封橡胶板

第二节　模样、模板、负压箱

由于V法的工艺特点与其他造型方法不同，模样固定在模板上，模板与负压箱形成一个整体，而负压箱带抽真空管系统。

一、模样

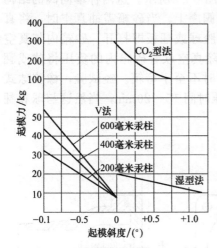

图 6-25　几种造型方法的拔模力

注：1 毫米汞柱（mmHg）＝
133.3 帕（Pa），下同。

在V法造型中，模样不直接与型砂接触，不受激烈的冲击、压实、高温和化学造型法中化学物质对模样的腐蚀，所以它变形较小，磨损少。模样可用其他造型方法常用的任何材料制成，如木材、塑料和金属。此外也可用石膏、树脂、黏土和天然产物，如树叶、木料、贝壳类海生生物制成模样，它们用于生产精美的工艺品铸件。V法造型起模斜度几乎没有要求，这是因为V法造型薄膜与模样之间较光滑，所需的拔模力很小，如有的模样不带斜度，甚至侧面内凹到1°，也能从铸型中起模。模样上如有深的凹槽，成型时，特别是当凹孔的宽度对深度的比值小于1：1.1以下时，塑料膜可能吸不进的地方，通常是利用一个成型塞子或类似装置，将塑料膜压进特别深的凹陷处。如图 6-25 所示为几种造型方法的起模力。从图中看出，当起模斜度为0°时，V法的起模力为湿型法的1/2，是CO_2自硬砂造型法的1/30；另外还可以看出真空度越高，所需的起模力也越大。有人在没有斜度的模样上做试验，发现由于铸型内真空吸力的作用，型腔内部的尺寸会比模样的尺寸扩大约0.5mm，这说明型腔在内外压力差的作用下，由于型砂的紧缩而发生胀大变形，从而在铸型表面和模样表面之间产生了一个间隙，因此，在设计模样时应考虑这个现象。

V法造型铸件的表面粗糙度和尺寸精度，取决于模样的制作精度。V法的工艺过程对铸件精度影响不大，故应尽量制造出精度高、表面粗糙度好的模样，以保证获得高质量、高精度的铸件。

1. 在制造铸件模样时应注意问题

① 在采用木制模样时通气孔的孔径及孔距应适当，通气孔的直径一般为 0.8～1.2mm。孔径不宜过大，否则会将塑料薄膜吸进孔里；孔径太小，覆膜效果不好。通气孔的位置和间距也应适当，孔距一般为 20mm 左右。在采用金属模样时，一般使用金属气塞。金属气塞常用圆形，直径大小根据模样形状、尺寸而定，多数采用 $\phi 8 \sim 10$mm 的气塞。

② 对于塑料薄膜成型欠佳的部位，应增加通气孔数量，以利于覆膜成型。

③ 由于塑料薄膜对模样的阻力小，是因为抽真空时，砂腔变大，在一般情况下可不必留起模斜度。

④ 在真空覆模成型时，由于大气压力的作用，将对整个模样产生很大的压力，为了防止空心模样产生变形，应在模样背面设置加强肋。

⑤ 抽气孔和气塞。在金属模样上钻抽气孔时为了防止折断小钻头，可在需钻孔的位置先钻大孔，在离表面 2～3mm 再用小钻头钻通，使其具有抽气均匀、不易堵塞等特点。在

木质模样上钻孔，可不用麻花钻头，只需将钢丝前端在砂轮上磨成扁钻头形状，夹在手电钻头上，即可方便地钻进深度 200mm 以下的抽气小孔。气塞和抽气孔开设的部位，随模样轮廓形状而异，但必须注意应开在模样的凸凹、折边、拐角等不易覆好薄膜之处。对于线条曲折、轮廓复杂的模样，气塞和抽气孔的间距应小些；对于形状简单、线型平直的模样，可把气塞及抽气孔的间距留大些。并以塑料薄膜能够紧密地贴附在模样上为原则。安装金属气塞时，一定要使气塞与模样平滑，不得高于模样平面。

⑥ 表面涂料。V 法造型所用模样，其表面不宜涂刷干漆片式溶液，也不宜涂刷耐温低于 60～70℃的其他油漆，否则烘热的薄膜覆膜后会出现黏膜现象，而影响起模，一般可在模样表面涂刷滑石粉来保护模面。这样在起模时，由于塑料薄膜对模样的摩擦阻力小，而砂型真空抽气后产生紧缩，使模样与型腔壁间有一定间隙，因此起模阻力小。

2. 模样的可互换性

为了节约成本，节省贮备空间，可在模板上更换不同的铸件模样，达到一板多用的效果。

① 必须上、下模样同时更换。
② 上、下模样的定位至关重要。
③ 更换的模样必须类似。
④ 更换的模样必须满足现有砂箱的基本要求。

二、模板

1. 模板的结构

模板是放置模样的底板。其结构和普通的砂型不同，在其下部设有抽气室。

模板是 V 法铸造中重要的工装，其结构分整体式和装配式两种，如图 6-26 所示。整体式的模板，其模样与底板是做成一体的，如图 6-26（a）所示。当真空阀 3 与真空泵接通时，通过抽气室 5 和各个抽气孔 4，即可将覆在模样上的薄膜吸附住。因其制造费用较大且通用性差，所以通常都采用装配式模板，如图 6-26（b）所示。装配式模板可根据需要，较方便地更换不同的模样，模样 2 的内侧做成空腔 7 通过模板上的抽气孔 4 和抽气室 5 与真空阀 3 接通，为了使薄膜密实地贴附在模样与模板相交的周边，一般采取两种方法：①在沿模样分型面的周边垫以 0.5～1mm 垫片形成抽气缝隙 11；②在模样与模板间开一些辐射状的沟槽

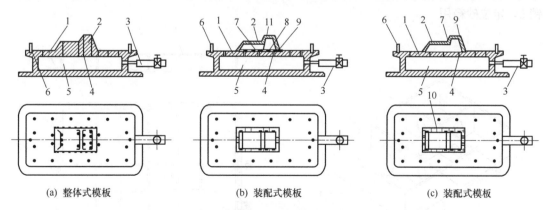

(a) 整体式模板　　　　　　(b) 装配式模板　　　　　　(c) 装配式模板

图 6-26　型板的结构

1—底板；2—模样；3—真空阀；4—抽气孔；5—抽气室；6—砂箱定位销；7—模样空腔；8—垫片；
9—模样定位销；10—模样分型面上的辐射状沟槽；11—垫片形成的抽气缝隙

10，此沟槽的宽度及深度各为 1～3mm，以形成抽气孔隙。这样薄膜就可以密实地贴附在模样及模板相交的周边上。

2. 型板通气孔或气塞加工应考虑的因素

① 孔的直径很重要。直径过大，薄膜会被吸到孔内，一般孔径为 $\phi 0.8～1.2mm$。

② 孔的位置和间距。根据模板尺寸而定孔间距，一般为 50～100mm。

③ 气塞的布置。一般采用 $\phi 8～10mm$ 时，金属气塞的间距为 $100mm\times100mm$。

整体式和装配式模板的表面，即装配模样面必须要进行机加工。模板应设有定位套并与砂箱的定位销相匹配，一定要保证定位销、套的加工精度。如果模板与负压箱焊为一体，必须防止抽真空时由于负压的作用使模板变形，因此，必须在模板的反面焊上加强肋板以提高模板的整体强度。

由于铸型存在紧缩问题，合型时分型面处砂型平面往往低于砂箱平面。此间隙浇注时易产生披缝，甚至跑火而造成塌型。所以要在型板的周边上固定橡皮垫框，其内部尺寸与砂箱内尺寸相同，厚度为 1～3mm，这样铸型的分型面就会比砂箱面凸出 1～3mm。合型时上、下分型面是砂面接触，可消除间隙，从而提高铸型合型后的密封性，且能防止塌型，避免铸件出现披缝。

三、负压箱

负压箱是一个具有一定强度密封的箱体，上部装有模板和模样，下部可固定在振动台上，也可组合成带模样、模板和负压箱一体的造型箱体，可在 V 法造型线上移动，完成造型的每个工序。

小型的负压箱可用木材制作，中大型的负压箱可用钢架和木材混合结构，也可以用钢板焊接而成。负压箱必须具有良好的气密性和耐压能力，抽气负压一般在 50kPa 左右。为了提高负压箱的强度，在箱体内纵横交叉焊有很多肋板，肋板间距为 100～300mm，肋板上有通孔，保证负压箱内压力均匀。木制的带肋板负压箱，如图 6-27 所示。另外，起模时，先排除负压箱内的负压后再向负压箱内通正压气体，提高起模的效果，同时正压空气还可以清洁模样和模板的通气孔。

钢制的带模板负压箱，如图 6-28 所示。它是由一个密闭的箱体 3，上部装有模板 1，模板与箱体焊成整体，为了防止变形，在箱体焊有若干个肋板 2，肋板上有通气孔，保证负压箱内压力均衡，在箱体侧壁上装有手动或气动快开球阀 4，控制气体开关，模板上设有定位销 5，定位砂箱用。

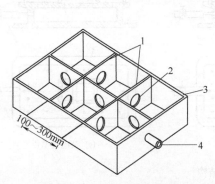

图 6-27　木制带肋板负压箱

1—带孔肋板；2—透气孔；3—箱体；4—抽气管

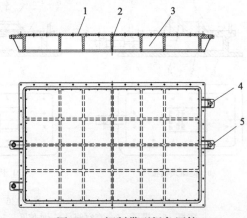

图 6-28　钢制带型板负压箱

1—型板；2—带孔肋板；3—箱体；4—球阀；5—定位销

第三节　铸型的振实

一、振实的作用

V 法造型时，砂粒的填充度对铸件质量有很大的影响，铸型真空度对铸型强度起主导作用。然而在 V 法造型时，不含黏结剂的干砂几乎没有初始强度，只有在振实和吸真空后，才能获得，铸型的型腔形状靠砂粒间相互作用的摩擦力和镶嵌作用力来保持平衡。如果在吸真空前，铸型的紧实度较低，当铸型吸真空时，势必使型砂颗粒产生较大的位移，起模后型腔尺寸与轮廓和原来模样的尺寸、形状将有较大的失真。同时，铸型分型面产生较大的凹陷，以致引起浇注时跑火。因此，铸型在吸真空前进行足够的振实是必要的。

二、铸型振实过程的分析

在振实台上对 V 法造型的振动加速度进行了测试，测出铸型紧实度和振动加速度的关系，如图 6-29 所示。可以看出，在相同的振动时间内，铸型紧实度随振动加速度的增加而增加。开始时，紧实度增加的速度较快，后来渐趋缓慢。由图可知，加速度高时可获得更高的紧实度。

V 法造型所使用的型砂是干颗粒状的，没有初始黏结力（初始抗剪强度）。型砂通过振实更加紧密，可加大砂粒表面接触面积和彼此镶嵌的干摩擦力，从而提高型砂实体的抗剪强度。总之，型砂在吸真空以前的抗剪强度很低，流动性很好。在这样条件下，微振振实的效果，可以结合在振实过程中砂粒的受力进行分析，如图 6-30 所示。

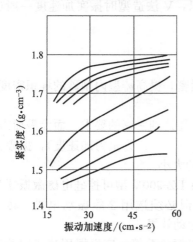

图 6-29　振动加速度与紧实度的关系

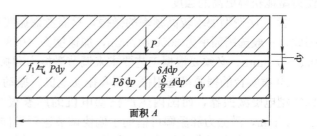

图 6-30　振动力计算

在 V 法造型的铸型中取一砂层，其面积为 A，高度为 dy。

在微振时，砂层受力的平衡式如下：

$$\left[P-(P+dp)+\delta dy+\frac{\delta}{g}j\,dy\right]A-fl\eta P\,dy=0 \tag{6-3}$$

$$\left(-dP+\delta dy+\frac{j}{g}\delta dy\right)A-fl\eta P\,dy=0$$

整理后得出：

$$\mathrm{d}y = \frac{\mathrm{d}P}{\delta\left(1+\dfrac{j}{g}\right)-\dfrac{fl\eta}{A}P} \tag{6-4}$$

对上式进行积分，并取 $y=0$，$P=P_\circ$，即：

$$\int_0^y \mathrm{d}y = \int_{P_\circ}^P \frac{\mathrm{d}P}{\delta\left(1+\dfrac{j}{g}\right)-\dfrac{fl\eta}{A}P}$$

$$y = \frac{A}{fl\eta}\ln\frac{\delta\left(1+\dfrac{j}{g}\right)-\dfrac{fl\eta}{A}P}{\delta\left(1+\dfrac{j}{g}\right)-\dfrac{fl\eta}{A}P_\circ} \tag{6-5}$$

或写成：

$$P = \frac{A\delta}{fl\eta}\left(1+\frac{j}{g}\right)(1-\mathrm{e}^{\frac{1}{A}fl\eta y})+P_\circ\frac{fl\eta}{A}y \tag{6-6}$$

式中　δ——砂紧实度，$\mathrm{g/cm^3}$；

　　　l——砂层周界长度，cm；

　　　η——砂层侧压力系数；

　　　f——砂摩擦因数；

　　　P——作用于砂层上的压力，$10^{-4}\mathrm{MPa}$；

　　　j——振实加速度，$\mathrm{cm/s^2}$；

　　　g——重力加速度，$\mathrm{cm/s^2}$。

从式（6-4）中可以看出，砂层较深时，微振力随振实加速度的增加而显著增大，而近乎铸型表面时，微振力减弱，有可能产生松散现象。所以，V法造型时振实加速度一般选为 $1.0g$ 左右即可。对照图 6-29 也可得出相同的结果。

三、振实台的设计要求

① 振实台的目的在于使型砂进一步减少孔隙而更加紧密，提高铸型内型砂的堆积密度，使铸型能获得更高的强度。

② V法造型要求较高频率的微振，只需考虑振实型砂能达到紧密的要求，而无需撞击，因此，一般选用频率为 3000 次/min，加速度为（0.8～1.0）g（g 为重力加速度），振幅为 0.3～0.8mm，必须要根据工艺要求来调节激振力和振幅的大小。

③ 振实台的振源可选用振动器和振动电机。振动器有 DZ-300V 型可控硅电磁激振器和 DZ4 型电磁激振器，而国内生产振动电机的厂家很多，但必须选用 2 级振动电机，转速 2900r/min，激振力和振幅可借助于偏块调节达到最佳的振动效果。

④ 振实台主要参数的确定，如台面尺寸、激振力、参振负荷等，应根据用户造型砂箱的尺寸而定。振实台的结构设计也应根据用户用于生产线或单机造型的工况而定。

四、振实台类型

1. 带顶箱起模机的振实台

该机是江阴华天科技开发有限公司设计的新产品，在振实台上装有负压箱、模板、模样和砂箱等，如图 6-31 所示。它是一台以振实台为主机的 V法造型机，振实台由空气橡胶弹簧 6 支承在底座 5 上，采用液压缸 8 驱动，由 4 个顶杆组成的顶箱机构 7 将砂箱 1 起模。在本机上可完成加砂振实和顶箱起模等工序。振实台的主要技术参数，见表 6-12。

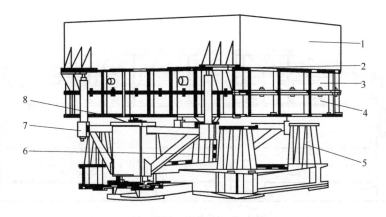

图 6-31 带顶箱起模机的振实台

1—砂箱；2—模板；3—负压箱；4—振实台；5—底座；6—空气橡胶弹簧；
7—顶箱机构；8—液压缸

表 6-12 带顶箱起模机的振实台主要技术参数

名称	型号					
	VZ1008	VZ1210	VZ1816	VZ2014	VZ2518	VZ3100×1900
砂箱内尺寸/mm	1000×800	1200×1000	1750×1550	2000×1400	2500×1800	3100×1900
最大负荷/kg	1000	2000	3000	4000	6000	8000
选用振动电机功率/kW	0.55×2	0.75×2	1.10×2	1.50×2	2.20×2	3.00×2

2. 带电动台车的振实台

江阴华天科技开发有限公司设计生产多品种多规格的带电动台车的振实台，如图 6-32 所示。该机主要用于抽屉式和通过式 V 法造型机组上，上、下箱的造型分别在两个振实台上完成，振实台固定在电动台车上可沿着固定的轨道上往返移动，完成覆膜、加砂、振实、顶箱起模等工序。振实台的规格可参照表 6-12。振实台所用弹簧形式和数量应根据台面尺寸和最大负荷量来决定，可采用金属圆柱弹簧，橡胶弹簧或空气弹簧。该振实台在生产中使用多年，效果较好。

3. 固定式振实台

德国豪斯公司生产的固定振实台，如图 6-33 所示。它用于大型 V 法造型生产线上，振实台固定在生产线的加砂振实位置，液压推箱机将带有模板和模样的负压箱沿轨道进入振实位置后，空气弹簧升起，与雨淋加砂口对接，进行加砂振实，结束后空气弹簧下降，负压箱落入辊道上，进入下个工序。

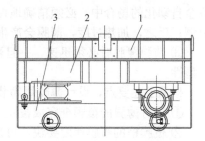

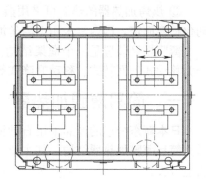

图 6-32 带电动台车的振实台

1—带模板的负压箱；2—振实台；3—电动台车

该振实台台面尺寸为 3300mm×2200mm，由 6 个空气橡胶弹簧 2 支承，振实台底座 1 固定在混凝土基础上，其两端装有输送辊道 3，2 台振动电机 5 固定在振实台的底板上。该振实台结构紧凑，使用效果良好。

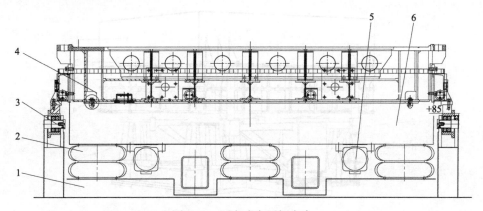

图 6-33　固定式大型振实台

1—底座；2—空气橡胶弹簧；3—输送辊道；4—带模板模样的负压箱；5—振动电机；6—箱体

第四节　薄膜加热装置

薄膜加热装置的作用是将塑料薄膜均匀、整齐、无皱褶地覆贴在模样与砂箱接触的表面。薄膜加热的目的在于消除它的弹性并使其在全塑状态下覆膜。

薄膜加热的要点：

① 必须在全部面积上，均匀地把薄膜加热到一定温度。

② 加热时间必须准确，薄膜加热应适当，否则会失去它的不透明性，特别是在机械化或全自动化的场合中，必须精确地控制加热时间，若加热时间不够，则薄膜不能按模样轮廓成型；反之，加热过度，薄膜会产生大孔洞。

③ 薄膜覆膜时必须迅速，一旦薄膜离开加热器后，温度就会很快降低，从而失去它的成型性。

根据上述要点，设计薄膜烘烤装置必须考虑以下几点：

① 带有薄膜的覆膜框完成覆膜后应立即移开覆膜位置以便进行喷涂和放砂箱。

② 覆膜框的覆膜速度要快，可采用气缸或电动葫芦驱动。

③ 烘烤加热器的热源可采用蒸气、煤气、电加热器，根据工艺要求及 V 法生产线的自动化程度而定，国内常采用电阻丝加热器和远红外加热板。

薄膜烘烤装置是一个框架结构。根据加热方式、V 法造型机的布置形式和操作方式可分为移动式、回转式、移动升降式等。

一、简易薄膜加热器

日本新东公司的产品采用石油液化气作为燃料，分固定式和移动式两种。如图 6-34 所示为简易薄膜加热器结构，其主要技术参数见表 6-13。该加热器适用于小批量或试验用 V 法造型机。

表 6-13　日本新东公司薄膜加热装置规格

型号	VFH-0909	VFH-1515K
主要外形尺寸/mm	900×900×600	2000×2000×1700
加热方式	丙烷喷嘴	丙烷喷嘴
喷嘴数量 /个	8	14
发热量/(kJ·h^{-1})	23000	50000

续表

丙烷耗量/(kJ·h^{-1})	1.7	4
适用振实台型号	VTS0909	VTS1515
连接管径	PT 1/2″	PT 1″

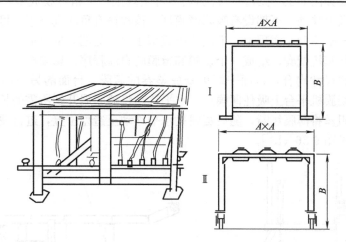

图 6-34 简易薄膜加热器
Ⅰ—固定式；Ⅱ—移动式

二、回转式电加热装置

江阴华天科技开发有限公司设计的一种回转式电加热装置，如图 6-35（a）所示，适用于小批量的单工位 V 法造型机上。它的加热器是一个矩形的钢结构罩壳 3，可绕主柱轴 1 作 360°回转，罩壳旋转可手动和机械传动。罩壳内填满保温石棉板、陶瓷等保温材料，罩壳底部的镜面板下装有电阻丝或远红外电热板，被加热的薄膜离加热板应保持一定距离（约 100～200mm），由于加热器的四周热量损失较大，而中间部位热量较集中，烤膜时受热不均，为了使加热器各处的烘烤温度趋向均匀，将远红外线辐射板分成几组，利用调节各组远红外线辐射板可供电压的大小，来使加热点各处的热量达到均匀。如图 6-35（b）所示为辐射板分组图，Ⅰ组供电电压最高，Ⅱ组次之，Ⅲ组最低，采用这种分组使整体加热点的温度趋于均匀，加热所需的时间、加热所需的温度可根据薄膜品种、厚度，通过试验来确定。一般达到薄膜出现镜面开始下垂即可，根据经验，薄膜软化到成型的温度范围是 60～80℃。

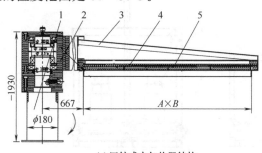

Ⅰ	Ⅰ	Ⅱ	Ⅱ	Ⅱ	Ⅰ	Ⅰ
Ⅰ	Ⅱ	Ⅲ	Ⅲ	Ⅲ	Ⅱ	Ⅰ
Ⅰ	Ⅱ	Ⅲ	Ⅲ	Ⅲ	Ⅱ	Ⅰ
Ⅰ	Ⅰ	Ⅱ	Ⅱ	Ⅱ	Ⅰ	Ⅰ

(a) 回转式电加热器结构　　　　　　　　　　　　(b) 辐射元件分组

图 6-35 回转式电加热器
1—主柱轴；2—回转支架；3—罩壳；4—保温材料；5—远红外线辐射板（每块板功率为 500～800W）

三、移动式升降加热器

江阴华天科技开发有限公司在穿梭式V法造型机组上设计了一种能左右移动带升降覆膜框架式加热器，如图6-36所示。一台加热器可实现上、下箱覆膜成型。它是由减速电机驱动覆膜架在齿条上移动，下部设有吸附薄膜框，该框设有负压真空系统可将薄膜吸附在框架上。覆膜时由气缸驱动，实现上、下箱覆膜成型工序［见图6-36（a）］。

该加热器与切膜机配套，组成一个切膜和覆膜的自动程序，切膜机为一个工作平台，台面尺寸与所需薄膜尺寸吻合，台面一端可安放整卷的薄膜。台面的另一端为电切膜驱动气缸，当覆膜框在切膜机平台上吸住薄膜后，水平移动将薄膜展开到所需的长度位置时，驱动气缸，加热的电阻丝将薄膜切断，随后覆膜机水平移动至造型位置，进行覆膜，整个过程可实现程序控制［见图6-36（b）］。

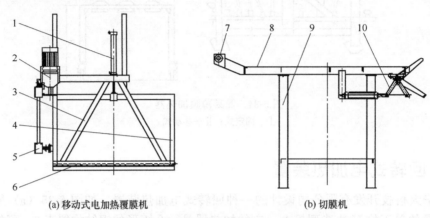

(a) 移动式电加热覆膜机   (b) 切膜机

图6-36　移动式带升降加热器及切膜机

1—升降气缸；2—驱动电机；3—固定支架；4—升降框；5—导轨；6—加热器；
7—薄膜支架；8—展膜平台；9—平台支架；10—加热切割机构

四、覆膜与涂料烘干组合式电加热装置

江阴华天科技开发有限公司设计一种新型的覆膜、涂料烘干组合式的电加热装置（为专利产品），如图6-37所示。

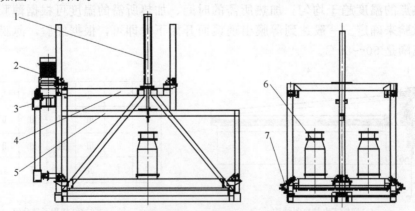

图6-37　组合式电加热装置

1—升降气缸；2—驱动电机；3—辊道；4—固定支架；5—活动架；
6—鼓风机；7—升降框夹紧气缸

该装置共用一套电加热器，进行了结构上的创新，实现覆膜和涂料烘干。其结构是在原覆膜机上装上鼓风机，在覆膜时覆膜框可完成覆膜成型的全过程，在涂料烘干时开动鼓风机，依靠电加热器的热量，产生热风，进行涂料的烘干。

第五节　造型加砂装置

加砂装置的选型对于提高 V 法造型生产能力，改善工作环境十分重要。加砂装置主要根据 V 法造型的机械化程度、造型生产率要求、砂箱内尺寸的大小等因素来确定，就加砂的方式可分为回转式加砂装置和雨淋式加砂装置。

一、可调容积格栅回转式加砂装置

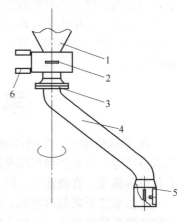

江阴华天科技开发有限公司设计一种可调容积格栅回转式加砂装置，如图 6-38 所示。它主要用于单机 V 法造型机上，由两部分组成，可调容积格栅定量器及装在其下的回转式给料溜管。格栅定量器是设计成可调容积，主要要求是定量器的装砂容量的容积与砂箱的加砂要相匹配。调节的方法是定量器内设有一挡板，旋动螺杆来调节挡板的位置以控制砂的装入量。

回转式给料溜管可 360°回转，向砂箱加砂时，给料溜管可转到砂箱上方，能顺利地将砂加到砂箱的大部分区域，加砂后，溜管可回转到非工作区。溜管直径为 $\phi250mm$，可根据用户的要求和加砂量来确定溜管直径和格栅定量器的容积。

该装置的装砂和卸砂均由气缸驱动，操作方便、回转灵活。

图 6-38　格栅回转式加砂装置
1—砂斗；2—可调容积格栅定量器；
3—回转接头；4—溜管；
5—下砂口；6—驱动气缸

二、固定式雨淋加砂装置

该加砂装置与造型砂斗连成一体的固定式雨淋加砂装置，如图 6-39 所示。

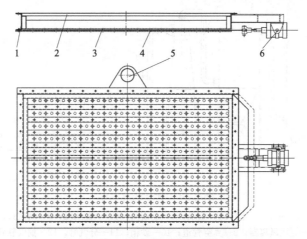

图 6-39　固定式雨淋加砂装置
1—箱体；2—减压板；3—固定多孔板；4—移动的
多孔插板；5—吸尘口；6—气缸

它主要用于V法造型生产线上。该装置加砂框的内尺寸与砂箱的内尺寸一致，其结构是在加砂装置上部设有减压板2，中部有固定多孔板3和移动的多孔插板4。当气缸6驱动多孔插板4与固定多孔板3的孔重合时，砂斗中的砂子经多孔像雨淋一样下砂；当气缸复位时，多孔错位堵孔，停止加砂。为了防止加砂时粉尘的飞扬，在加砂口设有环形抽气室，由吸尘口5接通除尘系统。

为了达到良好的除尘效果，可用防尘罩加除尘吸口。

三、砂斗移动加砂装置

在国外的V法自动造型线中，有采用砂斗在砂箱上方移动加砂的方法。在V法造型线上，当造型工序进入加砂振实时，带有传动机构的加砂斗移至砂箱上方进行加砂，加砂结束后返回原处。其结构是：砂斗装在有驱动装置的移动台车上，砂斗下部装有雨淋加砂装置，加砂口与砂箱尺寸相同。进入加砂时，振实台的空气弹簧充气，砂箱升起与雨淋加砂口对接进行加砂。

第六节 真 空 系 统

在V法造型中，影响铸型强度的因素很多，如型砂的粒形及粒度分布，铸型的紧实度和真空度等，但起主导作用是真空度的大小。真空系统主要作用是固定松散干砂，保持铸型有足够的强度，在浇注时，防止铸型塌箱和铸件变形。

V法系统所需的真空源，按造型不同工序有所不同：造型工序是型板吸压和砂箱吸压，运输工序是砂箱持压，浇注工序是砂箱吸压，保温工序是砂箱持压，落砂工序是某些砂箱从保温到落砂。

一、真空系统组成

真空抽气系统由真空泵、稳压罐、除尘器、控制阀门及连接管道所组成，如图6-40所示。

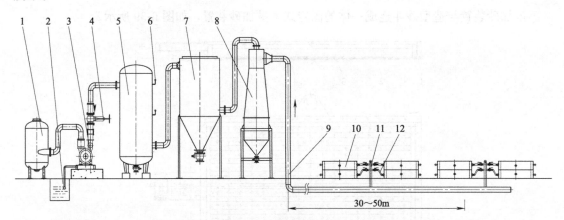

图 6-40 真空抽气系统

1—水浴净化器；2—水池水泵；3—水环式真空泵；4—控制阀门；5—稳压罐；6—真空计；7—袋式反吹除尘器；
8—旋风风离器；9—真空管道；10—砂箱；11—分气管；12—抽气软管

真空泵提供负压动力，稳压罐可以缓冲浇注过程的负压波动，除尘器可以防止细砂和粉尘浸入真空泵，提高泵的使用寿命。

在设计真空系统时，首先应确定以下原始数据，而后进行计算。

① 需同时在真空下工作的砂箱内尺寸和数量。

② 同时浇注时的铸型数量。

③ 铸件的重量、形状和外形尺寸。

④ 覆盖铸型薄膜的透气率，对一个紧实良好的 V 法铸型，空气占有的容积大约是总体积的 30%。存在于砂粒间的空气，在铸型与真空系统接通后即被抽走。

⑤ 真空泵距造型、浇注区管道的总长度、弯管数量、气动和手动阀门的数量。

二、真空泵抽气量的计算

真空泵的抽气量可按下列公式计算：

$$SN = \frac{KV}{t} \ln \frac{P_1}{P_2} \tag{6-7}$$

式中 SN——抽气量，m^3/min；

　　K——常数，在 760Torr 时，$K=1.1$；

　　V——砂箱中干砂间隙体积总和；

　　t——抽气时间，min；

　　P_1——开始压力，取 1 个大气压或 760Torr；

　　P_2——工作压力，可取 300 Torr。

从式中可以看出，砂箱中干砂间隙体积的总和是受到干砂粒度和振动效率的影响，如上介绍，干砂孔隙体积大约为干砂总体积的 30%，即 $V=0.3V_{砂箱}$。抽气时间依赖于操作时间，一般 $t=6s$，代上式得：

$$SN = \frac{1.1V}{0.1} \ln \frac{760}{300} = 11V\ln 2.53 = 10.2V = 10.2 \times 0.3V_{砂箱} = 3.06V_{砂箱}$$

如果取 25% 的安全系数，抽气量为砂箱体积的 3.83 倍，即

$$SN \approx 3.83V_{砂箱}$$

例如，砂箱内尺寸为 2000mm×1400mm×360mm/320mm，1 套砂箱体积为 1.93m³，则

$$V = 0.3V_{砂箱} = 0.3 \times 1.93m^3 = 0.579m^3$$

设抽气时间为 0.1min，则抽气率 SN 为

$$SN = \frac{KV}{t} \ln \frac{P_1}{P_2} = \frac{1.1 \times 0.579m^3}{0.1min} \times \ln \frac{760Torr}{300Torr} = \frac{0.6369m^3}{0.1min} \ln 2.53 = 5.91m^3/min$$

考虑 25% 的安全系数，则

$$SN = 5.91m^3 \times 1.25 = 7.3875m^3/min$$

如果 V 法生产线总共 24 个砂箱，总抽气率为

$$SN_{总} = 24 \times 7.3875m^3/min = 177.3m^3/min$$

若选用 60m³/min 真空泵，则需四台真空泵，三用一备。

整个抽气量是指整个生产线在全运行时，每个 2 位的用气量，包括 6 个工序所用量，要根据造型机数量、浇注砂箱数量、砂箱返位速度、桥式起重机（带真空）数量之和。但一般都以所有可能的砂箱数量为计算单位，即造型工位数量＋待浇注工位数量＋型腔＋桥式起重机量（型腔算一个砂箱量，桥式起重机算一个砂箱量）。

总之，真空泵的台数应根据真空泵的抽气量及泵在运行中达到最高真空度的抽气能力来确定。

日本提供了 V 法生产线上各种铸件、砂箱与抽气量的对应关系，见表 6-14。

表 6-14　不同砂箱与抽气量对应关系

砂箱内尺寸 （长×宽×高）/mm	抽气量/(m³·min⁻¹)	铸件名称	重量/kg
1500×1100×900/230	1.3～1.8	浴盆（灰铸铁）	70
2000×1600×180/180	1.8～2.5	琴排（灰铸铁）	130
3000×900×450/300	3.0～4.0	车床床身（灰铸铁）	450
800×800×200/200	0.8	滑轮（灰铸铁）	50

如果造型、浇注、冷却在时间上错开进行，则只考虑浇注时的抽气量。表 6-15 为不同规格的砂箱在不同阶段所需的抽气量，损耗量约占抽气量的 20%～25%。

表 6-15　不同砂箱在浇注前后的抽气量

砂箱内尺寸(长×宽)/mm	抽气量/(m³·min⁻¹)		
	浇注前	浇注中	浇注后
800×800	0.3～0.4	—	0.5～1.0
1100×1100	0.4～0.5	—	1.0～1.5
1400×1400	0.5～0.6	1.0～2.2	1.0～2.0
2000×800	0.6～0.8	1.8～3.0	1.5～2.3

三、真空系统的选择

1. 真空泵

真空泵分为干式真空泵和湿式真空泵两种。所谓干式真空泵是指在 $10^5 \sim 10^{-2}$Pa 的压力范围内工作，在泵内不使用任何油类和液体，排气口与大气相通，能直接向大气排气的泵，又称无油真空泵。干式真空泵按工作原理分两类：①容积式，如罗茨泵、爪型泵、往复式活塞泵，螺杆式泵和涡旋式牵引型，一般极限压力在 0.1～10Pa，抽速为 0.01～0.04m³/s；②动量传递式，如涡轮式，极限压力为 10^{-2}Pa，抽速为 0.02～0.15m³/s。而湿式真空泵以液环式真空泵为代表，它是带有多叶片的转子偏心装在泵壳内，当它旋转时，把液体（通常用水和变压器油）抛向泵壳并形成与泵壳同心的液环，液环同转子叶片形成了容积周期变化的旋转变容真空泵，水环式真空泵是最常见的一种，单级水环泵的极限压力为 $8×10^3 \sim 2×10^3$Pa，双级水环泵的极限压力为 $2×10^3 \sim 4×10^3$Pa，抽速为 0.25～500.00m³/min。

V法铸造根据工艺特点和使用操作要求，干式和湿式真空泵均被采用。两者各有优缺点，干式真空泵真空度高，但泵抽入的热气易使泵体温度升高，产生热膨胀，若粉尘进入泵体，影响使用寿命；湿式水环真空泵是靠泵体容积的变化来实现吸气、压缩和排气的，所以效率低，一般在 30%～50%。但水环式真空泵中的水可将气体的热量和粉尘带走，且水可以循环使用。国内 V法铸造所用水环式真空泵为 SK 系列和 2BE 系列，罗茨真空泵为 ZJ 系列和 SSR-V 系列。

2. 稳压罐

稳压罐为一密封容器，它的作用是稳定真空系统压力，缓冲系统的压力波动对造型的影响，同时防止粉尘进入泵内，起真空过滤作用。在浇注时，由于薄膜气化，铸型内的实际真空度会降低（一般真空度将减少 0.01～0.03MPa），这样，真空泵必须不断地抽气，在稳压罐的辅助下，维持铸型内真空度不变。

　　稳压罐的容积过小，稳压效果差。稳压罐的容积越大，由于气体量波动而引起的系统压力波动越小，但过大会使系统从启动到达稳定状态的时间过长，增加制造成本，故稳压罐的容积应根据工况需要选择，一般从泵启动至系统达到 0.05MPa 的真空度，使可进行造型的时间为 30s 左右即可。

　　稳压罐按理论模型如图 6-41 所示，其体积的计算方法如下：

　　设稳压罐的容积为 V_1，工作压力 P_1，砂箱的容积为 V_2，常压 P_2，假设先将稳压罐的压力抽至铸造时的工作压力 P_1，切断真空源，将砂箱密封好，迅速接通稳压罐 V_1 以其中贮存的负压对 V_2 抽真空，两个容积中的压强达到平衡为 P_3，如果压强 P_3 能保证铸型不塌箱，说明稳压罐的容积 V_1 在真空泵停机时，在一段时间内，依靠自身的负压保持砂型的稳定。

　　由气体能量守恒定律列出如下公式：

$$V_1 P_1 + V_2 P_2 = (V_1 + V_2) P_3 \tag{6-8}$$

　　按一般要求，工作压力 P_1 取 3×10^3Pa；常压 P_2 取 1 个大气压，即 10^5Pa；最终平衡压力 P_3 取 5×10^3Pa。按式（6-8）计算，则 $V_1 = 1.3V_2$。

　　稳压罐的结构，如图 6-42 所示。真空系统将砂箱的气体（包括细砂及粉尘）抽出后先进入旋风分离器后进入稳压罐，含尘空气由稳压罐 1 上的进气管 4 进入后，经过水浴一级除尘，而后空气又经过两段过滤网 3，进二级过滤，罐底的排污阀 5 定期将污水排出。过滤网间有真空计 2 显示稳压罐内的真空值。

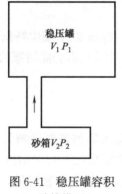

图 6-41 稳压罐容积
计算模型

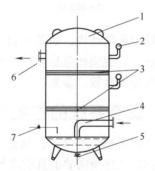

图 6-42 稳压罐结构
1—罐体；2—真空计；3—过滤
网；4—进气管；5—排污阀；
6—吸气管；7—进水阀

　　稳压罐的使用压力不超过 -0.1MPa，不属于压力容器范围，但为了安全起见，建议制造商最好按压力容器Ⅲ类标准进行设计和制作。

3. 旋风分离器和袋式除尘器

　　为了防止粉尘及细砂进入真空泵磨损泵体，需在稳压罐之前安装二级除尘系统，即旋风分离器和脉冲反吹袋式除尘器，前者去除细砂及粗粉尘，后者去除细粉尘。旋风分离器形式和品种繁多，根据 V 法干砂粉尘的特点推荐倒锥式旋风分离器，如图 6-43 所示。

　　旋风分离器的工作原理是让含尘气体沿切线进入除尘器，尘粒受离心惯性力作用，而与器壁产生摩擦而沉降进入底部。而气体从上面被抽出，实现气尘分离。旋风分离器去除较粗粉尘有效，但对 $10\mu m$ 以下的细尘难以分离，故在旋风分离器后连接袋式除尘器。倒锥式旋风分离器参数，参见表 9-2。

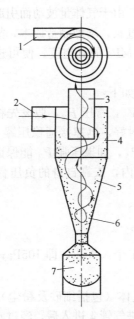

图 6-43　倒锥式旋风分离器的结构
1,2—进入管口；3—抽风口；4—圆筒；
5—圆锥体；6—反转上升集尘口；
7—集尘箱

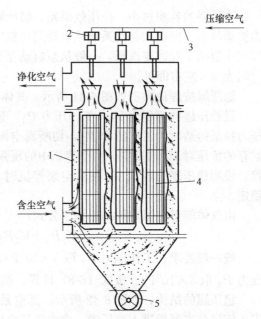

图 6-44　袋式除尘器的结构
1—除尘器壳体；2—气阀；3—压缩空气；
4—过滤袋；5—锁气器

袋式除尘器的结构，如图 6-44 所示。袋式除尘器捕捉 $10\mu m$ 以下细尘特别有效。只是工作时间长了，滤袋孔隙易被粉尘堵塞，必须用压缩空气脉冲反吹以去除堵塞的粉尘。脉冲反吹袋式除尘器参数，参见表 9-4。

四、真空系统的控制与节能

V 法铸造的整个程序，包括造型工序、合箱、浇注、保压等都需要砂箱与真空系统连接，但不同的工序所需要的真空度却不同，如造型工序只需要 $0.02\sim0.03MPa$ 的真空度和较小的抽气量，而合箱浇注则需要 $0.05\sim0.06MPa$ 的真空度和较大的抽气量，因此，往往配置多台真空泵，造成真空系统能耗较大。为了解决 V 法铸造真空系统能耗大的问题和节能的需要，根据 V 法铸造各个工序需求真空度和抽气量的大小，北京迪通电子技术研究所开发了多功能电动机控制柜，用于 V 法铸造生产线，节能效果较好。该研究所开发的产品的思路是将多台真空泵及管道设计成两套系统，高低两套系统的供气量随用气量的大小自动调节。每套系统的控制原理，如图 6-45 所示。

原采用自耦降压启动器控制真空泵的功率 $N=60kW$，电动机电流 $I=100\sim110A$，而采用多功能电动机控制柜后，可控制低压真空泵电动机电流不大于 70A，高压真空泵电动机电流不大于 85A。多功能电控柜与传统控制柜启动电流对比，如图 6-46 所示。

五、真空泵性能及造型

1. SK 型水环式真空泵
该泵是吸收美国技术而设计的，是一种效率较高的双作用型的水环式真空泵，工作气体温度$-10\sim40℃$，在 V 法铸造真空系统中常用。其工作原理，如图 6-47 所示。

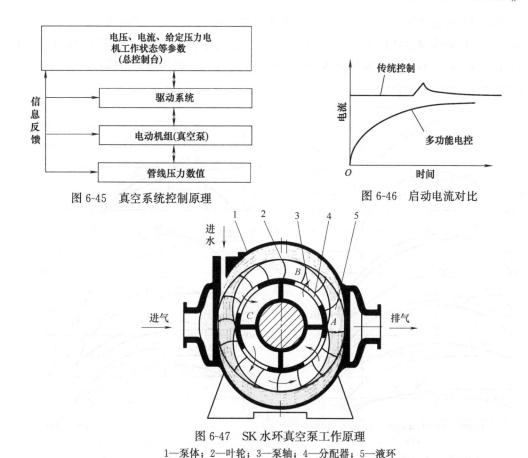

图 6-45 真空系统控制原理 　　　　图 6-46 启动电流对比

图 6-47 SK 水环真空泵工作原理

1—泵体；2—叶轮；3—泵轴；4—分配器；5—液环

在椭圆形的泵体中装有叶轮 2，当叶轮按图 6-4 所示箭头方向转动时，因离心力的作用，注入泵体 1 中的液体被甩向泵体内壁，形成一个形状与泵体内壁相似且厚度接近相等的液环。随叶轮一起旋转的液环内表面与分配器 4 外圆面之间形成上、下两个月牙形空间。当叶轮由 A 点转到 B 点时，两相邻叶片所包围的空腔从小逐渐变大，产生真空，气体由分配器的吸入口吸入；当叶轮由 B 点转到 C 点时，相应的容腔由大逐渐变小，使原来吸入的气体受到压缩，当压力达到或略大于大气压力时，气体经气水分离器排到大气中，由 C 点再转到 A 点，重复上述过程。叶轮每转动一周，发生两次吸气和排气，故称双作用。

表 6-16　SK 型真空泵性能（广东佛山水泵厂）

型号	吸入压力/Pa						极限真空		电动机			供水量 /(L/min)
	0	−300	−400	−450	−500	−600	真空度1 /mmHg	真空度2 /kPa	转速 /(r·min⁻¹)	功率 /kW	口径 /mm	
	气量/(m³/min)											
	760	460	360	310	260	160						
SK-12	12.0	11.4	11.0	10.7	10.0	8.0	−710	6.7	970	22	100	70～100
SK-27 2YK-27	27.0	25.8	25.4	25.0	24.9	18.0	−650	14.7	490	45	200	140～180
SK-42	42.0	40.7	40.2	40.0	38.5	28.0	−670	12.0	490	60	200	150～190
SK-60	60.0	57.3	56.5	55.7	53.5	40.0	−650	14.7	405	110	250	160～200
SK-85	85.0	82.0	81.0	77.5	71.0	54.5	−650	14.7	365	130	300	180～210
SK120 2YK-110	120.0	116.0	113.0	108.0	98.5	81.0	−640	120.0	250	185	300	200～220
SK-250	280.0	268.0	253.0	24.0	228.0	155.0	−650	110.0	200	380	500	750

注：所列数据为 101.325kPa 大气压、常温空气、水温 15℃情况下的数值。供水压力约 0.1MPa（表压），气量允许差±10%；1mmHg=133.3Pa。

这种泵为单级双作用，径向进、排气，高效节能。其结构特点：①结构坚固，耐用，使用寿命长，可长期连续运转；②无直接机械摩擦，叶轮与泵体不接触，无磨损；③叶轮与分配器间有适当间隙，对灰尘、微粒不敏感；④泵体水平安装，拆卸维修方便。

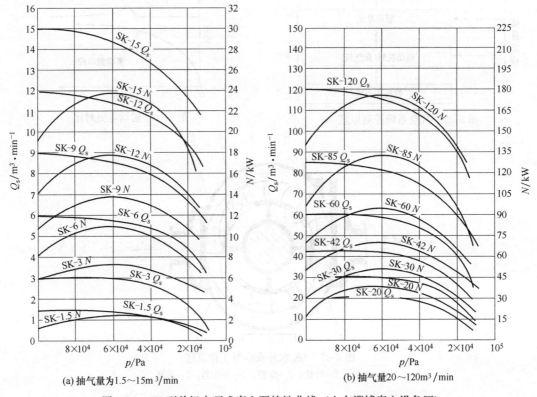

(a) 抽气量为1.5~15m³/min

(b) 抽气量20~120m³/min

图 6-48　SK 型单级水环式真空泵特性曲线（山东淄博真空设备厂）

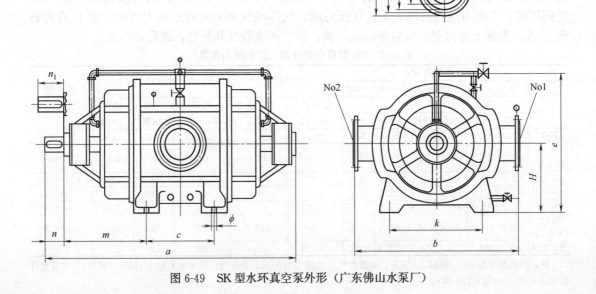

图 6-49　SK 型水环真空泵外形（广东佛山水泵厂）

SK 型水环式真空泵有 3 种传动方式：直联式、减速机和带式传动机组。用户可根据现场布置选用。

SK 型水环式真空泵性能，见表 6-16；SK 型水环式真空泵（单级）特性曲线，如图 6-48 所示；SK 型水环式真空泵外形，如图 6-49 所示；SK 型水环式真空泵外形尺寸，见表 6-17。

表 6-17　SE 型水环真空泵外形安装尺寸表（广东佛山水泵厂）　　　单位：mm

型号	外形安装尺寸												泵吸排气口法兰尺寸 No1. No2					
	a	b	e	H	C	m	n	n_1	k	ϕ	d	w	D_N	D	D_1	D_2	D_0	n
SK-12																		
SK-27	963	640	505	240	250	331	60	60	300	20	45	14	100	215	180	155	18	8
SK-30	1400	980	793	368	402	445	140	140	540	23	84	24	200	340	295	265	23	8
SK-42	1400	980	793	368	402	445	140	140	540	23	84	24	200	340	295	265	23	8
SK-60	1670	1060	876	430	440	536	169	169	610	30	90	24	200	340	295	265	23	8
SK-85	2200	1400	1235	580	580	726	165	200	820	35	110	32	300	445	400	368	23	12
SK-120	2508	1700	1395	735	520	797.5	200	385	1000	27	130	36	300	440	400	368	23	12
2YK-27	1344	975	793	368	402	405	140	140	540	23	84	24	200	340	295	265	23	8
2YK-110	2508	1700	1395	735	520	797.5	200	385	1000	27	130	36	300	440	400	368	23	12

2. 2BE 系列水环真空泵

该泵是引进德国西门子公司技术开发的节能产品。采用单级单作用的结构形式，具有效率高、抽气量大、维修简单方便等优点，同时叶轮不易磨损，对真空度要求不太高和吸气量要求大的场合特别适用。如图 6-50 所示为 2BE 水环真空泵工作原理。其原理是叶轮 3 偏心地安装在泵体 2 内，在泵体内注入一定量的水，当叶轮旋转时，水受离心力在泵体壁内形成一个水环 1，在前半转，两叶片与水环之间密封腔容积逐渐变大，产生负压，通过分配板的吸气口吸入气体，在后半转，密封腔容积逐渐缩小，气体被压缩并由分配板的排气口排出，从而起到吸气和排气的作用。在运行的过程中，水不断地运动产生摩擦力，一部分会随气体排出，必须连续向泵体内供应冷水，以保持泵内水环稳定地工作。如图 6-51 所示为 2BE 型水环式真空

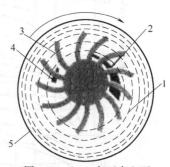

图 6-50　2BE 水环真空泵
工作原理
1—水环；2—泵体；3—叶轮；
4—吸气口；5—排气口

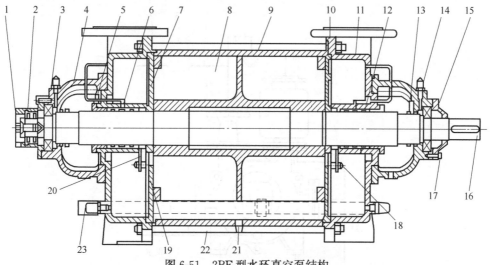

图 6-51　2BE 型水环真空泵结构

1—后轴承盖；2—球轴承；3—圆柱辊子轴承；4—轴承架；5—填料压盖；6—填料环；7—后分配板；
8—叶轮；9—泵体；10—前分配板；11—泵盖；12—填料；13—挡圈；14—油嘴；15—前轴承盖；
16—轴；17—螺栓；18—阀板螺栓；19—阀板；20—阀片；21—放水螺塞；22—拉杆螺栓；23—供水管

泵结构。如图 6-52 所示为 2BE1 型水环式真空泵特性曲线，其技术性能，见表 6-18。如图 6-53 所示为 2BE 型水环式真空泵管道布置。

该真空泵用于脱水量较大的系统时，可以把泵侧的排水口打开，接上管道，直接把水排入水沟，可减少泵叶轮的负荷，保证正常工作运行。另外，也可根据安装的位置条件，选择在顶部进气或泵侧进气的安装方式，适应多种要求。

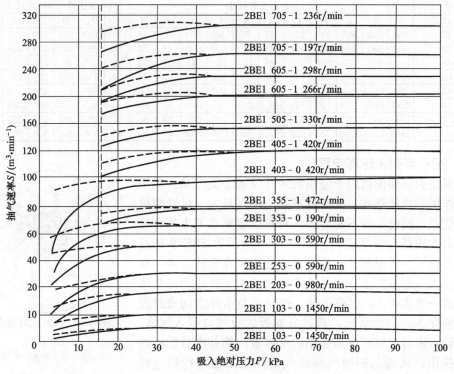

图 6-52　2BE1 型水环式真空泵特性曲线
----- 湿空气 —— 干空气

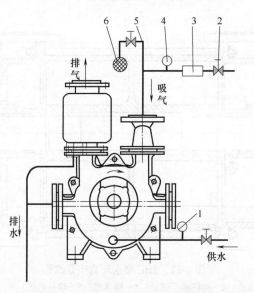

图 6-53　2BE 型水环真空泵管道布置
1,4—真空表；2—进气阀；3—单向阀；5—旁路管；6—安全阀

表 6-18 2BE1 型水环式真空泵技术性能

型号	最低入口压力/kPA	抽气速率/(m³·min⁻¹)								最大轴功率/kW	转速/(r·min⁻¹)	泵重/kg	外形尺寸(长×宽×高)/mm
		入口压力/6kPa		入口压力/10kPa		入口压力/20kPa		入口压力/40kPa					
		干空气	饱和空气	干空气	饱和空气	干空气	饱和空气	干空气	饱和空气				
2BE1 103-0	3	2.80	3.95	3.77	4.58	4.47	4.87	4.83	4.93	7.0	1300	125	795×375×355
		3.18	4.52	4.22	5.13	5.10	5.53	5.38	5.50	8.2	1450		
		3.87	5.47	4.90	5.97	5.83	6.33	6.10	6.23	9.9	1625		
		4.32	6.10	5.33	6.50	6.28	6.83	6.57	6.70	11.1	1750		
2BE153-0	3	4.15	5.67	5.60	6.77	6.70	7.33	7.20	7.33	10.6	1100	190	885×435×425
		5.37	7.58	6.87	8.35	8.22	8.93	8.60	8.80	13.7	1300		
		6.33	8.95	7.83	9.52	9.22	10.0	9.62	9.82	16.3	1450		
		7.22	10.2	8.72	10.6	10.1	11.0	10.6	10.8	19.6	1620		
		7.67	10.8	9.22	11.2	10.7	11.6	11.1	11.4	22.3	1750		
2BE1 203-0	3	8.25	11.6	11.1	13.5	13.4	14.5	14.3	14.6	21.2	790	410	1095×530×540
		9.70	13.7	12.7	15.4	15.3	19.6	16.1	16.4	24.9	880		
		11.6	16.4	14.5	17.7	17.3	16.3	18.0	18.4	29.6	980		
		13.5	19.0	16.4	19.9	19.2	20.9	20.0	20.4	35.6	1100		
		14.4	20.3	17.4	21.1	20.1	21.8	21.0	21.4	39.4	1170		
2BE1 253-0	3	14.1	20.0	19.5	23.8	25.6	28.1	28.3	28.8	37.2	565	890	1395×680×755
		15.1	21.8	20.4	24.8	26.7	29.0	29.5	30.1	40.5	590		
		20.1	28.4	25.8	31.3	31.9	34.6	34.3	35.1	44.5	660		
		24.3	34.3	30.3	36.8	36.5	39.6	38.3	39.6	53.8	740		
		27.9	39.3	34.2	41.5	40.6	44.1	42.9	43.7	65.2	820		
		30.2	42.6	36.7	44.7	43.5	47.2	45.8	46.7	75.1	880		
2BE1 303-0	3	24.3	34.0	31.3	38.5	38.9	42.5	41.0	41.8	52.0	472	1400	1580×1010×910
		27.6	38.5	34.2	41.5	40.3	44.3	42.5	43.5	55.0	500		
		30.8	42.8	37.1	45.0	43.3	47.3	45.7	46.6	58.0	530		
		35.8	49.9	42.6	51.6	48.8	53.3	50.3	51.3	67.0	590		
		40.5	57.5	48.7	59.0	55.0	60.0	57.0	58.0	80.0	660		
		42.5	60.0	51.8	62.7	58.3	63.5	61.6	62.8	91.0	710		
2BE1 353-0	3	26.5	37.4	38.6	46.4	49.0	53.5	53.8	54.9	64.5	372	2000	1745×1160×1050
		35.8	50.6	45.3	54.9	53.8	58.6	57.2	58.4	77.0	420		
		43.6	61.5	52.8	63.9	61.0	66.5	63.7	65.0	86.0	472		
		46.5	65.6	55.7	67.6	63.0	68.7	66.4	67.7	91.0	490		
		46.6	65.8	56.3	68.2	65.0	70.9	67.6	69.0	94.5	500		
		49.5	69.9	60.1	72.8	68.5	74.7	71.5	73.0	105	530		
		56.7	80.0	68.4	82.8	77.0	84.0	80.2	81.8	126	590		
2BE1 403.0	3	44.8	63.3	60.0	72.5	73.7	80.4	78.5	80.0	102	330	3300	2170×1370×1265
		57.4	81.0	70.6	85.5	82.1	89.6	86.9	88.6	116	372		
		67.3	95.0	81.4	98.5	93.5	102	97.0	99.0	136.5	420		
		78.7	111	95.0	115	107.2	116.8	110	112.3	168	472		
		85.1	120	103	125	117.1	127.6	123.5	126	212	530		
2BE1 355-1	16	52.2	57.0	56.0	59.2	59.6	61.4	60.2	62.1	71.5	372	2200	1885×1160×1050
		63.8	69.6	66.3	70.3	69.1	71.2	70.1	71.5	80.8	420		
		70.3	76.7	73.6	78.3	76.7	79.1	78.2	79.8	94.5	472		
		73.4	80.0	77.3	82.0	80.6	83.1	82.5	84.2	105	500		
		76.3	83.2	80.6	85.5	85.4	88.0	86.6	88.3	113	530		
		81.3	88.6	86.6	91.8	92.2	95.0	94.1	96.0	136	590		
2BE1 405-1	16	81.2	88.6	85.7	91.0	90.6	93.4	92.3	94.2	105	330	3400	2170×1370×1265
		94.5	103.0	98.5	104.5	103.4	106.5	104.7	106.8	124	372		
		104.5	114.0	109.5	116.3	115.2	118.7	116.3	118.7	147	420		
		111.7	121.8	118.7	125.8	126.2	130.0	128.2	130.8	178	472		
		120.2	131.1	127.3	135.0	136.8	141.0	141.0	143.7	218	530		

3. 水环式真空泵

开机之前必须要认真阅读生产厂家的使用说明书，做好充分准备，方可试机。

（1）开机前准备

① 向泵放入一部分水，盘动转子，点动电动机，调好转向。

② 放置较长时间的泵，应先行灌满水，用手或借助工具盘动转子数圈使其转动自如，排走泵内污水。

③ 检查电流、电线的容量，以及供水系统的供水能力，是否满足真空泵运行要求。

（2）启动运行

① 向泵内放入一些工作水后，关闭供水阀。

② 关闭进气管上的阀门，打开旁路阀。

③ 启动电动机，开启供水阀，待转动正常后，打开进气管上的阀门，关闭旁路阀。

④ 调好供水量，保证水压在 $-0.02 \sim 0$MPa 之间。

（3）停机

① 先关闭进气阀，后打开旁路阀，关闭供水阀。

② 待真空泵上的真空表显示真空度下降后，再停电动机。

（4）注意事项

① 真空泵排出口一般不接阀门，如需装阀门，在启动前必须全开，严禁关闭排出口启动运行。

② 无水不能启动运行，但水量不能太多，不允许真空泵代替水泵作抽排水使用。

③ 停泵时间太久，在启动前必须盘动转子，确认转动自如，才能启动。

④ 有矿物质的硬水在泵内容易结垢，应尽可能使用软水，发现水垢可用8％的稀盐酸冲洗除垢。

⑤ 吸入管和供水管内必须清洗干净，避免管道中的焊渣等杂物吸入泵内，损坏泵体。

4. 罗茨真空泵

罗茨真空泵是按罗茨鼓风机的原理工作的。三叶罗茨真空泵的结构是采用三叶直线形的转子，螺旋形状呈 20°以上的固定螺旋方式。机壳的进排风屏蔽线切入螺旋，以转子顶端光面线构成的三角形进排风口，通过转子的旋转而循序打开或关闭，所以运转声音很小，几乎没有排风的脉动，由于转子的特殊外形，便于保持转子间的相互间隙，使效率进一步提高。SSR-V 罗茨真空泵性能，见表 6-19。从性能表中显示出真空泵的型号、口径、转速、排风压力、风量和所需动力的关系。

现将性能表中的参数说明如下：

① 性能表中所示的风量是在标准进风状态下的风量，所谓标准状态，就是温度 20℃，绝对压力 101.3kPa，相对湿度 65％。

② 基准状态（即温度 0℃，绝对压力 101.3kPa）的风量一般以 m^3/min 表示，在进风压力相同的情况下，可用下式换算成标准状态的风量：

$$Q_S = 1.0732 Q_N \tag{6-9}$$

式中　Q_S——标准状态风量，m^3/min；

Q_N——基准状态风量，m^3/min。

可采用下式将排风状态风量换算成标准状态风量：

$$Q_S = Q_d \times \frac{1.0332 + P_d}{1.0332} \times \frac{273 + t_s}{273 + t_d} \tag{6-10}$$

式中 Q_d——排风状态风量，m^3/min；

P_d——排风压力，$kgf/cm^2$❶；

t_s——进风温度，℃；

t_d——排风温度，℃。

根据上述结果，求出风量的排风压力，由性能表查出所需的风机型号口径，转速和所需的动力。

③ 查表 6-19 看出，有些风机的型号其选定范围是重复的，从经济角度来看应选用小型号的风机，从噪声角度来看应选用大型风机。

如图 6-54 所示为 SSR-V 罗茨真空泵外形，表 6-20 为 SSR-V 罗茨真空泵外形尺寸和安装尺寸。

表 6-19　SSR-V 罗茨真空泵性能（山东章丘鼓风机厂）

型号	口径/mm	真空度	—13.3kPa		—15.3kPa		—20.4kPa		—25.5kPa		—30.6kPa	
			—1360mmAq①		—2040mmAq		—2720mmAq		—3400mmAq		—4080mmAq	
		转速/ (r·min⁻¹)	Q_s	L_a	Q_s	L_a	Q_s	L_a	Q_s	L_a	Q_s	L_a
SSR-80V	吸入口径 5K-65A 吐出口径 1.0MPa-80A	1130	2.29	1.01	2.79	1.46	2.65	1.90	2.50	2.35	—	—
		1240	2.92	1.17	3.15	1.66	3.00	2.14	2.85	2.63	2.69	3.11
		1300	3.49	1.30	3.35	1.80	3.20	2.30	3.05	2.80	2.89	3.30
		1370	3.73	1.44	3.59	1.96	3.44	2.49	3.29	3.01	3.13	3.53
		1470	4.03	1.60	3.89	2.16	3.74	2.73	3.59	3.30	3.43	3.86
		1570	4.35	1.82	4.21	2.40	4.07	2.99	3.92	3.57	3.77	4.16
		1660	4.64	2.01	4.51	2.62	4.37	3.24	4.22	3.85	4.06	4.46
		1750	4.95	2.23	4.81	2.85	4.67	3.48	4.53	4.11	4.38	4.73
		1840	5.23	2.42	5.10	3.09	4.96	3.75	4.81	4.42	4.65	5.09
		1930	5.53	2.64	5.40	3.33	5.26	4.02	5.11	4.72	4.95	5.41
SSR-100V	吸入口径 5K-80A 吐出口径 1.0MPa-100A	1070	4.35	1.56	4.06	2.24	3.80	2.92	3.57	3.60	—	—
		1160	4.83	1.80	4.56	2.53	4.29	3.27	4.03	4.04	3.78	4.72
		1240	5.27	1.97	4.99	2.74	4.72	3.52	4.46	4.29	4.20	5.07
		1320	5.80	2.09	5.54	2.94	5.27	3.79	5.04	4.64	4.74	5.49
		1480	6.51	2.27	6.28	3.19	6.05	4.14	5.82	5.05	5.60	5.97
		1580	6.99	2.45	6.77	3.43	6.55	4.44	6.33	5.44	6.10	6.40
		1700	7.57	2.66	7.37	3.72	7.16	4.79	6.95	5.86	6.73	6.92
		1790	8.00	2.87	7.81	3.95	7.60	5.07	7.38	6.19	7.15	7.27
		1890	8.47	3.03	8.29	4.21	8.09	5.39	7.88	5.56	7.66	7.74
		2010	9.08	3.23	8.92	4.48	8.75	5.74	8.57	7.00	8.38	8.26
SSR-125V	吸入口径 5K-100A 吐出口径 1.0MPa-125A	980	6.24	2.27	5.97	3.17	5.70	4.07	5.42	4.97	5.14	5.86
		1050	6.75	2.60	6.48	3.53	6.21	4.47	5.94	5.41	5.66	6.35
		1200	7.77	3.26	7.51	4.31	7.25	5.37	6.98	6.42	6.69	7.47
		1310	8.57	3.71	8.36	4.87	8.13	6.02	7.88	7.18	7.61	8.33
		1410	9.27	4.05	9.05	5.29	8.82	6.53	8.57	7.77	8.30	9.00
		1470	9.70	4.37	9.48	5.66	9.25	6.95	9.02	8.23	8.78	9.21
		1550	10.30	4.62	10.10	5.98	9.82	7.34	9.58	8.70	9.33	10.10
		1650	11.00	5.18	10.70	6.64	10.50	9.11	10.30	9.58	10.10	11.10
		1770	11.80	5.70	11.50	7.23	11.30	8.75	11.10	10.30	10.90	11.80
		1880	12.50	6.25	12.30	7.86	12.00	9.46	11.80	11.10	11.60	12.70

❶ $1kgf/cm^2 = 98066.5Pa$。

续表

型号	口径/mm	真空度 —13.3kPa —1360mmAq[①]		真空度 —15.3kPa —2040mmAq		真空度 —20.4kPa —2720mmAq		真空度 —25.5kPa —3400mmAq		真空度 —30.6kPa —4080mmAq	
		转速/ $(r \cdot min^{-1})$	Q_s	L_a	Q_s	L_a	Q_s	L_a	Q_s	L_a	Q_s
SSR-150V	吸入口径 5K-125A 吐出口径 1.0MPa-150A	810	12.60	3.51	12.20	4.83	11.80	6.72	11.40	8.61	11.00	10.50
		870	13.80	4.12	13.30	6.00	12.80	7.80	12.30	9.77	11.80	11.70
		990	15.60	4.46	15.20	6.58	14.70	8.70	14.30	10.80	13.80	12.90
		1120	17.70	6.61	17.30	8.94	16.80	11.30	16.30	13.60	—	—
		1200	19.10	7.57	18.70	9.93	18.20	12.30	—	—	—	—
		1270	20.30	8.40	19.90	10.80	19.50	13.25	—	—	18.70	18.00
		1410	22.50	10.50	22.10	13.20	—	—	21.30	18.60	20.80	21.30
		1540	24.60	12.50	—	—	23.70	18.30	23.20	21.20	22.70	24.00
		1670	—	—	26.00	17.40	25.50	20.50	25.00	23.50	24.50	26.60
		1780	—	—	27.30	19.20	26.80	22.50	26.30	25.80	25.70	29.10
SSR-175V	吸入口径 5K-150A 吐出口径 1.0MPa-200A	970	21.19	8.09	20.43	11.19	—	—	—	—	18.01	18.15
		1110	24.84	10.07	—	—	23.10	16.65	22.55	19.14	21.51	21.70
		1180	26.63	11.46	—	—	24.86	17.75	24.28	20.53	23.42	23.42
		1240	28.18	11.96	—	—	26.55	19.01	25.88	21.74	24.96	25.15
		1400	—	—	31.32	18.48	30.57	22.64	29.95	25.53	29.08	29.27
		1520	35.15	16.11	34.25	20.99	33.65	24.85	32.91	28.58	32.03	32.33
		1620	37.48	18.02	36.62	23.57	35.79	27.67	35.13	31.53	34.23	36.84
		1730	40.00	20.22	39.12	26.00	38.32	30.85	37.66	35.55	36.67	39.61
SSR-200V	吸入口径 5K-200A 吐出口径 1.0MPa-200A	810	—	—	—	—	29.01	18.96	28.16	23.20	27.08	27.43
		900	—	—	—	—	33.17	22.01	32.28	26.82	31.16	31.49
		980	—	—	37.24	19.66	36.85	24.80	35.97	30.06	34.78	35.14
		1070	—	—	41.02	21.61	40.97	27.72	40.09	33.57	38.86	39.32
		1150	45.90	18.61	45.25	24.06	44.65	30.15	43.72	36.35	42.50	42.76
		1230	49.01	20.58	48.38	26.74	47.79	33.47	47.02	40.25	45.87	46.83
		1310	52.06	23.03	51.51	29.61	50.95	36.65	50.33	43.84	49.24	50.97
		1390	5569	25.15	55.19	32.33	54.59	39.86	53.61	47.40	52.64	55.03
		1480	5865	27.52	58.17	34.85	57.64	43.13	57.30	51.20	56.46	59.06

① 1mmAq＝9.8Pa。

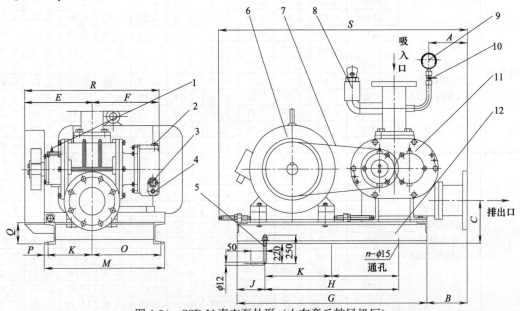

图 6-54　SSR-V 真空泵外形（山东章丘鼓风机厂）

1,3—黄油杯；2—排气口；4—丝堵；5—地脚螺栓；6—电机；7—传动带罩壳；
8—安全阀；9—真空计；10—压力开关；11—真空泵体；12—底座

表 6-20 SSR-V 罗茨真空泵外形尺寸和安装尺寸

型号	口径/mm	A	B	C	D	E	F	G	H	J	K	L	M	N	O	P	Q	n	R	S	重量/kg
SSR-50	50A	230	130	125	895	185	179	560	410	100	—	—	300	115	155	15	80	4	450	730	70
SSR-65	65A	230	130	135	970	205	202	600	450	100	—	—	340	135	175	15	80	4	500	780	81
SSR-80	80A	280	170	150	1130	220	225	650	500	100	—	—	360	130	200	15	80	4	530	860	123
SSR-100	100A	280	155	160	1255	260	265	730	580	100	—	—	470	170	270	15	80	4	600	930	157
SSR-125	125A	355	205	190	1515	295	294	860	700	110	350	350	470	185	255	15	100	6	710	1230	235
SSR-150	150A	400	235	210	1730	370	377	960	750	160	400	350	590	250	300	20	100	6	860	1335	394
SSR-175	200A	520	355	230	1775	465	457	1100	840	160	420	420	720	325	355	20	100	6	1045	1600	495
SSR-200	200A	591	378	256	2210	525	550	1280	1000	180	500	500	755	360	45	25	126	6	1080	1765	860

注：重量不包括电动机重量。

如图 6-55 所示为 SSR-V 罗茨真空泵本配管图。

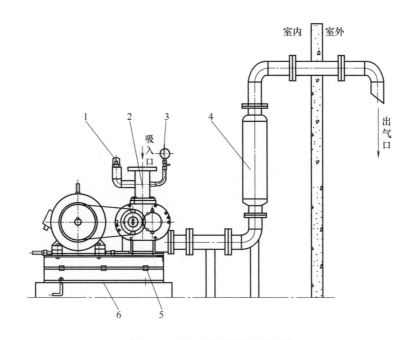

图 6-55 SSR-V 罗茨真空泵配管
1—真空泵调控阀；2—真空计；3—Y 型透气接管；4—排出消声器；5—防振橡胶座；6—防振架台

参 考 文 献

[1] 铁道部武汉工程机械厂. 真空密封造型 [M]. 北京：中国铁道出版社，1982.

[2] 谢一华，谢田，章舟. V 法铸造生产及应用实例 [M]. 北京：化学工业出版社，2009.

[3] 吴春京. 真空密封造型设备的设计研究和实践 [J]. 铸造设备研究，1997 (1)：1-3.

[4] 刘晓艳，崔明胜. V 法铸造工艺适应性分析与改进措施 [J]. 铸造，1999 (9)：29-31.

[5] 李永，崔俊凯. V 法真空系统设计 [J]. 铸造设备研究，1984 (1)：15-26.

[6] 袁中岳，林尤栋. 负压实型铸造中机械振动对干砂充填能力的影响 [J]. 铸造设备研究，1992 (4)：9-13.

[7] 常安国. 真空密封造型工艺 [J]. 特种铸造及有色合金，1992 (6).

[8] 达道安. 真空设计手册（第 3 版）[M]. 北京：国防工业出版社，2006.

[9] 《铸造工艺装备设计手册》编写组. 铸造工艺装备设计手册 [M]. 北京：机械工业出版社，1989.

[10] 孙一坚. 简明通风设计手册 [M]. 北京：中国建筑工业出版社，1997.

[11] 谢一华. 真空密封造型生产线的设计 [J]. 铸造科技简报, 1995 (3)：3-5.

[12] 秦少威, 叶升平. 消失模与V法铸造用真空泵的造型和负压罐的计算 [J]. 铸造技术, 2009 (3)：385-387.

[13] 威振湘. V法造型热砂沸腾冷却床的设计计算 [J]. 中国铸机, 1993 (6)：47-51.

[14] 王承志, 郝卫东, 吕荣. V法造型旧砂冷却系统的计算机数值模拟 [J]. 铸造, 1990 (12).

[15] 谢一华, 谢田. V法铸造装备特性对工艺过程的影响 [C]. 江阴：第三届全国V法铸造研讨班论文, 2014.

[16] 常向阳, 郭彦锋, 王志业等. 新型V法振动输送筛分机的设计与使用 [J]. 铸造设备与工艺, 2014 (6)：4-5.

[17] 宫海波. 真空密封造型设备 [J]. 国外铸造, 1995 (1)：30.

[18] 谢一华, 谢田. V法铸造真空系统的设计及计算 [J]. 第十一届消失模与V法铸造学术论文集, 2013 (5)：269-277.

[19] 姜兰兰. V法造型设备工艺布置和结构的改进 [J]. 中国铸造装备与技术, 2014 (4)：47-49.

第七章

V法造型机及生产线设计布置

第一节 设计依据及原则

一、车间的分类

1. 按金属种类分

① 铸铁：灰铸铁、球墨铸铁、可锻铸铁、特种铸铁。

② 铸钢：碳钢、合金钢。

③ 非铁合金：铜合金、铝合金、镁合金。

2. 按生产批量分

① 单件小批量生产：小型铸件 1000 件/年；中型铸件 500 件/年；大型铸件 100 件/年。

② 成批生产：小型铸件 1000~5000 件/年；中型铸件 500 件/年；大型铸件 100 件以上/年。

③ 大批量生产：小型铸件 10000 件/年；中型铸件 5000 件以上/年。

3. 按铸件重量分

① 轻型铸件铸造车间：最大铸件重量 $G<100kg$。

② 中型铸件铸造车间：最大铸件重量 $G<600~3000kg$。

③ 大型铸件铸造车间：最大铸件重量 $G<5000kg$。

④ 重型铸件铸造车间：最大铸件重量 $G<15000kg$。

4. 按机械化、自动化程度分

① 手工生产铸造车间：工人采用简单工具生产。

② 简单机械化铸造车间：基本机械化生产，少量生产过程靠工人生产。

③ 机械化铸造车间：生产过程和运输均机械化。

④ 自动化铸造车间：由自动设备组成生产线，自动进行生产。

二、V法铸造车间的组成

V法铸造车间的主要组成部分：

① 熔化：根据铸件材质，确定熔化设备，如电炉或冲天炉等。

② 造型：根据生产批量和自动化要求，确定 V 法造型机的型式，如单机穿梭式转台等。

③ 制芯：根据铸件工艺要求，确定制芯品种及工艺。

④ 砂处理：落砂、过筛、磁选、冷却、贮存、输送等。

⑤ 清理：去除铸件浇冒口、飞边、毛刺及表面清理。

⑥ 热处理：根据铸件要求，确定热处理工艺和相应的设备。

三、V 法铸造车间的工作制度

工作制度对车间的面积、设备的利用率、生产周期、生产能力及劳动卫生条件都有影响。工作制度可分为阶段工作制和平行工作制两种。

1. 阶段工作制

同一个工作地点，不同的时间顺序完成不同的生产工序。将造型、下芯、合型、浇注、落砂等工序分散在不同的时间内。其优点是改善车间的造型工作条件，起重运输设备的负荷量装备分散在不同的时间段，数量可以适当减少；缺点是生产周期长，面积利用率不高，工艺装备周转较慢。这种工作制适合于单件小批量生产及在地面浇注的车间。

2. 平行工作制

不同的地点，在同一时间完成不同的工作内容。其优点是车间面积利用率高，工艺装备周转快。适用于采用铸型输送器的机械化 V 法车间，在产品相同、车间面积相同的条件下，用平行工作制产量可大大提高。采用一班、二班或三班平行工作制，应根据 V 法铸件生产工艺要求来确定。一般工厂采用一班或二班平行工作制，可以充分发挥车间设备的利用率，同时有充分的时间对设备进行维修和保养。

四、工作时间总数

在 V 法铸造车间设计时，应根据生产纲领确定机械化工业流程和设备的选型，以及所需的车间面积及工人数量。因此，必须先确定工人的全年工作时间总数，工作时间总数应根据确定的车间工作制度，国家法定的工作日及每一工作日的工作时长来定。我国的法定工作日为 254 天，单休日制按 306 天计算，每日工作时长可根据不同的作业班次确定。

工作时间总数又称为公称工作时间总数（或称公称年时间基数），它等于法定工作日乘以每工作日的工作时长，参照机标《机械工厂年时基数设计标准》，一般 V 法铸造车间设备的年时基数可取 3820h（一般设备）及 3700h（复杂设备），人年时基数 1790h（两类工作环境两班制）。

我国采用的全年实际工作时间总数不完全统一，各设计部门采用的标准不尽相同，随着企业机制的改革，工作时间总数的确定根据企业的实际情况而定。

五、V 法铸造车间的设计原则

① 车间设计时，注意技术和经济的正确结合，提高技术经济效果。必须进行 V 法生产的可行性分析和论证，保证设计的经济合理性。设计工艺方案时，应从经济合理、技术先进的角度出发，根据需要与可能、当前和长远，统筹考虑，贯彻就地取材的原则。

② 车间设计时，设计人员应了解国内外先进的 V 法铸造工艺和技术的发展趋势，了解V 法技术的新工艺、新设备的生产效果，应做到技术先进可靠、产品质量好、生产效益高和生产安全。

③ 车间设计时，应充分考虑 V 法造型、砂处理、真空泵、除尘器、稳压浇注、落砂、

回箱及机械化运输系统的总体布置，应做到布局合理、物流畅通、周转方便。

④ 车间设计时必须弄清当地的水文地质、气象条件及资源条件，建成后燃料动力、原材料、水陆运输有无保证，对污染及环保的要求。进行充分地调查后，才能从实际出发，做好设计，保证工程质量。

⑤ 车间设计时，应考虑土建、动力、公用及环保等方面对 V 法铸造车间工艺布置的要求，在满足工艺要求的情况下，尽量减少土建施工和降低厂房造价。

⑥ 车间施工时应考虑文明生产、劳动保护、安全措施等，尽量改善劳动条件，消除工人繁重的体力劳动，应考虑通风、除尘和三废处理，实行综合利用。

⑦ 车间设计时应发挥设计、施工、安装、生产部门的积极性，做到精心设计、精心施工，使设计中的技术问题做到更完善、更合理。

六、设计步骤

1. 工艺分析是车间设计的基础

在确定的生产纲领（包括产品名称和产量、铸件种类和质量要求、各件数量等）条件下制定合理 V 法铸造工艺方案，制定铸件的生产工艺过程，合理地选择设备，分析确定机械化程度，为下一步设计创造条件。

在进行 V 法铸件工艺分析时，要根据铸件特征、批量和生产纲领，从技术上、经济上进行比较。V 法铸造具有一定的特殊应用范围，对于那些形状较简单、单件、多品种小批量生产比较适合，设备投资费用不高，工人技能要求不高，比较适合我国中小型企业。对于大批量的 V 法铸件生产必须慎重对待。具体考虑以下问题：

① 车间的设计首先考虑车间是旧还是新，所给定的面积为多少，厂房状况，桥式起重机吨位，熔化设备选型和定位。

② 厂方初步意向是什么，厂方的预算情况，厂方要求的机械自动化程度，厂方要求产量和零件详细图样。

③ 了解车间外围环境，确定除尘器、水池位置和车间外围对于成品物流影响。

④ 车间内部如何分区，分区后的物流，桥式起重机的使用，安全通道。

2. 初步设计的要求

① 根据任务要求，确定完成期限，确保在技术上先进可靠、在经济上合理，阐明采用先进工艺、设备、材料的水平及依据，确定原材料、燃料供应的来源和水、电、气、动力等条件，以及确定建设总投资费用和基本技术经济指标分析。

② 应满足标准设备订货、非标设备设计、施工准备以及能确定项目总投资的要求。

③ 初步设计步骤如下：

a. 工艺分析。

b. 设计计算，确定设备、人员、面积和动力需要量。

c. 车间布置，绘制车间平面图等。

d. 编写设备明细表和设计说明书。

3. 施工设计的要求

① 进一步确定设备选型、规格和数量，确定动力站、车间工艺布置的详细尺寸。

② 详细制定采暖通风、供水排水、动力照明、安全技术措施的施工方案，必需的图样和说明。

③ 完成 V 法铸造工艺及设备和机械化运输设备的安装设计。

④ 非标设备的设计。

⑤ 确定各工程项目的工程造价。

⑥ 施工设计图样必须满足施工安装和生产运转的要求。

七、设计计算

V法铸造车间的设计计算主要包括以下几个部分：

① 根据生产纲领、铸件的复杂程度及工艺要求，确定V法造型机的型式、台数，从而确定造型机的生产率，即每小时生产多少箱铸型。

② 根据V法造型能力设计出与之相配套的电炉或冲天炉的熔化效率及吨位。

③ 根据V法造型能力计算出全线砂处理系统的技术指标，即每小时处理多少吨旧砂，并确定砂处理系统的主要设备。

④ 根据V法造型能力计算出真空泵的总排气量、真空泵台数，满足V法造型及系统浇注的工艺要求。

⑤ 根据V法砂处理量计算出水冷流化床的热交换面积，计算出水循环系统的水耗量。

⑥ 根据V法造型及砂处理、落砂等系统对除尘的技术要求，确定集中除尘和分散除尘方案，计算出除尘器的风量及阻力损失以选定风机型号。

八、V法铸造车间设计需注意的问题

1. 砂循环系统的问题——V法旧砂的再生

旧砂回用率可达95%左右，只需补充少量新砂。型砂重复使用时，砂中的粉尘量将有所增加，需要及时加以清除，可在各扬尘点设袋式除尘器，采用气力输送干砂和流化床冷却装置来去除粉尘，否则会影响铸型强度，或使铸件表面产生脉纹状夹砂的缺陷。此外，当旧砂中夹杂的细碎薄膜残料未清除掉而被收回再用时，也会使砂的填充性变坏，夹杂物的去除可用振动筛分机。回用砂中水的质量分数，一般不得超过1%，否则会影响砂子的流动性和振实效果。一般在开箱落砂时旧砂平均温度高达150℃以上（对铸钢、铸铁而言），旧砂回用砂温度要求50℃以下，过高会烫坏薄膜。因此，对旧砂的再生，主要是分离杂物和砂冷却。

2. 对公用设计的要求

在加砂振实、开箱落砂及干砂输送等系统中存有大量粉尘，必须加强除尘力度，采用高效旋风和袋式除尘器来解决。水系统的设计要考虑水环真空泵及流化床用水的循环使用，以节约用水。电气方面主要是造型和砂处理系统的PLC联锁控制、真空泵的智能控制、真空管道系统的优化设计等。

3. 解决V法车间"拖辫子"问题

V法造型生产中普遍存在着地上拖软管（俗称"拖辫子"），操作很不方便，可用如下方法解决：

① 在砂箱的两个接头中装有单向抽气阀，接上软管即自动打开阀门进行抽气，拔除软管即自动关闭阀门停止抽气。

② 在造型合型区的软管用架空拖链式，浇注区地下埋有抽气管道，地面装有若干快开接头供浇注、保压、冷却使用。

③ 如果在环形浇注车上浇注，可设计转盘式抽气软管装置，并可随浇注带一起转动。

④ 铸型转运可采用车载真空泵，即在桥式起重机上装有干式真空泵并下垂有抽气软管，铸型需转运时，先接上桥式起重机下垂的抽气管，再拔除铸型原有的抽气管，铸型与桥式起重机一起运行。

⑤ 高效 V 法造型线上，铸型输送机两端均设有固定式和移动式真空箱与砂箱上密封阀交替连接，同铸型输送机同步移动，即步进机。

第二节 V法造型机的类型

V 法造型机是 V 法铸造生产线的主要设备。V 法造型机必须满足薄膜加热和覆膜、喷（刷）涂料和烘干、加砂振实、盖膜抽真空、顶箱起模等工序。应根据生产纲领即批量、铸件重量和大小、砂箱尺寸等来确定造型机的类型。V 法造型机分单机和转台式两大类，单机又分固定式和移动式，转台又分二工位、四工位、六工位和八工位等。

一、固定式 V 法造型机组

该机组分两台单机 V 法造型机分别造上箱和下箱，造型机由振实台、负压箱、模板、模样和顶箱机构组成。回转式电加热器可进行薄膜加热和涂料的烘干。可回转加砂装置是由可调容积式定量器、雨淋式加砂溜管和回转接头组成，如图 7-1 所示。

操作程序：将回转电加热器移至造型机上方时，手持塑料薄膜加热覆膜并抽真空，喷（刷）涂料；烘干后用桥式起重机将砂箱放在模板上将回转加砂溜管移至砂箱上方加砂，并开动振实台进行振实，将砂箱上多余的砂刮平并盖膜，抽真空使铸型紧实，顶箱起模；桥式起重机将铸型翻箱（下箱）放置托板上进行整形和修补，下芯或放冷铁；待另一台造型机上箱造好型后便可合型放上浇口杯便可浇注。

江阴华天科技开发有限公司为青岛四海电力铸造厂设计一种固定式 V 法造型机，它是由底座支承架、振实台、负压箱、顶箱机构等组成。振实台由 4 组弹簧支承，振动噪声小。顶箱机由气缸驱动，起模架上的 4 根顶杆同步，将砂箱平稳地与模样分离。顶箱机的控制设有就地电控箱，人工操作，便于掌握起模时间。这种 V 法造型机结构简单，更换模板方便，投资少，比较适合单件、小批量铸造车间使用。

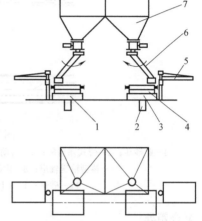

图 7-1 固定式 V 法造型机
1—底座；2—顶箱起模机；3—振实台；
4—负压箱；5—回转覆膜烤膜机；
6—回转定量加砂器；7—砂斗

该机组主要生产低铬高锰耐磨衬板等合金钢铸件。最大砂箱内尺寸为 1200mm×1200mm×250mm/200mm，造型生产率 4～5 型/h，砂处理能力 10～15t/h。

二、抽屉式 V 法造型机组

该机组分两台造型机进行上箱和下箱造型。在台车造型机上完成覆膜、喷（刷）涂料、涂料烘干，而后台车移至砂斗下加砂振实后又移出复位盖膜、抽真空、顶箱起模，桥式起重机将铸型吊走。如图 7-2 所示，电动造型台车在固定的辊道上前后移动，造型台车上装有振实台、负压箱、模板及模样。自动电加热机在造型台车的上方，有移动机构可兼用 2 台造型机。操作程序：首先覆膜抽真空后喷（刷）涂料，而后进行涂料烘干，放置砂箱，完成上述工序后，驱动造型台车至砂斗下，空气弹簧进气抬起振实台与砂斗的雨淋下砂口对接，驱动气缸，向砂箱加砂振实，延长一段时间后，振实停止，振实台下降，电动造型台车移至原位，盖膜给铸型抽真空；铸型紧实后，造型台车移到顶箱机处进行顶箱起模，用桥式起重机

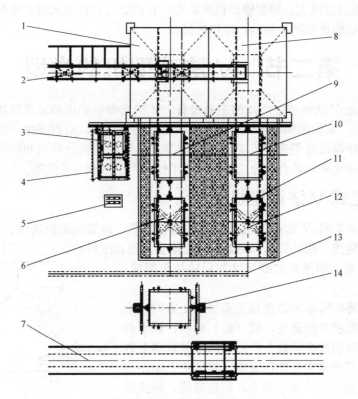

图 7-2 抽屉式 V 法造型机组

1—贮砂斗；2—带式输送机；3—自动覆膜机；4—切膜机；5—电气就地操作台；6—下箱液压起模机；
7—铸型输送辊道；8—雨淋加砂装置；9—下箱造型台车；10—上箱造型台车；
11—砂箱；12—上箱液压起模机；13—真空管道；14—翻箱机

运至合箱处。

江阴华天科技开发有限公司为福建龙岩盛丰机械制造有限公司设计的桥壳 V 法铸造生产线就是这种形式，主要生产汽车后桥、制动毂等汽车铸件。生产纲领（两台造型机组）12000t/年；造型生产率 15min/型，即 4 型/h；砂箱内尺寸 2000mm × 1400mm × 360mm/320mm。

三、通过式 V 法造型机组

该机组主要由覆膜、切膜、涂料烘干、雨淋加砂、台车造型机、起模顶箱和机械手等设备组成。台车造型机包括电动台车、振实台、负压箱、模板和模样，它可以在导轨上穿梭移动，整个造型工序均在造型台车上完成，如图 7-3 所示。

操作程序：

① 造型台车在覆膜位置，进行覆膜、喷涂料及烘干、放置空砂箱。

② 造型台车行至砂斗中心，进行雨淋加砂、振实。

③ 造型台车行至砂斗旁进行刮砂、盖膜。

④ 造型台车行至起模机中心，进行顶箱起模，而后机械手进行翻箱。

⑤ 造型台车回至覆膜位置，而合箱台车进入起模位置，机械手将翻箱后的下箱放在合箱台车上。

⑥ 合箱台车移出，下箱进行修型和下芯等工作，而后再回到起模机位置。

⑦ 下箱起模后，机械手进入上箱位置起模后，将上箱移至下箱位置与下箱合箱，完成造型的全过程。合箱后的铸型由合箱台车移出后，随车载真空泵吊到浇注区。

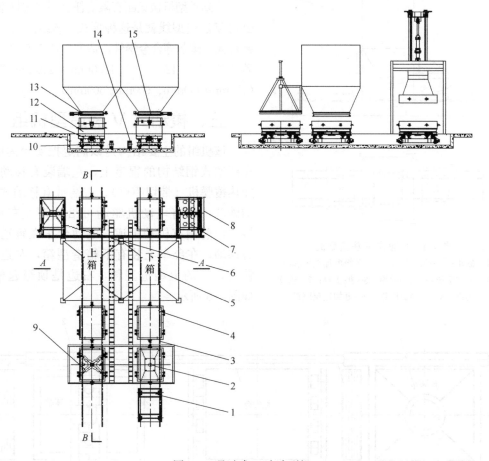

图 7-3　通过式 V 法造型机

1—合箱台车；2—自动翻箱合箱机；3—台车输送辊道；4—砂箱；5—砂斗；6—涂料烘烤机；7—覆膜机；
8—切膜机；9—起模顶箱机；10—电动台车；11—振实台；12—负压箱；
13—雨淋加砂装置；14—真空管拖链；15—盖膜卷膜支架

江阴华天科技公司为河北衡水中盛橡胶工程公司设计的 V 法铸造生产线基本属于这种形式（除机械手外）。该线主要生产石油支架和汽车后桥等铸钢件，砂箱内尺寸 2000mm×1600mm（1400mm）×360mm/320mm，造型生产率 4 型/h。

四、贯通式 V 法造型机组

该机结构是由上箱、下箱的造型箱（各一台）分别在输送辊道上往返人工推动，造型箱是由负压箱体、模板、模样组成，辊道中部设有振实台，如图 7-4 所示。贮砂斗下有雨淋加砂正对振实台的中心，两台电加热器分别安装在砂斗的两侧并在输送辊道的上方。

操作程序：上箱和下箱造型箱分别安置在砂斗下输送辊道的两端，清理模样后将造型箱移至电加热器下，进行覆膜（负压箱抽真空），并将造型箱移至原位；检查覆膜质量并进行修补，喷（刷）涂料后再推到电加热器下进行烘烤，烘干后又移至原位；桥式起重机放置砂箱，将整机移至振实台上，空气橡胶弹簧充气，振实台上移与雨淋加砂口对接，气动插板阀打开，向砂箱加砂，振实；结束后，刮去砂箱多余的砂，将铸型移至原位，盖膜后抽真空使铸型紧实，用桥式起重机起模送至合箱托板上，进行下芯和放冷铁。同样上型也用此方法成型与下型合箱，完成一个造型程序。

沈阳重型机械集团有限责任公司引进日本新东公司 V 法造型线就是这种形式。该线主要生产耐磨衬板、篦条等合金钢件，造型生产率 5～7 型/h，砂箱内尺寸 1200mm×1200mm×250mm/300mm（400mm/450mm、600mm/600mm）。

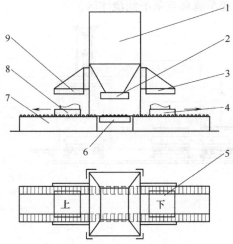

图 7-4　贯通式 V 法造型机

1—砂斗；2—雨淋加砂；3—下箱电加热覆膜机；
4—下型负压箱；5—砂箱；6—振实台；7—输送
辊道；8—上型负压箱；9—电加热覆膜机

五、梭动式 V 法造型机组

该机组的主要结构是以固定振实台为中心，在框架式钢结构的辊道上，左端装有移动式电加热覆膜机（带切膜机），右端带有移动式定量加砂斗，均有电动机驱动可沿辊道左右移动。振实台前端有机动辊道，电动台车在辊道上前后移动，在台车上装有下箱造型箱，左边是带移动台车的上型造型箱，右边是顶箱起模机，如图 7-5 所示。

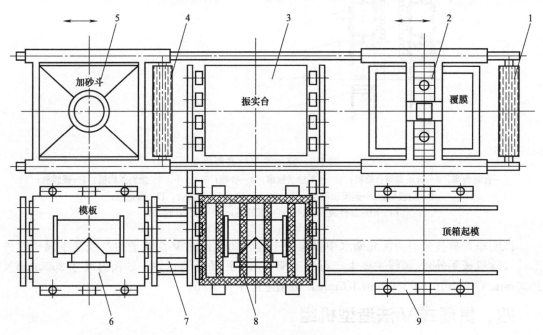

图 7-5　梭动式 V 法造型机

1—薄膜卷筒托架；2—带切膜机的电加热覆膜机；3—固定式振实台；4—带切膜机的盖膜托架；
5—移动式定量加砂斗；6—上箱造型箱；7—电动台车；8—带砂箱的电动台车；
9—顶箱起模机

操作程序，如图 7-6 所示。

（a）上箱、下箱分别处于原始位置。

（b）下箱移至振实台的上方覆膜位置，进行覆膜。

（c）交换位置，上箱移至振实台前。

（d）上箱移至覆膜位置进行覆膜，下箱喷涂料放空砂箱。

（e）交换位置，下箱到振实台前。

（f）下箱加砂、紧实、覆盖膜、抽真空紧实、上箱喷涂料，固定浇冒口，放砂箱。

（g）交换位置，上箱到振实台前，下箱送到起模装置的上方起模、翻箱、下芯等。

（h）上箱加砂、紧实、覆盖膜抽真空紧实，下箱起模后运走。

（i）交换位置，下箱到振实台前，上箱被送到起模装置的上方，起模后运走。下一个程序，重复上述动作。

该Ｖ法造型机，特点是操作方便，占地面积小，不会妨碍车间桥式起重机工作。

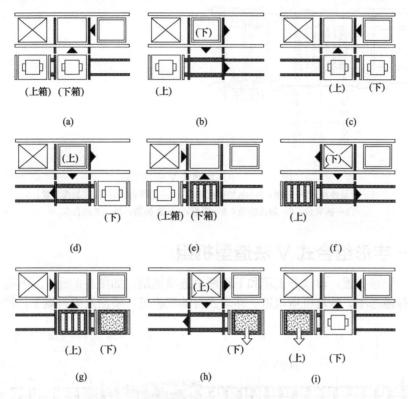

图 7-6 梭动式Ｖ法造型机操作程序

德国 HWS 公司制造两台梭动式造型机组，结构基本相似，只是砂箱规格不同，即 2800mm×2000mm×350mm/350mm 和 1600mm×1250mm×500mm/300mm 两种。造型机可用来生产单件小批量铸件，生产率 6 型/h。

六、十字形Ｖ法造型机组

该机组是以振实台为中心采用十字形的排列形式，组合一个能造上箱和下箱的Ｖ法造型机组，如图 7-7 所示。十字形的纵向为贯通的输送辊道，上、下箱的带模样的造型箱和相应的砂箱在输送辊道上，通过牵引钢缆驱动行走，造型箱上有塑料软管和控制阀门与真空系统相接，手动操作。十字形横向的左边是带驱动电机可移动的定量砂斗，右边是带驱动电机可移动式电加热覆膜机，在振实台的方向装有门式起模装置，起模机上带有真空系统，防止起模时塌箱。该机适合于中小型铸件，小批量生产使用。

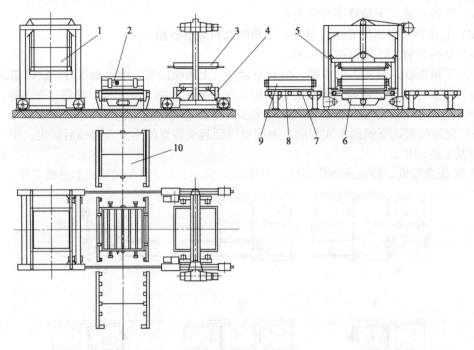

图 7-7 十字形移动式 V 法造型机

1—定量砂斗；2—砂箱；3—电加热覆膜机；4—工作台；5—门式起模装置；
6—振实台；7—输送辊道；8—模板；9—造型箱；10—电动台车

七、一字形组合式 V 法造型机组

该机是一字形布置，形式分上箱和下箱两个造型机组，如图 7-8 所示。下箱造型机组包括：下型模样输送车，砂箱机运辊道、移动式自动覆膜机，喷涂及涂料烘干，放空砂箱，雨

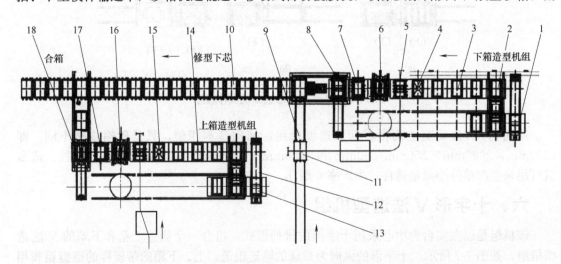

图 7-8 一字形组合式 V 法造型机组

1—下型模样输送车；2,13—移动式自动覆膜机；3,14—喷涂料；4,15—涂料烘干机；
5,22—放空砂箱；6,16—加砂振实；7,17—刮砂覆膜；8—下箱起模翻箱机；
9—下箱输送辊道；10—下箱修型、下芯；11—空砂箱返回辊道；
12—上型模样输送车；18—上箱起模翻箱、合箱机

淋加砂、振实台振实，刮砂覆膜，下箱起模翻箱机等。这些机组完成相应工作程序后，将造好型下型的砂箱放置在辊道上进行修型、下芯等。砂箱依靠液压缸推动，在辊道上顺序移动。在辊道下装有特殊结构的真空管道与每一个砂箱的真空接口相连接（即步移式真空对接机构），使铸型在运行中始终保持在真空状态下。上箱与下箱造型机组基本相同，只是起模翻箱机在完成翻箱检查铸型后复位，并沿辊道平行移动至下箱位置进行合箱，完成真空管道的对接，使上、下箱均保持在真空状态下，铸型经过渡车输送至浇注辊道上进行浇注、冷却。铸件的冷却时间约6～8h，铸型冷却后输送至落砂区，进行砂处理。空砂箱分别用单轨吊运至上箱和下箱造型机处。

河南天瑞集团铸造有限公司从德国HWS公司引进的Ⅴ法造型机就是这种类型。砂箱内尺寸为摇枕3100mm×1900mm×350mm/550mm，侧架3100mm×1900mm×450mm/450mm。造型生产率约18型/h。

八、二工位转台式Ⅴ法造型机组

该机主要结构是由二工位转台（包括驱动机构）、贮砂斗（包括加砂装置）、电加热覆膜机等组成，如图7-9所示。在转台上放置上箱、下箱的造型箱（包括负压箱、模板及模样），电动机减速器驱动齿轮传动使转台旋转，并有定位装置使其转台定位，振实台在砂斗的下方，与贮砂斗的雨淋加砂相对。电覆膜机可绕固定在砂斗上的支承架旋转，当吊送砂箱及铸型时，覆膜机可旋转至侧面，当覆膜及烘烤涂料时可旋转至模样的上部。

操作程序：当转台处于原始位置时（即处于第Ⅰ工位），上型模样处在电加热器下方，下箱及模样处在振实台的上方。操作时，清理模样，并撒一薄层滑石粉，人工将薄膜放在覆膜框上（负压吸住）进行烘烤，当薄膜加热下垂呈镜面时，立即覆盖并给造型箱抽真空，薄膜贴附在模样上，而后喷（刷）涂料并进行烘烤；当涂料干燥后，电加热器旋转至侧面，吊砂箱放在模板上并安放用薄膜包好的浇冒口；开动转台旋转180°，气动定位销将转台定位，上箱正对振实台位置（即处于第Ⅱ工位），打开进气阀向空气弹簧充气，振实台升起与贮砂口的雨淋加砂口对接，气动插板阀打开，向砂箱加砂并振实；振实时间到后，刮去砂箱上的多余砂。在上箱完成上述程序时，下箱也同时进行覆膜、喷（刷）涂料、烘干、放砂箱等工作，当上、下箱都完成各自的程序后，转台开始旋转180°，旋转至原始位置，上箱盖膜抽真空，铸型紧实后吊至合箱浇注区，下箱完成加砂振实工作，即一个循环结束。

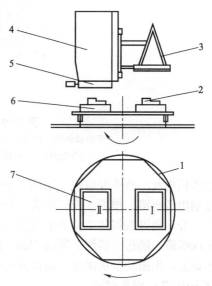

图7-9　二工位转台式Ⅴ法造型机
1—带驱动机转台；2—上型模样；3—可旋转覆膜机；4—贮砂斗；5—雨淋加砂机；6—下型模样；7—砂箱

沈阳铸造厂从日本新东公司引进的二工位转台Ⅴ法造型机基本属于这种形式。该Ⅴ法造型机主要生产多级泵叶、叶轮等，重量28～204kg，砂箱内尺寸1300mm×1300mm×310mm/310mm，造型生产率20min/型，即3型/h。

九、四工位转台式Ⅴ法造型机组

该机主要结构是由转台（带气动驱动和定位机构）、顶箱覆膜机、振实台、气动雨淋式

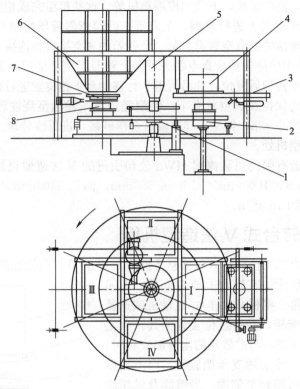

图 7-10　四工位转台式 Ｖ 法造型机

1—带驱动机构的转台；2—顶箱覆膜机；3—薄膜；4—电加热装置；5—真空
分配阀；6—贮砂斗；7—气动雨淋加砂机；8—造型负压箱

加砂机构及贮砂斗等组成，如图 7-10 所示。转台上安放 4 台造型箱，两组上箱，两组下箱，分别由负压箱、模板、模样组合。转台由气缸驱动并有两个气动定位销确保转台定位无误，负压分配阀可根据各工位的抽真空要求自动抽气。自动覆膜机，是将成卷的薄膜放在托架上完成吸膜、输送、烘烤、薄膜切断、顶箱覆膜功能。振实台为平板式振实台，安在 4 个空气弹簧上，用振动电机激振。雨淋式加砂机由格子板、气动插板阀控制加砂和关闭。整个动作程序由 PLC 程序控制。

操作程序：

① Ⅰ工位覆膜：它是由薄膜支承架，托板（端部带负压）、空气弹簧、环形负压框，移动机构，加热器、起模机构等组成。动作程序是，先将塑料薄膜平放在托板上端部吸附，人工将薄膜拉紧，空气弹簧将托板升起，随后方形负压框将膜四周吸附，电动移动机构将方形负压框移至加热器下；当薄膜加热软化后，气缸将模板顶起进行覆膜，然后恢复原位；电切割气缸动作将膜切断，方形负压框返程至初始位置，完成第Ⅰ工位的动作。

② Ⅱ工位喷（刷）涂料，放砂箱：喷涂料应根据造型工艺要求进行，采用人工喷涂，当涂料见干后用行吊将空砂箱安放在模板上。如果工艺需要，可采用远红外烘干器或热风将涂料烘干。

③ Ⅲ工位加砂振实，刮砂盖膜：它是由振实台、空气弹簧、雨淋加砂、排尘系统组成。动作程序是空气弹簧充气，将模板砂箱同时抬起与加砂机对接，进行加砂振实，人工刮砂后进行盖膜，干砂均匀地充满砂箱，空气弹簧放气返程复位。

④ Ⅳ工位顶箱起模：动作程序是当模板负压撤出后，将真空环形装置上的负压软管与砂箱接通，使砂箱内的干砂获得一定的紧实度，顶箱气缸将砂箱抬起，而后顶箱机构复位，

完成一个铸型的造型工序。

如第一工序为下箱，则第二工序为上箱，上、下箱在平台上合箱后，带着真空负压软管一起吊运到浇注转台上。

江阴华天科技开发有限公司为天津耐酸泵厂设计的四工位 V 法造型机基体属于这种类型，主要生产耐酸泵叶轮等不锈钢铸件。年产量 1000t/年，砂箱内尺寸 1000mm×630mm×150mm/150mm，最大砂箱尺寸 1000mm×800mm×150mm/150mm，造型生产率 10～15 型/h。

十、六工位转台式 V 法造型机组

该机分别装有 3 个上箱和 3 个下箱模样，相隔排列在每一个工位上，每个工位完成相应的工作程序。六工位转台式 V 法造型机，如图 7-11 所示。各工位工作程序如下：

Ⅰ工位——覆膜。

Ⅱ工位——喷涂料及涂料烘干。

Ⅲ工位——放空砂箱。

Ⅳ工位——加砂振实。

Ⅴ工位——刮砂、盖膜。

Ⅵ工位——顶箱起模、翻箱。

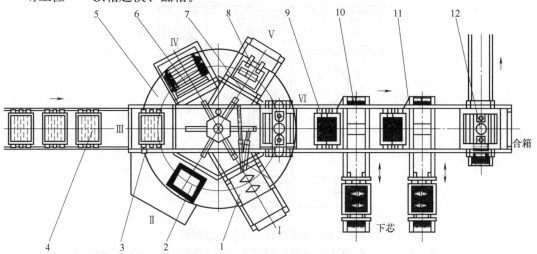

图 7-11　六工位转台式 V 法造型机

1—带电加热器的覆膜机；2—喷（刷）涂料及涂料烘干；3—放空砂箱；4—空砂箱返回辊道；
5—带液压传动的驱动转台；6—雨淋加砂、振实台；7—刮砂盖膜机；8—带移动机构的翻
转起模机；9—铸型；10—过渡车；11—修型、下芯；12—合箱

覆膜机与盖膜机分别安装在该工位的机架上，由电加热器、切膜机和覆膜驱动机构组成。加砂振实工位的上部为装有带雨淋加砂机的贮砂斗，下部装有带空气弹簧的振实台。带真空系统的液压翻箱起模机，可在辊道移动，完成起模、翻箱、合箱动作。

该机组，年生产 30000t 汽车后桥铸件，砂箱内尺寸 2000mm×1600mm×360mm/310mm，造型生产率 10 型/h，转台直径为 10000mm，液压缸驱动，占地面积（包括砂处理和浇注区）1800m^2，砂处理量 35～40t/h。

十一、八工位转台式 V 法造型机组

该机可放置 4 个上箱模样和 4 个下箱模样，相隔排列在每个工位上。八工位转台式 V

法造型机，如图 7-12 所示。各工位工作程序如下：

Ⅰ工位—薄膜加热、覆膜。

Ⅱ工位—人工检查、修膜。

Ⅲ工位—喷（刷）涂料。

Ⅳ工位—涂料烘干。

Ⅴ工位—放空砂箱。

Ⅵ工位—加砂振实。

Ⅶ工位—刮砂覆膜振实。

Ⅷ工位—顶箱起模、铸型移出。

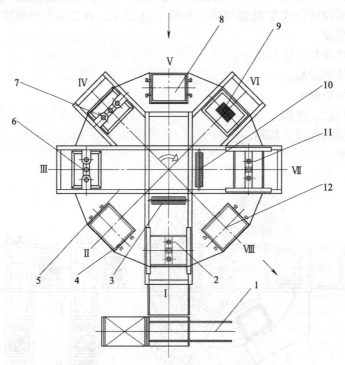

图 7-12　八工位转台式 V 法造型机

1—模样存放；2,11—覆膜机构；3—薄膜卷筒支托架；4—覆膜后人工检查；5—带传动
机构的转台；6—喷（刷）涂料；7—涂料烘干；8—放空砂箱；9—贮砂斗及振实台；
10—盖膜卷筒支托架；12—起模、铸型移出

该机为适应各种不同铸件的要求，砂箱内尺寸 800mm×650mm 至 2500mm×2000mm，砂箱高度可任意选定，根据不同的机械化程度要求，造型生产率 10 型/h，最高生产率 60 型/h。

第三节　V 法铸造生产线布置形式

一条完整的 V 法铸造生产线除了主机造型机以外，还应包括与其配套的铸型的输送、铸型溃散落砂、砂处理、真空装置、除尘系统和电气控制等设备。

V 法造型机主要根据生产纲领而定。铸件的材质、质量、外形尺寸、铸件的复杂程度、铸件工艺、批量、机械化自动化程度要求、投资大小等因素来确定 V 法造型机的类型。

铸型输送机的选择决定于 V 法造型机对砂箱输送率的要求，常用的输送设备包括桥式

起重机、铸型输送器、砂辊辊道和机械化合箱装置等。铸型溃散落砂是当真空撤销后，铸型破坏并取出铸件（应根据工艺要求铸件在铸型内需冷却一段时间后落砂），空砂箱经回箱辊道返回造型处。

砂处理包括磁选、过筛、砂冷却及机械化输送等设备。磁选和过筛设备可分离和去除砂中的烧灼薄膜、涂料碎片及小铁片等杂物。热砂冷却一般采用水冷流化床装置，并将砂中的灰尘及破碎的细砂通过除尘系统抽走，冷却后的砂温应低于50℃。

真空装置由真空泵、稳压罐和旋风分离器组成。真空泵通常采用水环式真空泵或罗茨真空泵，带过滤网的稳压罐起到真空稳压和过滤作用，空气过滤一般用旋风分离器和袋式除尘器，以防止真空泵磨损而影响真空泵使用寿命。

除尘系统不太引起重视，因为V法铸造没有化学有害气体的污染，但它是干砂造型，是通过真空度来保证砂型的硬度，如果造型用含尘量过大就会影响砂型硬度，严重时会造成塌箱，在生产过程中会产生大量的粉尘。因此，在落砂、砂处理、造型机加砂等处必须设计吸尘器，采用高效袋式除尘器。

电气控制应根据生产线的机械化程度而定，可采用手动电控、PLC程序控制和工控机人机界面。

现介绍几种国内外V法铸造生产线布置形式。

一、贯通式V法铸造生产线

沈阳重型机器厂（现沈阳重型机械集团有限责任公司）引进日本新东公司生产V法铸造生产线于1988年投产，该生产线主要生产耐磨衬板等高锰铸钢件，全线包括贯通式V法造型机、砂处理（包括过筛、冷却、输送等）、真空系统和除尘系统等，如图7-13所示。

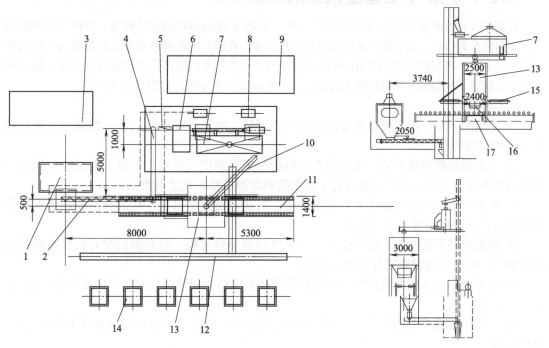

图7-13　贯通式V法铸造生产线

1—落砂；2—螺旋输送机；3—循环水风冷却；4,10—管式输送机；5—斗式提升机；6—振动筛；
7—固定水冷流化床；8—真空泵；9—布袋除尘器；11—机运辊道输送机；12—真空管道；
13—造型砂斗；14—砂箱；15—电加热器；16—雨淋加砂；17—振实台

1. 工艺流程和主要设备

在贯通式输送辊道的中部放置造型砂斗，在砂斗的下部装雨淋加砂装置和振实台。砂斗的两侧各装有电加热薄膜烘烤器，带真空造型箱可在输送辊道上左右移动。造型箱上装有模板和模样，砂斗的左侧为下箱造型，右侧为上箱造型，分别进行上、下型的薄膜加热、覆膜、喷刷涂料等工序。上、下型完成上述工作后吊放砂箱并推入造型砂斗下加砂振实。随后人工将砂箱推至输送辊道的一端进行盖膜、抽真空，由桥式起重机起模，进行翻箱检查修型。下型翻箱后吊至托板上，下芯后再将上箱吊至下箱处，进行合箱，等待浇注。

砂处理是由落砂格子板、螺旋输送机、管式振动输送机、斗式提升机、振动筛分机、固定式水冷流化床，经管式振动输送机进入造型砂斗。整个砂处理系统主要采用直线振动筛将烧灼薄膜及铁屑去除。固定式水冷流化床将落砂后的热砂温度降至 50℃以下。

整个扬尘点有除尘管道与袋式除尘器连接，2 台真空泵经真空管道接通与造型机和浇注点的砂箱，由手动球阀控制。

2. 生产线的主要技术参数

砂箱内尺寸	1200mm×1200mm×250mm/350mm
	1200mm×1200mm×400mm/450mm
	1200mm×1200mm×450mm/600mm
造型生产率	5～7 型/h
砂处理量	10～12t/h
占地面积	550m²
操作人员	6～8 人/班

二、T 字形 V 法造型机组的试验样机

江阴华天科技开发有限公司自主研发一台 T 字形 V 法造型机的试验样机。该机的主要结构是以振实台车为中心，其上有雨淋加砂机和造型砂斗，在砂斗的外侧有移动式覆膜烘烤一体机和切膜机，上、下造型箱在其下的机运辊道上穿梭移动，在砂斗内侧是翻箱机和合箱台车，振动台车在机运辊道、造型砂斗和翻箱机之间运行。整个布局呈 T 字形，如图 7-14 所示。

操作程序：

① 左端的下造型箱在机运辊道的左端进行覆膜，喷涂料和涂料烘干；右端的上造型箱进行覆膜前的准备工作。

② 下造型箱涂料烘干后，放空砂箱经机运辊道移至中心位置，并将下造型箱定位准确地平放在振实台车上，同时，也进行上造型箱的覆膜喷涂料及涂料烘干。

③ 振动台车移至造型砂斗下，雨淋加砂、振实，随后移出砂斗外进行刮砂，盖膜并继续向前移至翻箱机位置，进行抽真空。

④ 翻箱机将下箱托起，随后振实台车空气弹簧下降起模，台车退回中心位置，翻箱机进行翻箱，同时上造型箱进行加砂、振实。

⑤ 合型台车进入翻箱机位置，将托板举起接着下箱并下降至原位，移出辊道进行修型、下芯等工序。

⑥ 上箱同时完成上述程序后，翻箱机将上箱抬起，带着下箱的合型台车移至翻箱位置，进行合型。

⑦ 合型后的铸型由合型台车移出，由行车将铸型吊至浇注区。

浇注后铸型可在格子板上落砂，利用真空吸送系统将旧砂吸入造型砂斗的卸料斗里，经振动筛分机落入造型砂斗里。罗茨真空泵可两用：造型时用于 V 法造型的真空系统，落砂

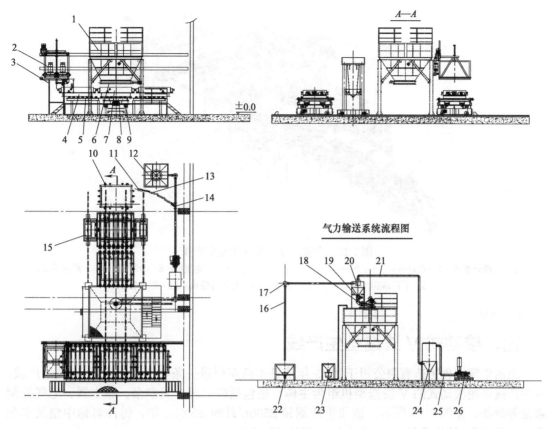

图 7-14　T字形 V 法造型机组试验样机

1—造型砂斗；2—移动式薄膜烧烤一体机；3—切膜机；4—左、右造型箱；5—机运輔道；6—雨淋加砂机；7—砂箱；8—振实台；9—电动台车；10—合箱车；11—吸砂嘴；12—落砂格子板；13—吸砂软管；14—三通接头；15—液压翻箱机；16—垂直输料管；17—球形弯头；18—卸料斗；19—星形锁气器；20—直线振动筛；21—水平输料管；22—旧砂斗；23—新砂压送罐；24—袋式除尘器；25—除尘管；26—罗茨真空泵

时用于旧砂吸送系统，用转换阀门控制。新砂用压送罐直接输送至造型砂斗。整个造型机组设备简单、布置紧凑、占地面积小，比较适用于中小型 V 法铸造车间使用。

该机组主要为汽车后桥而设计的，年生产能力 3000～4000t，砂箱内尺寸 2000mm×1600mm×360mm/320mm，造型生产率 2～3 型/h，砂处理量 7～10t/h，占地面积 200m²，操作人员 4～5 人。

三、穿梭式自动 V 法铸造生产线

日本新东公司设计的 V 法铸造生产线，主要生产浴盆。全线包括 V 法造型机主机、翻箱机、合箱机、铸型输送器、浇注机、落砂及全套砂处理设备、除尘器及电气控制等，如图 7-15 所示。

主要技术参数：

铸件名称	浴盆
铸件材质	灰铸铁
砂箱内尺寸	1500mm×1500mm×950mm/230mm
造型生产率	2min/型（即 30 型/h）
所用砂箱数量	20 套

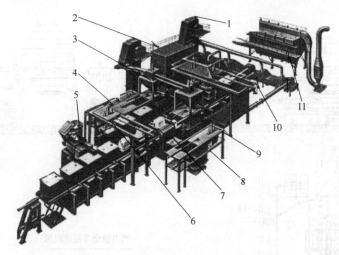

图 7-15　穿梭式自动 V 法铸造生产线

1—砂箱分箱机；2—贮砂斗；3—上箱薄膜加热器；4—上箱薄膜加热器；5—浇注机；6—合箱机；7—下箱翻箱机；
8—下箱薄膜加热器；9—上箱砂斗；10—振动落砂机；11—除尘器

砂处理量　　　　　　　　　60m³/h

四、梭动式 V 法造型生产线

山西华翔同创铸造有限公司于 2009 年从日本新东引进一条生产叉车配重 V 法生产线。该生产线采用梭动式的 V 法造型机组为主体，还包括砂处理、真空泵、除尘器、电气控制系统等设备，如图 7-16 所示。该线生产纲领 2500t/月即 30000t/年，铸件名称中型叉车配重，材质 FC，铸件重量 500~4500kg，平均 2500kg。

1. 生产线工艺流程及主要设备

全线包括，1 台梭动式 V 法造型机组，在双连体的砂斗下，装有雨淋加砂；砂斗右边装有移动式电加热覆膜机，喷涂及涂料烘干机和安放空砂箱；砂斗的左边有刮砂盖膜、上下箱液压起模机，下箱翻箱后吊至铸型台车上进行修型、下芯、而合箱用车载真空泵随铸型吊至浇注区，进行浇注和保温。冷却后的铸型吊至落砂罩内处理，空砂箱经过回箱辊道返回造型处。旧砂经砂处理设备处理，经带式输送机进入造型砂斗。

采用罗茨真空泵共 5 台（高压 4 台，低压 1 台）。高压罗茨真空泵，风压 −60kPa（−450mmHg），风量 120m³/min，功率 220kW×4P×1 台；低压罗茨真空泵风压 −30kPa，袋式除尘器的处理风量 60000m³/h，风压 3920Pa。车载真空泵风压 30kPa，风量 20m³/min，功率 22kW×4P×1 台。涂料烘干机采用热风烘干方式，可手动移动旋转。吸入的空气温度 5℃以上，热风吹出温度 95℃以上，热风风量 36m³/min，功率 2.5kW。

在标准状态（1 个大气压）下每个砂箱所需吸风量：

造型	4.4m³/min	高压
浇注	8.3m³/min	高压
冷却	8.0m³/min	低压
落砂	8.0m³/min	低压
覆膜成型	8.5m³/min	高压

2. 主要技术参数

① 造型生产率	15min/型（即 4 型/h）	
② 工作时间	10h/d	

③ 铸件名称　　　　　　　　叉车配重

　　　材质　　　　　　　　　灰铸铁

　　　重量　　　　　　　　　平均 2500kg

　　　最大重量　　　　　　　5000kg/型

④ 砂箱内尺寸　　　　　　　2300mm×1600mm×600mm/850mm

⑤ 砂处理量　　　　　　　　39t/h

⑥ 铸型的重量（包括砂箱、型砂和铸件的总和）

　　　上砂箱　　　　　　　　2050kg

　　　下砂箱　　　　　　　　2750kg

　　　上型砂　　　　　　　　3600kg

　　　下型砂　　　　　　　　5000kg

　　　最重铸件　　　　　　　5000kg

　　　合计　　　　　　　　　18400kg

⑦ 覆膜机尺寸　　　　　　　2500mm×1800mm

　　　　　　　　　　　　　　上箱覆膜行程高 650m，下箱覆膜行程高 400mm

⑧ 砂箱数目　　　　　　　　62 号筛

⑨ 铸件冷却时间　　　　　　浇注后解除真空最长时间 10h

　　　　　　　　　　　　　　高压换低压的切换时 15～10min

　　　　　　　　　　　　　　浇注至落砂时间 15h

⑩ 浇注温度　　　　　　　　1240～1290℃

⑪ 铸件落砂温度　　　　　　600℃

⑫ 落砂时的砂温　　　　　　300～380℃

⑬ 冷却后的砂温　　　　　　55℃以下

⑭ 使用辅材

a. 薄膜（见表 7-1）

表 7-1　薄膜参数

薄膜	材质	幅宽/mm	厚度/mm	每卷长度/mm
上、下型面膜	EVA	1700	0.1～0.12	100
上、下型背膜	PE		0.02～0.03	

b. 型砂　　　　　　　　　　种类：硅砂

　　　　　　　　　　　　　　粒度：AFS 90（日本）　70～140 号筛（山西）

　　　　　　　　　　　　　　水分：0.1%以下

　　　　　　　　　　　　　　砂总量：≈600t

c. 涂料　　　　　　　　　　石墨涂料

⑮ 电气　　　　　　　　　　电压 220V

　　　　　　　　　　　　　　必要电力量：90kW·h

⑯ 压缩空气　　　　　　　　压力：0.5～0.6MPa

　　　　　　　　　　　　　　使用量：10m³/min

⑰ 供水量（见表 7-2）

表 7-2　供水量参数

名称	使用水量/L·min⁻¹	入口温度/℃	出口温度/℃	水压/MPa
砂冷却流化床	1800	<32	≈57	0.10～0.12
液压站	501		≈38	

⑱ 操作人员　　　　　　　　造型　　　4 名

　　　　　　　　　　　　　　搬运　　　2 名

　　　　　　　　　　　　　　合计　　　6 名

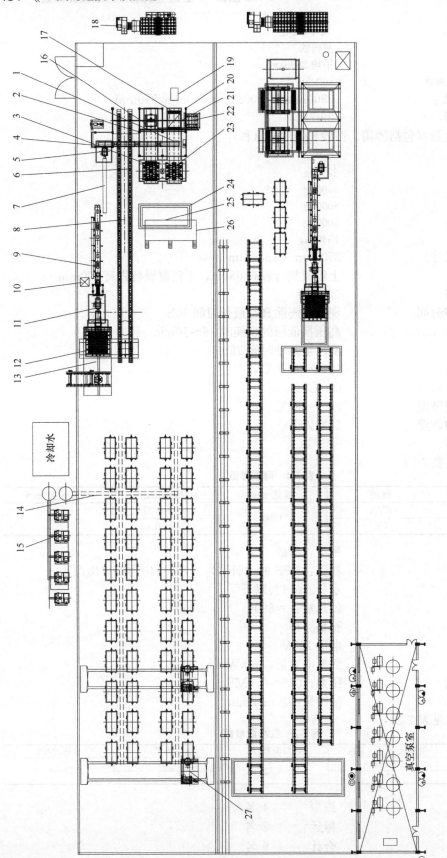

图7-16　梭动式V法铸造生产线

1—雨淋加砂机；2—砂斗；3—上箱起模机；4,6,7—带式输送机；5,11—斗式提升机；8—空砂箱回程辊道；9—卧式流化床；10—振动筛分机；12—螺旋输送机；13—作尘器；14—高低压真空管道；15—真空泵；16—上箱振实台；17—木质振实台；18—除尘器；19—涂料处理器；20—下箱台车；21—涂料烘干；22—覆膜机；23—下箱起模机；24—铸型行走台车；25—合箱机；26—修型下芯；27—车载真空泵

五、双排一字形Ｖ法铸造生产线

成都成工工程机械井研铸造有限责任公司自行设计的生产汽车铸钢桥壳Ｖ法铸造生产线，如图7-17所示。

它是由并列的一条上箱Ｖ法造型线和一条下箱Ｖ法造型线组成，两线之间是上、下模板模样输送辊道。模样分别进入上、下箱的过渡车上进行覆膜，而后在上、下箱造型线上完成喷涂料、放空砂箱、涂料烘干、放冷铁、加砂振实等。而后由机械手进行起模翻箱，下箱翻箱后放在带托板的过渡车上，托板连同下箱由过渡车运至下芯辊道上，进行修型下芯后经过渡车至上箱轨道上，由上箱的机械手将上箱起模而后移至合箱位置与下箱合箱，再由过渡车移至浇注区。过渡车带有真空管道系统，使上、下箱保持真空状态，在浇注区有就地真空管道与砂箱连接。浇注后的铸型经冷却保温后，通过液压推杆将铸型输送至落砂区落砂。

砂处理系统包括振动输送机、悬挂磁选机、斗式提升机、振动筛分机、流化床。型砂最终经斗式提升机、带式输送机送入造型砂库。

真空泵房及真空系统和除尘器及除尘管道系统，以及砂处理系统均设在厂房外。

全线的主要技术参数：

生产纲领	10000t/年
造型生产率	15min/型，即4型/h
砂箱内尺寸	2000mm×1400mm×360mm/320mm

六、二工位转台式Ｖ法铸造生产线

日本新东公司设计一条生产汽车桥壳Ｖ法生产线，该生产线包括二工位转台式造型机、砂处理、真空泵、通风除尘及电气控制系统5个部分，如图7-18所示。

1. 工艺流程及主要设备

主机由二工位转台式造型机组成。在转台的第Ⅰ工位实现上、下箱的覆膜成型、喷涂料、涂料烘干、放砂箱；在第Ⅱ工位完成加砂振实、刮砂盖膜等工序。翻箱和铸型运输采用车载真空泵吊装完成。二工位转台造型机由气缸驱动完成转台旋转。转台直径为$\phi5400mm$，载重量为5t。在造型的工位上均装有负压箱、模板、模样等，可随转台旋转。在造型第Ⅰ工位上，移动式自动覆膜机在平行的支承架上，由电机驱动平行移动，覆膜机上设有电加热器，给薄膜加热。气缸驱动覆膜架，上、下移动进行覆膜成型。而后用手提式喷涂机进行喷涂料，再由可旋转的涂料烘干机进行涂料烘干。空砂箱经辊道吊放置在台车上，并由旋转吊将砂箱放在模板上。转台旋转180°至造型第Ⅱ工位，此工位设有振实台，台面尺寸为1500mm×2000mm，载重量3.7t。当振实台的空气弹簧充气时，将负压箱等抬起至雨淋加砂口对接，向砂箱加砂振实，而后盖膜抽真空。顶箱机起模，气动砂箱移动装置将砂箱移动至平台小车上，翻箱机将砂箱起模并进行翻箱检查后，将下箱放至电动台车上（台车尺寸2300mm×1700mm，载重4.7t）进行修型、下芯等工序，上箱检查后便可进行合型，台车移至工作位置，由车载真空泵将铸型吊至浇注区，等待浇注。整个造型转台均由电气控制程序运作。

浇注后的铸型，放在电动台车（台面尺寸2800mm×2300mm，载重6.3t）上运至落砂吸尘罩（6900mm×4100mm×5830mm）内进行落砂。旧砂落至吸尘罩下的砂斗里，经螺旋给料机、斗式提升机、振动筛分机进入旧砂冷却流化床。冷却后的旧砂经斗式提升机、风动

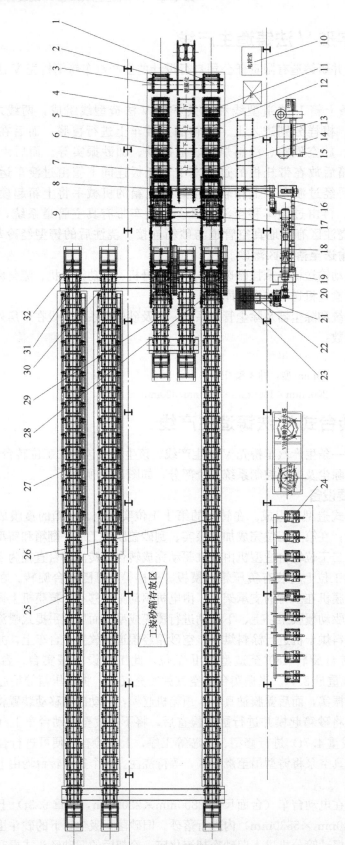

图 7-17　双排一字形 V 法铸生产线

1,3—上下型板过渡车；2—覆膜；4,11—喷涂料；5,12—扣空砂箱；6,7,13,14—涂料烘干；8,16—雨淋加砂；振实；9,17—起模，模板车复位；10—电气控制室；15—除尘器；18—空箱回箱辊道；19—流化床；20—斗式提升机；21—悬挂磁选机；22—振动筛分机；23—落砂格子板；24—真空泵；25—冷却保温辊道；26—铸型输送辊道；27—浇注辊道；28—翻箱道；29—下芯；30—合箱机；31—摆渡车；32—液压准箱机

斜槽进入砂斗里。砂斗中的旧砂经风动斜槽、斗式提升机，进入造型砂斗里。旧砂经再生处理后，可实现循环使用。

真空系统由 2 台水环式真空泵（风压－45kPa，抽风量 $Q=90\mathrm{m}^3/\mathrm{min}$，动力 150kW）、2 台真空过滤除尘器、真空管道及控制阀门组成。

落砂吸尘罩接有通风的除尘管道。旧砂冷却流化床及其他机运设备均有除尘管道连接，并经袋式除尘器（处理风量为 30000m³/h，功率 37kW）过滤后排至大气。除尘器收集的粉尘经低压气力输送，压送至集中灰斗里。

整个 V 法生产线，设有集中电气控制柜，采取 PLC 自动/手动程序控制，造型转台处设有手动就地按钮，便于工人操作。

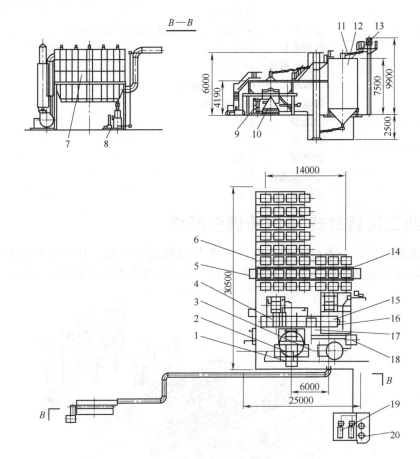

图 7-18　二工位转台式 V 法铸造生产线

1—涂料烘干机；2—自动覆膜机；3—振实台；4—翻箱机；5—铸型台车；6—真空管道；
7—除尘器；8—发送罐；9—造型砂斗；10—二工位转台造型机；11—风动斜槽；12—贮砂斗；
13—斗式提升机；14—车载真空行车；15—螺旋输送机；16—落砂室；17—水冷流化床；
18—振动筛分机；19—真空泵；20—真空过滤器

2. 主要技术参数

造型生产率	10min/型，即 6 型/h
作业时间	7.5h/d
最大铸件重量	1600kg
砂箱内尺寸	2100mm×1500mm×300mm/350mm

砂处理量	23t/h	
下芯时间	3.5min	
浇注铸型数量	20	
铸件冷却时间	浇注后真空由高压转低压 3～5min	
	浇注后至落砂时间 120min 以上	
使用辅材	①涂料	醇基涂料
	②薄膜	EVA 1600mm×0.075～0.1mm
		PE 2400mm×0.02mm
	③型砂	硅砂
		粒度 100 号筛
		砂量 90t
动力消耗	①压缩空气	7～8m³/min（压力：0.52～0.6MPa）
	②给水量	950L/min
	入口温度	32℃以下
	水压	0.1～0.12MPa
	③电力	410kW·h
操作人员	①造型	1人
	②下芯	2人
	③浇注	2人
	④砂箱搬运	1人
	⑤铸件取出	1人

七、四工位转台式 V 法铸造生产线

日本新东公司设计一条自动四工位转台式 V 法铸造生产线，用于生产钻井铸件，如图 7-19 所示。4 个造型模板（上、下箱各 2 个）交替安放在四工位转台上。第 I 工位：覆

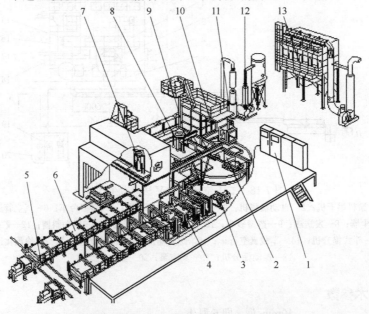

图 7-19　自动四工位转台式 V 法铸造生产线

1—电控柜；2—四工位转台 V 法造型机；3—顶箱推杆；4—机运辊道；5—过渡小车；
6—砂箱；7—砂箱移动机构；8—合箱机；9—砂处理系统；10—造型砂斗；
11—薄膜加热器；12—真空泵及过滤器；13—除尘器

膜；第Ⅱ工位：喷涂料及烘干；第Ⅲ工位：放砂箱；第Ⅳ工位：加砂振实。操作程序：下箱模板在第Ⅰ工位进行覆膜，转台旋转 90°进行喷涂料及涂料烘干；转台旋转 90°由机械手将回箱辊道上的空砂箱放在型板上，转台再旋转 90°进入砂斗位置，砂斗下有雨淋加砂机，当振实台的空气弹簧充气后造型模板升至下砂口进行加砂振实，而后刮砂、盖膜、抽真空、起模、放在真空台车上，由机械手进行翻箱；上箱同样进行上述程序，由机械手进行合型；铸型经带有真空系统的辊道由液压推杆移动进入浇注区；冷却后的铸型进入落砂室，铸件取出，旧砂经砂处理过筛冷却后，经斗式提升机进入造型砂库。

主要技术参数：

生产铸件	钻井件
铸件材质	铸钢
砂箱内尺寸	1300mm×1300mm×310mm/310mm
造型生产率	15min/箱，即 4 箱/h
作业人员	3 人
占地面积	140m²

八、双转台四工位Ｖ法铸造生产线

日本新东公司设计制造的双转台自动Ｖ法铸造生产线，是由分别造上箱和下箱的两个转台式Ｖ法造型机和一个循环式输送小车组成，如图 7-20 所示。第Ⅰ工位：覆膜成型喷涂料；第Ⅱ工位：放砂箱，涂料烘干；第Ⅲ工位：加砂紧实；第Ⅳ工位：起模（翻箱），合箱。下箱机械手除完成起模翻箱外，将下箱移至输送机上，进行下芯后，由上箱机械手完成起模后移至输送机上与下箱合箱。

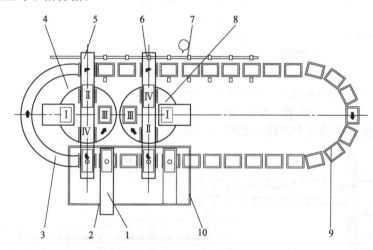

图 7-20　双转台式四工位Ｖ法铸造生产线

1—分箱机；2—铸件送出；3—铸型输送机；4—下箱四工位造型转台；5—下箱起模翻转机；

6—上箱起模合箱机；7—真空管道；8—上箱四工位造型转台；

9—砂箱传送机；10—防尘罩

全线主要技术参数：

砂箱内尺寸	1300mm×1100mm×400mm/400mm
造型生产率	60 型/h
砂处理量	180t/h
操作人员	5 人

九、日本新东公司 V 法铸造生产线

① 叉车配重 V 法铸造生产线，如图 7-21 所示。

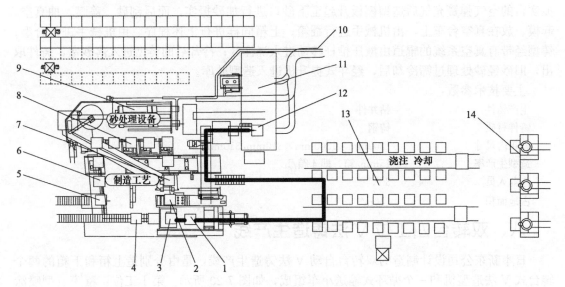

图 7-21　配重 V 法铸造生产线

1—翻箱合箱机；2—覆膜；3—起模机；4—模样模板；5—覆膜成型；6—喷涂料；7—加砂振实；

8—涂料烘干；9—砂处理系统；10—铸件；11—除尘系统；12—落砂；

13—浇注保温；14—电炉

主要技术参数：

铸件名称	叉车配重
铸件单重	2000kg
砂型内尺寸	1600mm×1800mm×400mm/900mm
造型生产率	7min/型，即 8.5 型/h

② 高速自动 V 法铸造生产线，如图 7-22 所示。

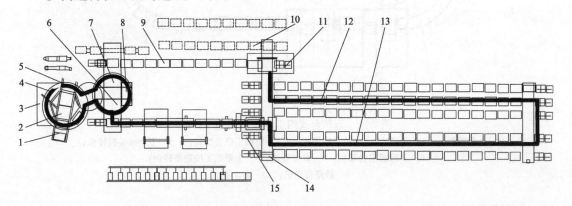

图 7-22　高速自动 V 法铸造生产线

1—覆膜；2—造型转台（1）；3—喷涂料；4—涂料烘干；5—造型转台（2）；6—起模机；7—放空砂箱；

8—加砂振实；9—回箱辊道；10—铸件取出；11—落砂；12—铸型保温冷却；13—铸型浇注；

14—过渡车；15—液压推箱机

主要技术参数：

铸件名称	铁路车配部件
铸件单重	300～600kg
砂箱内尺寸	3000mm×1600mm×500mm/500mm
造型生产率	3min/型，即20型/h

③ 叉车配重V法铸造生产线，如图7-23所示。

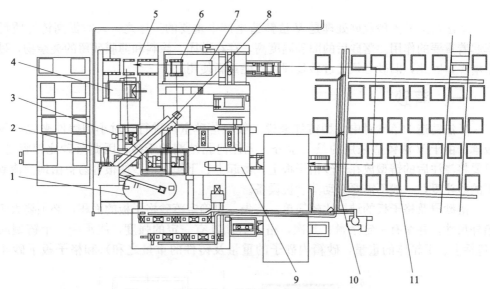

图7-23　叉车配重V法铸造生产自动线

1—砂处理成套设备；2—放空砂箱；3—喷涂料及烘干；4—覆膜；5—模样造型箱；
6—起模机；7—合箱；8—加砂振实；9—落砂；10—真空系统；11—浇注保温

主要技术参数：

铸件名称	叉车配重
铸件重量	2000～3300kg
砂箱内尺寸	2000mm×2000mm×550mm/1200mm
造型生产率	10min/型，即6型/h

④ 半自动V法铸造生产线，如图7-24所示。

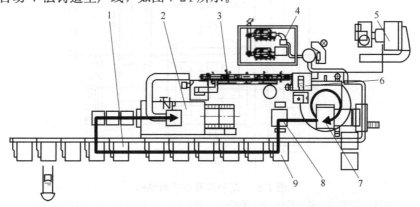

图7-24　半自动V法铸造生产线

1—浇注冷却；2—落砂；3—砂处理；4—真空系统；5—除尘系统；6—雨淋加砂及砂斗；
7—造型转台（覆膜、喷涂料、放砂箱起模）；8—翻箱机；9—合箱机

主要技术参数：

铸件名称	汽车配件
铸件重量	200～1000kg
砂箱内尺寸	2000mm×1900mm×270mm/430mm
造型生产率	15min/型，即4型/h

第四节　落砂及砂处理

　　V法铸造的落砂及砂处理是V法铸造生产中重要的工序之一，对提高铸件质量和生产率起着重要的作用。落砂后的旧砂温度高，存在砂团、涂料和薄膜残留的夹杂物，砂中的灰尘增多，因此，旧砂必须通过砂处理后才能重新使用。

一、落砂

　　V法铸造的落砂对中大型铸件来说一般在落砂室内进行，对小型铸件来说一般采用侧吸罩。由于V法铸造采用的是无水分、无任何黏结剂的干砂，因此落砂比较容易、简单，只要将浇注后的铸型放在落砂格子板上，吊起上、下箱，旧砂便很容易自由地溜流到格子板下的砂斗里，一般不需要振动落砂机设备。

　　落砂罩及格子板的结构比较简单。首先，要确定落砂格子板的面积，必须要大于最大砂箱外尺寸，并留有一定余量；其次，格子必须具有一定的强度，能承受一个铸型的总重量（包括上、下箱体的重量，砂箱内砂子的重量及铸件的重量之和）和格子板下砂斗的总重

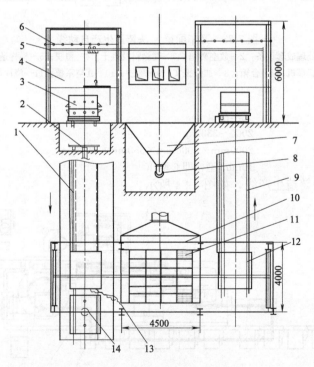

图7-25　落砂罩及格子板结构

1—铸型输送辊道；2—举升平台；3—铸型；4—除尘罩；5—单轨吊；6—喷雾降温降尘装置；
7—贮砂斗（带吸风）；8—螺旋给料机；9—空砂箱回箱辊道；10—侧吸尘罩；
11—落砂格子板；12—回箱台车；13—真空软管；14—托板回程举升平台

（包括砂斗的自重和砂斗存砂的重量之和）；再其次，格子板上应铺设筛网或钢制孔板，筛网 $\phi 4mm$，$20mm \times 20mm$，两层，孔板 $\phi 12 \sim 20mm$，开孔率在 $30\% \sim 40\%$，保证落砂顺畅，防止杂物进入旧砂中，如图 7-25 所示。

大件落砂的格子板上常设有一个带抽风的除尘罩，当铸型在进入落砂室，桥式起重机或单轨吊将上、下箱吊起，旧砂落入砂斗中，空砂箱经回箱辊道送至造型机旁，而铸件吊到电动台车上送至清理工部；小件落砂格子板上设有侧式吸尘罩，用车载真空行车将铸型吊到格子板上落砂，砂箱和铸件用桥式起重机吊运。

V法铸造生产线的落砂工位，如图 7-26 所示。将要落砂的铸型送到辊道上，并进入落砂室，通过真空分离对下箱进行落砂。与真空管路相连的上箱，连同铸件从下箱拉出。当铸件的输送棚格移动到上箱下面时，下箱进入翻箱机。上箱下降，通过去真空进行落砂，然后重新抬起，而铸件停留在铸件输送棚格上。落砂棚格和铸件输送棚格是为了抖落铸件上的砂子，在两个方向上被抬起。铸件输送棚格被运出，上箱落到辊道上，并进入翻箱机，然后同样运出。

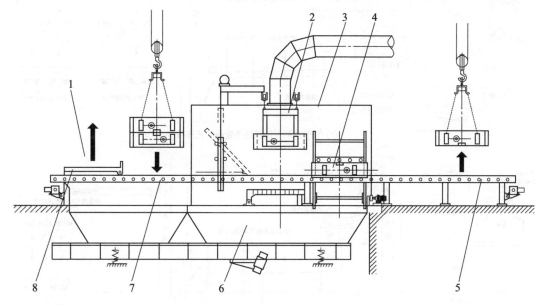

图 7-26　V法铸造生产线的落砂工位
1—取下铸件；2—砂箱夹紧与举升装置；3—落砂间；4—翻箱机；
5—空砂箱返回辊道；6—排砂漏斗；7—辊道；8—铸件取下棚格

二、砂处理的作用及设计要点

1. 砂处理系统的作用

① 用筛分机清除旧砂中烧灼的塑料膜、砂团、铁豆等杂物。

② 用磁选机去除旧砂中的铁片、铁屑等杂物。

③ 用强制冷却的方法将热旧砂冷却，使砂温降至 $50℃$ 以下。

④ 用风选机及除尘器去除旧砂中涂料，砂粒裂解后的粉尘及微细砂粒，提高旧砂的透气性。

⑤ 砂处理系统设有贮存和造型砂斗，贮砂量可以满足至少 $4h$ 以上的造型用量，保证生产的平衡和协调，同时也可以避免造型处地面的堆砂，提高文明生产水平。

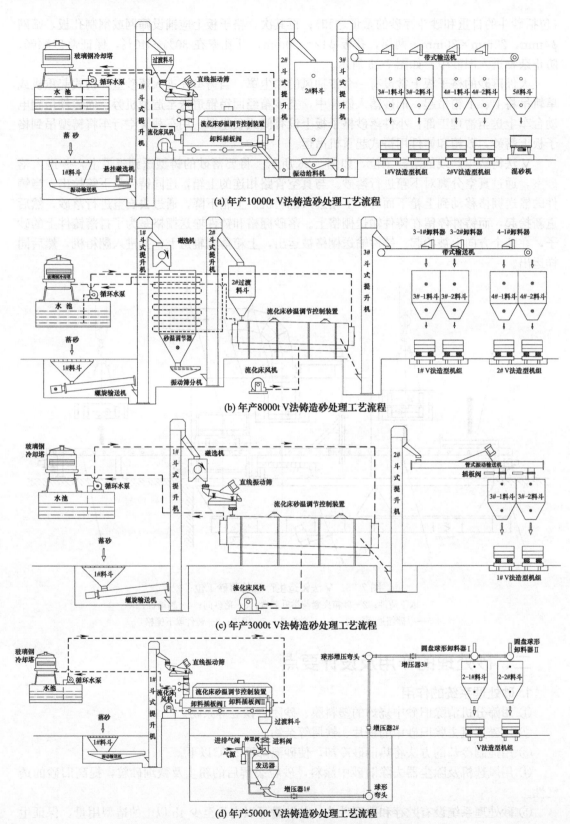

(a) 年产10000t V法铸造砂处理工艺流程

(b) 年产8000t V法铸造砂处理工艺流程

(c) 年产3000t V法铸造砂处理工艺流程

(d) 年产5000t V法铸造砂处理工艺流程

图7-27　V法铸造砂处理系统工艺流程几种形式

⑥ 砂处理系统的机械化运输设备，可提高 V 法铸造生产线的机械化和自动化水平，摆脱对人工的依赖，减轻了体力劳动，改善了生产环境。

⑦ 具有加新砂的地方，方便加砂。

2. 砂处理系统的工艺流程

砂处理系统的工艺流程，如图 7-27 所示。

3. 砂处理系统的设计要点

① 根据用户提出的生产纲领和铸件的工艺要求，确定砂处理系统的工艺流程和设备选型，要做到工艺流程合理、物流畅通、安全环保、设备先进可靠、实用价廉。

② 确定砂处理量（即每小时的用砂量）应根据铸件的日产量、作业班次、砂箱尺寸和熔炼设备等因素，科学、合理、经济地选择，防止砂处理系统投资过大，有效利用率低或不能满足生产节拍，影响造型能力的发挥。

③ Ｖ法铸造的旧砂在处理运输和贮存的过程中都能得到一定的冷却，但砂温降不到 50℃以下，因此必须采取强制冷却的方法。由于 V 法造型材料品种繁多，粒度、密度不一样，在选用冷却方式应根据旧砂的物性而定，有的适用于水冷、风冷式流化床，有的适用于冷却滚筒，有的适用于砂温调节装置，如果旧砂温度较高，可采用二级冷却方法，一级采用砂温调节装置，二级采用流化床。

④ 在砂处理系统中是否选用磁选机，应根据旧砂中铁性杂物的量而定，如果使用振动筛分机或者二级筛分还达不到去铁效果，必须选用磁选机去铁。磁选机分电磁和永磁两种，常采用永磁强磁场，磁场强度应大于 2500 奥斯特❶，如果开箱落砂的温度在 600℃左右，铁屑的温度较高，采用永磁效果较差，可采用电磁机。

三、砂处理常用设备

砂处理常用设备见表 7-3。

表 7-3　Ｖ法铸造砂处理常用设备

设备类别	名称	特点	适用范围
筛分设备	直线振动筛	过筛效率高，激振力可调，进出料口落差小，体积小，重量轻，更换筛网方便。大型筛对基础的动荷较大，故障率较滚筒筛高	适用于旧砂的筛分，用于流化床前过筛和给料作用
	振动筛分机	可实现输送和过筛作用。该筛有两层筛，粗筛可筛除颗粒状杂物，细筛可去除细粉。过筛效率高、振幅可调	用于落砂后热旧砂的输送和过筛作用，应用较广泛
磁选设备	贯通式永（电）磁分离机	滚筒直径较小，可自行排除铁质	用于砂流转卸过程中进行磁分。常用于斗式提升机后旧砂的磁选
	永（电）磁带轮	可兼作带式输送机的传动滚筒，布置紧凑，可自行排除铁质，分离效果好	适用于砂流内层铁质的分离，常作为主要磁选工序应用，目前应用广泛
	带式永（电）磁分离机	分离效率高，可自行排除铁质	用于厚砂层表层铁质的分离。目前应用广泛。常与永（电）磁带轮联合使用
	悬挂式电磁分离器	无运动部件，需人工定期排除铁质	用于砂流表层的铁质分离。常用在振动输送机上分离旧砂中的铁质杂物
	风选磁选机	在贯通磁选机上部设一个风选装置，去除旧砂中粉尘	用于砂流内层铁质的分离，风选去尘

---

❶　奥斯特为非法定计量单位，1Oe（奥斯特）≈80A/m，下同。

设备类别	名称	特点	适用范围
冷却设备	水冷卧式流化床	冷却效果较好,通过风冷及水冷使热砂得到充分交换,砂温可以控制和调节,去灰效果好,结构较复杂,投资较大	适用于生产率不高($<40m^3/h$)、不含水分的热旧砂,冷却效果很好,常用于V法铸造砂处理系统中
	水冷立式流化床	冷却效果好,同时还能去除灰分,与卧式流化床相比砂流为由下而上,热交换充分,体积小,占地面积小,配套结构复杂,投资较大	适合于V法和消失模铸造旧砂冷却
	砂温调节器	在固定砂斗内装有冷却水管通过水管上的散热片与热砂热交换达到冷却目的,如通热水也可提高砂温	作为二级调温设备与一级流化床冷却设备配套,当旧砂温度较高时,采用二级冷却方法,结构简单,能起砂温的控制调节作用
	滚筒冷却机	结构简单,工作可靠,兼有筛分作用,冷却效果较好	适用于中小车间的旧砂冷却,目前有一定应用,并有增多趋势
	垂直振动冷却提升机	对颗粒状、粉状、块状物料均能垂直提升并起冷却作用,占地小、结构简单、能耗低、噪声小,缺点是提升量小	适用于小型V法铸造车间使用提升量不超过10t/h
机械化运输设备	振动输送机	采用振动电机为振源,激振力和振幅可调,输送平稳,运行可靠,适用于热料的输送	适用于落砂后热旧砂的输送,根据输送量来选择不同规格的输送机
	螺旋输送机	整机截面积小,密封性好,运行平稳可靠,维修简便,可水平和垂直输送	适用于落砂后热砂的输送,根据输送量来选择不同规格、不同型号的输送机
	管式振动输送机	是一种全密封的输送设备,具有结构紧凑,占地面积小,隔振性好	用于散性颗粒状造型材料的输送和V法旧砂回收系统的输送
	空气输送槽	因无转动部件,维护方便,无噪声,耗电小改变输送方向方便,可多点喂料,多点卸料	适用铸造车间干燥粉状和颗粒状物料输送和V法的旧砂输送
	气力输送装置	可分为压送和吸送两类,是一种全封闭的输送方法	适用于V法旧砂的输送
	斗式提升机	分板链和带式斗式提升机两种,是一种封闭型提升物料的设备	广泛用于铸造车间各种造型材料的提升和V法的旧砂提升
	带式输送机	具有输送量大,结构简单、维修方便、部件标准化等特点	适用于铸造车间各种物料的输送和V法的旧砂输送

（一）筛分设备

1. 振动筛分机

该机是在带槽形的筛体内装粗、细两层筛网,两台振动电动机安装在筛体的两侧壁,整个筛体座在由底座支承的4个橡胶弹簧上,如图7-28所示。振动电动机振动时带动机体沿

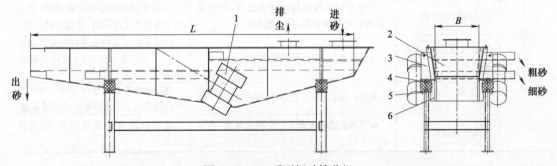

图7-28 S45系列振动筛分机
1—振动电机;2—输送槽;3—肋板;4—复合橡胶弹簧;5—弹簧座;6—侧板

一定方向振动,通过筛网将V法铸造旧砂粗颗粒的砂团及杂物从粗筛筛除,粉状细粉从细筛筛除,实现一机两用。筛网筛号数可根据用户工艺的要求选定,振幅可借助振动电动机的偏块位置来调节,满足用砂量的要求。本机属长形振动筛在V法砂处理系统中,装在落砂砂斗下部起过筛和输送作用,向斗式提升机均匀给料。江阴华天科技开发有限公司生产的振动筛分机的技术参数,见表7-4。

表 7-4 S45 型振动筛分机主要技术参数

型号	名义生产率 /(m³·h⁻¹)	筛体尺寸 (B×L)/mm	筛孔有效面积/m²	工作振幅 /mm	激振力 /kN	电动机功率 /kW	设备重量 /kg(参考)
S454	10～15	400×3000	0.85		20×2	1.1×2	580
S455	15～20	500×4000	1.40		30×2	1.5×2	830
S456	20～25	600×4500	1.90	2.5～3.5	50×2	2.2×2	1240
S458	30～40	800×5000	2.80		63×2	3.0×2	1860
S4510	40～60	1000×6000	4.00		80×2	3.7×2	2450

注:1. 筛网尺寸应根据用户型砂性能要求而定。

2. 选用上海上振振动电机有限公司产品。

2. 直线振动筛

该机是在带槽形的筛体内装有可拆卸的筛网,筛网与水平夹角为2°。两台振动电动机安装在筛体的顶部的支承板上,整个筛体座在由底座支承的四个金属圆柱弹簧上,如图7-29所示。

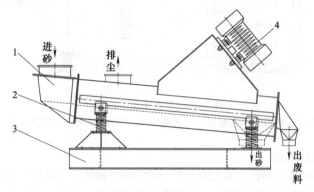

图 7-29 S45A 直线振动筛
1—筛体;2—弹簧;3—底座;4—振动电动机

当旧砂从筛体的进料口进入经过筛后,杂物从侧面的废料槽排出,旧砂由出料口下料。本机属短振动筛,在V法砂处理系统中装在流化床进料口的上部起过筛、输送和均匀给料的作用。江阴华天科技开发有限公司生产的直线的技术参数,见表7-5。

表 7-5 S45A 系列直线振动筛主要技术参数

型号	名义生产率/(m³·h⁻¹)	筛网宽度 /mm	筛孔有效面积/m²	工作振幅 /mm	激振力 /kN	电动机功率 /kW	设备重量 /kg(参考)
S456A	15～20	550	0.50		10×2	0.75×2	450
S457A	25～30	650	0.70	3	16×2	1.10×2	640
S458A	40～50	800	1.20	3.5	20×2	1.50×2	800
S4510A	60～70	1000	1.80	3.5	30×2	2.20×2	1240
S4512A	80～100	1200	2.60	3	40×2	3.00×2	1650

注:1. 筛网尺寸应根据用户型砂性能要求而定。

2. 选用上海上振振动电机有限公司产品。

（二）磁选设备

1. 带式永磁分离机

在旧砂处理中，通常需要通过磁分离机将旧砂中的铁质杂物分离干净，而V法铸造旧砂温度较高（多数情况大于或等于100℃），采用接触式磁分离机往往因砂温度过高而磁性消退。带式永磁分离机是一种非接触式传送带式的磁分离装置，它安装在被选旧砂输送机上方。由于安装在分离机机架上的永磁块的作用，铁质被吸附在分离机的带面上，并被不断运转的胶带运转到分离机头部卸下。该机分离效果好、运行稳定、维护简便。江阴华天科技开发有限公司生产的带式永磁分离机的结构，如图7-30所示。主要技术参数，见表7-6。

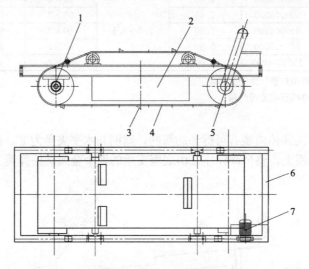

图 7-30　带式永磁分离机

1—尾轮；2—磁条；3—凸棱块；4—传递带；5—链传动机构；6—机架；7—电动机

2. 贯通式永磁分离机

它是一种高效率的磁分离机。通过磁力把旧砂中磁性物质进行吸附，除去旧砂中带磁性的块状及散状杂物，后经刮板刮入废料桶中。并可根据用户要求，将机体制成全封闭结构以便于密封除尘。主要用于V法铸造车旧砂处理系统，一般它装在旧砂转卸接口。江阴华天科技开发有限公司设计制造的贯通式永磁分离机结构如图7-31所示，主要技术参数见表7-7。

表 7-6　带式永磁分离机主要技术参数

型号	适应带宽/mm	额定吊高/mm	磁场强度/×10⁻⁴T	最大物料厚度/mm	最大驱动功率/kW	适应带速/(m·s⁻¹)	工作制	质量/kg	外形尺寸/mm				
									A	B	C	D	E
S995	500	150		80				750	1900	735	935	950	753
S996	600	175		120	1.5			920	2050	780	1030	1100	753
S997	650	200	2500	150		2.5	连续	1200	2165	780	1080	1200	888
S998	800	250		200	2.2			1400	2350	796	1280	1300	1088
S9910	1000	300		250	3.0			2120	2660	920	1550	1400	1335
S9912	1200	350		300	4.0			3350	2860	1010	1720	1550	1515

表 7-7　贯通式永磁分离机技术参数

生产率/(t·h⁻¹)	质量/t	动力/kW	工作方式	磁场强度/Oe	外形尺寸（长×宽×高）/mm
10～30	0.5	0.55	连续式	1500～9000	660×905×800

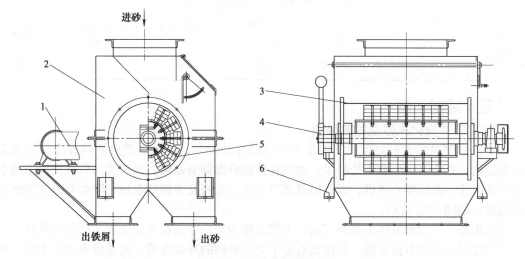

图 7-31　贯通式永磁分离机
1—传动机构；2—机体；3—磁条；4—可调分流板；5—滚筒；6—支承座

3. 风选永磁分离机

它是在贯通式永磁分离机的上部设置一个方形的风箱与分离机一体的结构，如图 7-32 所示。在风箱内有 4 块倾斜的分流板，旧砂在分流板上自由下落时，风箱顶部设有抽风口将旧砂中的粉尘抽走，从而减少旧砂中的粉尘含量，提高旧砂的透气性。抽风口有风量调节阀，用来调节风箱内风速的大小。风量太大，会将旧砂中的砂粒抽走；风量太小，除灰效果不明显。江阴华天科技开发有限公司生产的风选磁选机的技术参数，见表 7-8。

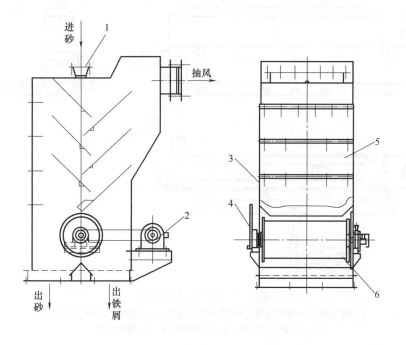

图 7-32　风选永磁分离机结构
1—进砂口；2—驱动机构；3—机体；4—磁极调整手柄；5—分流板；6—永磁分离滚筒

表 7-8　风选永磁分离机技术参数

型号	生产率 /(t·h⁻¹)	气源压力 /MPa	排风量 /(m³·h⁻¹)	磁场强度 /Oe	磁选电动机功率 /kW	工作制
FX-10A	>10	0.5～0.6	2500	>2500	0.75	连续
FX-20A	>20		3000			

（三）冷却设备

1. 水冷卧式流化床砂温控制装置

该装置是 V 法铸造砂处理系统中最为理想的冷却设备，经本装置后使热砂冷却到使用要求的温度，并能去除砂粒中的粉尘，达到良好的砂温调节效果。该装置由带热交换器的水冷卧式流化床、高压离心风机，以及风量调节系统、水箱及水循环系统、除尘及电气控制系统等组成，如图 7-33 所示。

流化床是一个长形室体，分为三层，上层为除尘箱，中间层为流化床，底层为风箱，在中间层与底层之间设有流化板。箱内设有若干交叉排列的冷却水管，两端设有进出水管。热砂从进口进入后，通过高压离心风机产生的压缩空气经底部风箱进入流化床内，风压通过流化板上吹嘴水平喷射，使砂不断翻腾，达到热砂与水管充分热交换，并通过水的循环将热量带入到水池里，实现冷却的目的。出料口大小可调，可控制出砂量。在热交换过程中，沸腾床内的含尘空气可由除尘管道抽出，经除尘器过滤后排到大气中，达到环保要求。

本装置设有砂温控制装置，通过控制出砂闸门实现自动开关，当砂温未达到设定的冷却温度（如小于 50℃）时闸阀关闭，使旧砂连续在流化床内冷却，当砂低于设定温度后闸阀自动打开，放砂，上述联动可实现砂处理线的自动运行，当处理砂量较大时可采用多台流化床并联的方式使用。江阴华天科技开发有限公司生产的水冷卧式流化床砂温调节装置技术参数，见表 7-9。

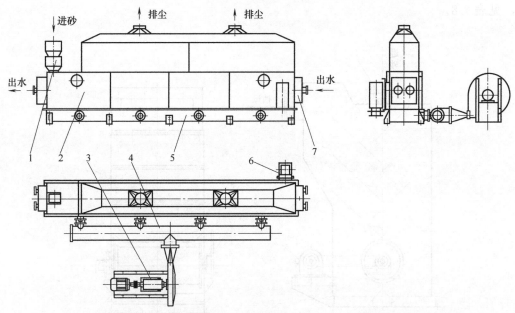

图 7-33　水冷卧式流化床

1—锁气器；2—流化床体；3—高压离心风机；4—进风管及风量调节阀；

5—风箱及流化板；6—出砂插板阀；7—冷却水管

2. 水冷卧式流化床冷却装置

该冷却装置是另一种结构的水冷卧式流化床冷却设备，具有良好的冷却和除灰功能。特

表 7-9　水冷卧式流化床砂温控制装置主要技术参数

型号	输送长度/mm	生产率/(t·h⁻¹)	动力/kW	外形尺寸(长×宽×高)/mm	进出料口高度/mm	卸料形式	安装斜度/(°)	风量/(m³·h⁻¹)	全压/MPa	水量/(m³·h⁻¹)
S8910	4000	8~15	18.5	4344×1854×2434				2612	11594	25
S8920	5000	15~25.0	30.0	5344×1854×2434	1850	左/右	0/100/200/300	2887	16023	30
S8930	6000	25~35.0	45.0	6344×1854×2434				4138	20558	50
S8940	7000	35~45.0	55.0	7344×1854×2434				4775	20054	60

殊设计的布风机构及风箱结构，确保流化床冷却效果及床层的正常运行，设备可靠，维护方便。

冷却装置主要由鼓风机及风量调节阀、流化床、布风器、风箱、支架、温度传感器等组成。整个系统需配除尘系统。该装置的特点是：多组独立风箱可分别调节风压风量，方便拆卸的风箱设计，方便维护，特殊布风机构及参数可满足不同旧砂粒度要求等。

当起始砂温大于或等于 200℃时，需要考虑采用两种及两种以上的冷却设备组合使用。例如落砂斗预冷＋流化床或者流化床＋砂温调节器。江阴华天科技开发有限公司生产的冷却装置，如图 7-34 所示。主要技术参数，见表 7-10。

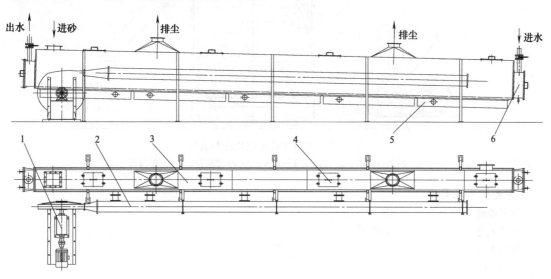

图 7-34　水冷卧式流化床冷却装置
1—高压离心风机；2—进风管；3—箱体；4—观察盖板；5—水箱室；6—进水水箱

表 7-10　水冷卧式流化床冷却装置主要技术参数

型　　号	S89A05	S89A10	S89A15	S89A20	S89A30
生产率/(t·h⁻¹)	5	10	15	20	30
抽风风量/(m³·h⁻¹)	2000	3000	5000	6000	8000
冷却水量/(m³·h⁻¹)	20	20	30	50	60

续表

型　　号	S89A05	S89A10	S89A15	S89A20	S89A30
进口水压/MPa	0.15	0.15	0.15	0.15	0.15
进水温度/℃	≤25	≤25	≤25	≤25	≤25
最高进砂砂温/℃	150	150	150	150	150
冷却后砂温/℃	≤50	≤50	≤50	≤50	≤50
风机功率/kW	7.5	18.5	22.0	30.0	37.0
外形尺寸(长×宽×高)/mm	5.6×1.6×2.0	6.6×1.6×2.0	8.6×1.6×2.0	10×1.6×2.0	12×1.6×2.0

3. 水冷立式流化床冷却装置

该装置是一种新型 S89B 型水冷立式流化床砂冷却设备，除有水冷卧式流化床的优点外还具有热交换充分、冷却效果好、占地面积小、设备运行可靠等优点。经过江阴华天科技开发有限公司的反复试验和不断地提高，该装配正式用于生产，具有知识产权并已获得实用专利（专利号 2012 2028 7177.0），如图 7-35 所示。

立式流化床具有独特的结构：底部是风箱，风量可调，风箱上为流化板（网），床体被隔为左右两部分，当旧砂从左床体上的进料口进入后，砂向下流动与水管充分地热交换，经底部的通道反向，由下向上流动与水管热交换后至出料口排出。

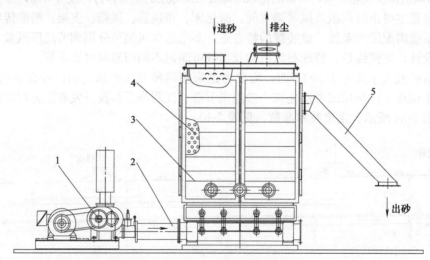

图 7-35　水冷立式流化床冷却装置

1—罗茨鼓风机；2—风管；3—床体；4—冷却水管；5—出料溜管

主要技术参数：

处理砂量	15～25t/h
风机风量	5000m³/h
冷却水量	40m³/h
进水温度	≤25℃
压力	0.15MPa
进口砂温	大于 150℃
出口砂温	不大于 50℃
风机功率	45kW

4. 水冷卧式流化床的设计及计算

热旧砂的冷却装置是 V 法铸造砂处理系统的重要设备。其设计计算包括水冷卧式流化床的流体力学计算和热砂与冷却排管接触碰撞传热的传热学计算。

（1）流态化流体力学计算：流化床是一种使颗粒状热砂通过与气体接触而转变成类似流体状态的方法。气体在低流速下向上流过颗粒床层，形成固定床。如果流速较大，颗粒就会在流体中悬浮，形成流态化；若流速很高，颗粒就会随流体带走。

固定床与流态化床的分界点称为流态化临界速度 u_{mf}。这时床层的空隙率称为临界空隙率，也即颗粒的自然堆积时的空隙率 ε_{mf}。

临界流化速度可用厄冈（Ergun）方程求出。对于像 V 法造型用的小颗粒砂，雷诺数 $Re = d_s \rho_a u_{mf}/\mu < 20$ 时，临界流化速度可用下式计算：

$$u_{mf} = \frac{(\Phi_s d_s)^2 (\rho_P - \rho_a) g \varepsilon_{mf}^3}{150 \mu (1 - \varepsilon_{mf})} \tag{7-1}$$

式中　μ——气体动力黏性系数，kg/(m·s)；

　　　d_s——砂粒的直径，m；

　　　ρ_P——砂粒的真空密度，kg/m³；

　　　ρ_a——空气的密度，kg/m³；

　　　g——重力加速度，kg/s²；

　　　Φ_s——砂粒表面形状系数，对不规则形状颗粒取 $\Phi_s \approx 0.9$；

　　　ε_{mf}——流化床临界空隙率。

根据空隙率的定义 ε_{mf} 可用下式求得：

$$\varepsilon_{mf} = \frac{V_O}{V} = \frac{V - V_P}{V} = 1 - \frac{\rho_s}{\rho_P} \tag{7-2}$$

式中　V_O——砂粒堆积空隙体积，m³；

　　　V——砂粒堆积总体积，m³；

　　　V_P——砂粒所占体积，m³；

　　　ρ_s——砂粒堆密度，kg/m³（常温时取 1440kg/m³）；

　　　ρ_P——砂粒真空密度，kg/m³（常温时取 2600kg/m³）。

流化床的实际操作速度必须大于临界流化速度。操作速度的确定，目前还没有较准确的理论计算公式。根据经验，操作速度为：

$$u = (3 \sim 6) u_{mf} \tag{7-3}$$

操作速度确定之后，根据流化床的床层截面积大小就可以定出流化床所需的风量。

当流化床的流速提高到所要求的实际操作速度后，床层膨胀，高度增加，空隙率也增加，但气体穿过床层颗粒缝隙的实际流速 u_f 并不增加。这是因为随着空床速度 u 的提高，流化床在胀大，使得颗粒间缝隙截面也跟着增加的缘故。在计算中，由于容器器壁而产生的阻力损失，可以认为流化床内的气体阻力损失并不因空床流速的提高而变化。气体的压降只用于托起固体颗粒，所以这时流体对流化床的压力 $\Delta P_2 A$ 与床层颗粒的重力 $HA(1-\varepsilon)\rho_P g$ 及气体对颗粒的浮动 $HA(1-\varepsilon)\rho_a g$ 达到平衡，即：

$$\Delta P_2 A = HA(1-\varepsilon)\rho_P g - HA(1-\varepsilon)\rho_a g$$
$$\Delta P_2 = H(1-\varepsilon)(\rho_P - \rho_a) g$$

因为 $\rho_P \gg \rho_a$，则：

$$\Delta P_2 = H(1-\varepsilon)\rho_P g \tag{7-4}$$

式中　ΔP_2——流化床层压力降，Pa；

　　　A——床的横截面积，m²；

　　　H——流化床层高度，m；

ε——流化床层空隙率。

流化床在操作速度 u 下的空隙率可用下式求得：

$$\varepsilon=\frac{(18Re+0.36Re^2)^{0.21}}{A_r} \tag{7-5}$$

式中 Re——颗粒的雷诺数，$Re=\rho_a u d_s/\mu$；

A_r——基米德数，$A_r=d_s^3(\rho_P-\rho_a)g\rho_a/\mu^2$。

整个流化床的压力降应该还包括透气层的压力降 ΔP_1，根据有关资料查出：

$$\Delta P_1/\Delta P_2=0.02\sim0.5$$

考虑到流化床工作的可靠性，加上动力消耗增加后，所需的风机风压还在通风机的参数范围内，功率消耗不大，设计时取：

$$\Delta P_1=0.5\Delta P_2 \tag{7-6}$$

这样整个流化床的压力降为：

$$\Delta P=\Delta P_2+\Delta P_1=1.5\Delta P_2 \tag{7-7}$$

冷却排管的阻力损失很小，一并考虑在透气层压力降 ΔP_1 中，所以 ΔP_1 也可叫作流化床综合阻力。

(2) 热力学计算：流化床的热力学计算主要是要求出一定量的热砂要求达到的冷却后温度所需要的换热面积。而求出换热面积可求出水在冷却排管内的放热系数和流态化的热砂对冷却排管的综合给热系数。另外还需查出管内水垢热阻。热砂对冷却排管的换热占整个换热的 96% 以上。流化床内空气只起流化作用，传热效率很低，可忽略。另外计算中还忽略了热砂对床壁的换热。这些换热量可作为工程计算裕量考虑。

① 水管内放热系数。水在管内流速一般要求为 0.3～1.5m/s。为减少动力消耗，在满足换热要求冷却水用量的情况下取下限值。但是，由于此种换热热阻较大，换热面需要大，冷却排管数多，造成管内流动的雷诺数处在过渡区，放热规律是多变的。按有关常规形式的放热准则方程式计算，误差太大，而按柯尔朋类比律关系式，试算日本新东公司的流化床较接近于实际，故用它来估算放热系数。

对于光滑管 $L_{ti}/d_{ti}>60$，当 Re 在 $10^3\sim2\times10^5$ 范围内时：

$$S_{tf}P_{rm}^{2/3}=0.0395Re_m^{-1/4} \tag{7-8}$$

用管内平均温度 t_f 作为定性温度的斯坦登（Standon）准则，则放热系统数 S_{tf} 可表示为：

$$S_{tf}=a/(u_水 C_水 \rho_水)$$

式中 $u_水$——水的流速；

$C_水$——水的比热容；

$\rho_水$——水的密度；

P_{rm}——用壁温和管内温度的平均值作为定性温度 t_m 的普朗特准则，$t_m=(t_f+t_w)/2$；

Re_m——用 t_m 作为定性温度的雷诺数。

② 流化热砂对冷却排管的综合给热系数。流化热砂对冷却排管的综合给热是一个复杂的换热过程。目前还处在试验研究阶段。但国内外学者的不断探索，在实验的基础上给出了不少的关系式，给出了在工程上有用的近似计算。这里采用符里登伯格的关系式。对于水平排列管，当 $d_{ti}\rho_a u/\mu<2000$ 时有：

$$\frac{h_w d_{ti}}{K_a}=0.66\left(\frac{C_a u}{K_a}\right)^{0.3}\left[\frac{d_{ti}\rho_a\times u\rho_P(1-\varepsilon)}{\mu\times\rho_a\varepsilon}\right]^{0.44} \tag{7-9}$$

式中 h_w——热砂与冷却排管的给热的综合给热系数，$W/(m^2\cdot℃)$；

d_{ti}——排管管径，m；

K_a——空气热导率，J/(m·s·℃)；

C_a——空气比热容，J/(kg·℃)。

另外，冷却排管内水垢热阻 R_m 可从有关资料中查出。

③ 换热面计算。由于管壁较薄，热阻小可忽略不计，近似按平壁计算。故流化床内的传热系数为：

$$K=\frac{1}{(1/a+R_m+1/h_w)} \tag{7-10}$$

换热面积 F 为：

$$F=\frac{Q}{K\ln\Delta T} \tag{7-11}$$

式中　Q——所需换热量，J；

$\ln\Delta T$——对数平均温差，℃。

$$Q=GC_P\Delta T \tag{7-12}$$

式中　G——单位时间需冷却热砂量，kg/s；

C_P——砂子比热容，J/(kg·℃)；

ΔT——进出口温差，℃。

$$\ln\Delta T=\frac{\Delta T''-\Delta T'}{\ln\left(\dfrac{\Delta T''}{\Delta T'}\right)} \tag{7-13}$$

式中　$\Delta T''$——两流体较大温差端温差，℃；

$\Delta T'$——两流体较小温差端温差，℃。

为了提高换热效率，常采用逆流式换热，求出换热面积，按流化床的结构设计，便可定出冷却排管数 n，管径 d_{ti} 以及管长 L_{ti}：

$$n=\frac{F}{\pi d_{ti}L_{ti}} \tag{7-14}$$

根据上述的计算公式，对日本新东公司的流化床进行了试算，所得风量、风压和换热面积等参数与新东公司所给出的参数十分接近。

5. 砂温调节装置

该装置除了能够起到降温作用外，还可通过循环热水而升温，起到调节砂温的作用，如图 7-36 所示。它是利用砂子与冷水管的直接热交换来调节旧砂的温度。为了提高热交换效率，在水管上设有很多散热片，通过测温仪表和料位控制器等监测手段，自动控制进砂和出砂量，出砂温度可控制在预先设定的温度下。由于Ⅴ法铸造中采用的是无黏结剂的干砂，流动性好，冷却效果较好。

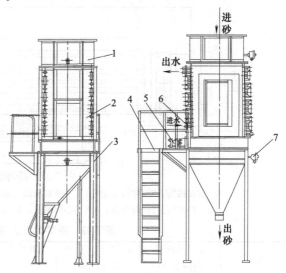

图 7-36　砂温调节器安装示意图

1—砂斗；2—热交换器；3—机架；4—平台；
5—砂流闸板；6—冷却水管；7—料位控制器

在Ⅴ法铸造中，砂温调节装置一般作为二级调温设备（卧式及立式流化床装置或冷却滚筒或垂直振动提升机等可作为一级冷却设备），安放在振实台前一个砂斗的下方，控制最后的砂温。该装置对水温有一定要求，一般进口水温应控制在 25℃ 以下，因此，循环水系统需配置冷却塔或制冷水机组，或在夏天高温时节向冷却水池添加冰块确保降温效果。江阴华天科技开发有限公司生产的砂温调节装置的主要技术参数，见表 7-11。

表 7-11　砂温调节装置主要技术参数

生产率/(t·h⁻¹)	5	10	15
生产率/$(t \cdot h^{-1})$	5	10	15
热交换面积/m^2	190	385	400
循环水压力/MPa	0.25	0.25	0.25
循环水耗量/$(m^3 \cdot h^{-1})$	20	20	30
压缩空气压力/MPa	＞0.4～0.6	＞0.4～0.6	＞0.4～0.6
外形尺寸(长×宽×高)/mm	2120×1550×3430	3230×2150×3950	3430×2350×4150
净重(无砂)/kg	约 3450	约 4400	约 8350

注：与砂温调节装置配套的有砂温检测装置、水泵及水循环系统。

6. 冷却滚筒机

该机是冷却旧砂的设备，旧砂通过滚筒后将热砂冷却，且能除去砂粒中的部分粉尘，达到良好的冷却再生效果。

冷却滚筒机工作原理，如图 7-37 所示。热砂经进料口进入旋转的冷却滚筒内，被挡砂刮板强烈地搅拌和抛起，并在刮板的作用下缓慢前进，与此同时，滚筒内强烈抽风，及滚筒内外连续的雨淋喷水，增湿后与砂进行热交换，湿热带尘的空气迅速排出，达到了热砂冷却的目的。滚筒内喷不喷水主要取决于旧砂的温度，如果温度较高在进砂口处可喷水，但水量必须严格控制，保证出砂口的旧砂含水量不得超过 0.5%。为了使滚筒降温也可将滚筒直径 1/4 的体积放在冷却水池里，水池水是循环使用，这样旧砂的冷却效果会更好。

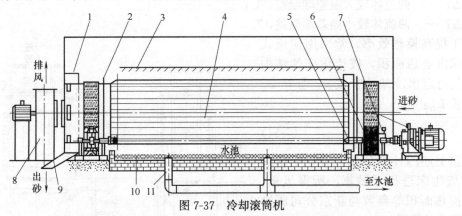

图 7-37　冷却滚筒机

1—传动机构；2—轮胎主动轮；3—喷水水循环系统；4—冷却滚筒主体；5—万向联轴器；
6—挡水板；7—除尘罩；8—离心引风机；9—出砂口；10—水池；11—回水管及水泵

表 7-12　冷却滚筒机的主要技术参数

型号	名义生产率/(t·h⁻¹)	滚筒尺寸(直径×长)/mm	滚筒转速/(r·min⁻¹)	筛孔尺寸/mm	电机功率/kW	设备重量/t
S8410	10～15	1200×5000		15×50	4.0	4.5
S8415	20～30	1400×5000		15×52	5.5	5.2
S8430	35～40	1600×6000	8～12		7.5	5.8
S8460	50～60	2000×7000		15×50	7.5	7.5
S8480	70～80	2240×8000			11.0	8.8

注：与 S84 型冷却滚筒相配套的有旧砂温度及含水量测定装置、自动加水装置、水泵及水循环系统等。

该机采用 16Mn 钢板焊接，由两组弹簧支架支承，其旋转是由两组轮胎共 4 只组成的驱动机构，主动轮胎的传动由减速电动机经万向联轴器连接。整个设备结构简单、能耗低、运行可靠、维修量少，但占地面积大，热交换效率低。江阴华天科技开发有限公司生产的冷却滚筒技术参数，见表 7-12。

7. 三回程冷却滚筒装置

该装置是根据三回程烘砂滚筒演变而成，将热风改为冷风，由冷风与热砂在滚筒内充分地热交换达到旧砂冷却的目的，如图 7-38 所示。它的工作原理与冷却滚筒完全相同，滚筒结构采用三回程方式，减短了滚筒的长度，具有占地面积小、结构紧凑、工作可靠、效率高等特点。滚筒是由传动系统的滚轮托住绕在滚筒体上的导轨，靠滚轮与导轨之间的摩擦带动滚筒转动。它主要由锥度为 1∶10 和 1∶8 的 3 个大小不等的锥筒套制而成。

工作时，砂子沿锥筒小端向大端运动，最后经大锥筒的大端排出。配以料斗、给料机、除尘器、抽风机、振动筛等，可组成一个完整的旧砂冷却系统。

该设备用于旧砂冷却，一般降温幅度可达 50～80℃，可与其他冷却设备组成有效降温系统。

三回程冷却滚筒主要技术参数见表 7-13。

表 7-13　三回程冷却滚筒装置主要技术参数

型号	ZY-S622	ZY-S623	ZY-S625	ZY-S628
生产率/(t·h^{-1})	3	4	5	6～8
滚筒转速/(r·min^{-1})	8.0	8.0	6.5	9.8
滚筒最大直径/mm	1000	1660	2080	2080
降温幅度/℃	50～80	50～80	50～80	50～80
主电动机功率/kW	2.2	3.0	5.5	5.5

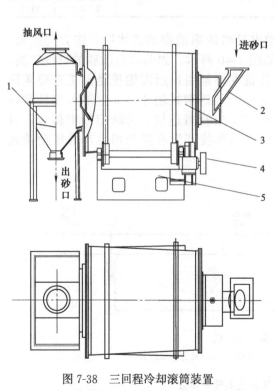

图 7-38　三回程冷却滚筒装置
1—排砂漏斗；2—进砂口；3—三回
程滚筒；4—传动机构；5—底座

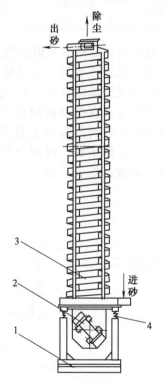

图 7-39　垂直振动冷却提升机
1—底座；2—振动电动机；
3—提升机；4—弹簧

8. 垂直振动冷却提升机

该提升机是由提升槽、振动电动机、减振系统和底座等组成，如图 7-39 所示。它是采用振动电动机作为振动源，两台型号相同的振动电动机中心线交叉一定角度安装在提升槽两侧，并做相反方向自同步旋转，电动机上的偏心块在旋转时所产生的离心力的分力沿抛掷方向做往复运动，当支承在减振器上的整个机体不停振动，使物料在提升槽内被抛起的同时向上运动，物料落入料槽后，又开始被抛起，此时可以使物料与空气充分接触，还可以起到散热冷却的作用。该机分敞开式和封闭式两种结构。占地面积小、结构简单、维修方便、出料口方向可任意选择，便于自动化作业；能耗低，噪声小，封闭式垂直输送机有利于改善工作环境、减少污染。缺点是提升量小，因此，适合于小型 V 法铸造的砂处理系统，作旧砂冷却提升之用。振动垂直提升机的主要技术参数，见表 7-14。

（四）机械化运输设备

1. 惯性振动输送机

该机采用两台振动电动机侧置的结构，重量大的输送机采用复合橡胶弹簧，振幅大小可根据旧砂输送量进行调节。

表 7-14　振动垂直提升机主要技术参数

型号	输送量 /(t·h⁻¹)	输送槽直径 /mm	输送宽度 /mm	输送高度 /m	频率 /(r·min⁻¹)	双振幅 /mm	电动功率 /kW	质量 /kg
ZY-ZC550	≈4.0	550	152	≤3.5	960	6～8	2×1.5	1190
ZY-ZC600		600	163	≤4.0		6～7		1320
ZY-ZC800	≈5.0	800	224	≤4.5		6～8	2×2.2	1590
ZY-ZC850		850	224	≤5.0		6～9		1750
ZY-ZC900	≈6.5	900	185	≤6.0			2×3.0	2100

工作原理是：旧砂进入输送机后，由振动电动机的振动带动机体沿一定方向振动，旧砂在槽体内跳跃式运动，达到输送目的，如图 7-40 所示。因落砂后旧砂的温度较高，常采用全封闭式振动输送机，输送机的长度及宽度根据用户所需输送量及工艺要求而定。根据工艺要求在振动槽的前端长 1100mm 处为不锈钢板制作，其上部可安装悬挂式永磁分离机，在封闭盖板上设有除尘口，可与除尘管道连接，排除旧砂中粉尘，具有结构紧凑、工作平稳、噪声小等优点。江阴华天科技开发有限公司生产的振动输送机主要技术参数，见表 7-15。

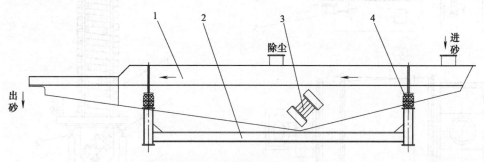

图 7-40　惯性振动输送机

1—槽形机体；2—支承架；3—振动电动机；4—复合橡胶弹簧

表 7-15　惯性振动输送机主要技术参数

型号	槽长/mm	槽宽/mm	功率/kW	生产率/(t·h⁻¹)
Y3454	4000	500	1.5×2	15～20
Y3465	5000	600	2.2×2	20～30
Y3486	6000	800	4.0×2	30～40

2. 管式振动输送机

该机是一个全封闭式振动输送设备,它是由机体、振动电动机及弹簧减振器组成,如图 7-41 所示。根据用户现场工况可采用吊挂式和座式两种形式,具有结构紧凑、占地面积小、隔振性好、运行噪声小等优点,由于是封闭式输送,比较适合 V 法铸造旧砂的输送。江阴华天科技开发有限公司生产的管式振动输送机主要技术参数,见表 7-16。

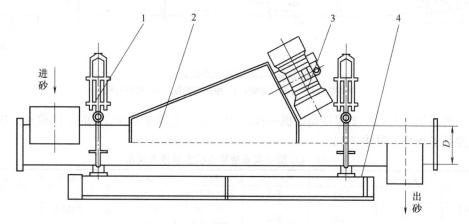

图 7-41 管式振动输送机

1—吊挂钩;2—管体;3—振动电动机;4—底座

表 7-16 管式振动输送机主要技术参数

型号	生产能力 /(t·h⁻¹)	管径/mm	管体长度 /mm	电动机功率 /kW	振幅/mm	激振力/kN
Y3815-3	6~10	159	3000	0.75×2		16×2
Y3820-4	10~15	219	4000	1.10×2	2.5~3	20×2
Y3826-5	15~20	273	5000	1.50×2		30×2
Y3832-6	20~30	325	6000	2.20×2		50×2

3. 螺旋输送机

该机分水平式和垂直式螺旋输送机两种,由于它是一种全封闭的输送设备,比较适合于 V 法砂处理旧砂的输送。螺旋机由机体、进出料口及驱动装置组成,如图 7-42 所示。它具有整机截面尺寸小、密封性能好、运行平稳可靠、可中间多点装料和卸料和操作安全、维修简便等优点。

螺旋输送机使用的环境温度通常为−20~50℃;水平型螺旋输送机,输送物料温度应小于 200℃,输送机倾角 β 一般应小于 20°,输送距离一般小于 40m;垂直型螺旋输送机输送物料温度一般不大于 80℃,垂直提升高度不超过 8m。

螺旋输送机系国家定型产品。GX 型、LC 型和 LS 型螺旋输送机均技术成熟、生产稳定,已成为标准化的通用输送设备。

GX 型螺旋输送机有多种品种和规格,机身最短为 3m,最长可达 70m,级差为 0.5m,根据不同现场需要可组成相应输送系统,用于水平或倾角小于 20°的单向输送。

LC 型垂直螺旋输送机适用于垂直或有较大倾角地输送粉状或粒状、黏性不大、松散密度在 0.5~1.3t/m³ 的干燥物料。LC 型垂直螺旋输送机有多种品种和规格,最大提升高度一般不超过 8m,机身高度每 0.5m 一挡,根据不同现场需要可组成相应提升输送系统。这种输送机主要技术规格,见表 7-17。

LS 型螺旋输送机有多种品种和规格,机身长度每 0.5m 一挡,根据不同现场需要可组

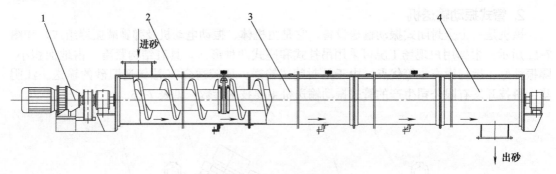

图 7-42　LS 系列螺旋输送机

1—驱动装置；2—首节装配；3—中间节装配；4—尾节装配

成相应输送系统，与 GX 型螺旋输送机一样，用于水平或倾角小于 20° 的单向输送。这种输送机主要技术规格，见表 7-18。

表 7-17　LC 型垂直螺旋输送机主要技术规格

型号	LC200	LC250	LC315	型号	LC200	LC250	LC315
螺旋直径/mm	200	250	315	输送高度/m	7.5~10.0	6.0~7.5	6.5~8.0
螺旋速度 /(r·min⁻¹)	450	415	380	电动机型号 功率/kW	Y132S-4 5.5	Y160M-6 7.5	Y180M-6 15.0
输送量/m³	28.5	51	95	输送高度/m	10.5~13.5	8.0~11.0	8.5~12.0
输送高度/m	2.5~5.5	2.5~4.0	2.5~4.0	电动机型号	Y132M-4	Y160L-6	Y160L-6
电动机型号	Y100L2-4	Y132M1-6	Y160M-6	功率/kW	7.5	11.0	2×11.0
功率/kW	3.0	4.0	7.5	输送高度/m	14.0~15.0	11.5~15.5	12.5~15.0
输送高度/m	6.0~7.0	4.5~5.5	4.5~6.0	电动机型号	Y160M-4	Y180M-4	2×Y180L-6
电动机型号	Y112M-4	Y132M2-6	Y160L-6.0	功率/kW	11.0	15.0	2×15.0
功率/kW	4.0	5.5	11.0				

表 7-18　LS 型螺旋输送机主要技术规格

	型号	LS100	LS160	LS200	LS250	LS315	LS400	LS500	LS630
	螺旋直径/mm	100	160	200	250	315	400	500	630
	螺距/mm	100	160	200	250	315	355	400	450
技	n	140	112	100	90	80	71	63	50
术	Q	2.2	8	14	24	34	64	100	145
参	n	112	90	80	71	63	56	50	40
数	Q	1.7	7	12	20	26	52	80	116
	n	90	71	63	56	50	45	40	32
	Q	1.4	6	10	16	21	41	64	94
	n	71	50	50	45	40	36	32	25
	Q	1.1	4	7	13	16	34	52	80

注：1. 表中所列各参数均系定型产品在标态、额定工况下的参考数值。

2. 处理量指物料粒度分布均匀，松散密度为 1.2~1.6t/m³，水分含量不大于 5% 的砂石类物料参考值。

3. n 为转速，r/min；Q 为处理量，t/h。

4. 空气输送斜槽

斜槽是一种流态化重力输送设备，适用于输送干燥粉状、颗粒状物料，在 V 法铸造生产中用来输送旧砂。

Fuller（福乐）斜槽输送能力强，输送方向变换灵活自由，无粉尘污染，工作时只需少量低压缩空气，故电耗量小。其透气层采用特制的维纶帆布板，平整耐磨，透气均匀，使用效果好，使用寿命长，具有体积小、重量轻、安装方便，无运动零件因而维修工作很少等优点。

斜槽的典型布置，如图 7-43 所示。在选用空气输送斜槽时，应考虑进口砂温、旧砂的粒度、输砂量等来确定槽宽、角度等参数。江阴华天科技开发有限公司生产的斜槽的主要技术参数见表 7-19。

5. 气力输送装置

气力输送的原理是在管道内利用气体作为承载介质，将物料从一处输送到另一处的运输设备，适用于输送松散的粉状和颗粒状物料，在 V 法铸造砂处理系统中用来输送旧砂等。

（1）气力输送装置的优缺点

优点：

① 输送管道能灵活地布置，从而使生产线工艺流程配置合理。

② 易实现散装输送，效率高，降低包装和装卸的运输费用。

③ 输送系统采用全密闭，粉尘飞扬逸出少，环境卫生较好。

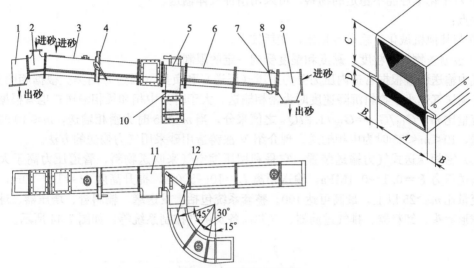

图 7-43　空气输送斜槽

1—卸料箱（方口或圆口）；2—进料两路阀；3—带进料口槽；4—手动蝶阀；5—边卸料阀（左卸或右卸）；6—槽体；7—观察孔；8—清灰孔；9—两路卸料箱；10—过渡接头；
11—三通槽；12—弯槽（左弯或右弯）

表 7-19　空气输送斜槽主要技术

型　　号			XZ200	XZ250	XZ315
槽体宽度/mm			200	250	315
输送能力 /(t·h⁻¹)	$\alpha=4°$	粉状物料	22	40	70
		颗粒状物料	16	30	55
	$\alpha=6°$	粉状物料	40	65	120
		颗粒状物料	30	55	90
	$\alpha=8°$	粉状物料	50	80	140
		颗粒状物料	35	65	110
	$\alpha=10°$	粉状物料	60	100	170
		颗粒状物料	45	80	140
	$\alpha=12°$	粉状物料	70	120	205
		颗粒状物料	50	95	165
槽体节长/mm		标准节	2000		
		非标准节	250		

	需要风压/kPa		4.0~5.5
	需要风量/[m³/(m²·min)]		1.5~2.0
透气层		材质/℃	合成纤维
		厚度/mm	4~6
		耐温/℃	150
		径向断裂强度/(N·cm⁻¹)	4700
		阻力/Pa	800~1200[在 2m³/(m²·min)]

④ 运动零部件少,维修保养方便,易实现自动化。

⑤ 能够避免物料受潮,污损或混入其他杂物,可保证输送物料的质量。

⑥ 在输送过程中可实现多种工艺操作,如混合、粉碎、分级、干燥、冷却、除尘和其他化学反应。

⑦ 可实现将数点集中送往一处,或由一处分散送往数点的远程控制。

⑧ 对于化学性能不稳定的物料,可采用惰性气体输送。

缺点:

① 与其他机械化运输设备相比,能耗较大。

② 被输送物料的粒度、黏度和湿度受到一定的限制。

气力输送装置根据管道内压力分为正压(压送)和负压(吸送)两类。根据相图分析,当水平输送气速小于物料沉降速度时为密相输送,大于时为中相和稀相输送;也有根据固气重量流量比 $m=G_固/G_气=G_固/1.27Q_气$ 之值来分,当 $m \geqslant 25$ 时为密相输送, $m \leqslant 10$ 时为稀相输送, $10 < m < 25$ 时为中相输送。现介绍 V 法铸造用砂采用气力输送的方法。

(2) 密相压送式气力输送装置:它是利用压缩空气来吹送物料,管道压力高于大气压力,输送压力 $P=0.1 \sim 0.4MPa$,输送距离 $L=10 \sim 500m$,提升高度 $H=10 \sim 50m$,固气重量流量比 $m \geqslant 25$ 以上,最高可达100。整套系统包括:发送罐、输料管、增压器、球形三通、球形弯头、卸料器、排气过滤器、气源设备及供气控制系统等,如图 7-44 所示。

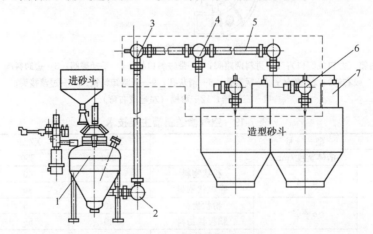

图 7-44 密相压送式气力输送装置

1—发送罐;2—二通球形弯头;3—增压球形弯头;4—三通球形弯头;5—输料管;
6—圆盘卸料器;7—排气过滤器

密相压送式气力输送装置的特点:

① 物料是密相低速运动、磨损小、振动轻、噪声低、能耗低。

② 采用二通球形弯头和三通球形弯头及圆盘卸料器连接输料管系统,具有布置灵活、

安装方便、弯头的磨损量较小等优点。

③ 较方便地实现多点卸料或交替输送不同的物料。

④ 采用 PLC 程序控制，使整个气力输送系统联锁，可实现自动和手动控制。

⑤ 维护方便，使用可靠。

江阴华天科技开发有限公司根据德国 FAT（法特）公司的技术，结合本公司多年的设计及使用经验，做了不断地改进和提高，形成了 Y93C 型密相压送式气力输送装置。该装置主要技术参数，见表 7-20。

表 7-20　Y93C 型密相压送式气力输送装置主要技术参数

型号	Y93C-3	Y93C-5	Y93C-8	Y93C-10	Y93C-15	Y93C-20
发送罐容积/m^3	0.3	0.5	0.8	1.0	1.5	2.0
输送压力/MPa	0.2～0.4	0.2～0.4	0.2～0.4	0.2～0.5	0.2～0.5	0.2～0.5
输送能力/($t \cdot h^{-1}$)	3～5	5～10	10～15	15～20	20～25	25～30
空气耗量[①]/($m^3 \cdot t^{-1}$)	15～25	15～25	15～25	15～25	15～30	15～30
输料管径/mm	65	80	100	125	125	140
控制电压	AC 220V 50Hz	AC 220V 50Hz	AC 220V 50Hz	AC 220V 50Hz	AC 220V 50Hz	AC 220V 50Hz

注：1. 空气耗量与输送能力和输送距离有关。

2. 本表标出输送能力是以输送干砂测定出的。

3. 输料管径为参考值，应通过理论计算来确定。

① 为输送 1t 物料的空气耗量。

（3）吸送式气力输送装置：它是用低于大气压力的空气作为输送介质，依靠气源设备的

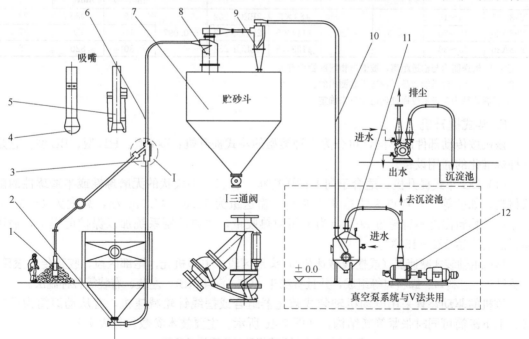

图 7-45　吸送式气力输送装置

1—可移动式吸砂装置；2—落砂后旧砂吸送装置；3—三通球阀岔道；4—单筒型吸嘴；
5—双筒型吸嘴；6—输料管；7—贮砂斗；8—座式旋风分离器；9—细粉旋风分除尘器；
10—除尘管；11—稳压筒；12—水环真空泵

吸气作用,在管道内形成一定的真空度,利用具有一定流速的动力空气将物料从某处通过管道送至一定距离的另一处的悬浮式气力输送。通常把真空度高($P = 7.8kPa$)的称为高真空吸送装置,大于此真空度称为低真空吸送装置。输送距离 $L = 10 \sim 200m$,提升高度 $H = 5 \sim 30m$,固气重量流量比 $m \leqslant 10$,整套系统包括:单筒或双筒型吸嘴、三通球阀岔道、座式旋风分离器、细粉旋风除尘器、稳压罐和水环式真空泵等,如图 7-45 所示。

吸送式气力输送装置的特点:

① 系统是在负压状态下工作全封闭输送,物料不会外溢,适合粉尘较高的场合。

② 装置可以连续供料和实现连续输送。

③ 输送气体在输送物料之后才经气源机械排入大气,因此,物料不会混入水分和机油等杂质。

④ 装置结构简单、布置紧凑、操作灵活、安装方便、重量轻、造价低、可减少作业面积。

⑤ 可充分利用 V 法铸造生产所用的真空泵设备,合理调配,不需要很大的投资,便可实现吸送式气力输送装置。

江阴华天科技开发有限公司设计的旧砂吸送式气力输送装置,主要技术参数,见表 7-21。

表 7-21　吸送式气力输送装置主要技术参数

型号	输送能力 /(m³·h⁻¹)	输送水平距离/m	提升高度/m	输料管径/mm	水环式真空泵				
					型号	极限真空度/MPa	最大气量 /(m³·min⁻¹)	泵转速/(r·min⁻¹)	电动机功率/kW
Y98A15	10~15			φ89×5	2BEC1-202		12	980	22
Y98A20	15~20	≤50	≤20	φ114×5	2BEC1-203	−0.097	18	980	37
Y98A30	20~30			φ133×6	2BEC1-252		30	820	55

注:1. 输送能力与输送距离,被输送物料的物性有关。

2. 本表标出的输送能力是以输送干砂测出的。

3. 输料管径为参考值应通过理论计算来确定。

6. 斗式提升机

该机按传动部件的不同,可分为 3 种类型的斗式提升机:DG 型、HL 型、BL 型。它是一种标准化的通用设备。

(1) DG 斗式提升机:适合于向上输送粉状、粒状、小块状的无磨琢性或半磨琢性的散状材料,如砂等。其特点为快速离心卸料,输送量为 $11.8 \sim 44.0 m^3/h$,高度为 $4 \sim 30m$,被输送的物料温度不得超过 80℃,当采用耐热胶带,并在控制系统加以保护前提下,输送物料温度可达 $120 \sim 150℃$。

该机由轴装式减速器(或摆线减速机),头部区段,中部机壳,尾部区段,胶带传动滚筒,以及料斗、进料口、卸料口等组成,并且有浅斗(Q)、深斗(S),左装、右装等各种制法。

该机的驱动装置采用电动机轴装式减速器组合或摆线针轮减速机,有从动滚筒为可拆式、上下滚筒可同时张紧等新结构,如图 7-46 所示。主要技术参数,见表 7-22。

表 7-22　DG 型斗式提升机主要技术参数

型号	DG160		DG250		DG350		DG450	
	S 制法	Q 制法	S 制法	Q 制法	S 制法	Q 制法	S 制法	Q 制法
输送量/(m³·h⁻¹)	8.0	3.1	21.6	11.8	42.0	25.0	69.5	48.0
输送胶带宽/mm	200		300		400		500	
料斗容积/dm³	1.10	0.65	3.20	2.60	7.80	7.00	14.50	15.00

续表

传动滚筒轴转速/(r·min⁻¹)		47.5		47.5		47.5		47.5	
物料密度1.0	提升高度/m	30.0	46.0	37.0	51.0	22.0	26.0	19.9	19.4
	功率/kW	1.34	1.16	4.30	4.70	5.40	5.40	8.00	8.10
轴装式减速器(可用摆线减速机替换)		JDZ5.5		JDZ5.5		—	JDZ7.5		JDZ13

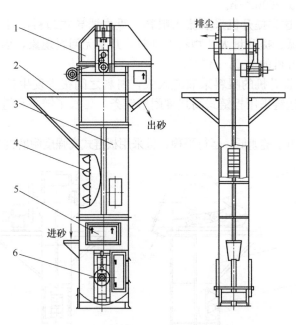

图 7-46　DG 型斗式提升机

1—头部区段；2—驱动平台；3—中部机壳；4—料斗胶带；5—观察门；6—尾部区段

（2）HL 型环链斗式提升机：适应输送粉状、粒状及小块状的无磨琢性和磨琢性的物料，如砂等。由于提升机的牵引机构是环形链条，输送物料可达 250℃，输送量为 16～47.2m³/h，高度为 4.5～30.0m。输送量对于 S 制法的料斗按充满系数 ϕ0.6mm 计算，对于 Q 制法料斗系根据 ϕ0.4mm 计算。

该机由运行部分（料斗与牵引链条）、带有传动链轮的头部区段、带有拉紧链轮的尾部区段、中间机壳驱动装置、逆止制动装置等组成。该提升机的料斗是间断布置的，料斗利用"掐取法"进行装载，利用"离心投料法"进行卸载。牵引机构是两根专用锻造的环形链条，它与上部链轮间利用摩擦力来传动，因此运转平稳而安静，是一种较轻型的快速提升机，主要技术参数，见表 7-23。

表 7-23　HL 型环链斗式提升机的主要技术参数

提升机型号		HL300		HL400	
		S 制法	Q 制法	S 制法	Q 制法
输送量/(m³·h⁻¹)		28	16	472	30
料斗	容量/kg	5.2	4.4	10.5	10.0
	斗距/mm	500	500	600	600
运行部分(料斗牵引链条)单位长度的重量/(kg·m⁻¹)		24.8	24.0	29.2	28.3
牵引链条	圆钢直径/mm	18		18	
	节距/mm	50		50	
	破断强度/kg	12800		12800	
料斗运动速度/(m·s⁻¹)		1.25		1.25	
传动链轮轴转数/(r·min⁻¹)		37.5		37.5	

（3）BL 型板链斗式提升机：板链提升机采用链板作为主要传动部件代替胶带或链条。它适用于提升各种粉粒状、块状物料，在 V 法铸造砂处理系统中常用于提升落砂后的热旧砂，如图 7-47 所示。主要技术参数，见表 7-24。

板链提升机有如下特点：

① 提升范围广，输送能力大，对物料的种类、特性及块度的要求少。输送物料的温度 ≤250℃，提升量为 15～60m³/h。

② 驱动功率小。这类提升机采取流入喂料，重力诱导式卸料，且采取密集型布置的大容量料斗输送，链速低、提升量大。物料提升时，几乎无回料现象，因此驱动功率小，理论计算轴功率是环链提升机的 25％～45％。

③ 使用寿命长。提升机的喂料采取流入式，材料之间很少发生挤压和碰撞现象，本机防止了磨粒磨损，输送链采用板链式高强度耐磨链条，延长了链条和链斗的使用寿命。使用寿命超过 3 年。

④ 提升高度高。由于链速低，运行平稳，且采用板链式高强度耐磨链条，提升高度达 50m。

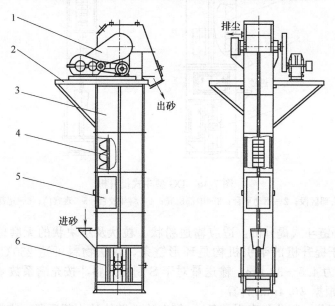

图 7-47　BL 型板链式提升机

1—头部区段；2—驱动平台；3—中部机壳；4—料斗链板；5—观察站；6—尾部区段

表 7-24　BL 型板链斗式提升机主要技术参数

型号	提升量 /(m³·h⁻¹)	料斗			运行部件 重量/kg	物料最大块度占比/%				
		容积 /L	斗距 /mm	斗速 /(m·min⁻¹)		10	25	50	75	100
BL15	15	2.5	203.2	29.8	28	65	50	40	30	25
BL30	32	7.8	304.8	30.1	35	90	75	58	47	40
BL50	60	14.7	304.8	30.1	64	90	75	58	47	40

7. 带式输送机

带式输送机具有输送量大、结构简单、维修方便、部件标准化等优点。它广泛地用来输送松散物料或成件物品，可用于 V 法铸砂处理系统中旧砂的输送，根据输送工艺要求，可以单台输送，也可多台组成或与其他输送设备组成水平或倾斜的输送系统，以满足不同布置形式的作业线需要。

普通带式输送机可在环境温度 −20～40℃ 范围内的使用，输送物料温度在 50℃ 以下。用耐热胶带时，根据具体的耐热胶带性能而定，一般温度可达 120℃ 以下。

铸造行业常用 Y33 系列带式输送机。带式输送机的结构如图 7-48 所示，主要技术参数见表 7-25。

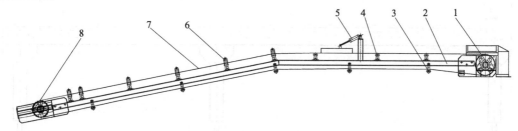

图 7-48　Y33 系列带式输送机

1—头部单元；2—机架；3—平型下托辊；4—平型上托辊；5—犁刀卸料器；
6—垂直导向轮；7—输送带；8—尾部单元

表 7-25　带式输送机主要技术参数

带宽 /mm	带速 /(m·h⁻¹)	输送量/(m³·h⁻¹)		建议输送量/(m³·h⁻¹)		减速器允 许功率/kW	张紧行程 /mm
		平行	槽形	平行	槽形		
500		50	105	35	85	5.5	
650	1	88	180	60	140	7.5	300,500,800
800		130	270	95	220	10.0	
1000		180	360	140	290	15.0	500,800

8. 辊子输送机

辊子输送机可以沿着水平或较小的倾斜角输送具有平直底部的成品物件的运输设备。其结构简单、运行可靠、布置灵活、功能多样，且动力消耗低。可根据生产工艺要求，以直线、圆弧、水平、倾斜、分支、合流、升降、翻转等形式组成开式或闭式生产流水线。在国内，随着经济发展，各行各业提出了对辊子输送机的不同需求，为此机械电子工业部工程建设中心组织了机电部设计研究院，联合开发设计 GZT 型辊子输送机系列产品。

本系列产品输送物件的重量从数百克到数吨，宽度从数厘米到两米。按使用和性能要求分，有定轴非机动式长辊、定轴机动与限力式长辊，有转轴非机动式长辊、转轴机动与超越式长辊，有非机动式和机动式边辊，有直列式与交错式多辊等。长辊的直径由 25mm 到 159mm，边辊直径由 60mm 到 200mm，多辊直径有 50mm 与 76mm 等。如输送式、积放式、贮运式等各种辊子输送机，配以转运、停止、升降、翻转等辅助装置，可组成生产流水线。在 V 法铸造生产线上，主要用于铸型输送、空砂箱返回、托板、模样、芯子输送等。

辊子输送机由辊子、驱动机构、机架等部件组成。如图 7-49 及图 7-50 所示为定轴非机动和机动辊子输送机。两种辊子输送机的尺寸参数，见表 7-26 和表 7-27。

辊子输送机有以下结构特点：

① 辊子是辊子输送机直接承载和输送物件的基本部件，除按辊子功能分类外还可以按形状分为圆柱形、圆锥形、轮形；按支承方式分定轴式、转轴式。辊子一般采用钢材制作。

② 驱动装置通常采用电动机与行星摆线针轮减速器组合形式。如有调速要求，可采用电磁式变频调速。中轻型辊子输送机的驱动装置一般布置在机架下部或侧面；重型辊子输送机的驱动装置布置在地面机架上，链传动或齿轮传动的辊子输送机的传动部分封闭在罩壳里，以保证操作安全。

③ 机架一般采用固定机架，由机架、支腿等组成。GZT 型辊子输送机已形成系列产品，结合 V 法铸造生产线的使用情况现介绍几种型式供大家选用，如图 7-51～图 7-53 所示。3 种辊子输送机的尺寸参数见表 7-28～表 7-30。

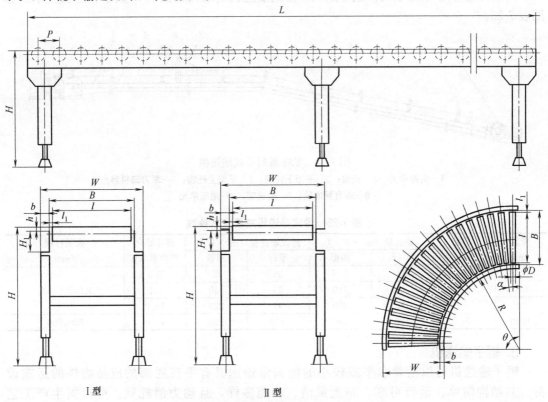

I 型　　　　　　　　　　Ⅱ 型

图 7-49　定轴非机动式辊子输送机

表 7-26　定轴非机动式辊子输送机尺寸　　　　　　　　　　　单位：mm

D		25	40	50	60	76	89	108	133	159
l		160～630	160～630	200～800	200～1000	200～1000	200～1000	200～1250	200～1250	200～1250
l_1	I 型					5				7
	Ⅱ 型	7	8		10		13		15	20
B						$l+2l_1$				
b	I 型		40		60	80	50	56	63	80	80
	Ⅱ 型	30	40	50	60	53	60	65	70	75
W						$B+2b$				
H		无支腿 400　　500　　630　　800								
H_1	I 型	60	70	100	120	75	90	100	100	125
	Ⅱ 型	60	80	100	120	120	140	160	180	200
h	I 型	5.55	10	8	10	18	20	25	30	40
	Ⅱ 型	-5	-2	8			10		15	20
辊子间距 P		50	75	100	125	150	180	200	250	300
全机长 L		不同 D 值可选用标准段长　1500　2000　3000								
机架截面	I 型	L60×40×4	L70×40×4	L100×60×4	L120×80×4	L75×50×6	L90×56×7	L100×63×8	L100×80×10	L125×80×12
	Ⅱ 型	⌐60×30×3	⌐80×40×4	⌐100×50×4	⌐120×60×4	⌐12	⌐14	⌐16	⌐18	⌐20

续表

l	单个辊子允许载荷/kN								
160	0.30	0.60	—	—	—	—	—	—	—
200	0.30	0.60						—	—
250	0.30	0.60	1.0	2.3	3.4	4.1	8.8	14	22
320	0.30	0.60	1.0	2.3	3.4	4.1	8.8	14	22
400	0.10	0.25	1.0	2.3	3.4	4.1	8.8	14	22
500	0.10	0.25	0.50	1.0	2.6	4.1	8.8	14	22
630	0.10	0.25	0.50	1.0	2.0	4.1	8.8	14	22
800	—	—	—	—	1.4	3.7	6.9	11	19
1000	—	—	—	—	1.1	2.8	5.3	9	14
1250	—	—	—	—	—	—	4.1	6.9	11

θ	45°		90°	
锥度	1∶16	1∶30	1∶16	1∶30
R	790	1490	950	1790
α	5°	3°	5°	3°

注：1. 表中 P、H、L 等尺寸可根据用户需要决定，表中仅供参考。

2. L 为不等边角钢，[为槽钢。

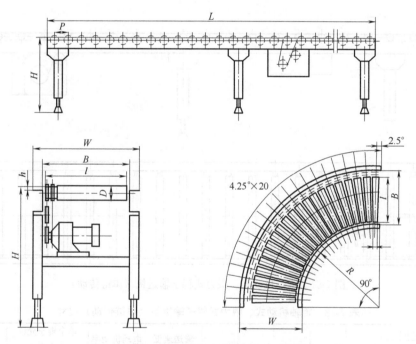

图 7-50　定轴机动式辊子输送机（双链传动）

表 7-27　定轴机动式辊子输送机（双链传动）尺寸　　单位：mm

D	50	60	76	89	108
l	320~1000		320~1250	320~1400	320~1600
B	$l+70$		$l+80$	$l+85$	$l+94$
W	$l+190$		$l+186$	$l+205$	$l+244$
H	400　500　630　800				
h	6	6	4	4	8
辊子间距 P	100	125	150	180	200
全机长	标准段长：1500　2000　3000				
弯段辊子锥度	1∶16　1∶30　1∶16　1∶30		—		
R	790　1490　950　1790				

续表

机架截面	⌈100×50×4	⌈120×60×4	⌈12	⌈14	⌈16
传动链节距	12.700			14.875	19.050
输送速度/(m·h⁻¹)	0.100 0.125 0.160 0.200 0.250 0.320				
电动机功率 kW	0.25 0.37 0.55 0.75			0.37 0.55 0.75 1.1	
l	单个辊子允许载荷/kN				
320	0.85	2.10	3.60		8.80
400	0.70	1.70	3.00	4.10	8.80
500	0.55	1.30	2.30		8.80
630	0.45	1.00	1.80		8.20
800	0.35	0.75	1.30	3.40	6.40
1000	0.30	0.70	1.00	2.90	5.00
1250	—	—	0.75	2.00	3.90
1400	—	—	—	1.70	3.40
1600	—	—	—	—	2.90

注：表中 P、H、L 等尺寸根据用户需要决定，表中仅供参考。

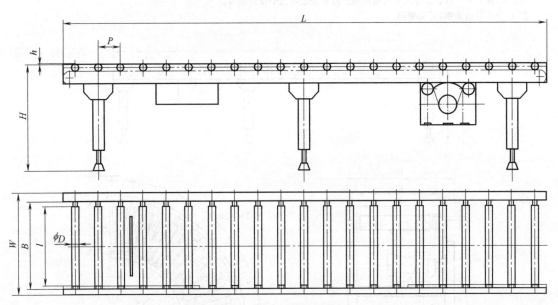

图 7-51 定轴机动式、限力式辊子输送机（单链传动）

表 7-28 定轴机动式、限力式辊子输送机（单链传动）尺寸

D/mm	l/mm 机动	l/mm 限力	B/mm	W/mm	P/mm	H/mm	k/mm	输送速度 /(m·s⁻¹)	电动机功率 /kW	单个辊子允许载荷/kN 机动	单个辊子允许载荷/kN 限力	机架截面 尺寸/mm
50	320	305	355	440	100	400	5	0.100 0.125 0.160	0.25 0.37 0.55 0.75	0.85	0.54	⌈120×60×4
	400	385	435	520	—	—				0.70	0.42	
	500	485	535	620	150	500				0.55	0.32	
	630	615	665	750	—	—				0.45	0.25	
	800	785	835	920	200	630				0.35	0.19	
	1000	985	1035	1120	—	—				0.30	0.15	
60	320	305	335	460	250	800	10	0.200 0.250 0.320	0.25 0.37 0.55 0.75 1.1 1.5	2.10	1.01	⌈140×70×4
	400	385	435	540						1.70	1.05	
	500	485	535	640						1.40	0.80	
	630	615	665	770						1.10	0.60	
	800	785	835	940						0.90	0.49	
	1000	985	1035	1140						0.70	0.38	

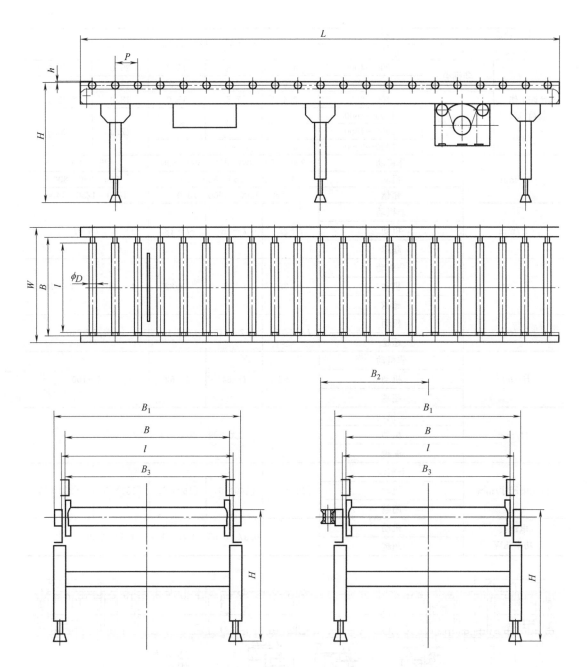

图 7-52　转轴非机动式、机动式超越式辊子输送机

表 7-29　转轴非机动式、机动式超越式辊子输送机尺寸

辊子直径 D/mm		76	89	108	133	159
全机长度 L/mm	转轴非机动	标准段长：1600　2000　3000				
	转轴机动					
	转轴超越					
辊子链节距/mm		15.875	15.875	19.050	19.050	25.400
辊子间距 P/mm	非机动	150	180	200	250	300
	机动	200 或 200＋P 倍数				254
	超越					254＋P

输送速度 /(m·s⁻¹)	机动		0.100　0.125　0.160　0.200　0.320				
	超越						
允许工作载荷/kN	非机动	200~400	4.2	8.4	16.0	20.0	25.0
		500~1000	2.0	4.0	8.0	12.0	20.0
	机动超越	400~800	3.4	7.5	15.0	18.0	25.0
		1000~1600	2.0	4.0	8.0	12.0	20.0
		1000~1800					
		1000~2000	—				
l/mm	非机动		200　250　320　400　500　630			250~1000	
	机动		400　500　630　800　1000			500　630　800	
	超越		1250　1400　1600　1800			1000　1250　1400	
B/mm	非机动						
	机动		$l+22$	$l+16$	$l+18$	$l+40$	
	超越						
B_1/mm	非机动						
	机动		$l+75$	$l+76$	$l+83$	$l+190$	$l+198$
	超越						
B_2/mm	机动		$l/2+151$	$l/2+148$	$l/2+149$	$l/2+240$	
	超越						
B_3/mm	非机动						
	机动		$l-58$	$l-64$	$l-62$	$l-100$	
	超越						
H/mm	非机动						
	机动		无支腿　400　500　630　800				
	超越						
机架梁尺寸/mm	非机动						
	机动		[120×53	[140×60	[160×65	[180×70	[200×75
	超越						
电动机功率/kW	机动		0.37　0.55　0.75　1.10　1.50　2.20				
	超越						

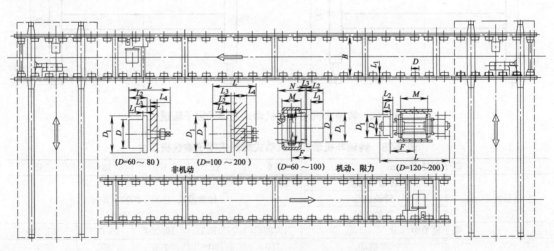

图 7-53　非机动式、机动式、限力式边辊

表 7-30　非机动式、机动式、限力式边辊尺寸

D/mm	60	80	100	125	160	200
L_1/mm	25	32	36	40	45	50
D_1/mm	80	100	120	150	150	230
d/mm	15	25	35	40	50	65
L_2/mm	33	42	48	54	61	68
L_3/mm	5/5	6/5	8/6	10	14	14
L_4/mm	15	20	30	40	50	65
L/mm	74	110	114	141/400	155/435	182/470
D_2/mm	72	80	100	—	158	160
M/mm	60	60	60	150	158	160
N/mm	84	84	84	—		
F/mm	56	59	60	146	152	158
单辊允许工作载荷/kN	1.5	2.5	5.0	8.0	15.0	25.0
输送机宽度 B/mm	500～1000	630～1250	800～1400	800～1600	1000～1800	1000～2000
输送机高度 H/mm	400　500　630　800				500　630　800	630　800
机架标准段长度/mm	1500 2100 3000	1600 2000 3000	1500 2000 3000	1500 2100 3000	1500 1875 3000	1500 2000 3000
输送速度/(m·s^{-1})	0.080　0.100　0.120　0.160 0.200　0.250			0.102 0.123	0.125 0.161 0.199	0.166 0.208 0.310
辊子间距 P/mm	125	160	200	300	375	500
驱动链节距/mm	12.70	12.70	15.875	19.05	25.4	31.75
电动机功率/kW	1.1　1.5　2.2		1.1 1.5 2.2　3.0	1.5	3	5.5

注：1. 表中 L_3、L 尺寸有"/"说明非机动/机动、限力。

2. 表中 H、P 等尺寸可根据用户需要决定，表中仅供参考。

第五节　Ｖ法铸造车间设计

江阴华天科技开发有限公司于 2006 年承接了福建龙岩盛丰机械制造有限公司桥壳 Ｖ法铸造生产线的设计、制造、安装、调试，达到交钥匙工程。在双方的友好合作和积极配合下于 2007 年正式投入生产，成为我国独立知识产权的最早的一条载重车后桥 Ｖ法铸造生产线。随后江阴华天公司又相继承接了山东蒙凌、泰州美鑫、常德芙蓉、衡水中盛、开封维度、龙岩中恒通、莒县东方等公司后桥和制动毂 Ｖ法铸造生产线。这些 Ｖ法生产线继承和发挥了抽屉式和贯通式 Ｖ法造型机组的优点，在 Ｖ法造型中的覆膜、涂料烘干、顶箱起模机及砂处理成套设备进行不断的改进提高，使这套设备逐步形成产品系列化、标准化，以及满足市场的需求。

Ｖ法铸造车间平面设计的任务是根据生产纲领及车间生产特点，确定车间的组成。车间厂房形式和尺寸，决定各工部的布局和设备的位置，决定运输路线和方式，组织合理的生产流程，不仅满足工艺、土建和公用系统各方面的要求，而且尽量做到劳动条件好、用砂少、投资省、施工和扩建方便等要求，最后制出车间的平面布置图、剖视图和编制设备明细表，经多方会审，使用单位签字认可后，方可进行初步设计和施工设计。

现以年产 1000t 载重车后桥铸造生产线为例，说明 Ｖ法铸造车间设计。

1. 生产任务及生产纲领

(1) 铸件名称　载重车桥壳

　　材质　　　铸钢件

(2) 生产纲领　　年产合格桥壳铸件 10000t（单炉双班制）

(3) 技术参数　①最大铸件外形尺寸　　　1620×240×210mm

　　　　　　　②最大铸件重量（单件重）280kg

　　　　　　　③砂箱内尺寸　　　　　　2000mm×1400mm×360mm/320mm

　　　　　　　④造型生产率　　　　　　4～6 型/h

　　　　　　　⑤砂处理量　　　　　　　20t/h

　　　　　　　⑥熔炼生产能力　　　　　5t/1.5h　每炉可浇 6 型

　　　　　　　⑦浇注　　　　　　　　　浇包容量为 2.5t　每包可浇 3 型

　　　　　　　⑧制芯　　　　　　　　　水玻璃砂芯，芯头用壳芯

2. 设计的主要原则

设备的选型及工艺流程遵循以下原则：

① 应适应于 V 法造型生产的工艺要求，采用四台移动式造型机组成两台 V 法造型机组，液压控制的一缸四立柱的顶箱机构和移动式自动覆膜机，提高了 V 法造型效率和机械化水平，使 V 法造型水平上一个新的档次，做到技术上先进，设备稳妥可靠。

② 因 V 法工艺采用无黏结剂的干砂造型，砂处理、落砂及真空系统等环节应有良好的防尘措施。本设计采用集中和分散除尘方法，造型机、落砂处及所有扬尘点设立了除尘点。

③ 根据 V 法造型工艺要求，旧砂采用强制冷却方案，砂处理系统设有磁选、过筛、冷却、风选等设备，提高了砂再生质量。S89A 流化床砂温控制调节装置，回砂温度可控制在 45～50℃。

④ 全线采用 PLC 的电气控制系统，实现手动/自动控制，砂处理系统可实现启动和停机的程序控制，防止因操作失误而影响生产线，造成设备的损坏。

3. 工作制度与年时基数

(1) 工作制度：根据我国现行的工作制度，执行双休日，全年工作 251d，铸造车间、砂处理、清理、熔化等采用两班制，每班工作 8h。

(2) 年时基数

① 名义时间基数　251×8×2＝4016h（两班制）。

② 设备年时基数　按损失 5% 计算，为 3815.2h。

③ 工人年时基数　按损失 1% 计算，为 3614.4h。

④ V 法造型人工年时基数　按一班制 251×8×0.88＝1767.04h。

⑤ 年产铸件　6 型/h，560×6＝3.36t，按工人年时基数计算，即年产 12143t 铸件。

4. V 法铸造车间设计方案的确定

(1) 桥壳 V 法铸造车间设计方案的对比和分析：为了确定最佳的设计方案，江阴华天科技开发有限公司提出三种设计方案，进行了论证，这三种方案如图 7-54 所示。方案说明如下：

① 方案一，如图 7-54（a）所示。1 套 V 法造型机组分别造上、下型，布置在厂房两跨之间，造型砂斗设在造型跨内。在造型台车上完成覆膜、喷涂料、涂料烘干、放空砂箱、加砂振实后，造型台车移至熔化跨，进行刮砂盖膜和顶箱起模，下箱翻箱后，吊至地面托板上，进行下芯和下冷铁，造好的上箱由桥式起重机合箱。浇注后铸型经保温冷却后吊至摆渡

电动台车上，由熔化跨移至造型跨，落砂、空砂箱经回箱辊道输送至造型机处。

　　该方案的特点是，由于造型机的巧妙布置，车间桥式起重机的使用率相对平衡，造型和浇注时间比较协调，投资费用降低。

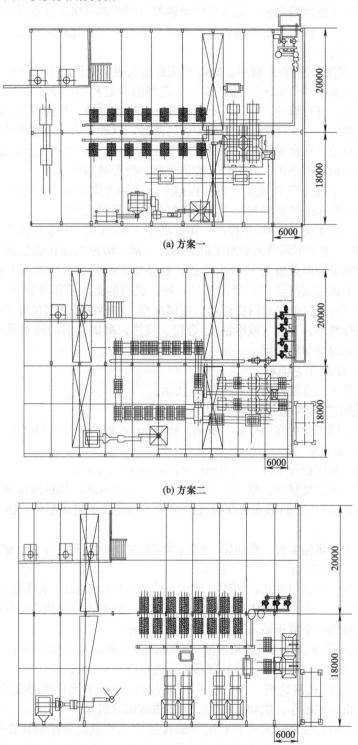

(a) 方案一

(b) 方案二

(c) 方案三

图 7-54　华天公司设计的Ｖ法铸造车间生产线几种方案对比

② 方案二，如图 7-54 (b) 所示。1 套 V 法造型机组分别造上、下型，布置在造型跨内。在完成 V 法造型的全过程后，下箱经翻箱后，放在过渡台车上，上箱由桥式起重机吊运在台车上合箱，采用环形输送辊道将合箱后的铸型经过渡台车移至熔化跨进行浇注。保温冷却后由过渡车进入造型跨落砂，落砂后的空砂箱由回箱辊道输送至造型机处。

该方案的特点是，由矩形的环形辊道将造型、落砂跨与熔化浇注跨连接在一起，提高了生产线的机械化程度。

③ 方案三，如图 7-54 (c) 所示。2 套 V 法造型机组，分别造上、下型，布置在造型跨内，在跨内垂直布置。每个机组分别完成 V 法造型的全过程后，下箱经翻箱后用桥式起重机吊往摆渡台车上，进行修型、下芯、下冷铁等，后进行合箱，放浇冒口，将台车移至熔化跨。浇注冷却保温后，台车再摆渡至造型跨进行落砂，空砂箱吊至造型机处。

该方案的特点是，在台车上合箱和浇注靠摆渡车移动，铸型完成造型浇注和落砂连接，车间桥式起重机使用比较平衡，只是台车数量较多，投资费用较大。

(2) 桥壳 V 法铸造车间机械化布置：根据上述 3 种方案的分析和论证，吸取各自的方案的特点，结合现在车间的面积和尺寸及投资规模，最后确定如图 7-55 所示的桥壳 V 法铸造车间平面布置。第 Ⅰ 期于 2007 年投产，第 Ⅱ 期于 2008 年投产，Ⅱ 期投产后桥壳年产量可达 15000～20000t。整个车间分为造型工部、熔化工部、清理工部和热处理工部等。造型工部主跨的两端分别安装两条桥壳 V 法生产线，两条生产线的布置形式基本相同，每条线采用四台台车式造型机组成两套 V 法造型机组，每台机组的上、下箱分别在两台 V 法造型单机上完成，即在每台单机上完成薄膜烧烤、覆膜成型、加砂振实和起模等工序，铸型成型后在固定的地区进行修型、下芯（或冷铁）、合箱、浇注。凝固以后的铸型吊运至落砂区进行落砂，旧砂经砂处理冷却后回用。

5. V 法铸造生产工艺流程

V 法铸造生产工艺流程框图，如图 7-56 所示。

6. 主要设备的性能参数及特点说明

(1) 振实台：振实台台面尺寸 2150mm×1550mm，振动电动机功率 1.5kW×2＝3kW，转速 3000r/min，总负荷 4t。

(2) 负压箱：负压箱外形尺寸 2150mm×1550mm×200mm。

(3) 移动式电加热覆膜机：框架尺寸 2200mm×1600mm，加热温度 80～120℃，加热时间 30～60s。移动式电加热器安装在模板的上部，除完成覆膜成型外，还可完成上、下型涂料的烘干。

(4) 电动台车：将振实台、负压箱、模板均安装在电动台上，台车台面尺寸 2200mm×1600mm，台车载重大于 4t

(5) 加砂装置：气动雨淋式，加砂口尺寸 2000mm×1400mm，并带抽尘系统。

(6) 顶箱起模机：顶箱起模机用液压控制，采用一缸四顶柱和两个导向杆，保证同步进行。四台起模机共用一个液压站，顶箱行程初定 400mm。

(7) 落砂系统：落砂系统主要由格子板（3000mm×2500mm）、中间砂斗和侧吸尘罩组成。

(8) 砂处理及热砂冷却装置：砂处理系统主要由 Y346-6 振动输送机、HL300 环链式斗式提升机、S995 悬挂式磁选机、S458A 直线振动筛、S89A 流化床砂温调节控制装置和 Y3735 斗式提升机、贮砂斗、振动给料机、带式输送机等组成。

砂处理系统的设计处理量大于 20t/h。S89A 流化床砂温调节控制装置是专利产品（专利号为 2004 2005 4781.4），是根据流化床原理而设计的。本装置采用强制冷却方法，达到冷却控制砂温、除去旧砂粉尘、提高旧砂的质量等目的。

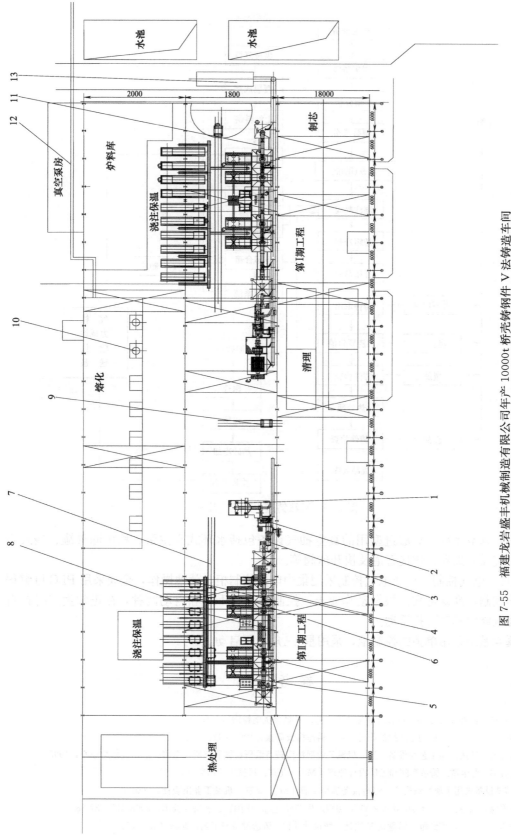

图7-55　福建龙岩盛丰机械制造有限公司年产10000t桥壳铸钢件V法铸造车间

1—落砂格子板及除尘器；2—砂处理线；3—水冷卧式流化床；4—V法造型机组；5—移动式覆膜架；6—起模机；7—空砂箱回箱辊道；8—过渡台车；9—铸件转运台车；10—5t中频电炉；11—带式输送机；12—真空泵系统；13—袋式除尘器

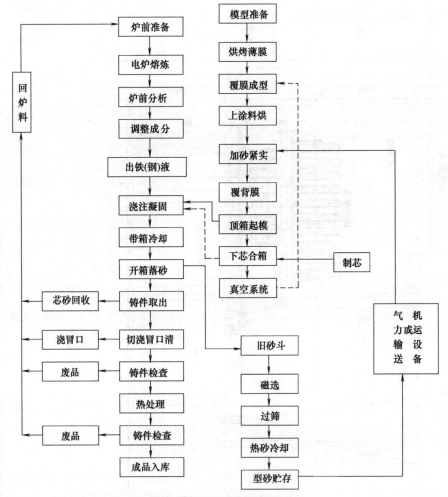

图 7-56　V法铸造生产工艺流程

（9）真空系统：V法造型用的真空抽气设备包括水环式真空泵、稳压滤气罐、袋式除尘器、旋风分离器、连接管道及快开球阀等。

（10）电气控制：全线电气控制采用集中电气控制柜，就地操作，全线采用PLC可编程控制器控制，准确可靠。根据动作要求，控制台上分手动和自动两种，在正常生产时打自动，在维修保养时可打手动。

真空系统采用单独的控制柜，采用星/三角降压启动。

参 考 文 献

[1] 谢一华. 国外V法造型车间设计布置方案 [J]. 机械部济南铸锻所，1985.

[2] 谢一华. 真空密封造型生产线的设计 [J]，铸造科技简报，1995（3）：3-5.

[3] 宫海波. V法造型工艺与设备 [J]. 机械工业部济南铸造锻压机械研究所，全国铸造科技信息中心，1995.

[4] 苏万 B，克诺雷. 铸造车间和工厂设计原理 [M]. 北京：机械工业出版社，1988.

[5] 《铸造设备选用手册》编委会. 铸造设备选用手册 [M]. 北京：机械工业出版社，2001.

[6] 张俊锋，闫建云. 一条20型/h浴缸V法铸造生产线 [J]. 中国铸造装备与技术，2008（2）：37-38.

[7] 张志红，马颖，曹红范. 转盘式V法造型线设计 [J]. 铸造设备与工艺，2009（3）：6-7.

［8］　杨玉祥. 年产10000t高锰钢铸件的车间设计［J］. 铸造设备研究，2007（2）：24-25.

［9］　马广卿，刘虹. 中大铸铁件Ｖ法铸造生产线［J］. 中国铸造装备与技术，2003（3）：57-59.

［10］　周德刚. Ｖ法铸造工艺、设备和质量［J］. 铸造设备研究，2008（5）：8-11.

［11］　谢一华，谢海洋. 年产12000t汽车后桥半自动Ｖ法铸造生产线［J］. 中国铸造装备与技术，2010（3），51-54.

［12］　谢一华. Ｖ法铸造装置及工艺［J］. 中国铸造装备与技术，2002（4）：48-50.

［13］　王树杰. Ｖ法铸造工艺及应用［J］. 铸造信息，2006（12）：66-77.

［14］　谢一华. Ｖ法铸造造型机的类型及特色［C］. 徐州：第九届消失模与Ｖ法铸造学术年会论文，2009.

［15］　Gerhard Ehgels. 真空造型法的实际应用［J］. 铸造机械，1981（5）：51-56.

［16］　徐宗平，崔锦光，徐桂英等. Ｖ法造型主要设备常见故障分析［J］. 中国铸造装备与技术，2013（1）：34-37.

［17］　谢一华，谢田. Ｖ法造型真空系统的设计及计算［C］. 合肥：第十一届消失模与Ｖ法铸造学术论文，2013.

［18］　姜兰兰. Ｖ法造型设备工艺布置和结构的改进［J］. 中国铸造装备与技术，2014（4）：47-49.

［19］　李邵亮，曹生辉，曲辉. 轨道式Ｖ法自动造型线［J］. 中国铸造装备与技术，2013（4）：11-12.

［20］　张志红，曹纪范，李志宏. 穿梭式造型机Ｖ法造型线设计与应用［J］. 铸造技术，2015（2）：520-522.

［21］　高成勋，刘伟明，高远. 中小型铸造Ｖ法铸造生产线设计［J］. 铸造工程，2013（2）：37-39.

［22］　刘秀玲. 选型机移位传感器的选用［J］. 中国铸造装备与技术. 2008（2）39-41.

［23］　杨长春. 现代法铸造装置［J］. 今日铸造，2012（12）：216-218.

第八章

V法铸造用专用设备

根据V法铸造的造型特点及工艺要求，设计多品种的V法铸造用的专用设备，对提高V法铸造生产线的造型能力及铸件质量，提高V法机械化自动化水平，改善工作环境和减轻体力劳动具有重要意义。专用设备有适应于V法砂箱的横梁吊架、翻箱机、步移式的抽真空装置、液压同步起模机，以及自动起模翻箱、合箱机械手和车载真空泵等。

一、横梁吊具

由于V法砂箱的特殊性，一般V法砂箱均带有真空软管，为了吊运方便在桥式起重机的吊钩上装有一个横梁吊具，利用吊具上的钢链套在砂箱的吊轴上，保持砂箱的平稳和吊运的安全，并可在横梁吊具上进行起模和翻箱。

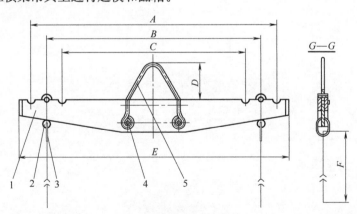

图 8-1　横梁吊具

1—横梁；2—环形吊环；3—钢链；4—圆柱销；5—吊架

横梁吊具的结构，如图8-1所示。它是在横梁1的两端等距离地各开有3个U形槽，可安放吊环2，环上装有环形钢链3，两条钢链的长度取决于砂箱的宽度和人工操作的方便程度，在横梁中心点装有环形吊架5。使用时，将横梁吊具的吊架挂在桥式起重机的吊钩上，便可使用。

该吊具结构简单，使用方便，适用性强，可在一般的机械化 V 法车间使用。江阴华天科技开发有限公司生产的横梁吊具的主要技术参数，见表 8-1。

表 8-1 横梁吊具主要技术参数

型号	最大载重/kg	钢链直径/mm	尺寸/mm					
			A	B	C	D	E	F
TVA-10	1000	φ7.1	2400	2000	1560	250	2700	1800/2500
TVA-30	3000	φ7.1	2600	2200	1760	300	2900	
TVA-50	5000	φ11.2	2900	2500	2060	300	3200	2500

二、电动翻箱机

V 法造型成型后经起模翻箱后，便于工人对铸型造型质量的检查和修型，检查后下型经翻箱后放在托板上进行下芯等工序。翻箱最简单的方法是在桥式起重机上装有横梁吊架，用钢链套着砂箱的吊柄，进行人工翻箱，这种方法简单，但具有一定的危险性，因此，为了省力和安全起见，而设计专用 V 法砂箱电动翻箱机。

该机是由双托辊座、手动离合器、链传动机构、变频电动机、支架、底座和电控箱组成。江阴华天科技开发有限公司生产的电动翻箱机，如图 8-2 所示。其结构是装有轴承的双托辊座 1，固定在带底座 7 的支架 6 上，在支架一端的双托辊上方装有手动离合器 2，离合器的传动轴经链传动机构 3，与变频电动机 4 连接，人工手掀电控箱 5 按钮，可实现翻箱机正反 360°旋转和调速，托辊间距的尺寸取决于用户砂箱的规格尺寸，本机的砂箱尺寸为 2150mm×1550mm。

造好型的砂箱连同真空软管经桥式起重机吊至翻箱机的双托辊座上后，手推离合器与砂箱吊柄的方块接合，手推电控箱上的按钮，便可实现砂箱的旋转，旋转速度可任意调节。这种翻箱机结构简单，实用性强，可避免桥式起重机吊装人工翻箱的不安全性。

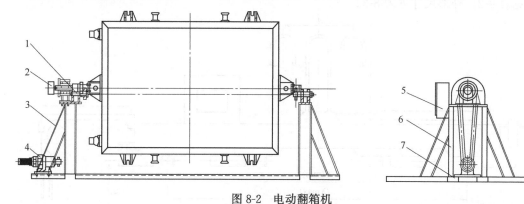

图 8-2 电动翻箱机

1—双托辊座；2—手动离合器；3—链传动机构；4—变频电动机；5—电控箱；6—支架；7—底座

德国 HWS（豪斯）公司设计的另一种翻箱机，如图 8-3 所示。它的结构是在底座支架 3 的两端分别装有横臂梁 2，在梁的两端各开有 U 形槽作为固定砂箱用，横臂梁 2 由链传动机构 1 驱动沿主轴旋转，这样砂箱在横臂梁的驱动下，也随之旋转，砂箱可实现任意角度的翻转。

操作程序是用桥式起重机吊架将造好的铸型连同真空管一起吊至翻箱机横梁臂的 U 形槽里，值得注意是砂箱上的 4 个翻箱轴一定要准确地放在横臂梁的 U 形槽里，驱动链传动机构，便可进行翻箱至任何一个角度，进行铸型的检查和修型，下箱可翻至 180°，由横梁吊具运至托

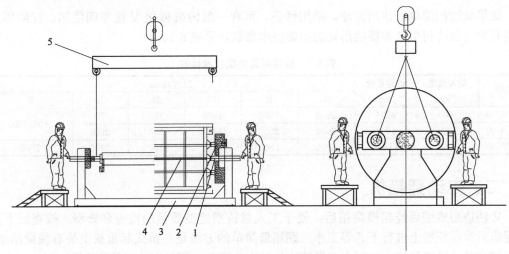

图 8-3　德国 HWS 公司翻箱机
1—链传动机构；2—横臂梁；3—底座支架；4—砂箱；5—横梁吊具

板上，进行下芯等工序。该机结构简单，动作可靠，适用于各种尺寸的砂箱使用。

三、自动平衡砂箱翻箱机

日本东邦亚铅株式会社 TDE 生产的自动平衡砂箱翻箱机比较适用于 V 法铸造砂箱的翻转，它是在横梁吊架的两端各装 1 台可调速的变频电动机带动链条同步旋转，达到翻箱的目的。需要翻箱时，横梁吊架的吊环挂在桥式起重机的吊钩上即可使用，如图 8-4 所示。它适用于中小型砂箱，载重 1～5t，砂箱吊起如有倾斜状态，吊点可自动调节，保持水平状态。采用远距离无线遥控操作，大大提高了工作效率和安全性。自动平衡砂箱翻箱机的主要技术参数见表 8-2。外形尺寸见表 8-3。

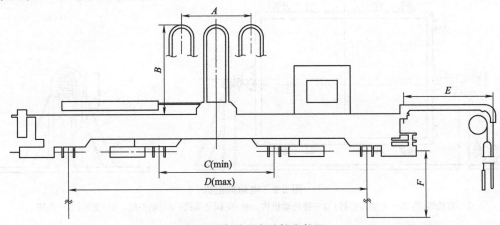

图 8-4　自动平衡砂箱翻箱机

表 8-2　自动平衡砂箱翻箱机主要技术参数

项目		TAD10	TAD30	TAD50
最大载重/kg		1000	3000	5000
电动机容量/kW	反转用	0.4×2	0.75×2	1.5×2
	开关用	0.1	0.2	0.4
	平衡用	0.3	0.6	
	合计	1.2	2.3	4.0

续表

项目		TAD10	TAD30	TAD50
反转用换流器容量/kW		0.75	1.50	3.70
允许天平倾斜角度/(°)		7		
吊绳直径/mm		ϕ7.1		
速度/(m·min⁻¹)	反转用	5/1		7/2
	开关用	11		
	平衡用	2		

表 8-3　自动平衡砂箱翻箱机尺寸　　　　　　　　单位：mm

型号	A	B	C	D	E	F
TDA10	300	500	500	2300	600	1800/2500
TDA30	300	500	700	2700	600	1800/2500
TDA50	500	700	700	3000	600	2500

四、自动抽真空装置

　　V法造型、下芯、合型、浇注、保温等过程中砂箱都应保持在真空状态下，以保持铸型所需的强度。因此，每个砂箱都应有单向阀与真空管相通，在生产现场每个砂箱都要有一条耐压的橡胶（或塑料）软管，这给生产带来不便。如何丢掉"辫子"是实现机械化和自动化生产线的关键问题，这是V法造型的特殊结构特点。现介绍V法造型生产线上所用的两种抽真空装置。

1. 步移式自动抽气装置

　　日本设计一种步移式自动抽气装置，如图 8-5 所示。其工作原理是在铸型输送辊道的两端，分别装有推阀 3，气缸 5 驱动杠杆 4 带动推阀移动，推阀用软管 6，与真空系统的右侧固定负压箱 7 及左侧可移负压箱 1 连接，左侧的可移动负压箱上装有推阀和气缸一起在辊道 2 上与砂箱同步移动，砂箱的两侧都装有单向阀 9 及销孔座 8。双侧的负压箱又分别与真空泵系统接通。

　　造型时，先开动固定负压箱上的气缸，使推杆 10 插入砂箱上的销孔座 8 内定位，同时，通过杠杆压缩两侧的弹簧 12，使推阀 3 与砂箱上的单向阀 9 对接，推阀上的阀杆 11 顶开单向阀内的阀杆 13，从而使推阀与单向阀同时开启，结果使砂箱通过负压箱与真空泵接通，砂箱便形成真空，使铸型紧实。

　　造型结束后移动铸型，先将左侧负压箱上的推阀需插入砂箱上的单向阀内，即铸型与负压箱真空系统接通，因此，右侧造型用的推阀拔出，砂箱上的单向阀关闭，这样就可将左侧的可移动的负压箱连同铸型一起沿着辊道同步移动一个拍节，而右侧为固定负压箱，又可实现进行下一个砂箱的造型程序。

2. 带有真空托板的自动抽气装置

　　德国 HWS（豪斯）公司设计一种带真空托板的

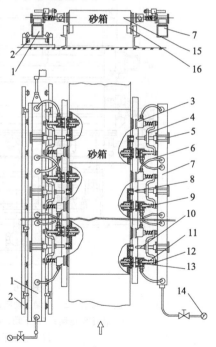

图 8-5　步移式自动抽气装置

1—可移负压箱；2—负压箱辊道；3—推阀；
4—杠杆；5—气缸；6—软管；7—固定负压箱；
8—销孔座；9—单向阀；10—推杆；11—推阀阀杆；
12—弹簧；13—单向阀阀杆；14—真空计；
15—铸型；16—铸型辊道

自动抽气装置，如图 8-6 所示。主要结构是带有真空的托板 10 在托板辊道 9 上，托板的底部左右两端各装有 1 个单向阀 8。左侧底座上装有移动式负压箱 4，并可在负压箱辊道 5 上移动，其上装有气动推阀 3 与托板上的左端单向阀 8 对接，右侧底座上装有固定式负压箱 6，其上也装有气动推阀与托板上的右端单向阀对接。在托板上放置上、下箱已合箱的铸型，下箱 7 可用短 U 形管 1 与托板上的左端手动阀 2 连通，上箱 13 可用长 U 形管 12 与托板上的右端手动阀 11 连接。

工作原理是：当 V 法造型机造好的砂箱用合箱机械手或车载真空泵装置，放至输送机的真空托板上后，用 U 形管将真空托板与上、下箱连接，即托板上的真空与砂箱接通，使铸型保持真空，此时机械手或车载真空泵上的真空管便可拆掉，这样在输送机上的托板、铸型都处于真空状态下，便可进行浇注。

真空托板在辊道步移式移动时，应保证托板永远处于真空状态。当托板处在静止位置，右侧固定式负压箱上的气动推阀与托板上右端的单向阀接通，使托板内形成真空；当托板要移动前，左侧可移动的负压箱上的气动推阀与托板的左端的单向阀接通，右端的气动推阀便可退出，托板仍保持真空；当液压推杆将推动托板移动时，左侧可移动的负压箱也同步运动，这样便可保证在托板移动时，托板与铸型均可在真空状态下；当铸型在输送机上移动一个拍节后，在固定位置的气动推阀又与托板上右端的单向阀接通，保持托板的真空状态。此时，左端的气动推阀退出，多组可移动的负压箱在液压推杆的驱动下返回原位，重复前述动作。

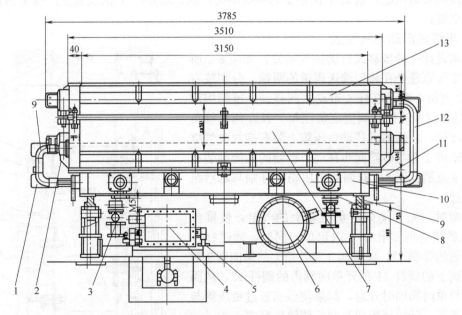

图 8-6　带真空托板的自动抽气装置

1—短 U 形管；2—左端手动阀；3—气动推阀；4—移动式负压箱；5—负压箱辊道；
6—固定负压箱；7—下箱；8—托板底单向阀；9—托板辊道；10—真空托板；
11—右端手动阀；12—长 U 形管；13—上箱

五、同步顶杆起模机

该机采用 4 个独立的同步执行液压缸来控制起模动作，适用于砂箱内尺寸 3000mm× 2200mm × 350mm/550mm 和 3000mm × 2200mm × 450mm/450mm，砂箱及砂型重量为 7820kg。

在顶箱起模机的设计上选用 4 个 $\phi 80mm \times 550mm$ 液压缸，并且 4 个液压缸在结构布置上各自独立，在空间布置上不互相干涉，如图 8-7 所示。每一个液压缸安装在独立的支架上，缸杆头部装有顶起块和导向杆，顶起块和砂箱箱柄直接接触以顶起砂箱，导向杆保证液压缸的平稳性。这种结构拓宽了安装时的自由度，并易于调整。

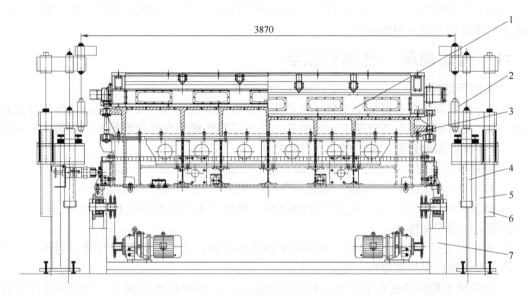

图 8-7 同步顶杆起模机

1—砂箱；2—顶起块；3—模板；4—起模液压缸；5—液压缸支架；6—导向杆；7—机动辊道

工作原理及动作程序是：四个液压缸由等体积同步分配器液压缸、三位四通电磁阀、电液控制单向阀、二位二通补油阀等元件组成的同步回路控制其同步效果，如图 8-8 所示。

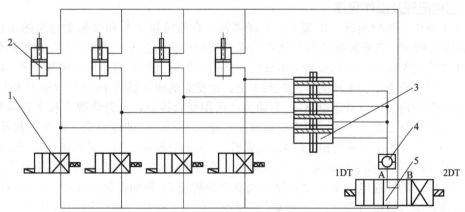

图 8-8 液压原理图

1—等体积同步分配器液压缸；2—液控单向阀；3—三位四通电磁阀；
4—起模液压缸；5—二位二通补油阀

图 8-8 中 1DT 得电，压力油通过三位四通电磁阀进入同步缸下腔，推动活塞向上运动，由于各腔环形截面积相等，因此当活塞运动时，其输入输出的压力介质的流量、体积都完全相等。同步缸上腔介质输入活塞缸无杆腔，四个活塞杆同步伸出，有杆腔油回到油箱。1DT 失电，电磁阀复中位，液控单向阀将所有液压缸锁定。2DT 得电，液压油直接进入活塞缸

有杆腔，并同时打开液控单向阀，活塞杆同步缩回，将无杆腔介质输入同步缸4个上腔，推动同步缸向下运动，下腔油通过液控单向阀回油箱。为了防止出现意外，每个活塞缸都安装了一个无泄漏的二位二通补油阀，以补充由于各种泄漏原因造成的活塞缸不同步，该二位二通补油阀由安装在液压缸上升终端前的接近开关控制。当某个缸还未到位时便由系统发出报警接通两位两通阀，压力油直接进入该液压缸，使其达到行程终点。

同步顶杆起模机运行平稳，起模同步精度小于2mm，与桥式起重机横梁吊架配合代替机械手完成顶箱起模及翻转动作。

六、自动翻箱、合箱机械手

1. 机械手功能

该机分提箱翻箱和合箱两个工位。它利用一个可升降翻转的机械手来完成铸型的分型和翻转工作，同时通过一台在机架上运行的移动小车带机械手在提箱翻箱和合箱两个工位间运行，来实现砂型的合箱。该机的主要功能如下：

① 通过与顶箱起模机配合，实现了以自动液压顶箱起模代替人工起模。

② 自动驱动砂箱升降、翻转、运送和合箱，代替人工利用桥式起重机操作。

③ 砂型的升降和翻转均采用液压比例控制，移动小车采用变频电机控制，保证了生产运行的稳定性和安全性。

④ 根据V法生产的工艺要求，采用随动抽真空装置，来实现砂箱在升降、翻转、运送和合箱过程中始终保持真空度，防止塌箱。

⑤ 在机械手翻转的过程中保证了机构的同步性，在砂箱翻转过程中，始终保持托举装置在水平向上的位置，避免了脱箱。

⑥ 该机一般采用两台一起配套使用，上箱和下箱交替生产，可有效减少干涉，使得V法生产线的生产率有了很大的提高。在实际生产应用中，该机完成一次操作基本在1min以内。

2. 结构原理及操作程序

该机主要由三部分组成：机架Ⅰ、升降翻箱、合箱机械手Ⅱ和带移动台车的步进框架Ⅲ，如图8-9所示。它安装在各类V法造型机顶箱起模机的上方。机架主要是由型钢焊接而成，它由6个钢结构立柱8和横梁7组成门式框架，横梁上装有两条平行的导轨6。机械手的整个部件均装在电动台车式的步进框架4上，带变频的驱动机构15可在导轨上水平移动。移动台车用侧导向轮，以减速电机10为动力，采用变频控制，上升降架1和下升降架5与液压缸3和导向杆2组成一体，可实现机械手平稳的升降，且速度可调。两个夹紧臂13用铰链固定在下升降架上，液压缸11驱动夹紧臂13实现对砂箱9的夹紧和张开，当砂箱夹紧时，旋转箱14上随动抽真空装置12与砂箱上的单向阀对接，使砂箱保持在真空状态下。装在下升降架5上的减速电机10，通过链传动驱动旋转箱14带动砂箱9旋转，可使砂箱翻转至任意角度，翻转速度可调。为安全起见，设备还设置了安全门和安全网，在设备运行中有效地保护人身安全。

① 起模和修补：两个液压缸驱动双夹紧臂的张开和夹紧，当旋转箱与砂箱夹紧后，机械手的抽真空装置与砂箱连通，使铸型处于真空状态，这样可以拆掉砂箱上的真空管道，升降液压缸将夹紧臂升起到需要的翻箱高度后，翻箱电动机启动经链传动驱动旋转箱与砂箱一起翻转，达到所需的角度，便于检查铸型成型状况。机械手的水平移动是依靠减速电动机驱动移动台车沿导轨双向移动，可从上箱起模位置移至下箱的合箱位置。

② 翻箱和合箱：当下箱翻转180°后，水平放置在合箱转运台车的带真空的托板上，人

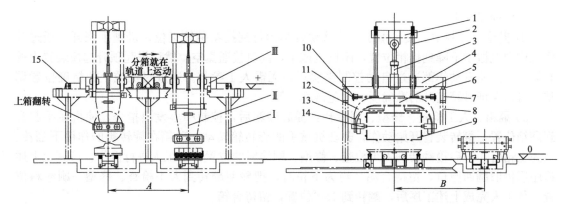

图 8-9 起模、翻箱、合箱机械手

1—上升降架；2—导向杆；3—升降液压缸；4—步进框架；5—下升降架；6—导轨；
7—横梁；8—钢柱；9—V法砂箱；10—减速电机；11—液压缸；12—抽真空装置；
13—夹紧臂；14—旋转箱；15—变频驱动机构

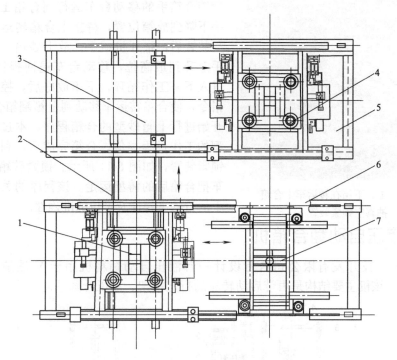

图 8-10 两台翻箱合箱机在线工作平面装置

1—上箱翻箱合箱机；2—运行辊道；3—合箱转运台车；4—下箱翻箱合箱机；
5—下箱机架；6—上箱机架；7—顶箱起模机

工用短 U 形管将托板与下箱上真空阀连通，或外接真空，使下箱砂型紧实，机械手的真空可拆除。而后机械手平移至上箱位置进行上箱的起模翻转检查、复位。待下箱下芯完成后机械手即可平移至下箱位置进行合箱。当合箱结束后人工用长 U 形管将托板与上箱上真空阀连通，使上砂箱砂型紧实，机械手的真空可拆除，合箱程序结束后，机械手恢复原始位置，等待下一个造型程序。

3. 两台并用机械手的操作程序

在实际的应用中，该机采用两台一起配套使用，分为上型翻箱合箱机和下型翻箱合箱机，二者与顶箱起模机及合箱转运车组成一个工作系统，如图 8-10 所示。

操作程序如下：

① 提箱：控制中心发出指令，使移动台车运行到提箱翻箱工位，机械手张开，通过升降机构把机械手下降到提箱位置，闭拢机械手，同时接通真空，然后提起顶升起模装置上的砂箱。上述所有动作都通过自动控制来实现，无需人工参与。通过对机械手的精确位置调整，可以保证砂箱起升的准确度，避免碰坏砂箱。

② 翻箱、人工检查、修型、刷涂料：提起砂箱后，控制中心发出指令，使机械手起升到翻箱位置，翻转装置开始动作，驱动机械手的旋转箱转动，砂箱在旋转箱的作用下翻转。当为上箱时，把砂箱翻转到人工检查、修型、刷涂料的位置，由工人进行操作，待完成上述程序后仍旧翻回原位，留待合箱。当为下箱时，把砂型翻转到人工检查、修型、刷涂料位置，待工人完成上述工序后，翻转到180°位置，留待合箱。

③ 运送至合箱工位合箱：当完成①、②两道工序后，开始进行合箱。合箱顺序是先放置下箱，可通过控制中心的选择来决定上下砂箱的先后放置顺序。控制中心发出指令，使合箱转运车移动到下箱翻箱合箱机下面，然后再使翻箱合箱手的移动台车运行到合箱工位，把机械手下降到放箱位置，待接上合箱转运车上的抽真空装置后，张开机械手，放下砂箱，然后把机械手上升到最高位，移动台车退回提箱翻箱工位，进入下一工作循环。下箱放好后，控制中心发出指令，使合箱转运车移动到上箱翻箱合箱机下面，开始进行上箱砂型的合箱程序，本过程与下箱砂型的工作过程类似。合箱完成后，利用砂箱上的锁紧装置，如图8-11所示。锁紧砂箱，合箱转运车把合箱后的铸型运走。该程序的关键在于机械手运行的平稳性及定位的准确性。

图8-11 上、下箱在转运车上合箱抽真空锁紧装置

七、液压自动翻合箱机

江阴华天科技开发有限公司自行设计一台液压自动翻箱机用于V法造型线上，如图8-12所示。该机主要结构是由带启动转轮的行走框架、液压升降导向机构、合箱臂和翻

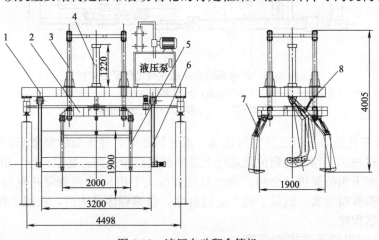

图8-12 液压自动翻合箱机

1—主梁；2—起升架；3—导杆；4—起升油缸；5—起降合箱钩；6—翻箱臂；
7—夹紧合箱臂油缸；8—翻箱臂油缸

箱臂机构等组成。主体为框架箱体结构，驱动为通轴减速机，可实现启动转动轮同步，砂箱的升降用4根导杆，保证液压升降的平稳性，翻箱臂上装有液压马达，可以调整翻箱转速。

该机的主要特点：

① 可以翻转大型砂箱，调整翻箱臂的距离，可实现不同长度砂箱的翻转。

② 主机行走驱动同步，平稳无撞击。

③ 砂箱升降可以根据起模速度快慢的需要，调整压力流量达到良好的使用效果。

④ 翻箱机采用一机两用，在没有起模机构的情况下直接起模，可以不设起模机构。

⑤ 翻合箱机构定位准确，提高合箱精度。

主要技术参数：

功能	完成V法造型线上的砂箱起模、翻箱、合箱
最大起重量	约5000～10000kg
翻箱最大角度	180°
水平移动（行程）距离	4000～800mm
适用砂箱最大外尺寸	3200mm×1900mm×450mm
真空管道连接管径	DN50
最大提升高度	1100mm

八、车载真空泵

铸型成型后要进行起模、翻箱及合型等工序，这一方法如前所述采用步移式真空系统，实现铸型的移动，另一种方法是将真空泵装置安装在桥式起重机上，装置上的两条橡胶软管

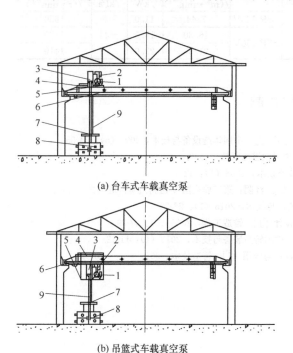

(a) 台车式车载真空泵

(b) 吊篮式车载真空泵

图 8-13　车载真空泵

1—真空泵；2—消声器；3—复合式旋风除尘器；
4—行车小车；5—平台；6—双梁行车；
7—横梁吊架；8—铸型；9—真空软管

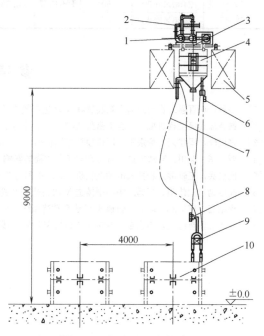

图 8-14　新东公司车载真空泵

1—真空泵；2—消声器；3—台车式平台；
4—除尘稳压器；5—双梁行车；6—微型电动
葫芦；7—真空软管；8—电气开关；9—真空
分配管；10—铸型

从桥式起重机下垂至地面与铸型上的真空单向阀连接,依靠桥式起重机的横梁支架将铸型吊起,这样铸型便可从 V 法车间的一处搬运至另一处,而铸型与桥式起重机上的真空装置始终连接,一直保持在真空状态下而不塌箱。

车载真空泵装置,如图 8-13 所示。它是在一个钢结构平台上装有罗茨真空泵进出口消声器复合式旋风除尘器、微型电动葫芦、橡胶软管、吊具等,由于除尘器容积较大,能起一定的稳压作用。

装置与桥式起重机连接方式有两种:一是将钢平台设计为台车式,车轮轨距与行车小车轨距相同并与小车并排在辊道上,并紧固在一起,利用桥式起重机小车的驱动带动装置一起行走,故称台车式车载真空泵,如图 8-13 (a) 所示。另一种方法是将装置整体用钢架吊挂在桥式起重机的小车下,随小车一起行走,故称吊篮式车载真空泵,如图 8-13 (b) 所示。在选用时应根据车间桥式起重机的起吊高度和吨位而定。

车载真空泵的使用给 V 法铸造车间带来很多方便,利用它可将合型后的铸型吊至浇注区,浇注保温的铸型吊至落砂处,可以吊起铸型移至车间的任何位置,解决了给生产操作带来很多不方便的"拖辫子"问题,提高了 V 法铸造生产效率。

日本新东公司提供的台车式车载真空泵示意图,如图 8-14 所示。江阴华天科技开发有限公司生产的车载真空泵主要技术参数见表 8-4。

表 8-4 车载真空泵主要技术参数

型号	台面尺寸(长×宽×高)/mm	连接管管径/mm	空压机		罗茨真空泵				
			型号	功率/kW	型号	流量/(m³·min⁻¹)	功率/kW	真空度/kPa	转速/(r·min⁻¹)
SV-40	2400×1800	40	PB-45/7	0.55	SSR-125V	7.44	11.0	−44	1650
SV-50	2400×2000	50			SSR-150V	16.30	18.5		1120
SV-65	2400×2600	65				21.30	22.0		1410

参 考 文 献

[1] 马颖,李百强. 自动翻箱合箱装置在 V 法生产线中的应用 [J]. 中国铸造设备与技术,2009 (5):54-55.

[2] 铁道部武汉工程机械厂. 真空密封造型 [M]. 北京:中国铁道出版社,1982.

[3] 张俊峰,闫建云,徐宗平. 同步顶杆起模机构 [J]. 装备技术,2008 (1):52-53.

[4] 谢一华,谢田. V 法铸造装备特性对工艺过程的影响 [C]. 江阴:第三届全国 V 法铸造研讨班论文,2014.

[5] 冯德兵,王晓静. 悬挂式电动翻箱机 [J]. 中国铸造装备与技术,2015 (1):27-28.

[6] 高成勋,刘伟明,高远. 中小型铸造 V 法铸造生产线设计 [J]. 铸造工程,2013 (2):37-39.

[7] 李绍亮,曹生辉,曲辉. 轨道式 V 法自动造型线 [J]. 中国铸造装备与技术,2013 (4):11-12.

[8] 张志红,曹纪范,李志宏. 穿梭式造型机 V 法造型线设计与应用 [J]. 铸造技术,2015 (2):520-522.

第九章

V法铸造的粉尘治理及防止措施

在V法铸造生产过程中会产生高温、粉尘、烟雾、噪声等公害，这些不仅会危害工人的身体健康，变相造成用人成本增加，在一定程度上也会破坏仪器设备的精确度，影响产品的质量，同时也污染周围的环境。因此，V法铸造车间需要把粉尘污染的治理放在重要地位。

V法铸造车间产生粉尘污染的来源，一方面是原车间设计不合理，除尘设备不能满足要求，使其粉尘浓度过高；另一方面是由于V法铸造采用干砂造型，翻箱落砂时热气流带动风化破碎的细小粉尘上升，造型喷涂以及砂处理的振动筛分、旧砂冷却、机械化运输设备等都有很多扬尘点。在悬浮的粉尘中有总悬浮颗粒物（TSP）、可吸入颗粒物（PM10）、可吸入肺颗粒物（PM2.5），其中PM10是空气中颗粒尺寸小于或等于$10\mu m$的颗粒物浓度，颗粒细小易吸入人体造成硅肺病。世界卫生组织规定，PM2.5小于$10\mu g/m^3$为安全值。欧美标准，PM2.5小于或等于$35\mu g/m^3$时，空气质量为良。而我国《环境空气质量标准》中规定，PM2.5日均浓度限值为$75\mu g/m^3$，小于或等于$75\mu g/m^3$时空气质量为良，大于$75\mu g/m^3$时空气严重污染。目前我国V法铸造的粉尘浓度大大超过了空气质量标准，为了防止其对人体的伤害，必须对车间扬尘点采取抑制性防止措施，从以下几个方面着手：

① 从厂房设计应考虑通风效果，厂房顶开天窗，屋顶抽气排风，地沟通风，人工作业位置排风等。

② V法生产线中所有设备接口的扬尘点和产尘集中的工作点应加吸尘罩，强制抽风。

③ 在设计V法铸造生产线时应注意各工位的排布，产生粉尘较多的工位于下风口通风较好的地方。

④ 根据生产线各扬尘点所需的处理风量，正确选用除尘设备的型号和规格，并留有一定的余量，准确进行除尘风管的设计，合理进行管线布置。

⑤ 落砂除尘罩的设计应根据V法铸件工艺特点和生产线的布置来确定采用半封闭、全封闭或侧吸式等，但尽可能选用封闭式的。

⑥ 易产生粉尘和噪声的设备设计时应考虑密封效果，放入地坑封闭处置。

⑦ 粉尘浓度较高的落砂除尘罩可采用喷雾降尘的措施。

⑧ 要注意车间散落尘土、细料的清理和集中处置。

第一节　V法铸造设备的排风除尘

V法铸造车间主要由造型、砂处理、熔化、浇注、清理等工序组成，每个工序都存在粉尘和高温的治理，尤其是砂处理工部是由工艺设备和机械化运输设备组成的生产线，这些设备包括：①筛分设备，如振动筛分机、直线振动筛等；②磁选设备，如悬挂磁选机、贯通式磁选机和风选磁选机等；③旧砂冷却设备，如水冷卧式流化床砂温调节器、冷却滚筒、垂直振动冷却提升机等；④输送设备，如振动输送机、带式输送机、斗式提升机、空气斜槽、螺旋输送机、气力输送机等。通过砂处理后，95％以上的旧砂可以回用，因此，在处理旧砂过程中，由于旧砂的 SiO_2 的含量很高，在处理和运输过程中扬尘点很多，另外砂处理设备工艺必须要强制抽风才能达到再生的效果，当然也有的砂处理设备是全封闭的结构，不需要抽风。因此，必须要确定砂处理设备中每台设备的抽风量，这样才能正确地设置可靠的排风除尘装置。表9-1为V法铸造设备排风量及排风罩形式。

表 9-1　V法铸造设备排风量及排风罩形式

序号	设备名称及规格		排风罩类型	排风量 L/$(m^3 \cdot h^{-1})$（或排风量计算）		备注
1	振动筛分机系列		上部排风罩	每平方米筛板 2700		
			密封罩	按罩口开口处风速小于 1m/h 或每平方米筛板 1300 热砂：每平方米筛板 1800		
2	振动输送机系列		上部排风罩	每平方米输送槽 2000		
			密封罩	每平方米输送槽 1000，热砂每平方米输送槽 1500		
3	斗式提升机头部	Y3716	全密闭	600		按运输物料温度提升高度分别采用上部，下部及上、下部排风三种情况
		Y3725		1000		
		Y3735		1400		
		Y3745		1900		
4	带式输送机转运处	Y334	局部密闭罩（卸料头部罩、管料密封罩）	1000		落差小于 1m
		Y335		1500		
		Y337		2000		
		Y338		2500		
5	带式输送机向斗式提升机转运类		局部密闭罩	无磁选	有磁选	
		Y334		950	1100	
		Y335		1200	1400	
		Y337		1500	1800	
		Y338		1900	2300	
6	犁刀卸料刮板		局部密闭罩	单面卸料	双面卸料	
		Y334		800	2×800	
		Y335		1000	2×1000	
		Y337		1500	2×1500	
		Y338		2000	2×2000	
7	螺旋输送机		容积式排风罩	500～1000（开口风速小于 2m/h）		
8	箱式定量器		密封罩	1000		
9	砂斗落砂至带式输送机导料槽		局部密封罩	3000		
10	落砂砂斗下振动输送机给料处		密闭罩	3000		

续表

序号	设备名称及规格		排风罩类型	排风量 L/(m³·h⁻¹)（或排风量计算）	备注
11	落砂地沟全面排风			无局部通风时按地沟断面风速0.5~0.8m/s计算,有局部通风时按地沟断面风速0.5m/s计算再减去局部排风量	
12	落砂机		侧吸罩	按每平方米格子板750	侧吸罩排风量中已包括下部砂斗的排风量
				落砂温度大于200℃ / 落砂温度小于200℃	
		2.5t		33000 / 25000	
		5.0t		3500 / 28000	
		7.5t		4000 / 30000	
13	生产线振动落砂机		局部密封罩	按开口风速0.8~1.0m/s计算	
14	旧砂格子板		底抽风罩	每平方格子板面积1300~1800	当旧砂粉尘多时风量增加50%
15	水冷卧式流化床系列		上部抽风口设备密闭	按冷却鼓风量的115%计算	
16	水冷立式流化床系列		设备密闭上部抽风口	按冷却鼓风量的115%计算	
17	冷却滚筒		设备密闭入口、出口、局部密封罩	按冷却鼓风量的115%计算	
18	风选磁选机		带抽风口		
		Fx-10A		2500	
		Fx-20A		3000	
19	砂斗		全封闭顶部抽风口	按砂斗容积每10m³为350	有机械化运输设备卸料的状况下
20	雨淋加砂机		全封闭侧部抽风口	按每平方米加砂面积500	
21	浇注段	浇注段轨宽/mm	均流侧吸罩	按罩子净面积的入口风速2.06~2.47m/s计算	
		500		总排风量10000	
		650		总排风量12000	
		800		总排风量14000	
		1000		总排风量16000	
22	浇注冷却段冷却罩		密闭罩	按冷却罩两端开口及不严密缝隙处风速1.0m/s计算	

排气管路计算：按设计规范要求，排风管道中的风速应为 $V=3\sim5$m/s（取 4m/s）。风量的计算公式：

$$Q=SV \tag{9-1}$$

式中 Q——排风量，m^3/s；
S——管道截面积，m^2；
V——管中风速，m/s。

第二节 落砂排风除尘罩

落砂工序是V法铸造生产中粉尘污染最严重的作业之一，应根据不同的落砂方式采取相应的排风除尘措施，为了防止落砂时粉尘的扩散，主要是正确设计和选用落砂排风除尘罩。常用排风除尘罩有以下几种类型。

1. 固定落砂格子板

主要用于人工操作落砂，可采用底抽风罩，如图9-1所示。每小时排风量按每平方米格子板面积计算，对 V 法干砂可取 $1900 \sim 2700 \mathrm{m}^3 / \mathrm{m}^2$。

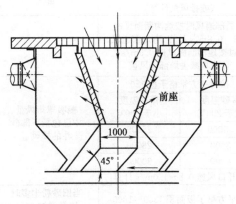

图 9-1 落砂床底抽风罩

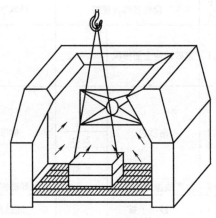

图 9-2 半密闭罩

2. 固定式半密闭罩

由于设计凹形罩顶，落砂时所产生的上升含尘热气流到达凹形罩顶后，不会直接从罩顶逸出，而是在凹形罩顶作涡流状回旋，使尘粒在此丧失上升速度，在管道设置在后侧排风口强有力的控制风速作用下，促使含尘空气可全部顺利地自排风口排走，如图 9-2 所示。该罩的特点是不影响吊运砂箱自由进出落砂格子板，落砂时也不必摘下吊挂砂箱的链条，故罩体宽度应根据砂箱外形尺寸适当加大 500mm 左右，罩体高度应根据砂箱高度及落砂温度而定。该罩的每小时排风量按每平方米格子板面积计算，一般可取 $4000 \sim 5000 \mathrm{m}^3 / \mathrm{m}^2$。

3. 侧吸罩

该罩的特点是在四个方向有自由度，不影响工人操作。落砂时不必摘下吊车砂箱上的链条，减少了落砂程序，但侧吸罩排风量大，能耗高，而除尘效果差，如图 9-3 所示。在设计时一般罩口风速为 $3.5 \sim 5.0 \mathrm{m/s}$，每平方米落砂格子板面积的每小时排风量，可取 $8000 \sim 15000 \mathrm{m}^3 / \mathrm{m}^2$。

4. 吹吸式排风罩

该罩用于工艺操作要求敞开度大的中小型落砂工序，如图 9-4 所示。

它的特点是工艺操作自由度大，抵挡横向气流的能力比侧吸罩强，能以比侧吸罩小的排风量获得较好的效果。吹吸式排风罩的计算方法：一般情况下吹吸风量比可取 1：(7～10)。

5. 伞形罩和上部排风罩

它主要用于生产线落砂，如图 9-5 所示。其特点是便于工艺操作，排风效果较好，但抗横向气流能力较差，排风量较大，设计时伞形罩的排风量为 $14000 \mathrm{m}^3 / \mathrm{h}$。

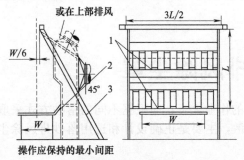

图 9-3 侧吸罩
1—风量调节插板；2—挡板；3—支柱

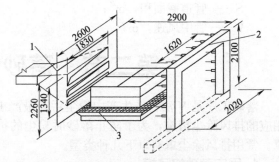

图 9-4 吹吸式排风罩
1—排风罩；2—吹风气幕龙门架；3—落砂机

6. 移动式密封罩

它主要用于落砂时间较长的大中型落砂工序，如图 9-6 所示。其特点是排风量最小，捕集粉尘效果最好，能减少噪声。采用移动式密封罩时，需摘钩、挂钩，罩子要开闭，辅助时间和人工要多。设计时，按每平方米落砂格子板面积计算每小时排风量，取 $12000 \sim 3000 \mathrm{m}^3/\mathrm{m}^2$。

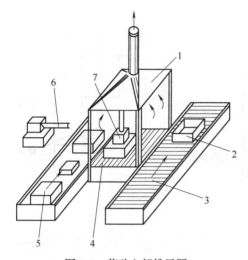

图 9-5　落砂上部排风罩
1—罩；2—空砂箱；3—辊道；4—落砂机；
5—铸型输送机；6—气动推杆；7—捅头

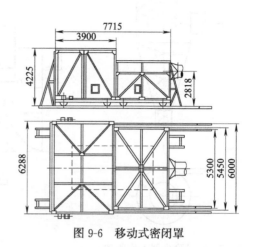

图 9-6　移动式密闭罩

第三节　常用的除尘器

除尘器是粉尘治理的重要设备。根据各种除尘的除尘机理，共可分为下列五类：①旋风除尘器；②湿式除尘器；③袋式除尘器；④颗粒层除尘器；⑤电除尘器。各类除尘器品种繁多，现介绍 Ｖ 法铸造车间常用的除尘器。

一、旋风除尘器

旋风除尘器是利用离心力作用，从旋转气流中分离粉尘。由于作用在尘粒上的离心力比重力大 $5 \sim 2500$ 倍，因而除尘效率较高。它属于中效除尘器，品种繁多，应用很广。

1. 旋风除尘器的工作原理

含尘气体从进口管切线高速（$15 \sim 20 \mathrm{m/s}$）进入器体后，获得旋转运动，如图 9-7 所示。气体在同一平面上旋转 $360°$ 后，大部分气流在外圆与中央排气管之间，被继续进入的气流挤压而向下做螺旋线运动；小部分气流向上，受到顶盖的阻碍后又返回，和大部分气流一道下旋沿圆锥部分运动。此时，内层气流随圆锥体的收缩而转向该除尘器的中心，至底部受阻而返回，形成一股上升旋流。其方向与外层相反，经由排气管逸出器外。

当气流在器体圆筒部分旋转时，粉尘因离心作用甩向外壁，与气流以不同的轨迹运动，失去惯性后沿锥体下部滑至排灰口。

旋风除尘器内气流运动是很复杂的。莱恩迪（T. Linden）对一般旋风除尘器的三维速度场及压力分布进行了详细的测定，其示意如图 9-8 所示。从图中可见，切线速度先随其与轴心的距离减少而增大，越接近轴心切线速度越大，在接近排气管直径的五分之三时的圆环处最大，然后，随接近轴心而逐渐减少。将所有圆环处速度连接起来，即成一假想圆柱，在圆柱外称外旋流，其内称内旋流。

从图 9-8 中看到，径向速度远远低于切向速度，轴向速度靠近回壁处为负，即速度向下，其轴心部分为正，即气流向上。

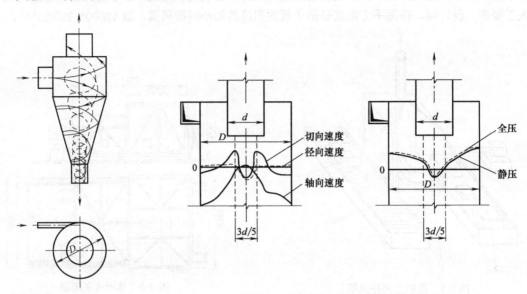

图 9-7　旋风除尘器工作原理　　　　　图 9-8　旋风除尘器内速度场及压力分布

从图 9-8 中还可看出，旋风除尘器在不同半径处的压力分布情况：在近器壁处压力为正，故当器壁磨穿后，含尘气流会向外冒出；在轴心处压力为负，一直延伸至灰斗内负压达最大值，故灰斗排灰口关闭稍不平，则使粉尘再次卷入净化气流由排出管排出，使除尘器的效率大为降低。

除尘器中径向气流和轴向气流形成涡旋运动。在除尘器全长形成单一涡流，如图 9-9（a）所示。在顶盖附近至排气管下端形成上旋涡，在锥体部分形成下旋涡，这种双重涡流，如图 9-9（b）所示。

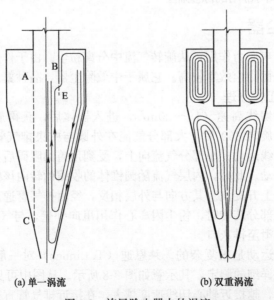

(a) 单一涡流　　　　　　　(b) 双重涡流

图 9-9　旋风除尘器内的涡流

2. 影响旋风除尘器效率的因素

（1）除尘器结构的影响

① 除尘器入口的影响。它是影响除尘器效率及阻力的主要因素。入口形状，如图 9-10 所示。

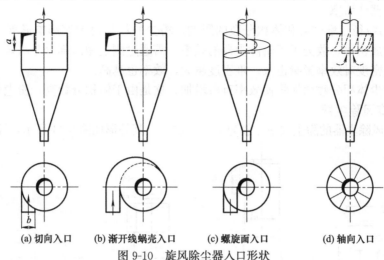

(a) 切向入口　　(b) 渐开线蜗壳入口　　(c) 螺旋面入口　　(d) 轴向入口

图 9-10　旋风除尘器入口形状

试验表明：切向入口易形成双重涡旋；当采用渐开线蜗壳入口时，渐开角为 180°时的效率最高；螺旋面入口对消除双重涡旋有好处；轴向入口多用于多管旋风除尘器。

一般按入口风速 15～18m/s 来计算入口面积。试验表明，采用扁高形的切向入口或方形的蜗壳入口时的效率较高。

② 除尘器直径的影响。含尘气流进入除尘器后受到的离心力 F 为：

$$F = \frac{\pi}{6} d^3 \gamma \frac{V_t^2}{R} \tag{9-2}$$

式中　d——尘粒的直径，mm；

　　　γ——尘粒堆维度，kg/m^3；

　　V_t——切线速度，m/s；

　　R——除尘器半径，m。

从上式可见，当其他条件相同时，若除尘器半径 R 越小，则离心力越大，分离效率也越高，故除尘器直径不宜过大。一般最小直径为 150mm，最大为 1100mm。当处理风量较大时，可采用多个并联。

③ 除尘器高度的影响。除尘器高度增加，气体的旋转次数也增加，对除尘有利。试验表明，当除尘器高度与排出管直径之比增加时，效率也随着增高，一般取高度为排出管直径的 8～9 倍。

④ 除尘器排出管的影响：试验表明除尘器直径 D 与排出管直径 $d_{排}$ 之比增加，效率增加，阻力也增加，一般 $D/d_{排}=2～3$。排出管插入深度也会影响除尘效率，当插入深度等于排出管直径时效率最高。但通常认为排出管插入深度应低于进气管底部，以防止短路而影响效率。

⑤ 排尘口。排尘口大小与锥体有关，为防止已沉下的粉尘带起来，故排尘口直径应为排出管直径的 1.25 倍。

（2）气流及粉尘性质对除尘器的影响

① 气体的流速。气流在除尘器内所受的离心力与切线速度的平方成正比，而切线速度又取决于进口速度的大小，但气体流速过大会造成涡旋加剧，除尘效率则不会增加，反使阻力损失增加，故一般进口速度为 10～25m/s。

② 气体的物理性质：气体的温度、密度、黏度、露点及压力对除尘效率均有影响，其中主要是气体的黏度。在其他条件相同时，当气体黏度增加时，则除尘效率有所下降。气体温度在露点温度（20～25℃）以上对除尘器影响不大，否则会出现"结露"，使粉尘黏结于器壁上，造成器体堵塞。

③ 粉尘的粒径、堆密度和体积分数的影响。粉尘的粒径对效率影响显著，因离心力与粒径的 3 次方成正比，故为了评价除尘器的效率，需通过测定做出部分分离效率曲线。

粉尘的堆密度对效率影响也大，堆密度越大，效率也越高。

气体的含尘体积分数增加将使效率有所增加，这是由于体积分数高，粉尘易产生凝结。

3. 常用旋风除尘器

常用的旋风除尘器的除尘效率一般为 70％～80％。其外形如图 9-11 所示，性能见表 9-2。

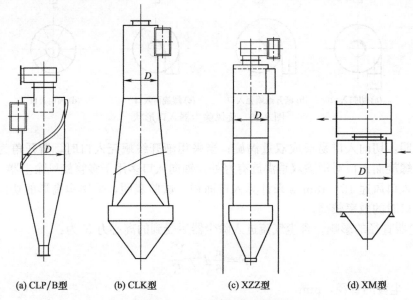

(a) CLP/B型　　(b) CLK型　　(c) XZZ型　　(d) XM型

图 9-11　常用旋风除尘器

表 9-2　常用旋风除尘器性能

型号	直径 D/mm	风速/(m·s^{-1})			
		12	16	18	20
		风量/(m^3·h^{-1})			
CLP/B	540	2200	2950	—	3700
	700	3800	5100	—	6350
	820	5200	6900	—	8650
	940	6800	9000	—	11300
	设备阻力/Pa	500	890	—	1450
CLK	525	—	4000	4500	5000
	585	—	5000	5625	6250
	645	—	6000	6750	7500
	695	—	7000	7870	8740
	设备阻力/Pa	—	1050	1350	1600
XZZ	650	—	3758	3979	4421
	750	—	5031	5327	5918
	850	—	6450	6830	7589
	950	—	8048	8521	9468
	设备阻力/Pa	—	630	710	880

续表

型号	直径 D/mm	风速/$(m \cdot s^{-1})$			
		12	16	18	20
		风量/$(m^3 \cdot h^{-1})$			
XM	7	—	9161	10346	11451
	8	—	11310	12724	14139
	9	—	14187	15960	17730
	10	—	17965	20199	22444
	11	—	22167	24938	27710
	设备阻力/Pa	—	160~350		

　　除尘器选用时，当处理风量较大时，可采用两个筒以上的除尘器并联的方式组成双筒、三筒、四筒、六筒的组合形式。如图 9-12 所示为 XD 型低阻双筒旋风除尘器安装形式。除尘器安装尺寸，见表 9-3。

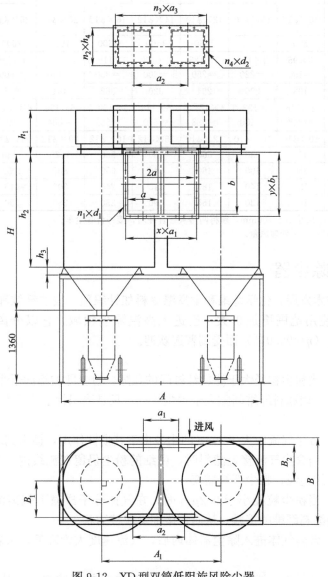

图 9-12　XD 型双筒低阻旋风除尘器

表 9-3　XD 型 1-10# 双筒低阻旋风除尘器安装尺寸

数据[①]	XD-1A×2	XD-2A×2	XD-3A×2	XD-4A×2	XD-5A×2	XD-6A×2	XD-7A×2	XD-8A×2	XD-9A×2	XD-10A×2
处理风量 /(m³·h⁻¹)	800~1100	1100~1700	1700~2400	2400~3600	3600~5000	5000~8000	8000~14000	14000~24000	24000~36000	36000~50000
H	590	660	750	850	980	1200	1450	1920	2400	3000
h_1	256	276	306	356	396	456	566	726	826	976
h_2	430	480	550	630	720	880	1050	1400	1720	2100
h_3	60	60	80	80	100	100	100	100	120	120
$2a$	172	212	252	312	372	432	532	732	976	1216
$x×a_1$	2×103 =206	3×82 =246	3×95.3 =286	3×111.5 =346	4×104 =416	4×119 =476	5×115.2 =576	6×129.3 =776	8×132.5 =1060	9×141.7 =1275
b	180	210	250	300	360	440	550	790	1000	1250
$y×b_1$	2×107 =214	2×122 =244	2×142 =284	3×113.3 =340	3×134.6 =404	4×121 =484	5×118.8 =594	7×119.1 =834	8×132.5 =1060	9×145.5 =1310
$n_1×d_1$	8×φ10	10×φ10	10×φ10	12×φ10	14×φ12	16×φ12	20×φ12	26×φ12	32×φ12	36×φ12
A	650	800	1000	1150	1400	1600	1900	2600	3400	4250
$n_2×h_4$	2×85 =170	2×95 =190	2×110 =220	2×125 =250	3×100 =300	3×116.6 =350	4×110 =440	4×150 =600	5×143.2 =716	6×144.3 =866
a_2	152	198	226	294	320	362	464	616	872	1130
$n_3×a_3$	3×94 =282	3×116 =348	3×133.3 =400	4×124.5 =488	5×114 =570	5×130.2 =651	6×134 =804	8×134.5 =1076	11×132.5 =1458	13×140.5 =1826
$n_4×d_2$	10×φ10	10×φ10	10×φ10	12×φ10	16×φ12	16×φ12	20×φ12	24×φ12	32×φ12	38×φ12
A_1	360	450	530	660	780	900	1120	1540	2050	2560
B	300	350	400	460	540	650	800	1050	1350	1700
B_1	100	120	140	180	210	240	300	415	550	690
B_2	85	105	130	155	190	230	280	390	500	600

注：6A×2 以下，A_1 尺寸小于 700mm，须将两落灰管合并后，接一台收尘车。
① 在入口风速 8~12m/s 下处理风量。

二、袋式除尘器

由于新材料技术发展，化学纤维和耐高温滤料如针织毡、玻璃纤维和耐热尼龙的应用，使袋式除尘器的使用范围更加扩大，已进入高温除尘领域。它以分离尘粒细（甚至到 0.1μm）和效率高（η＝99.9%）而受到普遍欢迎。

1. 除尘机理

① 筛滤效率：当粉尘粒径大于滤料纤维间的孔隙，粉尘即被筛滤下来。对于一般滤料，这种筛滤效应较小，因滤料纤维间隙大于粉尘粒径，只是当织物上积沉大量的粉尘后，筛滤效应才显示出来。

② 碰撞效应：含尘气流中大于 1μm 的尘粒由于其惯性作用，撞击到纤维上而被捕获。

③ 钩住效应：当含尘气流接近滤料时，微细的粉尘仍留在流线内，当粉尘的颗粒半径大于粉尘中心到纤维边缘，粉尘即被捕获。

④ 扩散效应：当粉尘粒径小于 0.2μm 时，在气体分子碰撞下偏离流线作不规则的运动，增加了粉尘与滤料纤维的接触，从而使微细尘粒被捕获。

⑤ 重力沉降：含尘气体进入除尘器体内后，气流速度大为降低，大颗粉粒尘在重力作用下开始沉降。

⑥ 静电作用：若粉尘与滤料电荷相反，则粉尘易吸附于滤料上，从而提高除尘效率；

反之，则使效率下降。

2. 常用袋式除尘器

袋式除尘器种类繁多，可按下列方式分类：按滤袋形状，可分为圆筒滤袋和扁平滤袋；按清灰方式，可分为单纯机械振打清灰、机械振打与反向气流联合清灰、反向气流反吹清灰、反向射流（气环）反吹清灰；压缩空气脉冲喷吹清灰、风机回转反吹清灰；按安装形式分为，机组固定式（大中型）和机组移动式（小型）等。

3. Ⅴ法铸造车间常用的几种袋式除尘器

（1）脉冲喷吹袋式除尘器：这类除尘器又按其脉冲阀的控制方法分为机控（JMC）、电控（DMC）和气控（QMC）3 种。值得注意的是，脉冲阀中的橡胶波纹膜片使用寿命有限，损坏后应及时更换，否则对滤袋使用寿命和除尘效率影响极大。其原理结构，如图 9-13 所示。主要性能，见表 9-4。

表 9-4 DMC 型脉冲喷吹袋式除尘器性能参数

性能	滤袋数							
	36	48	60	72	84	96	108	120
过滤面积/m²	29.9	39.8	49.8	59.8	69.7	79.7	89.6	99.6
处理风量/(m³·h⁻¹)	3588～7176	4776～9552	5976～11952	7176～14352	8364～16728	9564～19128	10752～21504	11952～23904
脉冲阀数/个	6	8	10	12	14	16	18	20
综合性能	过滤风速/(m·min⁻¹)	脉冲宽度/mm	脉冲周期/s	空气喷吹压力/(N·m⁻²)	压力损失/Pa		滤袋规格/mm	
	2～4	0.1～0.2	60	50～70	1000～1200		φ120×2000	

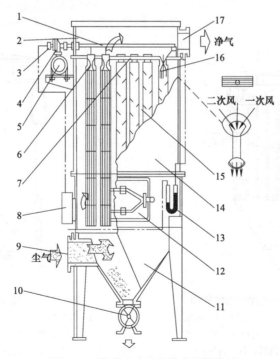

图 9-13 脉冲喷吹袋式除尘器结构图

1—喷射管；2—上部箱体；3—控制阀；4—脉冲；5—气包；6—文氏管；7—上隔板；
8—控制器；9—进气口；10—星形卸料器；11—灰斗；12—检查门；13—压力计；
14—中箱体；15—滤袋；16—滤袋框架；17—排气口

（2）环隙喷吹脉冲袋式除尘器：环隙喷吹脉冲袋式除尘器的除尘原理及性能与脉冲喷吹袋式除尘器相同，也是采用压缩空气反吹清灰，但反吹气流是由环隙喷吹器沿文氏管周缘喷进滤袋内。

环隙喷吹脉冲袋式除尘器特点为：

① 过滤风速比脉冲喷吹袋式除尘器高 66%。

② 喷吹装置采用了快速拆卸插接件，便于安装和维修。

③ 滤袋框架与滤袋采用嵌吊方式，不仅安装方便，且滤袋拆换可在壳体外进行。

④ 脉冲阀采用双膜片，提高了可靠性和抗干扰性；电控仪采用高抗干扰的 HTL 集成电路及晶闸管无触点开关电路，故控制可靠。

⑤ 采用过滤单元的组合方式，有利于系列化。目前国内生产的已有 12 个组合单元，最大处理风量达 150000m³/h。

这种除尘器的结构，如图 9-14 所示。其主要性能，见表 9-5。

表 9-5　环隙式脉冲袋式除尘器性能参数

性能	单元数					
	1	2	3	4	5	6
过滤面积/m²	39.6	79.6	118.8	158.4	198	237.6
处理风量/(m³·h⁻¹)	12000	24000	36000	48000	60000	72000
脉冲阀数/个	5	10	15	20	25	30
综合性能	脉冲宽度/mm	脉冲周期/s	过滤风速/(m·min⁻¹)	空气喷吹压力/(N·m⁻²)	设备阻力/Pa	滤袋规格/mm
	0.1～0.2	60	0.5～333	45～62	<1200	φ160×2250

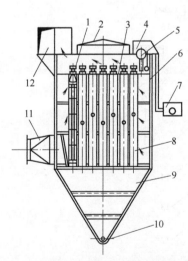

图 9-14　环隙式脉冲袋式除尘器结构图

1—环隙外射器；2—上盖；3—插接管；4—花板；
5—稳压气包；6—脉冲阀；7—电控仪；8—滤袋；
9—灰斗；10—螺旋输灰机；11—进风；
12—排风管

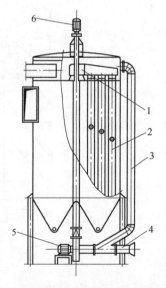

图 9-15　回转反吹扁袋除尘器结构图

1—等静压旋臂（n=1.2r/min）；2—梯形滤袋；
3—循环反吹风管；4—大气反吹风管；
5—反吹风机；6—电动机和减速器

（3）回转反吹扁袋除尘器：回转反吹扁袋除尘器采用圆形壳体，切向进口。滤袋为梯形，按圆环辐射状配置。清灰机构采用机械回转反吹旋臂机构和高压风机组成的清灰系统。反吹风旋臂每回转一圈，滤袋得到一次反吹清灰。其结构如图 9-15 所示。其性能见表 9-6。

表 9-6　ZC 型 回转反吹扁袋除尘器性能参数

性能	24-ZC300B	24-ZC400B	72-ZC200B	72-ZC300B	72-ZC400B	144-ZC300B	144-ZC400B	144-ZC500B
过滤面积 /m²	57	76	114	170	228	340	455	569
处理风量 /(m³·h⁻¹)	7200～9000	9600～12000	13200～16500	20400～25500	27600～34500	40800～51000	54000～67500	68400～85500
袋长 /m	3.0	4.0	2.0	3.0	4.0	3.0	4.0	5.0
圈数	1	1	2	2	2	3	3	3
过滤风速	2.0～2.5m/min							
反吹风机型号	9-27No. 4 或 No. 5							

4. 袋式除尘器综合参数对比

袋式除尘器种类较多，其综合参数对比见表 9-7。

表 9-7　袋式除尘器综合性能参数对比

除尘器类别		过滤风速 /(m·min⁻¹)	1000m³/h 风量时的参数			结构形式	维护量
			清灰所耗功率/kW	除尘器占地面积/m²	除尘器体积/m³		
圆筒形滤袋	单纯机械振打间隙清灰	1.00～1.67	很小	0.77～1.3	3.25～5.42	简单	小
	机械振打与反向气流联合清灰	1.00～2.00	—	—	—	复杂	大
	反向气流反吹清灰	0.75～1.70	0.20～0.25	0.75～2.93	0.26～9.70		较大
	射流(气环)清灰	5.00～6.00	—	—	—	较复杂	大
压缩空气	脉冲喷吹袋式除尘器	2.00～4.00	0.74～1.50	0.29～0.74	1.25～3.12	较简单	较大
	环隙脉冲喷吹除器	3.30～5.30	0.92～1.88	0.17～0.45	0.75～1.87		
扁平滤袋	机械振打清灰	连续运转 <1	—	—	—	分隔室复杂间隙清灰简单	—
	回转反吹清灰	1.00～2.50	0.08～1.40	0.15～1.62	1.93～9.83	较简单	较小

三、旋风颗粒层除尘器

颗粒层除尘器是一种高效除尘器，对气体温度、湿度、粉尘体积分数和风量的敏感性较小，工作时这些因素对除尘效率影响不大。它是利用如硅石、砾石等颗粒状物料作填料层的内滤式除尘装置。用硅砂作滤料时，可耐温 350～400℃，气体中偶有火星也不会引起燃烧。滤尘原理与袋式除尘器相似，主要靠筛滤、惯性碰撞、截留及扩散作用等使粉尘附着于颗粒滤料及尘粒表面。过滤效率随颗粒层厚度及其积附粉尘层厚度的增加而提高，压力损失也随之提高。该除尘器具有结构简单、维修方便、耐高温、耐腐蚀、效率高、占地面积小、投资少等优点。主要缺点是阻力损失较大，一般为 0.9～1.3kPa。

该除尘器有塔式旋风颗粒层和沸腾床颗粒层两种。塔式旋风颗粒层除尘器，含尘气体经旋风除尘器预净化后引入带梳耙的颗粒层，使细粉尘被阻留在填料表面颗粒层空隙中。填料层厚度一般为 100～150mm，滤料常用粒径 2.0～4.5mm 硅砂，过滤气速为 30～40m/min，清灰时反吹空气以 45～50m/min 的气速按相反方向吹进颗粒层，使颗粒层处于活动状态，同时旋转梳耙搅动颗粒层，反吹时间 15min，周期为 30～40min，总压力损失为 1700～2000Pa，除尘效率 95％以上。反吹清灰的含尘气流返回旋风除尘器。该除尘器常采用 3～20 个筒的多筒结构，排列成单行或双行。每个单筒可连续运行 1～4h。沸腾床颗粒层除尘器不设梳耙清灰，反吹清灰风速较大，为 50～70m/min，使颗粒层处于沸腾状态。

旋风颗粒层除尘器结构，如图 9-16 所示。其工作原理是含尘气流由切向进入旋风分离器，较粗的尘粒下落，细尘粒由气流经排出管进入过滤室，由上向下通过颗粒层，细尘粒就黏附在硅砂表面或滞留在颗粒层的空隙中，净化后的气体则经过净气排出管排出。清灰时，液压缸使阀门下降关闭净气排出管，同时将反吹气流进气口打开。反吹气流反向通过颗粒层，梳耙也在电动机的驱动下进行搅拌，层中粉尘被反吹气流携带经过排出管进入旋风分离器，气流速度降低，可使大部分尘粒沉降。

四、滤筒式除尘器

滤筒式除尘器是由美国唐纳森（Donaldson）公司生产的一种新型除尘器，其结构如图 9-17 所示。它采用该公司研制的新型滤料，效率高达 99.0％，且具有压力损失低、管理简便、体型小等优点。

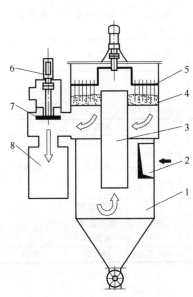

图 9-16　旋风颗粒层除尘器
1—旋风分离器；2—含尘气流入口；
3—排出管；4—颗粒层；5—梳耙；
6—电动机；7—液压缸；
8—阀门；9—净气排出管

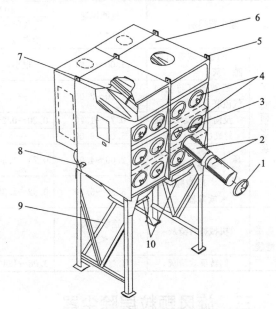

图 9-17　滤筒式除尘器的结构
1—外盖；2—滤筒；3—管架；4—外盖；
5—起吊钩；6—仓室盖；7—静压箱；
8—压力计孔；9—支架；10—出灰斗

① 滤筒式除尘器的滤料：唐纳森公司研制的新型滤料的特点是，把一层亚微米级的超薄纤维黏附在一般滤料上，在该黏附层上纤维间排列非常紧密，其间隙仅为底层纤维的 1/100（即 0.12～0.60μm），极小的筛孔可把大部分亚微米级的尘粒阻挡滤料表面，使其不能深入底层纤维内部。因此，在除尘初期即可在滤料表面迅速形成透气性好的粉尘层，使其保持低阻、高效。由于尘粒不能深入滤料内部，因此具有低阻、便于清灰的特点。

② 结构特点：滤料是一种纸质的过滤材料，在实际应用时做成滤筒式结构，一个标准滤筒，外径为 $\phi351mm$，内径为 $\phi220mm$，长度为 660mm，在滤筒的内部和外部均设有金属保护网。由于滤筒采用多褶式结构，使其过滤面积大大增加，一个标准滤筒的过滤面积为 $23.37m^2$，而同样体形的滤袋仅为 $0.61m^2$。滤筒式除尘器的过滤风速为 $0.30\sim0.75m/min$。

滤筒按标准尺寸制作，采用快速拼装连接，使滤筒的安装和更换大为简化，减轻工人的体力劳动，改善了劳动条件。

③ 清灰：滤筒式除尘器采用压缩空气脉冲清灰。如图 9-18 所示是滤筒式除尘器的运行图。该除尘器设有压差控制开关，当压力损失达到设定值，打开脉冲阀，压缩空气直接喷入滤筒中心，对滤筒进行顺序脉冲清灰。因粉尘积聚在滤筒表面，清灰易于进行。滤筒式除尘器的标准过滤风速为 $0.6m/min$，起始的压力损失为 $250\sim400Pa$，运行时的压力损失为 $500\sim1000Pa$，终止压力损失为 $1250\sim1500Pa$，用户可根据除尘系统特点自行确定。压缩空气的喷吹压力为 $0.63MPa$。

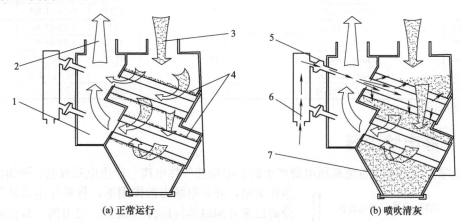

(a) 正常运行　　　　　　　(b) 喷吹清灰

图 9-18　滤筒式除尘器的运行

1—清洁空气室；2—清洁空气出口；3—含尘空气入口；4—滤筒；5—脉冲阀；6—压缩空气；7—灰斗

五、湿法自激式除尘器

湿法自激式除尘器具有一次性投资较低、除尘效率高、能进行有害气体的净化等优点，

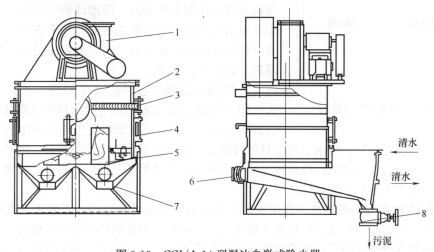

图 9-19　CCJ/A-14 型湿法自激式除尘器

1—风机；2—壳体；3—挡水板组；4—检查门；5—自激叶片组；6—旋柄快开阀门；7—沉淀箱；8—闸阀

但存在风机带水、阻力大、泥浆处理困难、设备易腐蚀等问题。其结构原理，如图 9-19 所示。它利用气流本身的动能激起水花，将水分散成细小的水滴用以捕捉粉尘。当含尘空气流由入口进入器内并向下冲击水面，部分大颗粒即沉降于水中，其余粉尘随气流通过 S 形通道向上运动。高速的气流激起大量水花和泡沫，使尘粒频繁地与水滴碰撞而被捕捉并沉降。含有一定水分的气流继续上升，经过挡水板 S 形叶片所形成的气流突然转向，水滴被分离下落。除尘器的水面要达到 S 形通道，定期换水；污泥沉降于器底，定期排出。这种除尘器的除尘效率高，可达 95% 以上，阻力损失 1300～1700Pa。CCJ/A 型湿法自激式除尘器主要技术参数，见表 9-8。

表 9-8　CCJ/A 型湿法自激式除尘器主要技术参数

规格型号	进口风速 /(m·s⁻¹)	处理风量 /(m³·h⁻¹)	压力损失 /Pa	耗水量 /(t·h⁻¹)	净化效率/%	重量/kg	配用风机	电功率 /kW
CCJ/A-5	18	4300～6000	1000～1600	0.16	>95	809	4-72-11-4A	5.5
CCJ/A-7		6000～8450		0.23		1058	4-72-11-4.5A	7.5
CCJ/A-10		8100～1200		0.33		1212	4-72-11-5A	13.0
CCJ/A-14		12000～17000		0.46		2430	4-72-11-6C	17.0
CCJ/A-20		17000～25000		0.66		3370	4-72-11-8C	22.0
CCJ/A-30		25000～36200		0.98		4132	4-72-11-8C	40.0
CCJ/A-40		35400～48250		1.32		5239	4-72-11-10C	40.0
CCJ/A-60		53800～72500		1.97		6984	4-72-11-12C	75.0

注：使用温度小于 300℃。

六、静电除尘器

静电除尘器是利用直流高压电源产生的强电场使气体电离、产生电晕放电，进而使悬浮尘粒荷电，并在电场力的作用下，将悬浮尘粒从气体中分离出来并加以捕集的除尘装置。它由两个极性相反的电极组成，电晕极产生电晕放电，集尘极收集荷电粉尘。通以直流高压电，在两电极之间就形成非均匀电场，在电晕极附近便产生电晕放电，使电极间气体电离，电离生成的带电离子在驱向电晕极（负极性）、集尘极（正极性并接地）的运动中与悬浮于气体中的粉尘微粒相碰撞并附着在上面，即形成粉尘荷电，荷电的粉尘在电场力的作用下会被驱往集尘极并沉积在上面，实现对粉尘的捕捉。最后由清灰装置定时清理。静电除尘原理，如图 9-20 所示。

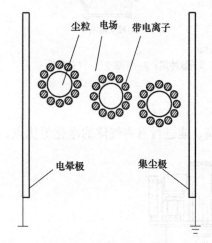

图 9-20　静电除尘原理图

1. 电除尘的基本过程的 4 个阶段

① 气体的电离阶段：在电除尘器的电晕极线和集尘极板间施加高电压，使电晕极发生电晕产生大量的电子和正离子。电子在电场力作用下向电晕外区移动，而正离子则向电晕极移动。电子不断积累能量，并且由于活性比较大而在前进过程中依附在分子及粒子上形成负离子，或者与分子及粒子碰撞从而产生正离子和新的电子。

② 粉尘荷电阶段：在电场力作用下，在电晕极附近的电晕区内，正离子立即被电晕极表面吸引失去电荷；自由电子和负离子因受电场力的驱使和扩散作用向集尘极移动，于是在两极之间的大部分空间内都存在着自由电子和负离子，含尘气流通过这部分空间时，自由电子、负离子与粉尘碰撞而结合在一起，实现了粉尘荷电。

③ 收尘阶段：在电场力的作用下，荷电粉尘移向集尘极，经过一段时间后，到达集尘极表面，释放出所带电荷并沉积其上，逐渐形成一层粉尘薄层。

④ 清灰阶段：当收尘极板表面的粉尘达到一定量时，要用以振打或其他方法将粉尘清除至灰斗输出。若捕捉的是液体油雾，则自然流下，采用其他方法收集。

采用静电除尘，既需要存在使粉尘荷电的电场，也要有使荷电粉尘颗粒分离的电场。一般的静电除尘器采用荷电电场和分离电场合一的方法，也有采用两个电场的，叫作双区供电方式。

其工作原理是含尘空气通过静电除尘器主体结构前的气道时，使其粉尘带正静电荷，然后空气进入设置多层阴极板的静电除尘器通道。由于带正静电荷粉尘与阴极静电板的相互吸附作用，使空气中的颗粒粉尘吸附在阴极上，定时打击阴极板，使具有一定厚度的粉尘在自重和振动的双重作用下跌落在静电除尘器结构下方的灰斗中，从而达到清除粉尘的目的。

静电除尘器的电源由控制箱、升压变压器和整流器组成。电源输出的电压高低对除尘效率也有很大影响。因此，运行电压一般需保持 40～75kV，高者至 100kV 以上。负极由不同断面形状的金属导线制成，叫放电电极。正极由不同几何形状的金属板制成，叫集尘电极。

比电阻过低，尘粒难以保持在集尘电极上；比电阻过高，到达集尘电极的尘粒电荷不易放出，在尘层之间形成电压梯度会产生局部击穿和放电现象。这些情况都会造成除尘效率下降。静电除尘器的性能受粉尘性质、设备构造和烟气流速等 3 个因素的影响。粉尘的比电阻是评价其导电性的指标，它对除尘效率有直接的影响。

静电除尘器的优点是：压力损失小，一般为 200～500Pa；处理烟气量大，目前单台除尘器净化烟气可达 $1.5×10^6 m^3/h$；能耗低，大约 0.2～0.4kW·h/1000m³；对细粉尘有很高的捕集效率，可高达 99%；可在高温或强腐蚀性气体下操作；适用于大型的工程，处理的气体量愈大，它的经济效果愈明显。

静电除尘器的缺点是：一次投资多，钢材消耗多；要求较高的制造安装精度；对净化的粉尘电阻率有一定的要求，通常最适宜的范围是 $10^4～10^{11}Ω·cm$。

2. 两种组合式电除尘器

(1) 电旋风除尘器：由电除尘及旋风除尘原理组成的 SZD 型组合电除尘器，其结构如图 9-21 所示，烟尘切向进入内管旋转气流完成第一次除尘；进入灰斗产生电抑制第二次除尘；最后在外管进一步电沉降为第三次除尘。当净化烟气量大时，可以多单体并联联合。

(2) 静电强化袋式除尘器：它是将电除尘器及袋式除尘器两级串联结合于一个壳体内的除尘器。美国 Apitron 除尘器的结构，如图 9-22 所示。在袋式除尘器的每一个滤袋内设有放电极的圆管，中间与喷吹喉口相联，含尘空气先经管式静电除尘器，再进入滤袋。当压流空气喷吹时，一方面清扫电极上的粉尘，同时导致滤袋形成负压，达到滤袋清灰的目的。该除尘器的处理风量为 85000～1700000m³/h，在同等过滤风速下，压力损失由常规除尘管的 1000Pa 降至 100Pa，对 1.6～40μm 的粉尘，除尘效率可达 99.99%。

七、除尘器的选择

为了正确选择除尘器，不仅要考虑除尘器的性能和主要参数，还必须考虑待处理的含尘气体的下列特性：

① 要求处理的气体量。这是决定选择除尘器规格的重要参数，应根据除尘器最佳风速来选择。

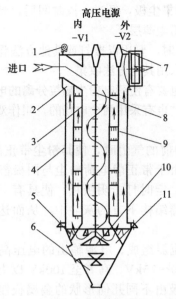

图 9-21　SZD 型组合电除尘器工作原理
1—振打器；2—汇风筒；3—内管；4—外管；5—气流
分布板；6—障灰环；7—绝缘子；8—内放电极；
9—外放电极；10—灰斗抑尘电极；11—灰斗

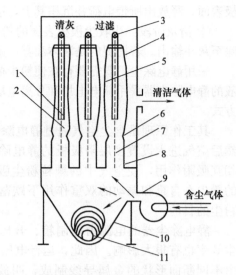

图 9-22　Apitron 除尘器
1—清灰喷嘴；2—二次空气吹扫；
3—压缩空气阀；4—滤袋；5—粉尘层；
6—文氏管喉管；7—电晕线；8—收尘面；
9—风机；10—灰斗；11—螺旋输送器

② 进入除尘器前的气体含尘体积分数。

③ 需要净化的程度。根据国家标准所允许的排放含尘量来确定除尘器的除尘效率是否满足要求。当一级达不到排放标准，可再加一级除尘器串联使用。

④ 进入除尘器前含尘气体的粉尘堆密度和粒度分散度。

⑤ 待处理含尘气体中粉尘的黏性、亲水性、爆炸性、纤维性、导电性及化学成分。

⑥ 进入除尘器前含尘气体的温度、湿度和露点温度。各类除尘器的耐温性能，见表 9-9。

表 9-9　各类除尘器的耐温性能

名称	旋风除尘器	旋风颗粒屑除尘器	湿式除尘器	布袋除尘器			静电除尘器	
				涤纶绒布	玻璃丝布	耐热尼龙	干式	湿式
最高耐温度/℃	400	350~400	400	80~130	250	300	400	80
备注	特高温时，加衬耐温材料	以硅砂为填料	特高温时，进口加耐温材料	常用	不耐皱折	试制中	存在粒子电阻随温度而变	存在绝缘老化问题

在除尘系统的设计中，除了正确选择除尘器，还必须正确选择卸尘阀，往往由于卸尘阀的不严密而降低了除尘器的效率，甚至失去效率。因此，卸尘阀是除尘器不可缺少的重要配套装置。卸尘阀有下列几种：①插板阀；②回转卸灰阀；③闪动卸灰阀；④单层翻板阀；⑤双层翻板阀；⑥舌板锁气器；⑦配重锁气器；⑧螺旋输送器。对湿式除尘器采用锥形排浆阀或水封排浆阀。

第四节　喷雾降尘装置

通过喷雾装置来进行降温、降尘，作为除尘设备之外的车间辅助设施。它投资少、铺设简单、成本低廉，并对空气中悬浮尘有一定的控制作用。该装置已在 V 法铸造车间使用，并收到良好的效果。

1. 喷雾降尘的机理

喷雾降尘就是将水雾化，形成许多高速运动的细小水滴，运动中的水滴与粉尘颗粒发生碰撞而结合在一起，颗粒因表面湿度增大，及颗粒之间在表面水的作用下很容易相互聚集在一起形成大颗粒粉尘，促使粉尘沉降。同时水雾与空气充分地热湿交换，吸收热量而被汽化，空气因损失了热量而温度下降，达到降温的目的。

适合于 V 法铸造车间的喷雾降尘装置的雾滴尺寸范围为 $3\sim10\mu m$，水压为 $6\sim7MPa$，喷头流量在 $3\sim10kg/h$ 之间。喷雾流量和喷雾时间可控，可以根据需要增设或减少喷头的数量。

2. 喷雾降尘装置的布置

喷雾降尘装置要想达到理想的降尘效果，需要分析车间工位布局，计算喷雾量，合理安排高压喷头数量、位置及管道排面。装置的布置及工作原理，如图 9-23 所示。

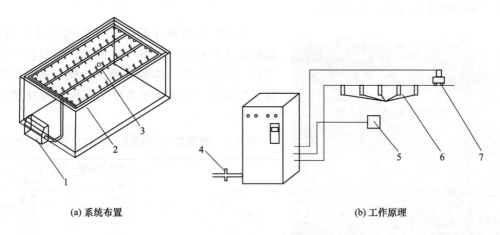

(a) 系统布置　　　　　　　　　　　　　(b) 工作原理

图 9-23　喷雾降尘装置
1—喷雾主机（高压泵站）；2—管路；3—探头；4—自来水接头；
5—控制器；6—喷头；7—排水电磁阀

图 9-23（a）为装置的系统布置，它是由主机管道喷头和控制器组成。喷头的数量及喷雾量由空气熔湿图决定，雾滴大小可调，与尘粒颗粒相近的雾滴沉降效果较好，喷雾流量可由喷头的间距、数量决定，喷头直径对雾滴影响较大，一般通过现场调试而定。图 9-23（b）为装置的工作原理，由传感器的探头测定车间的粉尘体积分数信号，反馈给控制器，使得粉尘体积分数在超限时可以自动喷雾执行机构，进行喷雾。控制方法除传感器外，还可以设置手动或定时自动功能。系统的效能取决于关键部件的选用，主机内的高压柱塞泵一般需选用进口品牌，如德国 SPECK、意大利 AR、美国 GIANT 等，配置变频器及压力传感器可恒定出水压力，流量在 $120\sim180kg/h$，噪声小于 90dB。

3. 使用效果

安徽某 V 法铸造车间采用喷雾装置前所测定的各工位粉尘体积分数测量数据，见表 9-10。

从表 9-10 中看出，现在 V 法铸造车间的粉尘体积分数是极其严重的，以 PM2.5 为例，各工位的 PM2.5 值都大大超过国家《环境空气质量标准》规定的 PM2.5 日均体积分数极限（$75\mu g/m^3$），达到严重污染程度。

表 9-10　V法铸造车间各工位粉尘体积分数范围

位置		粉尘体积分数		
		TSP/(mg·m⁻³)	PM10/(μg·m⁻³)	PM2.5/(μg·m⁻³)
室外		0.771	139	67
造型工位	雨淋加砂口附近	9.220	1166	577
	喷涂料处	7.390	1185	586
	翻箱附近	4.690	1217	603
落砂工位	未落砂时	4.350	1254	624
	砂箱输送辊道附近	4.920	1273	633
	落砂时	9.030	1288	642
清理工位	未工作空白区域	23.300	1477	731
	打磨未工作时	45.950	1311	652
	打磨工作时	84.790	1270	633

注：1. 表中数据是由 TH-150C 型空气采样器完成。
2. 测量现场环境温度为 15℃，湿度 28%。

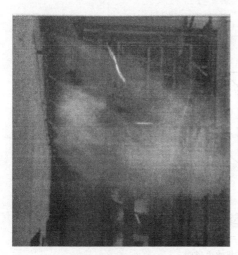

图 9-24　喷雾工作效果

该车间的落砂工位采用了喷雾降尘装置后，其喷雾工作效果，如图 9-24 所示。通过检测定类工位喷雾前后粉尘体积分数的变化，来确定喷雾降尘的效果。喷雾前后落砂工位粉尘浓度变化对比，见表 9-11。

表 9-11　喷雾前后落砂工位粉尘体积分数变化对比

位置	粉尘体积分数/(mg·m⁻³)	
	喷雾前	喷雾后
未落砂时	4.35	2.16
砂箱输送轨道附近	4.92	1.87
落砂时	9.03	2.53

注：表中数据是由 TH-150C 型空气采样器完成。

从表 9-11 中看出在落砂工位采用喷雾装置后，在一定程度上降低了粉尘体积分数，说明喷雾降尘装置在降尘上取得一定的效果。

4. 投资成本及运行费用

设定：工业厂房面积 2000m²，环境温度 40℃，降温 5℃，若工业用电 0.85 元/(kW·h)，工业用水 3.8 元/m³。喷雾装置与中央空调的运行成本比较，见表 9-12。

表 9-12　喷雾装置与中央空调运行成本比较　　　　单位：万元

降温方式	设备的投资	年运行费用		年总费用
		电费	水费	
喷雾装置	12.0	2.4	1.0	15.4
中央空调	60.0	73.0	2.0	135.0

注：按每天 24h 连续运行。

从表 9-12 看出，喷雾装置是一种高效、节能的环保设备，不仅能降尘降温，而且节能效果明显，环境温度下降 3～5℃，平均雾化 1L 水仅需 6W 电能。该技术还处于研发阶段，在我国 V法铸造车间逐步推广。

第五节　除尘系统的设计计算

一、除尘系统的设计原则

Ⅴ法铸造车间的除尘主要包括以下 3 个部分：①Ⅴ法造型区域，主要是雨淋加砂、涂料烘烤及旧砂入砂库的除尘；②落砂点及落砂罩的除尘；③砂处理设备及机械化运输设备的除尘。

除尘系统可分为就地除尘、分系统除尘和集中除尘 3 种。分系统除尘就是把一些产尘点用吸尘罩和管道同除尘器和风机连接起来，借风机造成的负压将粉尘吸进除尘系统，经除尘器使空气净化。

1. 除尘系统的划分原则

① 对同一生产工艺过程中同时操作的产尘设备，以及对虽不符合上述要求但都并列的产尘设备，可划在同一除尘系统中。

② 下述情况的产尘设备不应连在同一除尘系统中：品种性质不同，混合后影响回收利用者；不同温度和湿度的含尘气体，混合后可能在管道"结露"而造成堵塞者；因粉尘性质不同，共用一种除尘设备时除尘效率差别较大者。

2. 风机和除尘器的布置注意事项

① 为减少风机磨损，应尽量采用吸入式布置，即将风机放在除尘器之后。

② 风机和除尘器应安装在地面或楼板上，不要装在墙上或柱子上，以免维修困难。

③ 除尘器捕集的粉尘应予以清除，不要回到工艺流程中去，以免造成恶性循环。

④ 应留出操作和维修的位置，并根据需要设置平台、梯子和照明。

⑤ 风机和除尘器的启动和停车应与工艺设备联锁，在工艺设备启动前启动，在工艺设备停车后再停车。

3. 吸尘罩的选择

吸尘罩的形式和位置对吸尘效果影响很大，在选择时应考虑下列几点：

① 尽量采用密闭罩，在无条件时采用敞口吸尘罩。

② 对一般局部密闭或整体密闭的吸尘罩的罩口风速，可根据物料的物性（松散密度、粒度等）取 $0.4 \sim 3.0 \mathrm{m/s}$。

③ 为使罩口断面风速均匀，吸尘罩下口最好做成圆形或方形，吸尘罩的扩张角一般小于 $60°$，通常为 $40°$。

④ 吸尘罩的位置应尽量避开扬尘中心点，以免夹带大量物料的气流冲至罩口被带走。

⑤ 连接吸尘罩的风管一般应垂直敷设，以防止堵塞。

4. 除尘管道的布置

① 应保证各吸尘点的管道阻力平衡，在符合设计排风量的要求下，使管道不积灰、不堵塞、少磨损，并便于操作和维修。

② 在减少管道磨损及防止积灰的原则下，管道内的气流速度应尽量降低，以减小阻力。除尘系统管道内的最低风速，见表 9-13。

③ 除尘系统的吸尘点超过 $5 \sim 6$ 个时可采用集合管，集合管可水平或垂直敷设，集合管内的气流速度不宜超过 $5\mathrm{m/s}$。

④ 支管一般由侧面或上面接入主管，三通夹角应大于 $30°$。

⑤ 风管应尽量垂直或倾斜敷设，采用水平管时必须有足够的风速。为减小阻力和风管磨损，应尽量少用弯头。需用弯头时，其曲率半径不得小于风管直径，即 $R/D \geqslant 1.0$。

表 9-13　除尘管内的最低风速　　　　　　　　单位：m/s

粉尘种类	最低风速		粉尘种类	最低风速	
	垂直管	水平管		垂直管	水平管
黏土粉，干砂	11	13	干型(细)砂	11	13
重矿粉尘	14	16	煤粉	10	12
轻矿粉尘	12	14	钢、铁尘末	15	18
钢屑，铁屑	19	23	水泥	8～12	18～22
灰土，砂尘	16	18	铅尘	14	16

⑥ 风管一般为圆形，由厚度为 1.0～1.5mm 的钢板制成。

5. 除尘系统的附件

① 水平管道及易积灰处应设立清扫孔。

② 输送高温气体的管道一般应采用膨胀器，以消除由于热膨胀而产生的力和变形。

③ 一般应设置检测孔，以检测温度、压力、流量、粉尘体积分数、除尘效率等。检测孔应设在管道平稳段，以保证测定数据的准确性。

④ 除尘系统的管道应有支承或吊架。支承或吊架之间的最大间距按表 9-14 确定。

表 9-14　支承或吊架最大间距　　　　　　　　单位：mm

风管直径	105～375	380～1600
支承或吊架最大间距	4000	3000

⑤ 除尘系统的调整阀门应装在易于操作和不易积灰处，对输送热气流的闸板应加厚，以防变形。

⑥ 安装在水平管道上的闸板应倾斜 45°，对垂直管道应逆气流 45°装设。

⑦ 对较长的水平管道，可每隔 3～7m 设置一个压缩空气喷嘴，以吹刷管道的积灰。

⑧ 输送低于 70℃ 的含尘气体时，在管道的法兰连接处衬以 3～5mm 厚的胶皮垫或橡胶石棉板垫；对高于 70℃ 的含尘气体，采用石棉绳衬垫。

二、除尘系统的设计及计算步骤

1. 确定除尘系统图

根据上述除尘系统设计原则和各产尘设备的位置画出系统图，确定各产尘设备的排风量，并确定罩子的形式。最后将管道系统中的弯管、三通角度、大小接头、方圆接头、风帽和管段长度标在系统图上。

2. 编管段号

从最不利一环的起点（即距风机最远点）开始编管段号。

3. 除尘管道阻力的计算

根据阻力损失的计算公式计算管道阻力。若同一除尘系统中有两个以上产尘点，则需进行阻力平衡，调整风管直径，这可按下式进行调整：

$$\frac{D_1}{D_2} = \left(\frac{H_2}{H_1}\right)^{0.225} \tag{9-3}$$

4. 确定除尘系统的总阻力

除尘系统的总阻力包括：

① 管道阻力，是指风机至最远点的管道阻力及风机至排风口风帽处的阻力；

② 除尘器阻力，根据所选除尘器决定。

（1）圆形风管的摩擦阻力 H：见式（9-4）：

$$H = \frac{\lambda}{D} l \frac{v^2 \gamma}{2g} \tag{9-4}$$

式中　v——空气在管道中的流速，m/s；

D——风管直径，m；

l——风管长度，m；

γ——空气密度，kg/m³；

g——重力加速度，m/s²；

λ——摩擦因数。

$v^2 \gamma / 2g$ 为动压。λ/D 值可由表 9-15 查得。

对矩形风管采用当量直径 D_d 换算。当矩形风管断面为 ab 时，若要求矩形风管与圆形风管风速相等，则当量直径 $D_{dv} = 2ab/(a+b)$；若要求流量相等，则流量当量直径 $D_{dQ} = \sqrt{(a^3 + b^3)/(a+b)}$。也可查相关资料得到。

（2）局部阻力 h：见式（9-5）：

$$h = \xi \frac{v^2 \gamma}{2g} \tag{9-5}$$

式中　ξ——局部阻力系数。

局部阻力是指除尘系统中的吸尘罩、弯管、三通管、大小接头、方圆接头和风帽等的阻力损失。各种阻力系数 ξ 可以查相关资料得到。

（3）风管的总阻力：见式（9-6）：

$$\Sigma H = \left(\Sigma \frac{\lambda}{D} l + \Sigma \xi \right) \frac{v^2 \gamma}{2g} \tag{9-6}$$

表 9-15　风管直径 D 与 λ/D 关系

风管直径 D/mm	80	85	95	100	105	110	115	120	125~130	135~140	145~150	155~165	170~175
λ/D	0.25	0.23	0.20	0.19	0.18	0.17	0.16	0.15	0.14	0.13	0.12	0.11	0.10

风管直径 D/mm	180~195		200~215		220~245		250~280		285~330	340~410	420~550	560~850	860~900
λ/D	0.09		0.08		0.07		0.06		0.05	0.04	0.03	0.02	0.01

5. 确定系统风量附加系数

① 管道漏风系数 α_1：按总吸风量的 10% 计算，即 $\alpha_1 = 1.1$。

② 除尘器漏风量附加系数 α_2：对脉冲袋式除尘器，$\alpha_2 = 1.1$；对各类机械、湿式除尘器，$\alpha_2 = 1.05 \sim 1.10$；对静电除尘器，$\alpha_2 = 1.10 \sim 1.25$。

6. 确定系统阻力附加系数 β

阻力附加系数 β 是指由于管道加工和施工误差、计算误差以及漏风所引起的阻力增加，一般按系统总阻力的 10%~15% 计算，即 $\beta = 1.10 \sim 1.15$。

7. 确定除尘器的计算风量

除尘器的计算风量按式（9-7）计算：

$$Q = \alpha_1 Q_\text{总} \tag{9-7}$$

8. 确定风机的计算风量与风压

（1）风机的计算风量：见式（9-8）：

$$Q_\text{风} = \alpha_1 \alpha_2 Q_\text{总} \tag{9-8}$$

（2）风机的计算风压：见式（9-9）：

$$H_风 = (H_管 + H_除)\beta \tag{9-9}$$

式中　$H_管$——系统管道总阻力；

　　　$H_除$——除尘器阻力。

参 考 文 献

[1] 谢一华，谢田. 绿色环保型的V法铸造及铸件质量 [C]. 威海：中国铸造活动周论文，2009.

[2] 《铸造车间通风除尘技术》编写组. 铸造车间通风除尘技术 [M]. 北京：机械工业出版社，1983.

[3] 孙一坚. 简明通风设计手册 [M]. 北京：中国建筑工业出版社，1997.

[4] 童复海. 铸造车间粉尘的防治及设施 [J]. 铸造机械，1985（01）：46-52.

[5] 孙红楠，叶升平. V法铸造车间喷雾降尘对比实践与应用 [C]. 合肥：第十一届消失模与V法铸造年会论文，2013.

[6] 孙红楠，董毅. 改善车间环境新型系统的探索 [C]. 合肥：第十一届消失模与V法铸造年会论文，2013.

[7] 孔维军，刘小龙. 铸造工厂的环保与节能 [J]. 铸造设备与工艺，2008（5）：5-7.

[8] 樊自田，王继娜，黄乃瑜. 实现绿色环保铸造的工艺方法及关键技术 [J]. 铸造设备与工艺，2009（2）：2-7.

[9] 谷明目，李素静. 真空铸造车间自动化喷雾降尘系统设计 [J]. 铸造技术，2014，35（4）：793-794.

[10] 王汉青. 通风工程 [M]. 北京：机械工业出版社，2007.

[11] 胡传鼎. 通风除尘设备设计手册 [M]. 北京：化学工业出版社，2003.

V

第十章

V法铸造生产的铸件实例

第一节　铸铁件 V 法铸造生产的铸件实例

一、浴盆

浴盆用 V 法铸造生产在国内最早是北京化工设备厂进行的，是从日本新东公司引进的成套的 V 法铸造生产线。目前生产浴盆的大型外资企业有日资南京东陶（TOTO），西班牙资苏州乐家（ROCA）和美资上海科勒（KOHLER），其余均为国内自行设计、制造的浴盆V 法铸造生产线。

（一）浴盆全自动 V 法造型生产线

1. 日本东陶公司全自动 V 法造型生产线

该生产线用来生产浴盆，每箱造型时间为 1min，如图 10-1 所示。

（1）造型生产线的主要技术参数

铸件名称　　　浴盆
　　材质　　　灰铸铁
砂箱内尺寸　　1400mm×1100mm×250mm/230mm
造型生产率　　1min/箱
操作人员　　　5 人

（2）全线动作程序

① 造型。上箱和下箱的造型，分别由两台六工位转台式造型机来完成，工作程序如下：a. 薄膜加热并覆膜；b. 人工喷涂；c. 涂料烘干；d. 放空砂箱并夹紧；e. 加砂、振实；f. 覆盖膜，拔掉浇冒口，起模。

② 起模后，下箱翻转，落在台车上，准备合型。

③ 合型后进行定量浇注，浇注速度 3～4s/100～120kg。

④ 铸件冷却后，整个砂箱离开台车，移到落砂位置。首先落下箱，而后将上箱从下箱上吊起，并被移至铸件取出位置，上箱释放真空后，上箱内的铸件放在车上。在这个位置铸

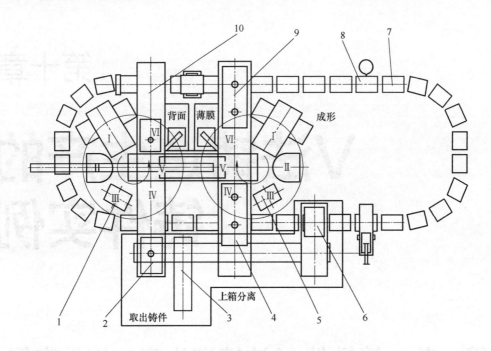

图 10-1　浴盆全自动 V 法造型生产线

1—下箱转台 V 法造型机；2—下箱；3—铸件取出；4—上箱分离；5—上箱转台 V 法造型机；

6—落砂；7—铸型输送机；8—浇注段；9—合型；10—下箱翻转机；

Ⅰ—覆膜成型；Ⅱ—刷（喷）涂料；Ⅲ—涂料烘干；Ⅳ—放置砂箱；Ⅴ—加砂振实；Ⅵ—盖膜顶箱

件被倾斜，铸件上的砂子利用压缩空气，由人工去掉。

⑤ 取出铸件，去掉浇冒口，冷却后运走。

2. 苏州乐家洁具有限公司的 V 法铸造生产线

该生产线由青岛双星铸造机械有限公司设计，年生产浴盆 90000 只，如图 10-2 所示。

（1）造型生产线的主要技术参数

铸件名称　　　　　　浴盆

　　材质　　　　　　灰铸铁

铸件最大外形尺寸　　1850mm×1100mm×650mm

砂箱外尺寸　　　　　2400mm×1600mm×725mm/355mm

砂箱内尺寸　　　　　2200mm×1300mm×725mm/355mm

造型生产率　　　　　20 型/h

浇注方式　　　　　　倾包定量定点浇注（浇注时间小于 3s）

合型工位　　　　　　10 个

冷却段　　　　　　　10 节

砂箱托运方式　　　　托板

模板更换　　　　　　人工

真空泵数量　　　　　共 6 台，型号 2BEL-303，功率 90kW，最大抽气量 60m³/min

（2）生产线的组成及工艺流程

① 造型线的组成。

该造型线由上、下箱造型机组及浇注冷却段组成。上、下箱造型机组由模板转运车、准备辊道、造型辊道、准备辊道固定和移动的真空连接装置、覆膜器、涂料烘干装置、雨淋加砂、覆背膜装置、振实台、翻箱合型机械手等组合。喷涂工位采用人工喷涂。浇注冷却段由

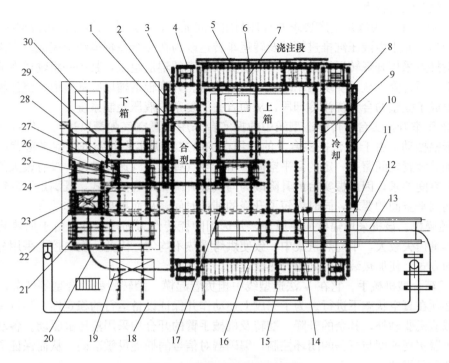

图 10-2　浴盆Ｖ法铸造生产线

1—固定真空连接梁；2—移动真空连接梁；3—合型辊道；4—升降转运车；5—浇注辊道；
6—移动梁；7—固定梁；8—冷却辊道；9—固定真空梁；10—移动真空梁；11—解箱间；
12—解箱机械手；13，17，20—单梁吊；14—下箱准备辊道；15—回下箱单梁吊；
16—下箱转运车；18—悬链输送机；19—翻箱机；21—转运车；22—造型辊道；
23—涂料烘干；24—辊道；25—振实台；26—雨淋加砂；27—覆背膜；
28—翻箱合型机械手；29—转运车；30—覆膜机

合型辊道、升降辊道、浇注辊道、冷却辊道、脱箱机械手、底膜取出装置、工件取出单梁
吊、浇冒口击断机、工件转运平车、工件转运单梁吊、回上箱单梁吊、回下箱单梁吊、下箱
翻转装置、合型辊道固定和移动的真空连接装置、浇注辊道固定和移动的连接装置、冷却辊
道固定和移动的真空连接装置等组合。上、下箱造型及浇注冷却段配以液压系统、气控系
统、电控系统组成完整的Ｖ法铸造生产线。

②造型线工艺流程。

在浇注冷却段内：合型后在浇注辊道段进行浇注再转入冷却辊道段；温度达到解箱要求
的铸型进入解箱间；解箱机械手将上下箱吊离托板，托板由回箱辊道输送到合型辊道，上箱
由回上箱单梁吊人工运输到上箱造型圈，下箱由一台单梁吊人工转运到翻箱机，翻转后的空
箱由另一台单梁吊人工运输到下箱造型圈。

在下箱造型圈内：下箱模板在下箱造型线内流转→覆膜→喷涂料→涂料烘干→单梁吊放
置砂箱→加砂振实覆背膜→翻箱机械手将上箱合到下箱放置到合型辊道托板上。

在上箱造型圈内：上箱模板在造型线内流转→设置浇注系统→覆膜→喷涂料→涂料烘
干→单梁吊放置砂箱→加砂振实覆背膜→合型机械手将上箱合到下箱上→完成一个砂箱
造型。

依次造好 10 型，浇注开始，一边浇注一边转运至冷却辊道；保压 3～5min 依次撤除真
空，冷却 12min 后解箱，进入下一循环。

（3）生产线的特点

① 升降辊道。为满足生产要求并合理利用车间面积，生产线把传统开式造型线中合型、浇注、冷却单元中由液压缸推进缓冲及转运车转运改为在完全在辊道线上完成。实现方式是在转运衔接点采用升降转运辊道，它由两组交叉垂直的辊道组成，其中一组辊道在液压缸驱动下可上、下升降，从而实现两个垂直方向的输送。升降辊道辅以冷却辊道、浇注辊道、合型辊道组成了完整的合型浇注冷却段，从而省去了复杂的液压控制系统。

② 液压举升振实台。传统造型线中的振实台采用气囊空气弹簧以达到工作台升降并进行高频低幅振动，由于 V 法振实台上的砂箱在加砂之后振实之前要进行刮平覆背膜，所以振实台加砂装置之间留有一定的刮平空间，由于空气弹簧充气速度较慢，没有较大的行程以满足刮平空间要求，因此振实台的升降改为与气囊升降相结合的方式，既满足了砂箱与加砂装置之间刮平空间的要求，同时缩短了升降的辅助时间，从而提高了工作效率。

③ 覆膜机。该机采用辐射加热原理，并选用陶瓷砖作为加热元件。由于加热装置四角及周边热量损失较大，中间热量集中，致使烘烤受热不均匀，因此，在电控上采用分区控温电加热的方式，使加热装置各处辐射热量达到均匀。

④ 翻箱合型机械手。它在 V 法造型线中担负着起模、翻转砂型、合型等任务，并且各种动作必须在真空状态下进行。为了完成上述动作并保证设备运行的稳定性，除机械手的行走采用减速机驱动外，其余的升降、翻转及机械手臂的开合均采用液压缸驱动。各动作通过旋转编码器实现速度与行程的闭环控制，编码器对信号的捕捉灵敏准确，从而保证了各动作的准确性和可靠性。

⑤ 工位节拍。该生产线液压缸推缓的布置，采用了变频电动机驱动辊道的方式，即在辊道线的每个工位上均布置一台变频调速制动电动机，同时，每个工位设置两个接近开关控制工件的快停、慢停，从而保证了造型线的可靠运行，避免了任一环节出现故障而导致整条生产线的停机。

⑥ 定位。为保证定位准确可靠，除工位运行过程中采取双接近开关控制每个工位的快停、慢停外，机械手及覆膜机各运动部位的定位均采用旋转编码器，从而消除了由于各种复杂因素而产生的定位不准确性。

（二）浴盆的 V 法铸造工艺

以北京化工设备厂 V 法铸造生产线为例，说明浴盆 V 法铸造工艺。

1. 主要工艺参数

砂箱内尺寸	2200mm×1300mm×600mm/280mm
砂箱结构	采用过滤管抽吸式砂箱
真空度	真空系统额定真空度 60kPa
	浇注时真空度小于或等于 47kPa
浇注温度	1420～1450℃

2. 造型材料

（1）新砂

① 材料为硅砂，水分含量小于 0.1%，灼烧量为 0.4%～0.7%。化学成分（质量分数），见表 10-1。粒度分布，见表 10-2。

表 10-1　硅砂化学成分（质量分数）　　　　　　单位：%

SiO$_2$	Al$_2$O$_3$	Fe$_2$O$_3$	MgO	CaO
95.0～98.0	0.5～2.5	0.5～1.0	0.3～0.4	0.3～0.4

表 10-2 粒度分布

项目	48	65	100	150	200	270	盘底
尺寸/μm	237	210	149	105	74	53	—
重量分布/%	—	7.2	28.8	44.0	16.9	2.8	0.3

② 颗粒尺寸为圆形或多角形的。

③ 砂子消耗。操作时用砂总量约为 110t，操作时新砂补充量为 0.2～0.4t/d（一班制）。

(2) 塑料薄膜

① 成型薄膜

a. 名称：EVA 薄膜。

b. EVA 薄膜的材料参数：

密度　　　　　　0.93～0.94g/cm³

熔融指数　　　　1.5～2.5g/10min（标准：ASTN-D1238）

VICAT 软化点　　60～70℃（标准：ASTN-D12525）

断裂伸长率　　　大于 65%（在 50℃状态下）

塑性变形率　　　大于 85%（在 50℃状态下）

c. 表面特性：

无论何处，不得有薄膜以外的异物、不纯物混入；

无论何处，不得有伤痕、气泡；

无论何处，不得有表面脏污。

② 覆盖薄膜

a. 成分　PE 薄膜。

b. 结构　低密度聚乙烯薄膜。

c. 物性　对于不平整的铸型表面，覆盖薄膜应当柔软，具有保持真空密封的性能，其他无严格的限制。

③ 薄膜消耗　（一班制）见表 10-3。

表 10-3 薄膜消耗

项目	成型薄膜	覆盖薄膜
薄膜种类	EVA 薄膜	PE 薄膜
宽×厚	1400mm×(100～120)μm	1400mm×30μm
消耗	2350mm×2 片/每个铸型	2350mm×2 片/每个铸型
	～600m/d	～600m/d

(3) 涂料

① 规格

a. 耐火材料：石英粉（在总量中含有 25%体积比的鳞片状石墨粉）。

成分：w（SiO$_2$）大于 98%。

粒度：通过 350 号筛，实际 250～300 号筛。

b. 其他材料：酚醛树脂。

c. 溶剂、材料：

乙醇与乙酸乙酯黏合剂各 50%　　任选一种
甲醇

d. 特性：

干得快；

无毒或微毒排放；

对薄膜不渗透和溶解。

② 配比　见表10-4。

表10-4　涂料配比

名称	重量/kg	体积/L
石英粉	21.6	12
鳞片状石墨粉	7.5	4
酚醛树脂	1.0	—
溶剂	11.7	13

注：约30L涂料中含有以上材料体积分数应为30～40°Bé（波美度，表示溶液浓度的一种方法）。

③ 喷涂与干燥

a. 喷涂：用喷枪将涂料喷在EVA薄膜表面上。

b. 干燥方法：模板上的塑料薄膜在喷涂后采用热空气在罩内强制干燥。

④ 涂料的消耗：261L/d（1.8m×2.2m×0.4L/m² ×2块模板×114铸型/一班）

3. 浇注系统设计

顶浇式浇注系统是V法造型工艺的一个特例，主要是满足浴盆铸造工艺特点专门设计

图10-3　浴盆顶注顶冒的V法工艺

的一种特殊的浇注系统，如图10-3～图10-6所示。图10-3为浴盆顶注顶冒口的V法浇注工艺，其特点是：充型速度（浇注速度）快，大约在3～3.5s内浇注完成，可以最大限度地减少铸件的浇不足、冷隔等缺陷的产生。图10-5为顶注浇冒口合一的V法浇注工艺。在设计浴盆浇注系统时要考虑到金属液进入型腔的流向、流速、紊流区（乱流区），最大限度地减少紊流区的产生，在金属液最后返上来的地方要安放冒口，一般不采用无冒口浇注系统。有的设计浴盆把浇口两边加长，起到了冒口的作用，而不是无冒口，即浇冒合一。

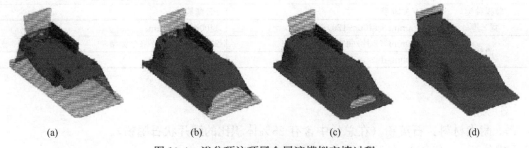

(a)　　　　　　　　(b)　　　　　　　　(c)　　　　　　　　(d)

图10-4　浴盆顶注顶冒金属液模拟充填过程

图10-5　浴盆顶注浇冒口合一的V法工艺

(a)　　　　　　　　(b)　　　　　　　　(c)　　　　　　　　(d)

图 10-6　浴盆顶注浇冒口合一金属液模拟充填过程

（三）浴盆的铸造缺陷及防止对策

1. 气孔

Ⅴ法造型所产生的气孔，有的产生在铸件表面上，也有的产生在铸件表面下。

Ⅴ法造型中，因给铸型施以负压，所以金属液的表面层就被吸到铸型侧紧紧贴住，容易提前生成铸件表面凝固层，所以在铸件较薄的表况下，黑皮面下就容易产生较大的气孔。如果铸件加厚，则铸件表面难以生成凝固层，所以也就不易产生这种气孔。另外，气孔也可能是由于凝固的金属液里带入了气体或溶液里含有气体而产生的。

（1）产生原因

① 熔化时，金属溶液的氧化明显。

② 铸造方案：a. 浇铸温度低；b. 浇铸速度不适当；c. 浇注系统不当而使空气卷入；d. 通气孔横断面积小，位置不当；e. 型芯的通气孔不适当。

③ 造型：a. 铸型涂料未完全干燥；b. 薄膜产生的气体过多。

④ 真空度不合适。

（2）防止对策

① 熔化：采取适当的熔化方法，避免金属液的氧化。

② 铸造方案：a. 提高浇注温度；b. 加快浇注速度，改善金属液流动状态，如果金属液上升速度过快，则使其减慢 10%～20%，并迅速倾斜浇注；c. 浇口处设计成斜壁式，防止金属液出现紊流，并在浇注中采取不中断金属液的浇注方案，比如使用浇口杯；d. 加大通气孔横断面积（浇口横断面积的 2～3 倍），并在产生缺陷的附近加设通气孔；e. 充分保证型芯通气性。

③ 造型：a. 使铸型涂料完全干燥；b. 使用较薄薄膜。

④ 提高浇注时的真空度（53kPa 以上）。

2. 夹砂

Ⅴ法造型中的夹砂现象，从铸件表面上常看不见，大都是机械加工之后才被发现。其伤痕的深度和大小有时微乎其微，有时却大范围产生。

（1）产生原因：浇注时，浇注口或铸型空腔部的砂子被冲刷造成的，或者铸型空腔部清扫不彻底，也会产生夹砂。而砂子被冲刷可大致分为两种，即由金属液流动所致或由轻度塌箱所致。

① 铸造方案：a. 浇注口的形状不合适；b. 铁液的流速过快；c. 内浇口的位置不当，金属液只在一个地方浇注。

② 浇注方法：浇注时，金属液中间中断。

③ 造型方法：a. 砂子的充填密度不够；b. 薄膜的塑性变形不良；c. 铸型涂料不均匀；d. 铸型清扫不彻底。

④ 铸型的真空度：a. 风量吸引不足；b. 吸引面积不足。

（2）防止对策

① 铸造方案：a. 使浇注口的形状不易受到冲刷；b. 降低金属液流速；c. 在浇注时，金属液不要只在一个地方进行浇注。

② 浇注方法：浇注时，要注意不要使金属液中断，并使用浇口杯或注塞浇口杯。

③ 造型方法：a. 提高型砂充填密度，一般在 $1.55t/m^3$ 以上；b. 薄膜加热达到完全塑性变形；c. 铸型涂料要均匀，并使其完全干燥；d. 彻底进行铸型的清扫。

④ 铸型的真空度：a. 提高浇注时的真空度至 53kPa 以上；b. 增加砂箱的吸引管。

3. 夹杂物

这里所指的夹杂物（夹渣），不是指的金属液中混入的渣滓，而是指薄膜的残渣。这种情况，几乎都是在加工之后才被发现，并多为夹砂、气孔现象共存。

（1）产生原因：浇注时，覆盖空腔的薄膜大面积脱落并聚集，经碳化之后产生的。以下几种情况，容易产生薄膜脱落：①薄膜未完全达到塑性变形时；②铸型的真空度不够时；③铸造方案不适当时；④砂子充填密度不合适时。

（2）防止对策

① 在使薄膜贴紧模样时，必须使其完全达到塑性变形。为此：a. 使用塑性变形性能好的薄膜；b. 以适当温度使薄膜均匀加热；c. 尽可能迅速使薄膜贴紧模样，并在薄膜温度下降之前使其变形；d. 使用较薄薄膜。

② 增强铸型的真空度，防止薄膜的脱落。为此：a. 增加吸引管的能力、数量，防止薄膜脱落；b. 尽可能减少空腔面和吸引管之间的填砂量，提高吸引能力。

③ 尽可能采用从一端浇注金属液的方法，缩短浇注时间，并且，采用型腔内突出部分，或砂芯等压住薄膜的方法。

④ 使用稍微粗的型砂，以增强薄膜吸附力。

⑤ 钉上钉子，也能防止薄膜脱落，最好使用头大的钉子。

4. 塌箱

塌箱是指在浇注中，砂和金属液成混合状态，铸件的表面产生瘤状物。

（1）产生原因：主要是浇注时发生局部性等压现象导致的，在下列情况容易发生：

① 铸造方案不适当：a. 金属液的流量不稳定，而产生局部的等压现象；b. 容易产生等压现象的地方，没有通气孔；c. 由于浇注时的烧灼，薄膜大面积消失。

② 浇注方法不适当：a. 浇注时金属液流量不稳定；b. 浇注时上型面上溅上金属液，导致上面的薄膜消失。

③ 铸型的真空度不适当：a. 吸引能力不足；b. 局部吸引量不足。

④ 造型作业不适当：a. 砂子充填量不足；b. 薄膜未完全塑性变形；c. 涂料刷得不够。

（2）防止对策

① 改进方案：a. 采取稳定金属液流量的措施；b. 追加通气孔；c. 减少烧灼面积，如用倾斜浇注，并缩短浇注时间；d. 充分喷刷涂料，并使其完全干燥，防止薄膜消失后的压力降低。

② 浇注方法：a. 采用浇注时稳定金属液流量的浇注方法，如使用注塞浇口杯；b. 不要洒溅金属液，并在可能溅上金属液的地方，用砂子保护住薄膜。

③ 铸型的减压：a. 提高浇注时的真空度，一般在 53kPa 以上；b. 增加砂箱吸引管的数量，并减少空腔面和吸引管之间的填砂量，见表 10-5。

④ 造型作业：a. 提高砂子的填充密度，一般在 $1.55t/m^3$ 以上；b. 加热使薄膜达到完

全塑性变形为止；c. 料层的厚度应在 $200\mu m$ 以上。

表 10-5 空腔面和吸引管之间的填砂量　　　　　　　　　　　　单位：mm

铸件壁厚	距空腔面和吸引管外周端部的距离	铸件壁厚	距空腔面和吸引管外周端部的距离
≤15	50	≥15	铸件壁厚+35≤100

二、叉车配重

1. 合力叉车公司叉车平衡重 V 法铸造生产线

原机械部第四设计研究院为安徽合力叉车集团设计一条年产 10000t 叉车配重 V 法造型线，并获得专利，如图 10-7 所示。

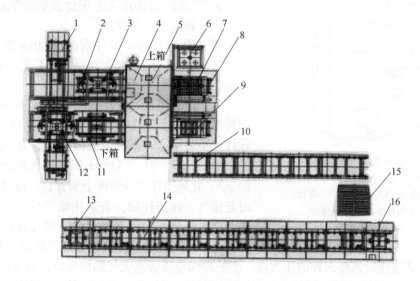

图 10-7 叉车平衡重 V 法铸造生产线（合力叉车）
1—合型转运车；2—上箱翻箱机；3—上箱起模机；4—造型砂斗；5—雨淋加砂；6—切膜机；
7—覆膜机；8—上箱振实台车；9—下箱振实台车；10—空砂箱返回辊道；11—下箱起模机；
12—下箱翻箱机；13，16—举升台；14—铸型输送辊道；15—落砂栅格

（1）造型线的主要技术参数

铸件名称　　　叉车平衡重
材质　　　　　HT150
重量　　　　　单件 1500kg
砂箱内尺寸　　1750mm×1550mm×650mm/450mm
造型生产率　　6 型/h
砂处理量　　　>30t/h

（2）全线动作程序

① 造型。采用穿梭式的 V 法造型机组。上箱、下箱造型工序分别在振实台车上完成：a. 覆膜机进入切膜机位置，吸膜、切膜。b. 覆膜机分别移至上箱或下箱造型台车位置，加热覆膜。

② 人工喷涂料。涂料烘干，放空砂箱。

③ 台车进入砂斗下的雨淋加砂并振实。刮砂覆背膜，抽真空，拔掉浇冒口，起模。

④ 翻箱、下芯下型翻箱机。将下型翻转，放至合型转运车上移至线外修型、下芯后

进入上型线上。上型翻箱机将上型翻转后检查、修型、移至合型转运后车上的下箱准备合箱。

⑤ 合箱。合箱后的铸型用车载真空泵吊至铸型输送辊道上等待浇注。

⑥ 电气控制全线采用 PLC 程序控制。

(3) 浇注：采用底注半开放式浇注系统。

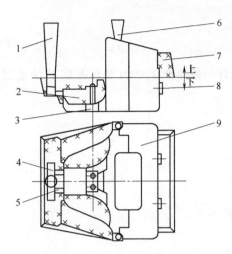

图 10-8　叉车配重 V 法铸造工艺
1—直浇道；2—上箱吊砂；3—泥芯；
4—横浇道；5—内浇道；6—冒口；
7—下箱堆砂；8—工艺螺栓；
9—平衡重铸件

(4) 保压释压：根据铸件结构和平衡重大小而定，一般大件浇注后保持真空 1.5～2.5h，再减压 1.5h，然后解除真空。

(5) 落砂：铸件冷却后，铸型吊至落砂位置，上箱、下箱吊至回箱辊道上，铸件由铲车运走。

2. 叉车配重铸造工艺设计及参数的选择

(1) 铸造工艺的设计

以材质 HT150，单件重为 1500kg 的平衡重为例，采用水平分型的 V 法铸造工艺，如图 10-8 所示。

叉车配重浇注系统的设计，为了迅速平稳地充满铸型，避免金属液喷溅和过早烧损薄膜，浇注系统设计成半封闭式，其浇道截面积比例为 $F_{内}：F_{横}：F_{直}=1：(1.5～2)：(1～1.3)$，阻流浇道截面积取 $20cm^2$，在铸型顶部设置两个明冒口，使冒口在充型时起排气、排渣作用。若采用暗冒口应采取排气措施，对贮气量不大的侧暗冒口，可在冒口顶部通入砂型内埋入一截砂芯，通过砂芯将冒口内气体排除。

另外，为保证浇注时铸型内外的压力差，型腔顶部应设置通大气的出气口，通气口的截断面积应大于或等于内浇口总面积的一半，为防止铸件出现气孔，通气口的厚度应是该处铸件壁厚的 2/3 左右。图 10-9 为叉车配重 V 法铸造工艺。图 10-10 为叉车配重 V 法铸造工艺及铸型三维设计。

(2) 工艺参数的选择

① 原材料。

a. 型砂：70～140 号筛或更细的颗粒状"○-□"硅砂。b. 塑料薄膜：面膜，EVA 薄膜，厚度 0.08～0.12mm，软化温度 90℃；背膜 PE 农用膜。c. 涂料：醇基涂料，主要成分为石墨粉、石英粉或锆英粉及其他附加物，黏结剂用酚醛树脂。

② 工艺参数。

a. 真空度：控制在 40～55kPa。b. 加热软化温度：当面膜镜面由中央扩散到边缘时，镜面下垂至 250～300mm 即可覆膜，加热温度 80～90℃。c. 型砂水分：控制在 0.5%～1%。d. 振实时间：加砂量达 1/3 时开始微振，时间一般 30～60s，型砂的紧实率为 $(V_{堆}-V_{紧})/V_{堆}=12\%～13\%$。

3. 叉车配重的重量及尺寸偏差控制

(1) 偏差控制标准：叉车配重的尺寸偏差要求按国标《铸件尺寸公差》GB/T 6414—2017 标准的 CT9～CT11 级执行，重量偏差要求按《铸件重量公差》GB/T11351—2017 标准的 MT7～MT8 级执行，重量公差比尺寸公差的对应级别严得多。合力叉车集团生产配重的尺寸偏差和重量偏差的技术要求，见表 10-6。最初采用 V 法铸造生产叉车配重的重量误差为 1.5t，叉车配重的平均重量差值为 55kg，4t 平均重量差值为 96kg，7t 平均重量差值为 107kg。经过分析，产生重量偏差的主要原因：①密度波动；②铸件体积尺寸的偏差。

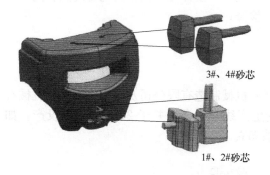

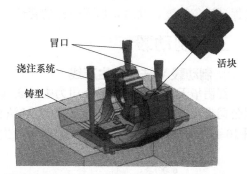

图 10-9　叉车配重 Ｖ 法铸造工艺设计　　　图 10-10　叉车配重 Ｖ 法铸造工艺及铸型三维设计

表 10-6　叉车配重主控尺寸偏差及重量偏差验收标准

检验项目	宽幅/mm	内档/mm	V 型槽距/mm	总高度/mm	肩头高度/mm	总厚度/mm	装配距离/mm	重量/kg
1.5t 叉车平衡重	1070±5	680^{+5}_{0}	780^{+5}_{0}	870±5	345±3	395±3	140±2.5	930^{+20}_{-10}
4.0t 叉车平衡重	1480±5	720^{+5}_{0}	860^{+5}_{0}	940±5	475±3	840±4	640±3	2100^{+40}_{-10}
7.0t 叉车平衡重	1980±5	855^{+5}_{0}	1030^{+5}_{0}	1144±5	489±3	903±4	378±2	3520^{+40}_{-10}

（2）密度波动及控制：叉车配重的材质为 HT150，材质牌号及化学成分不作验收条件。在相同工艺条件下，生产叉车配重的密度：当重量小于 350kg 时，本体密度为 7.01g/cm³ 左右；当重量大于 2000kg 时，本体密度为 6.93g/cm³ 左右。波动值为 1.1%，反映叉车配重的重量偏差也是 1.1%，实际检测发现小配重的重量偏差为正值，大的多为负值，偏轻。控制方法是在工艺上加强原材料的成分控制，稳定熔炼工艺，确定合适的浇注温度，减少铸型的吃砂量，提高冷却速度，改善金相组织，提高铸型的刚性，抵御共晶石墨析出的体积膨胀，并采取适当的补缩方法减轻缩松和缩孔等缺陷。采取上述措施后，铸件密度控制在 7g/cm³ 左右，波动值小于 0.5%。

（3）叉车配重尺寸精度的控制

① 提高铸型的紧实率措施。a. 选用流动好的硅砂——湖口砂，SiO_2 含量大于 94%。b. 采用微振紧实工艺，振幅与抛掷指数 K 有关，硅砂 $K=1.5$ 左右，因此，造型的振幅为 0.7～0.9mm，激振力 $F=KG$ 可进行调节，振动时间以型砂体积基本稳定状态为准。

② 加强真空度的调控。从铸型的硬度与真空度的关系曲线看出，在真空度小于 44kPa 时随着真空度的提高，铸型硬度增长很快，超过后，铸型的硬度增加变缓，硬度可达 90HB 左右（湿型硬度计）。当真空度达到 55kPa 后，铸型硬度几乎不再增加。因此，铸型的真空度应控制在 50kPa 左右，另外铸型尺寸的稳定性与真空度的波动相关，除防止真空系统泄漏外，应保证铸型内有尽可能高的初始真空度，抽气速率每平方米砂箱面积应大于 0.015m³/s。

③ 提高模样质量。模样的尺寸精度、强度和变形性均会影响铸件的重量偏差，模样的

最大尺寸偏差不得超过铸件尺寸偏差验收标准的 20%。因此，模样的材料必须有防缩变措施，结构必须有足够的强度，面板与内部肋骨黏合牢固，活动槽块采用硬材料，模板与砂箱接触面的周边应安装耐磨片，以减少分型面的磨损变形，模样与砂箱销套配合间隙和同轴度要保证定位精度，同时，加强模样的管理，定期检修。

三、制动毂

1. 制动毂 V 法铸造生产线

江阴华天科技开发有限公司为中恒通（福建）机械制造有限公司及开封畅丰车桥机械有限公司设计、制造、安装调试制动毂 V 法铸造生产线共 5 条，并于 2010 年相继投产。如图 10-11 所示为开封畅丰制动毂 V 法铸造生产线布置。

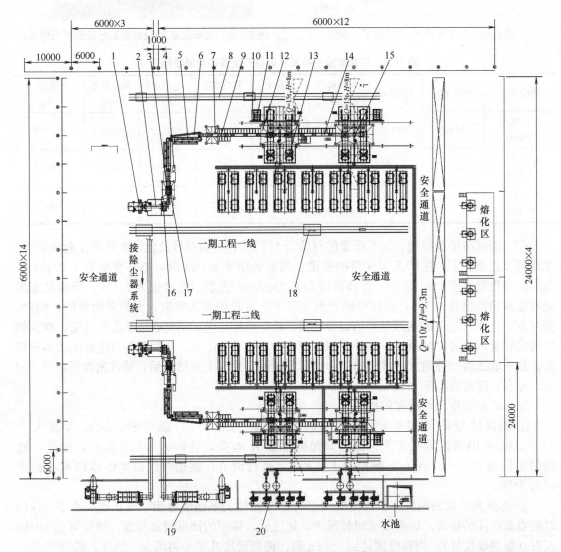

图 10-11　制动毂 V 法铸造生产线（开封畅丰）

1—振动落砂机；2—振动输送机；3，9—斗式提升机；4—砂处理控制柜；5—砂冷却流化床；6—螺旋给料机；
7—振动给料筛分机；8—转运辊道；10—切膜机；11—覆膜机；12—砂库；13—起模机；14—带式输送机；
15—涂料烘干装置；16—悬挂磁选机；17—直线振动筛；18—电动台车；19—除尘器；20—真空泵

（1）造型线的主要技术参数（一条线）

铸件名称	制动毂（小型、中型、大型）
材质	HT250、HT300、QT450-10
砂箱内尺寸	2000mm×1400mm×360mm/320mm
造型生产率	4～6 型/h
砂处理量	15～20t/h

（2）全线动作程序

① 造型。每条线采用两套抽屉式 V 法造型机组，每套造型机组分别在上箱、下箱造型电动台车上完成。

其动作程序：a. 覆膜机进入切膜机位置，吸膜、切膜；b. 覆膜机分别移至上箱、下箱造型台车位置，加热、覆膜；c. 人工喷涂料；d. 放空砂箱；e. 造型台车移至造型砂斗下雨淋加砂位置进行加砂振实；f. 造型台车移出，进行刮砂、人工盖背膜、抽真空、拔掉浇冒口；g. 造型台车移至起模机位置进行液压顶箱起模；h. 横梁吊具将砂箱吊起并进行翻箱、检查、修型；i. 下箱吊至合型台车上整型、下芯；j. 造型后的上箱吊至与合型台车上的下箱进行合型，合型后的铸型经台车移至浇注区进行浇注。

② 浇注保温。

2. 制动毂的铸造工艺及参数的选择

（1）制动毂性能要求：制动毂作为汽车制动系统中的主要磨损消耗件，因此要求具有良好的强度和一定的耐磨和抗疲劳性能，见表 10-7。

表 10-7　制动毂力学性能及化学成分

类别	力学性能			化学成分（质量分数）/%						
	试棒强度/MPa	本体强度/MPa	硬度/HB	C	Si	Mn	Cr	Cu	P	S
HT300	≥287	≥245	187～255	3.0～3.4	1.6～2.0	0.6～0.9	0.2～0.6	0.4～0.6	≤0.10	≤0.10
HT250	≥250	≥220	187～241	3.4～3.7	1.5～2.1	0.6～0.9	0.2～0.4	0.3～0.5	≤0.12	≤0.10

各类制动毂铸件金相组织的要求基本相同，基体：细片状珠光体不小于 95%，游离碳化物（1%）+磷共晶数量不大于 4%，且分布均匀。石基：A 型片状石墨，石墨长度 3～5 级。

制动毂表面质量要求：铸件的螺栓孔、定位止口、法兰安装面不允许有铸造缺陷，工作面允许有直径不大于 φ2mm，深度不大于 1.5mm，底面清晰可辨，数量不超过 3 处，两缺陷间距不小于 150mm 的缺陷存在。

制动毂的材质为高碳型的 HT250，可满足强度要求，可降低制动摩擦噪声，现开发的 QT450-10 球墨铸铁取代 HT300 灰铸铁，可提高产品的安全性能及综合性能，抗拉强度提高 1.5 倍，疲劳强度提高 1.88 倍，断裂韧度增加 1.68 倍，壁厚可减小 35%，重量可减轻 30% 以上，大幅度减轻制动毂的重量，节约能源。

（2）铸造浇注工艺：制动毂的铸造浇注工艺常采用以下几种。

① 顶部注入式浇注工艺，如图 10-12（a）所示。采用半封闭式浇注系统，铸型内腔的气体通过下箱排气通道排出，向上排气不顺，浇注金属液易存在紊流，铸件加工后易出现气孔，这种浇注工艺基本不采用。

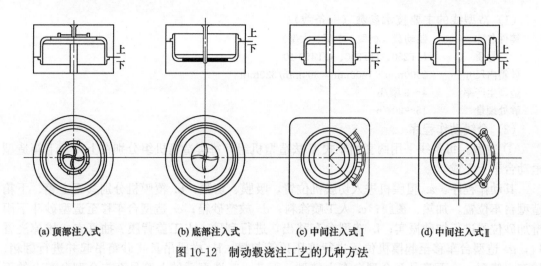

(a) 顶部注入式   (b) 底部注入式   (c) 中间注入式Ⅰ   (d) 中间注入式Ⅱ

图 10-12　制动毂浇注工艺的几种方法

② 底部注入式浇注工艺，如图 10-12（b）所示。采用封闭式浇注系统，挡渣效果好，由于制动毂碗口向上，可以减少重要部位出现气孔等缺陷；由于砂胎位于上箱存在"吊芯"，起模斜度不大于 1.2mm，使得上箱紧实度不易保证，易出现掉砂、夹砂等缺陷，适合于 V 法铸造工艺。

③ 中间注入式浇注工艺，如图 10-12（c）（d）所示。采用封闭式浇注系统，浇口布置在制动毂外圆从分型面注入。制动毂碗口面向下，芯部作 $\phi 60 \sim 100$mm 出气通道，上、下箱贯通，提高了铸型的透气性。

根据上述制动毂浇注工艺的分析，结合 V 法造型的特点，设计出如图 10-13 所示的大型重型车制动毂浇注工艺方案，仅供参考。

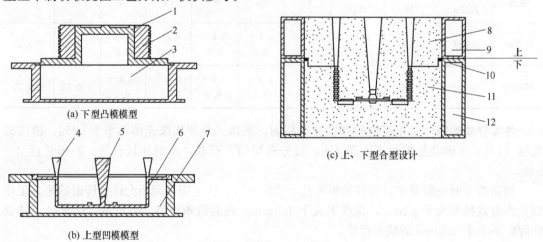

(a) 下型凸模模型

(b) 上型凹模模型

(c) 上、下型合型设计

图 10-13　制动毂模型及浇注工艺设计

1—上模；2—环形加强肋；3—上型抽气室；4—冒口；5—直浇道；6—下模；7—下型抽气室；
8—上砂型；9—上砂箱；10—密封泥条；11—下砂型；12—下砂箱

四、钢琴骨架

1. 钢琴骨架 V 法铸造生产线

钢琴骨架（琴排）采用 V 法铸造生产在全国至少有 5 家以上企业，如厦门丰祥实业有限公司、河北固安隆强铸造厂、天津英昌钢琴铸件有限公司等，各企业生产线的布置各不相同、各有特色，现着重介绍天津英昌钢琴铸件有限公司的生产线。该公司于1994年引进日本新东公司的Ｖ法铸造生产线，如图10-14所示，用来生产中、高档钢琴骨架，该件为板型不规则框架结构，铸件外形尺寸精度、表面粗糙度、变形控制等均要求较高。某一立式钢琴骨架铸件，如图10-15所示。

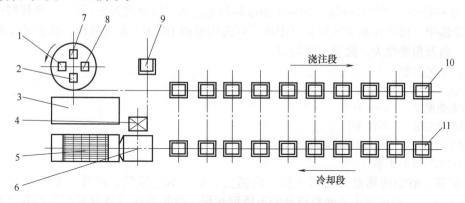

图 10-14　钢琴骨架Ｖ法铸造生产线
1—加砂振实；2—覆盖背膜；3—砂冷却；4—斗式提升机；5—落砂；6—筛分机；
7—涂料烘烤；8—覆膜、喷涂；9—下芯合箱台车；10—浇注段；11—冷却段

（1）生产线的主要技术参数

铸件名称	钢琴骨架
材质	HT150、HT200
外形尺寸	1200mm×1400mm，平均厚度7～8mm
砂箱内尺寸	1700mm×1450mm×460mm
造型生产率	20型／h
砂处理量	＞35t/h

（2）生产线的操作程序

① 造型。采用四工位转盘式Ｖ法造型机，同时放置两套模板及模样。完成覆膜成型，喷涂及烘烤，加砂振实，覆盖背膜，抽真空，顶箱起模，砂箱吊至台车上下芯合型。

② 浇注、冷却、保温。

③ 冷却1h后，进行落砂。

④ 落砂后的旧砂经过振动筛分机、磁选、流化床冷却后，提升至造型砂斗。

2. 钢琴骨架的铸造工艺设计

（1）原材料

图 10-15　立式钢琴骨架
（河北固安隆强铸造厂）

① 型砂：100～200号筛的硅砂，SiO_2含量不低于95％，耐火度高，透气性好，粒度偏细的硅砂。

② 塑料薄膜：面膜EVA薄膜，厚度为0.075～0.08mm；背膜PE农用膜，厚度0.03～0.05mm。

③ 涂料：粉状耐火涂料，涂料的理化指标如下。

a. 化学成分（质量分数）：$w(SiO_2)=39.23％～40.14％$，$w(Al_2O_3)=0.45％～0.77％$，$w(Fe_2O_3)=4.84％～6.04％$，$w(MgO)=32.23％～34.78％$，$w(C)=$

$5.40\% \sim 6.26\%$，$w(ZnO_2)=12.35\% \sim 12.96\%$。

b. 物料特性：Li_2O（$1000℃\times 3h$）；pH7.8～8.0；发气量（$900℃$，氩气下）$44.6\times$
$10L/g$。

c. 粒度：100 号筛，$0.7\% \sim 1.1\%$；200 号筛，$8.2\% \sim 9.2\%$；270 号筛，$11.0\% \sim$
11.2%；320 号筛，$5.4\% \sim 5.7\%$；320 号筛以下为 $72.8\% \sim 74.2\%$。

d. 涂料喷涂：在预搅拌罐中加入干粉涂料与适量酒精溶剂搅拌 2h 以上，经筛网过滤后
倒入喷涂罐中，由叶片泵加压后便可喷涂。可选用美国 BINKS 无气喷枪，喷出的涂料雾化
效果好，扇形角变化大，涂层厚度均匀。

（2）工艺参数

真空度	控制在 $39.9 \sim 66.5$ kPa
薄膜加热温度	$80 \sim 100℃$
型砂的含水量	不得高于 1%
保持时间	浇注后保持抽真空状态下不得小于 $6 \sim 8$min

（3）生产线的工装

① 砂箱。砂箱的箱壁为密闭中空，内侧安装数个真空吸管，内管上钻有排列有序的
ϕ10mm 通孔，外套目数小于砂粒筛号的不锈钢筛网。砂箱要保证真空吸管不得漏气和定位
销、套应定期更换。

② 模样。采用树脂模样，并在其上均匀排布相应数量的 $\phi 0.80 \sim 1.25$mm 抽气孔，空
口加装缝隙气门塞，在转角、凹槽、孔洞等处需钻更小的抽气孔，树脂模样表面光洁，硬度
均匀，吸热性差，但造价较高。也有采用木模和石膏模。

3. 铸造缺陷及防止方法

（1）机械黏砂防止方法：①采用较细的硅砂；②适当降低浇注温度；③提高铸型的紧实
率；④适当降低真空度；⑤在薄膜上均匀地喷涂快干涂料。

（2）塌箱防止方法：①使用浇口杯，浇注平稳，充满直浇道；②薄膜搭接处要密贴，防
止透气；③采用开放式浇注系统。

（3）批缝和铸件厚度增加防止方法：①锁紧上、下箱的紧固卡；②模板留有适当的余
量；③检查抽气管是否通畅有效；④避免砂型表面硬度不均。

（4）气孔防止方法：①对浇注系统重新进行计算和改造，使金属液进入型腔平稳、不喷
射，不产生紊流；②严格控制型砂的水分小于 1%；③浇口杯、浇包、前炉烘烤充分，砂芯
使用前必须烘烤；④喷涂后必须进行涂料烘干；⑤采用较好炉料，减少回炉铁和加大生铁废
钢的投入量。

五、锅炉片

1. 锅炉片 V 法铸造生产线

山东泰山前田锅炉有限公司［现名为美国威玛（山东）铸铁锅炉有限公司］生产智能化
模块式燃气铸铁锅炉片，采用 V 法铸造。从日本前田铁工所成套地引进 V 法铸造生产锅炉
片的工艺技术，整个生产线的结构布置基本上也是仿前田铁工所的，设计图样由日方提供。
造型机由苏州铸机厂制造，其他设备国内配套，如图 10-16 所示。

（1）生产线的主要技术参数

铸件名称	锅炉片（如图 10-17 所示）
材质	HT200
砂箱内尺寸	2300mm×1500mm×320mm/320mm
造型生产率	20 箱/h，即 10 型/h

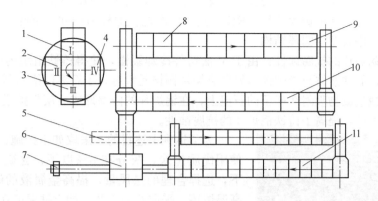

图 10-16　锅炉片 V 法铸造生产线

1—覆膜成型；2—喷涂料放空砂箱；3—加砂振实；4—顶箱起模；5—冷却流化床；6—落砂分箱；
7—空砂箱返回；8—下芯合型段；9—浇注段；10—浇注后砂型冷却线；11—开箱后铸件冷却线

砂处理量　　　　　　　＞35t/h
操作人员　　　　　　　约 20 人
（2）生产线的工艺流程

① 造型。a. 采用约 8m 直径的四工位转台式 V 法造型机，同时安放两个锅炉片上、下模板。b. 第Ⅰ工位为覆膜成型，采用远红外加热装置，温度分区控制。c. 第Ⅱ工位为喷涂料，放空砂箱、采用无气喷涂。d. 第Ⅲ工位为加砂振实，采用格栅自动定量加砂，振实台频率 2900r/min，振幅 0.7～0.9mm，时间 60s。e. 第Ⅳ工位为顶箱起模，采用主油缸带动 4 根导向柱顶箱，回程起模。

② 造好的下箱送至下芯段，下好芯后将上箱吊起合型。

③ 合型后的铸型进入浇注段。

④ 采用倾斜浇注，水平冷却。

⑤ 浇注后的铸型在一次冷却段冷却后送至开箱落砂段。

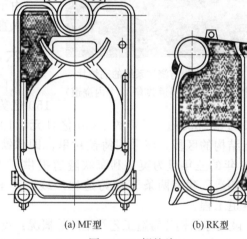

(a) MF型　　　　　　(b) RK型

图 10-17　锅炉片

⑥ 落砂后的铸件转运到二次冷却段，带砂芯缓慢冷却，放置 3～4h，以减弱内应力发生。

2. 锅炉片的铸造工艺设计

（1）浇注系统的设计：锅炉片为中空薄壁铸件，采用半封闭式浇注系统，分别设置芯子出气冒口及型腔出气冒口，浇注倾斜度为 3°，浇注系统如图 10-18 所示。由于铸件内芯子较大，受阻收缩，因此取纵向收缩率为 0.9%，横向为 0.8%。

（2）工艺参数的确定

① 砂箱，采取双层侧壁带抽气室及内置抽气棒的结构。

② 抽气率及真空度，抽气率为每平方米砂箱面积不小于 0.015m³/s，并配置大的稳压罐，真空度控制在 50～60kPa。

（3）铸件的结构设计：由于铸铁锅炉片无尖角过滤，壁厚均匀，在易产生铸造应力的地方，采用无约束（即应力释放）设计，如图 10-17（a）所示。MF 型锅炉片采用两侧柱状结构，防止产生应力引起锅炉片破裂；RK 型锅炉的燃烧室侧柱为细柱，有两个连接孔，为避免产生应力，采用大型半圆环结构。

（4）铸铁锅炉片的抗腐蚀性：由于 V 法铸件冷却缓慢，使得铸铁组织内的珠光体上分布着片状石墨，而铁素体与渗碳体晶界含有微量铜铬元素有利于石墨网络的形成，由铁元素件所形成的腐蚀生成物吸附在残留的石墨上，在锅炉片的内壁形成一层保护膜，这种腐蚀称为石墨腐蚀，因此，提高了铸铁锅炉片的抗腐蚀性。

图 10-18 带有浇注系统的锅炉片
（铸件的外环横浇道共有 32 个内浇道）

为了达到上述目的，采取如下措施：①防止氧化，使用优质焦炭，灰分在 8% 以下，含硫量在 0.8% 以下，选择合理的送风量，提高金属液的温度；②进行高温熔炼，采取双联工艺，即出铁温度在 1500℃ 以上，再用电炉再次提温，铁液中产生的大量还原性 CO 气体，可防止铁液的冷硬化，具有良好的流动性，缩短凝固时间，可使偏厚部与偏薄部的金相组织均衡，从而防止了铸造应力的产生；③孕育处理，通过添加 Fe-Si 等孕育剂，使铸件强度和金相组织均匀，可防止铸造应力产生。

由于采取了一系列的措施，使得锅炉片铸件可以不退火直接使用。

六、隧道球铁构片

英国的英吉利海峡隧道，全长约 50km，投资约 150 亿美元，1994 年运营。日本的青函跨海隧道，全长约 53.85km，投资约 6890 亿日元，1988 年运营。在隧道断面结构不允许使用混凝土结构的区段，将采用铸铁衬里，即球铁构片。英国的帕克菲尔德铸造厂在 1988～1990 年的三年里为英吉利海峡隧道提供了十万吨球铁构片，获款九千万英镑。日本恩加岛铸造厂建有两条 V 法铸造生产线，产量达数十万吨，生产的球铁构片用于青函跨海隧道工程。

隧道球铁构片铸造工艺及生产的概况：英吉利海峡隧道用球铁构片的材质为 BS 2789—1985 600/3（相当于国标 GB/T 1348，QT600-3），小型构片采用湿型高压造型，砂箱尺寸为 900mm×900mm×200mm/200mm，大型构片采用树脂砂造型，砂箱尺寸为 1950mm×900mm×300mm/300mm。日本青函跨海隧道用的球铁构片则采用 V 法铸造工艺，材质 JIS G 5502 FCD500-7（相当于国标 GB/T 1384，QT500-7）。日本久保田株式会社的球铁构片 V 法铸造车间布置，如图 10-19 所示。

（1）造型：共 2 条 V 法铸造生产线。第一条 V 法铸造生产线，1986 年建成，年产量 1.5 万吨，构片重量 300～1500kg，砂箱内尺寸 3800mm×1400mm×500mm/400mm；第二条 V 法铸造生产线，1995 年建成，构片重量小于 2000kg

（2）熔化：8t 冲天炉，80/65t 保温炉，低频感应电炉。

（3）球铁构片 V 法铸造方案，如图 10-20 所示。

（4）工艺参数：①冲天炉铁液温度大于 1400℃；②电炉铁液温度大于 1530℃；③减少加镁量和残镁量，铁液高温净化或预处理脱氧；④浇注后，保温 2h 后开箱落砂，铸件不退火处理。

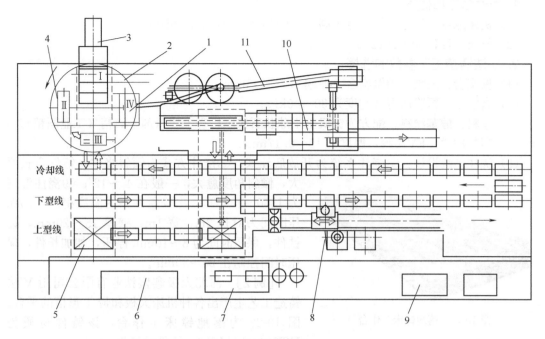

图 10-19 球铁构片 V 法铸造生产线

1—加砂振实；2—四工位转台造型机；3—模样交换机；4—喷涂；5—翻箱起模；6—控制室；
7—真空泵房；8—浇注；9—除尘器；10—浇口切割；11—旧砂冷却流化

七、机床

V 法铸造比较适合于生产结构简单的中大型机床铸件中的床身、底座、立柱、配块、盘体、T 形槽平台大板等。山东滕州、河北泊头、陕西西安都有厂家用 V 法生产。

[例 1] 山东淄博通普真空设备有限公司与山东滕州天利机床厂合作，经过反复试验，用 V 法成功生产出机床床身，如图 10-21 所示。

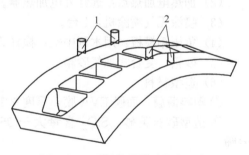

图 10-20 球铁构片铸造方案示意
1—浇口；2—出气口

图 10-21 机床床身铸件

1. 铸件名称和材质

（1）机床床身：尺寸（长×宽×高） 3800mm×580mm×650mm。

（2）材质：HT200～HT250。

2. V 法铸造工艺参数的选择

（1）振实台：三维变频振实台，振幅 1.2～1.5mm。

（2）真空度：覆膜所需真空度为 30～40kPa。

（3）涂料：醇基涂料，配方为锰矾土＋球状石墨＋松香＋溃散剂＋酒精（工业酒精）。

（4）塑料薄膜：EVA 膜，厚度 0.15～0.17mm。

（5）浇注系统设计：①浇注系统为开放底注式；②浇注方式为倾斜浇注，铸件愈长而大，倾斜角度愈大，一般在 4°～12°；③浇注温度为 1350～1380℃，比普通砂型的温度稍高；④保压时间为对长 2m，宽 1m，壁厚 15～20mm，铸铁件，保压时间为 8～10min 停压，如加长件，保压时间控制在 20～30min。

图 10-22　落地镗床工作台

[例 2]　河北无极鑫盛铁业有限公司用 V 法铸造工艺生产出各种机床大板和带 T 形槽的平台。图 10-22 为落地镗床工作台，该铸件材质为 HT200 或 HT250，铸件重量为 1～7t。

1. 主要技术参数

（1）振实台：载重 $Q=10t$，台面尺寸 4000mm×2000mm，2 台。

（2）加热电加热点：远红外电加热器。

（3）喷涂无气喷涂机：1 台。

（4）负压箱模板：用木制中空；模样为石膏、木模、树脂均可。

（5）砂箱：复合式抽气砂箱。

（6）造型材料

① 塑料薄膜：面膜 EVA 膜，厚度 0.12～0.15mm；背膜 PE 膜，厚度 0.03～0.05mm。

② 造型砂石英砂，SiO_2 含量大于 95% 以上，粒度为 70/140 号筛或粒度为 100/200 号筛。

（7）真空度：覆膜造型真空度为 40～67kPa。

（8）浇注工艺：①底浇式开放式浇注系统；②大平面铸件采用倾斜浇铸，倾斜度为 3°～5°。

2. 主要铸造缺陷及防止方法

（1）机械黏砂防止方法：用较细的干砂，降低浇注温度，提高铸型的紧实度，适当降低真空度，采用快干涂料且烤干。

（2）塌箱防止方法：砂箱密封性受到损害，浇注平稳，保证金属液充满直浇道，薄膜搭接处紧密粘贴好，采用开放式浇铸。

（3）气孔防止方法：控制型砂的含水量不超过 1%；浇注杯、浇包等应烘干；控制铁水温度和质量，涂料的烘干和控制涂料的发气量。

八、篦条

编著者于 1985 年为沈阳重型机器厂（现沈阳重型机械集团有限责任公司）自行设计第一条国产化的 V 法铸造生产线，它包括 2 台振实台、移动式覆膜机（带电加热器）、自动落砂机、带流化床的砂处理系统、回箱辊道、集中除尘电控系统等，于1986年10月投产，当时解决了宝钢450m³烧结炉算条的急需，取代进口。箅条V法铸造生产线，如图10-23所示。

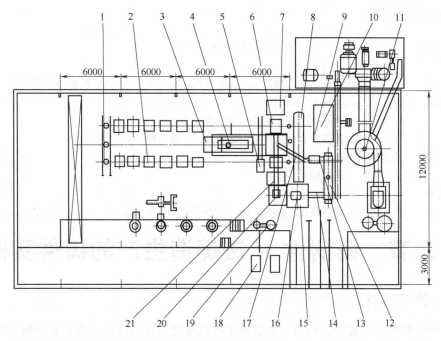

图10-23 箅条V法铸造生产线

1—过渡小车；2—铸型；3—打箱落砂机；4—振动输送机；5—合型车；6—造型台；7—塑料薄膜烘箱；
8—空箱辊道；9—造型用砂砂斗；10—水冷却系统；11—除尘器；12—冷却流化床；13，20—斗式提升机；
14，17，21—管式输送机；15—调温斗；16—直线振动筛；18—真空泵；19—稳压罐

箅条铸件的材质为Cr26，重量约为5kg，铸件尺寸要求精度较高，分型面处铸件的厚度尺寸公差为±0.5mm，表面要求光洁，内部组织要求无气孔及缩松等缺陷。采用V法生产该件，可充分显示出优越性。箅条铸件结构，如图10-24所示。

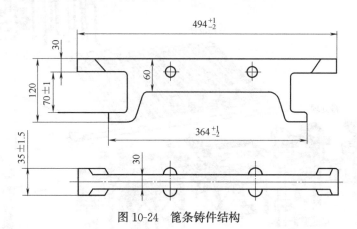

图10-24 箅条铸件结构

1. 生产工艺流程

在两台造型振实台上分别造上、下型，塑料覆膜利用移动式电加热器加热，手工覆膜，空砂箱由气吊从输送辊道上吊至造型台上，而后用气吊将其送到合型台车上合型，更换负压管将铸型送至浇注台进行浇注，当铸件凝固后关闭真空管，气吊将铸型连同托盘一起送至自

动落砂机上自动落砂，铸件脱出，空砂箱由气吊送至回箱辊道上，旧砂进入砂处理系统进行再生处理。

2. 主要技术参数

材质	Cr26
砂箱内尺寸	900mm×900mm×100mm/100mm
造型生产率	7~8箱/h
造型用砂	铬铁矿砂，粒度100/200号筛，水分小于0.1%，砂粒形状为圆形
塑料薄膜	面膜EVA薄膜，$\delta = 0.05\sim0.10$mm； 背膜PE农用薄膜，$\delta = 0.01\sim0.15$mm
涂料	醇基涂料，从日本引进喷涂机，喷涂厚度0.5~1.0mm
操作人员数（全线）	8~12人/班
设备总功率	249.8kW
占地面积	648m^2
环保指标	噪声强度<80dB；粉尘质量分数小于80mg/m^3

第二节 铸钢件 V 法铸造生产的铸件实例

一、汽车后桥

江阴华天科技开发有限公司为山东蒙凌工程机械股份有限公司、福建龙岩畅丰机械制造有限公司等单位设计并承包汽车后桥 V 法铸造生产线，该生产线包括：两台 V 法造型机组、20~25t/h 砂处理系统、真空泵及管道系统、台车浇注系统、制芯工部、熔炼、全线电气及除尘系统，2006 年相继投产。

每条线的生产能力10000t/年。图 10-25 为山东蒙凌汽车后桥 V 法车间的立体布置图，厂房面积约 4860m^2，车间中布置 2 条对称的 V 法铸造生产线。图 10-26 为其车间详细布置图。

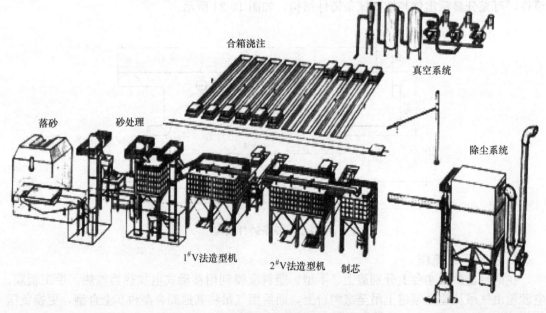

图 10-25 汽车后桥 V 法铸造车间立体布置

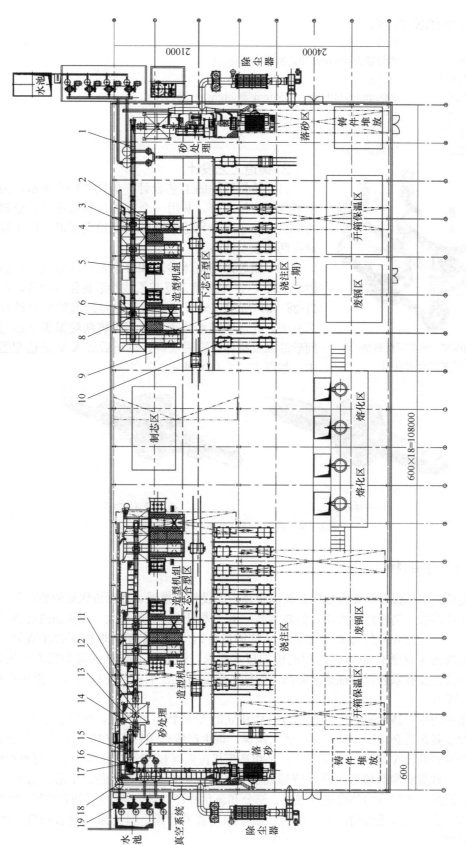

图 10-26　汽车后桥 V 法铸造车间布置

1—带式输送机；2—型板；3—振实台；4—负压箱；5—移动式电加热自动覆膜机；6—起模机构；7—雨淋加砂机；8—犁刀卸料器；9—切膜机；10—砂箱；11—斗式提升机；12—振动给料机；13—斗式提升机；14—电气控制系统；15—流化床；16—直线振动筛；17—旋风分离器；18—稳压滤气；19—水环式真空泵

1. 每条线的技术参数

材质	低合金铸钢
生产纲领	设计能力 10000t/年，实际 12000t/年
最大单件质量	280kg
砂箱内尺寸	2000mm×1400mm×350mm/300mm（一箱两件）
造型生产率	4~5 型/h
砂处理量	20~25t/h
熔炼炉能力	5t 电炉 2 台

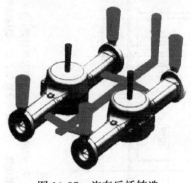

图 10-27　汽车后桥铸造
工艺设计示意图

2. 铸造工艺设计

（1）铸钢后桥的工艺设计：如图 10-27 所示，为一型两件，对称串铸，共用一个直浇口和横浇口，分四个内浇口对称布置分别给两个铸型充填金属液，四个冒口设在两端法兰的高处。

（2）制芯采用整体砂芯和分段复合砂芯设计：整体砂芯采用 CO_2 水玻璃砂或三乙胺冷芯树脂砂制造，如图 11-28（a）所示；分段复合砂芯是将两端的覆膜砂放入芯盒中，先造中间水玻璃砂芯，再将两端覆膜砂芯与中间砂芯联成整体，刷喷涂料，烘干后放入 V 法造型型腔中，如图 10-28（b）所示。

(a) 整体砂芯　　　　　　　　　　　　(b) 分段复合砂芯

图 10-28　汽车后桥砂芯设计方案

二、汽车前桥

汽车前桥的机械强度和安全性能都要求很高，原设计为模锻，在以铸代锻的趋势下，有些企业采用硅溶胶，精密铸造方法，但成本高、生产周期长、劳动量大，现在国内有些单位如福建建阳汽车配件有限公司等开始采用 V 法铸造铸钢件汽车前桥，取得了初步效果。但是，汽车前桥的 V 法铸件是否能达到前桥的技术要求，尚需进一步试验及测定方能定论。江阴华天科技开发有限公司为福建建阳汽车配件有限公司设计了一条前桥 V 法铸造生产线，如图 10-29 所示。

该线是利用原精铸车间老厂房进行改造而建立的 V 法铸造生产线，所以整个生产线的工艺流程和设备布局必须因地制宜，布置欠圆满。该生产线采用台车穿梭式 V 法造型机组，上、下箱分别在两台 V 法造型机上完成，一组造型机配两对模型，在台车上完成薄膜烘烤、覆膜成型、加砂振实和起模等工序，铸型成型后在固定的地面进行修型、下芯、合型、浇注。砂处理系统将浇注后的热砂进行磁选、筛分和流化冷却处理，再生后的旧砂经气力输送送到造型砂斗里。全线还包括：PLC 电控、集中除尘器及管道、真空泵及管线布置、水控及水循环系统等。

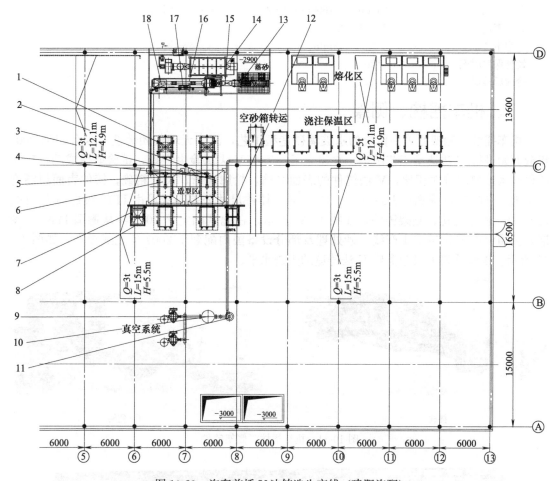

图 10-29 汽车前桥 V 法铸造生产线（建阳汽配）

1—起模机；2—雨淋加砂机；3—砂箱；4—型板负压箱；5—振实台；6—电动台车；7—移动
式覆膜机；8—切模机；9—真空泵；10—稳压滤气罐；11—旋风分离器；12—涂料烘干机；
13—振动筛分机；14—袋式除尘器；15—斗式提升机；16—流化床；17—储气罐；18—气力输送装置

由山东淄博通普真空设备有限公司提供的汽车前桥一型四件的模样，如图 10-30 所示。

图 10-30 一型四件的铸钢前桥模样

主要技术参数：

铸件名称、材质、重量　　汽车前桥、合金钢 ZG40Cr、≥50kg/件

砂箱内尺寸　　　　　　　2300mm×1600mm×250mm/250mm（一箱四件）

砂处理量　　　　　　　　25～30t/h

造型生产率　　　　　　　4 型/h（15min/ 型）

铸件保温时间　　　　　　≥2h

冷却后砂温　　　　　　　≤50℃

三、机车摇枕、侧架

机车摇枕、侧架原采用传统的水玻璃砂造型工艺，河南天瑞集团铸造有限公司从 2003 年起开始进行 V 法造型工艺试验，并建立了一条小 V 法试验生产线，试验取得成功。V 法铸件与水玻璃砂铸件相比，V 法铸件的表面光洁，轮廓清晰，尺寸精确，铸件表面粗糙度可由 $Ra=50.0\mu m$ 提高到 $Ra=6.3～12.5\mu m$，铸件尺寸公差等级可由 IT12 级提高为 IT9、IT10 级。机车摇枕、侧架铸件，如图 10-31 所示。在此基础上于 2005 年从德国 HWS（豪斯）公司引进 V 法铸造生产线，砂处理及部分设备国内配套于 2007 年正式投产，如图 10-32 所示。该线反映了当今世界 V 法铸造的先进水平。

(a) 摇枕　　　　　　　　　　　　　　　　　　　　　(b) 侧架

图 10-31　机车摇枕、侧架铸件

图 10-32　河南天瑞集团铸造有限公司 V 法铸造生产线

1. 主要技术参数

铸件名称　　　　　　　　铁路机车用摇枕、侧架等铸钢件

重量	摇枕 880kg；侧架 480kg
生产纲领	年产 10 万吨铸件
砂箱内尺寸	摇枕 3100mm×1900mm×350mm/550mm（一箱两件）
	侧架 3100mm×1900mm×450mm/450mm（一箱两件）
造型生产率	设计 20 型/h（3min/型）
	实际 10 型/h（6 min/型）
砂处理量	160t/h
砂箱数量	下芯线（下箱）13 个
	浇注线 2×23＝46 个
动力消耗	1770kW
压缩空气耗量	231m³/h
真空泵台数	19 台
水耗量	87.4m³/h
新增加入量	4.37m³/h

2. 主要工艺参数

砂型紧实度	12%～14%
砂型硬度	80～95HB
真空管道的真空度	0.0～0.07MPa
浇注温度	1550～1570℃
浇注速度	25～40s
浇注后保持真空时间	6～7min
浇注后到落砂的间隔	3.5～4h

3. 主要原材料和工装要求

（1）造型原砂：硅砂中 w（SiO_2）≥97%，含泥量≤0.3%，粒度为 50、70、100、140 共 4 个号筛，集中率≥90%，粒度要求为多角形/圆形。

（2）铸型涂料：Ⅴ法铸造专用醇基耐火涂料。

（3）塑料薄膜：覆膜面膜 EVA 薄膜，背膜 PEC 薄膜。

（4）模样：按照 Ⅴ法工艺特点，模样增设抽气箱和抽气孔。

（5）砂箱：砂箱采用设有抽气室和抽气孔的专用砂箱。

4. Ⅴ法铸造生产线

（1）生产线组成：整套设备由下箱造型圈、上箱造型圈、下芯线、浇注线、冷却线、落砂线、推送缓冲装置、转运车、砂箱转运装置、翻箱装置、清扫装置、安全护栏、真空连接装置、砂处理、辅助的液压、电控、气动等部分组成。整套设备布置在长 180m、宽 48m 的双跨车间内，如图 10-33 所示。

整条造型线呈开式布置，上箱、下箱分别在上箱造型圈、下箱造型圈内造型。下砂箱由转运车及两套电动葫芦输送装置从落砂工部转运过来（经过一个翻箱过程），下箱的薄膜加热、覆膜、设置浇注系统、喷涂料、涂料烘干、加砂振实、覆背膜、抽真空等工作完毕后，由下箱翻转输送装置将下箱与模板分离，模板由两台模板转运小车及转运辊道返回循环使用，下箱则由转运装置翻转后输送到下芯线。上箱造型与下箱造型过程类似，上砂箱由两套电动葫芦转运装置从落砂工部转运过来，造型完毕由上箱输送装置输送到下芯线合型，上箱输送装置具备抓紧、提升、翻转、输送多种功能，可以在将上箱抓起时翻转 90°，由人工完成浇道系统的设置。

下箱在下芯线被放置在托板上，托板是由转运车从落砂工部转运过来的，它们一同依靠一套液压推送缓冲装置驱动做步进式运动，前进一次的行程为 2.6m。在各工位上由人工安

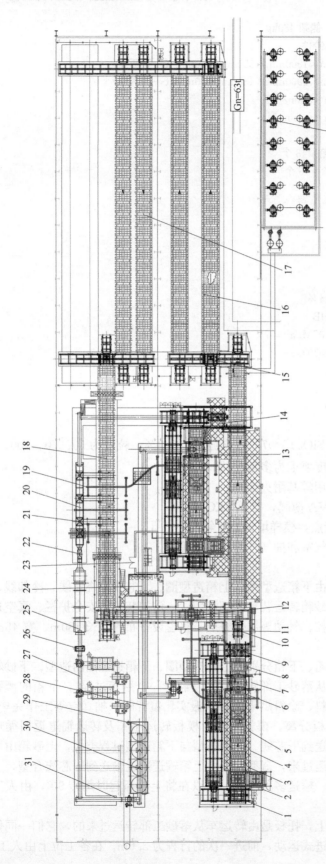

图10-33　机车摇枕侧架 V 法铸造生产线（天瑞）

1—下型板模样；2—覆膜机；3—型板输送辊道；4—修膜、喷涂料；5—涂料烘干；6—放空砂箱；7—加砂振实；8—刮砂盖膜；9—下型起模翻箱机；10—下芯线推进装置；11—回下箱运砂吊；12—真空托板下箱运动轨道；13—上箱造型线；14—上型起模合箱机；15—铸型摆渡车；16—浇注区；17—冷却保温区；18—铸型落砂机；19—上箱吊运机；20—振动输送机；21—冷却流化床；22—斗式提升机；23—液压站房；24—电气控制室；25—冷却滚筒；26—磁选机；27—回砂带式输送机；28—带式输送机；29—砂库；30—旧砂分配带式输送机；31—筛分机；32—真空泵房

Gn=63t

置型芯，然后进行合型工作，合型后的砂箱由转运车转运至浇注线。浇注线为 2 条，每条 24 个工位，其动力均为液压推送缓冲装置。

（2）真空系统：上箱造型、下箱造型、下芯线、浇注线、砂箱均携带有抽真空装置，在各辊道线下设置矩形钢管制作的固定真空梁、移动真空梁各一条，其下装有滚轮可在轨道上移动；砂箱静止时由固定真空梁通过模板或托板对砂箱抽真空，砂箱移动时，先是移动真空梁靠油缸拉力缩回，连接固定真空梁的真空阀，气缸动作，自动与托板的真空连接装置脱开，移动真空梁真空阀气缸动作，自动与托板另一侧真空连接装置对接，保证砂箱真空状态的连续性。另外，在模板和托板上，均设置了单向阀，保证在脱开真空连接后，砂箱继续保持真空状态。

（3）砂箱定位：砂箱的定位因整条线布局较长，虽然有利于各种辅助作业，但对砂箱的定位要求相对较高，包括在辊子带上运行时的定位，及上、下箱在合型时要求迅速对中以减少错箱和砂箱销孔、销套磨损。HWS 公司设计是从加工精度上保证两点要求：①辊子带用两件 30mm 厚钢板中间加肋板焊接后加工而成，保证充足的刚性和强度，各安装部位（包括长度方向）均为精加工表面，以确保整线的安装精度。②各辊道线两端、各转运车上均设置了双向夹紧的定位装置，确保砂箱在靠液压缸推力到达位置的进一步定位，同时防止砂箱产生前后晃动。

5. 冷芯盒树脂砂射制中空整体芯

为实现摇枕、侧架形状完整、无台阶和各表面光滑平顺的整体芯，2006 年开始用冷芯盒树脂砂，试制 K6 摇枕与侧架中空整体芯的工艺试验，并取得成功。

采用整体芯后，显示以下优点：

① 经对整体芯转 K6 摇枕和侧架的小批量试制件进行荧光湿法磁粉探伤、超声波探伤、超声波测厚、划线、内腔探伤、紧实度检查、样板、静载荷、动载荷与射线照相等项检查，其结果符合标准规定。

② 转 K6 侧架内腔芯数量由 10 个减少为 1 个，摇枕内腔砂芯数量由 6 个减少为 1 个，砂芯数量大幅降低；在下芯合型过程中不再使用芯撑，杜绝了铸件重要部位芯子段、层间接合处常常产生的错位、飞边、毛刺、多肉和气孔等铸造缺陷，防止了由于芯撑熔合不良对产品质量带来影响，提高了铸件内腔质量，根除了砂芯分芯可能存在的安全隐患。

③ 整体芯与 V 法造型工艺相配套使用，易于实现芯砂的回收，大大降低废砂的排放，经济效益较好，并且也使铸件的内、外表面质量同时得到了提高。

④ 生产过程中广泛采用机械化和自动化设备，大大减少了人员操作因素对产品质量所造成的影响，有利于保证产品质量。

6. 主要铸造缺陷及防止方法

① 铸件浇注过程呛火、气孔。主要原因是涂料干燥不足和型腔排气不通畅，特别注意喷涂料后要用毛刷将转角处堆积过厚的涂料涂刷均匀，使得整个铸型表面涂料层干燥速度一致，对铸型上部突出部位和芯头部位，应在局部扎 $\phi 1mm$ 左右的小孔，通过真空抽走型腔和砂芯在浇注过程产生的气体。

② 铸件表面氧化。主要原因是浇注完毕后，砂型与铸件接触的缝隙密封不好，在真空的作用下，外界大气或砂芯产生的气体高速通过铸件表面形成的。防止方法：应在合型面和芯头浇冒口等部位密封采取措施，同时控制浇注后铸型抽真空的时间，在保证铸件不变形的条件下尽量缩短抽真空的时间。

③ 胀箱。主要原因是砂型振实不够，浇注后铸型漏气导致真空度下降等原因造成砂型紧实度不足。防止方法：针对不同产品调整振实台的振实力和振实时间，保证振实效果；铸

型合型前注意在铸型内芯头部位预先用胶带粘一层，防止落芯时蹭破薄膜，合型后要注意在上箱背膜表面均匀地铺一层干砂，浇冒口边沿涂刷耐火涂料，防止浇注时钢液飞溅烫坏薄膜造成漏气。

④ 铸件表面夹杂、夹砂。主要原因是薄膜表面滑石粉涂撒太厚浇注时卷入钢液，涂料层太薄或干燥过度，浇注时涂料层破裂干砂漏出形成的。防止方法：避免薄膜表面滑石粉涂撒太厚，起模后用压缩空气吹净面膜表面的滑石粉；涂料最好用喷涂的方法，保证涂层均匀，厚度在 0.5mm 左右，涂料干燥要适度，以涂层表面不粘手为限，避免涂层干燥过度而起皮破裂。

四、行车轮

行车轮是起重机械的重要部件，原采用水玻璃造型生产的铸件，废品率高，表面粗糙，加工余量大，从 2010 年起江阴华天科技开发有限公司先后为河南矿山起重机有限公司、河南恒力矿机有限公司、封丘县中原特钢铸造有限公司设计多条行车轮 V 法铸造生产线并相继投产，收到良好的效益。

1. 生产线工艺流程

河南矿山起重机有限公司共有两条行车轮 V 法铸造生产线分两期进行，第一期于 2009 年投产，第二期是在第一期的基础上做了改进和提高，于 2011 年投产。第二期如图 10-34 所示，采用穿梭式造型机，两台并排为一组，分别造上箱和下箱，共用一台覆膜机和切膜机；涂料烘干机装在覆膜架上，组成覆膜烘干一体机；在台车式造型机上分别装有振实台、负压箱、模板、模样、顶箱机构等，完成覆膜、烘涂料、加砂振实、顶箱起模等程序；起模后，人工吊车翻箱，并吊至合型托板上，等待浇注，浇注冷却后，将托板铸型一起吊至落砂

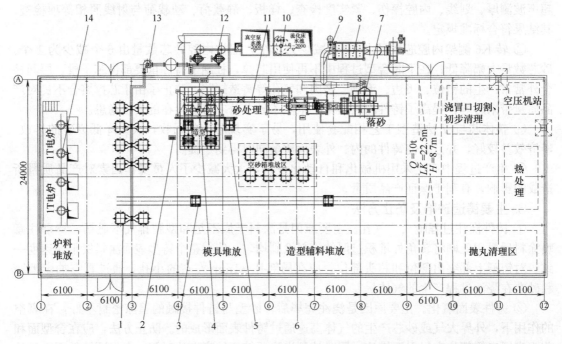

图 10-34　行车轮 V 法铸造生产线（河南矿山二期）

1—砂箱；2—造型电控柜；3—回箱台车；4—穿梭式造型机组；5—液压站；6—水冷流化床；
7—落砂除尘罩；8—除尘器系统；9—砂处理系统；10—冷却水池；11—带式输送机；
12—真空泵房；13—稳压罐、分离器真空系统；14—电炉

处落砂，空砂箱由平车送到造型处备用；落砂后的热砂经磁选、筛分、水冷流化床冷却后由斗提机、带式输送机送入造型砂斗贮存，整个生产线物流顺畅，各工序平行展开，互不干扰，从而提高工作效率。

为确保生产线正常运行，全线采用 PLC 程序控制，为安全起见，造型和砂处理单元分别采用自动及手动控制，现场设有就地操作箱。全线各扬尘点均有除尘管道连接由脉冲反吹袋式除尘器集中处理。

2. 河南矿山二期 V 法线的主要技术参数

铸件名称　　　起重机主、从动轮

　规格　　　　ϕ850mm 系列、ϕ750mm 系列、ϕ640mm 系列、ϕ540mm 系列、ϕ440mm 系列

　材质　　　　ZG50SiMn

生产能力　　　3000～3500t/年

砂箱内尺寸　　1200mm×1200mm×200mm/320mm

造型生产率　　4～5 型/h

砂处理量　　　10t/h

熔炼炉能力　　1T 中频电炉 1 台

铸型冷却时间　浇注后解压时间：10～15min

　　　　　　　浇注后开箱时间：90～120min

该公司的两条 V 法铸造生产线自投产以来，设备运转基本正常，铸件成品率高，表面光滑，尺寸精度高，完全能满足生产的需求，生产线达到了原设计的生产纲领和技术要求。图 10-35 为 V 法线生产出起重机的从动桥式起重机轮铸件。

(a) 清理前　　　　　　　　　　　　　　　(b) 清理后

图 10-35　行车轮铸件

五、阀体

江阴华天科技开发有限公司为江阴市船用阀门有限公司设计、制造一条 V 法铸造生产线，如图 10-36 所示。该线于 2008 年投产，主要生产各种船用阀门的阀体等铸钢件，根据该公司各类阀体的工艺特点和单件多品种、小批量的铸造特点，并根据铸件尺寸大小不同，可采用一箱一件、一箱两件或一箱四件，从而提高生产效率。

1. 主要技术参数

生产线的产量　　　　　　500～1000t/年

砂箱内尺寸　　　　　　　1200mm×1000mm×250mm/250mm

造型生产率　　　　　　　4～5 型/h

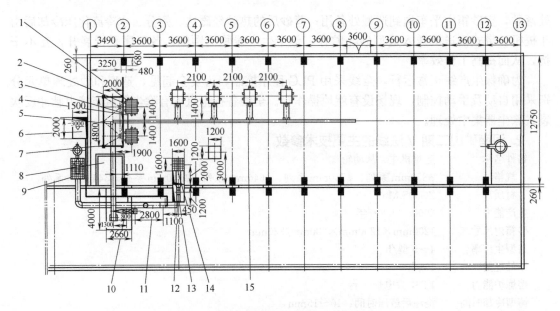

图 10-36　阀体 V 法铸造生产线（江阴船用阀门）

1—移动式覆膜机；2—振实台、负压箱、型板、模样；3—回转式加砂装置；4—起模机；
5—造型砂斗；6—水池；7—带式输送机；8—真空泵及管道系统；9—除尘器；10，12—斗
式提升机；11—流化床；13—振动输送机；14—落砂格子板；15—铸型

砂处理量	4～6t/h
真空泵	SK-15 型水环式真空泵　2 台
每台抽气量	15m³/min
每台功率	30kW

2. 主要设备及工艺流程

该线是属于小型 V 法生产线，其中包括 2 台 V 法振实台造型机、落砂及砂处理、电气控制、集中除尘器等系统组成。V 法造型机是由振实台、负压箱、顶箱机、模板、模样等部件组成，振实台分上、下箱，台面尺寸 1350mm×1150mm，电动机功率 0.75kW×2＝1.5kW，转速 2900r/min，总负荷 2t。砂处理设备有振动输送机、振动筛分机、水冷流化床、斗式提升机、带式输送机等。采用集中除尘器，其中各扬尘点如吸尘罩、流化床、振动筛分机等均与除尘器连接，选择 1500m³/h 脉冲袋式除尘器，具有较好的除尘效果。

该线投产后，进行了试生产，对各种阀体经过反复的 V 法铸造工艺试验，并取得初步成功，并转小批量生产，生产的阀门有截止阀、三通阀、单向阀等铸钢件，还生产了不锈钢阀体，如图 10-37 所示。

图 10-37　阀门铸件汇总

六、铁路辙叉

山海关桥梁（现中铁山桥集团有限公司）于 1985 年引进日本新东公司 V 法铸造生产线，生产高锰钢铁路辙叉，铸件长度 6300mm，重量约 1300kg，如图 10-38 所示。

图 10-38　铁路辙叉

1. 生产线的布置及流程

日本新东公司铁路辙叉 V 法铸造生产线主要由二工位转台式造型机、上下箱修型平台、铸型移动平车、浇注区、冷却区、落砂区、真空泵系统和砂处理系统等组成，如图 10-39 所示。转台式造型机上装有上、下型模样及负压箱、覆膜机、振实台、烘干机等，完成覆膜、喷涂、烘干、放砂箱、加砂紧实、起模等工序；造好型的上、下型在修型平台上进行整修、下芯、就地合型；合型后将整型吊至转运台车上，由推进缸和输送台车将铸型平移至浇注区等待浇注，浇注后的铸型转运到冷却区冷却；落砂后的空砂箱经台车转运到造型区，旧砂经砂处理（过筛、冷却）后回用。

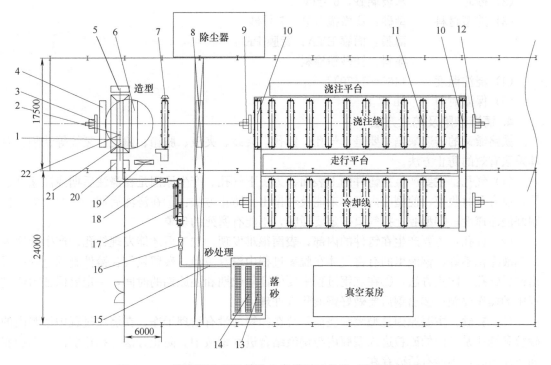

图 10-39　铁路辙叉 V 法铸造生产线平面布置（山海关桥梁）

1—二工位转台式造型机；2—振实台；3—推进气缸；4—覆膜机；5—烘干机；6—模型负压箱；
7—上箱修型平台；8—下箱修型平台；9—推进缸；10—运转平车；11—铸型；12—缓冲缸；
13—落砂房；14—螺旋输送机；15—振动筛分机；16—板链斗提机；17—水冷流化床；
18—带式斗提机；19—烘干机；20—喷涂机；21—空气输送槽；22—造型砂斗

2. 主要技术参数

生产能力	年产 10000t 铸件
砂箱内尺寸	7100mm×800mm×320mm/360mm
造型生产率	3～4 型/h
砂处理量	25～30t/h

3. 铸造工艺

（1）铸件浇注系统的设计，如图 10-40 所示。

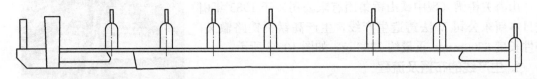

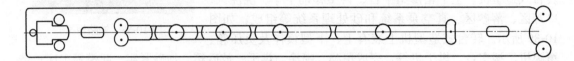

图 10-40　铁路辙叉砂芯工艺

模样为木制模型，负压箱为金属制品

（2）砂芯　　　　水玻璃砂，6 号砂

（3）造型材料　　型砂：镁橄榄石砂，7 号砂

薄膜：面膜 EVA；背膜 PE

涂料：镁砂粉涂料

（4）浇注温度　　1460～1470℃

（5）保温时间　　9h 以上

4. 铸造缺陷及防止方法

铁路辙叉的铸造缺陷主要是：气孔、针孔、夹砂、夹渣、胀箱、偏皮、裂纹等缺陷。对其采取有效的防止方法。

（1）气孔：主要产生在铸件的上表面，为皮下气孔。产生原因是在浇注后期浇注速度过快，没有及时收流，使型腔内气体未能及时排出。防止方法：①在浇注后期一定要收流，控制好浇注速度；②型腔上排气口一定要通畅，不能有塞死的现象。

（2）针孔：主要产生在铸件的内部，表面很难发现，加工后才能发现针孔。产生的原因是钢液净化不好，钢液里的有害气体在脱氧过程中没有脱净，残留氢气在铸件凝固过程中析出造成针孔。防止方法：①在炼钢过程中要保证氧化期和还原期的时间，一定要保证冶炼过程中的操作要领；②出钢后要做好钢液除气处理。

（3）夹砂：主要原因是型腔和浇注系统在扣箱前没有清理干净，在浇注过程中型腔内的砂粒和浇注系统内的砂粒进入型腔内与钢液结合进到钢液中。防止方法：扣箱前清干净型腔和浇注系统，不能有活砂存在。

（4）夹渣：主要原因是钢液净化不好，钢液内的渣没有上浮，包裹在钢液里，另外可能是浇包嘴清理不干净。防止方法：净化好钢液，保证吹氩时间，清理好浇包嘴。

（5）胀箱：在 V 法生产中，出现胀箱情况不多，但也时有发生。防止方法：保证振实时间和砂型强度，原砂含水量不能过高（保证在 1% 以下），另外补加新砂一次性不能过多，最好是每天要补加一定量的新砂，加入新砂时要与开箱时的热砂一起加入。

（6）偏皮：在 V 法生产中，如果砂型的强度不够和浇注时真空度低或者排气管排气不畅通都会造成偏皮。防止方法：提高砂型强度，保证浇注时用负压真空度，排气管一定要通畅，不能有阻力。

（7）裂纹：在高锰钢 V 法生产中裂纹的机率较高。这是因为高锰钢的固有特性，或工艺操作不当铸件就会产生裂纹。防止方法：①一定要保证铸型浇注后的保温时间，保温时间不足不能开箱；②减少铸件的毛边飞刺；③在切割浇冒口时一定要热切，铸件温度在180℃以上切割。

七、耐磨件

随着冶金、矿山、电力、水泥等行业的发展，对耐磨件需求越来越大，如球磨机衬板、破碎机锤头、颚板、圆锥破碎机、轧臼壁和破碎壁、打击板、履带板等耐磨铸件。材质有低合金钢、高锰钢、不锈耐热钢、铸钢等。最小铸件重量几公斤，最大为几百公斤。耐磨件要求外观质量好、表面光洁、轮廓清晰、尺寸准确、无需加工等，而Ｖ法铸造的特殊工艺能满足上述要求。采用Ｖ法铸造后，铸件质量好，且能满足国内市场部分耐磨件进入国际市场的需求。1996年江阴华澳机电设计研究所有限公司为青岛四海电子铸造厂、广西田龙铸造有限公司等单位设计数条Ｖ法耐磨衬板铸造生产线，并相继投产，部分产品出口韩国和日本。图10-41为2003年原机械部第四设计院为江西德兴铜矿机械制造（集团）有限公司设计一条Ｖ法铸造生产线，生产球磨机衬板、履带板、颚式破碎机颚板、圆锥破碎机、轧臼壁和破碎壁等铸件。生产效率和质量都有所提高，不仅畅销国内，而且大量出口国外。图10-42为2007年双星漯河铸机厂为驻马店中集华骏铸造公司设计Ｖ法铸造生产线，生产耐磨衬板、齿板、大锤头、轧臼壁、破碎壁等耐磨铸件。2010年郑州玉升铸造有限公司开始筹建Ｖ法铸造生产线，2011年初投产。采用70/160号筛的宝珠砂作为造型材料。使用效果较好，主要生产轧臼壁、破碎壁和履带板等耐磨件，如图10-43所示。

图 10-41　各种规格的耐磨衬板

图 10-42　轧臼壁铸造工艺方案设计

图 10-43　硅锰钢履带板

八、井式渗碳炉吊具料盘

伊藤机工（大连）有限公司铸造车间采用Ｖ法铸造工艺生产热处理炉用底盘、炉具等耐热钢铸件。铸件具有表面光滑、内部致密、尺寸精度高、使用寿命长等特点，并解决了热裂、冷隔、浇不足等问题。该厂用 V 法铸造外形尺寸 1700mm×1550mm×60mm，壁厚 8mm，单重约 200kg 的铸件，实现大而薄形铸件的生产。

1. V 法铸造车间的主要设备

HSZP 型三维振动造型机	2 台
500kg 中频电炉	4 台
八工位砂处理生产线	1 条
SR-20 真空泵	3 台
300t 压力机	1 台
高温箱式电阻炉	1 台

2. 主要技术参数

生产能力	500t/年
砂箱尺寸	2300mm×2000mm×150mm
造型生产率	4 型/h
砂处理量	10～15t/h

3. 井式渗碳炉吊具、料盘铸件

井式渗碳炉内腔尺寸为 ϕ1120mm×1800mm，工作温度 930℃，料盘上的装炉铸件重量 1200kg，吊具在炉温 930℃出炉后，与铸件吹风冷却，至室温后行移出铸件。

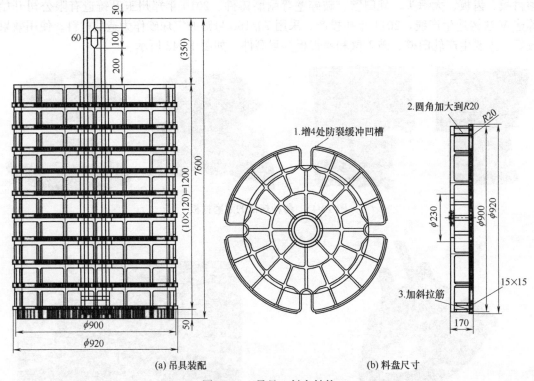

(a) 吊具装配   (b) 料盘尺寸

图 10-44　吊具、料盘结构

吊具的装配尺寸 ϕ920mm×1600mm，如图 10-44 所示，它分 10 层，每层高度为 120mm，吊杆为中空铸管，壁厚 20mm。料盘采用薄壁网格，壁厚 10mm，底盘高度为 50mm，吊杆孔与顶部距离 50mm，浇注温度 1510℃，浇注时间 6s，吊具总重量 500kg，材质 SCHZZ。

该公司除生产圆盘形的底盘外，还生产壁薄、腔多、结构更为复杂的底盘。该件使用大量的芯子，最多达 140 余个，并结合活块使用，可以保证生产外形尺寸稳定、结构复杂的铸件，如图 10-45 所示。该底盘外形尺寸 1800mm×900mm×100mm，壁厚 12mm，单重 176kg，共用芯子 43 个。如图 10-46 所示为薄而较高的无起模斜度铸件。该件外形尺寸为 950mm×950mm×200mm，壁厚 12mm，单重 82kg。该件充分发挥 V 法铸造的优点，控制好铸型硬度等工艺参数，使用专用的起模工装，使高度小于 250mm 的铸件可在无起模斜度下起模。

图 10-45　外形尺寸 1800mm×900mm×
100mm（43 个芯子）底盘

图 10-46　外形尺寸 950mm×950mm×
200mm 无起模斜度铸件

第三节　非铁材料 Ｖ 法铸造生产的铸件实例

一、铝合金塑模

1. 主要技术参数

铸件名称	铝合金塑模
砂箱内尺寸	2000mm×1600mm×600mm/200mm
	2000mm×1100mm×600mm/250mm
	1500mm×1100mm×600mm/600mm
造型生产率	小件 3 型/h
	大件 1 型/h
造型速度	小件 20min/型
	大件 60min/型
砂处理能力	15～20t/h；带水冷流化床 1 台
真空泵	SK-42　1 台，带稳压罐及旋风分离器
除尘器	脉冲反吹袋式除尘器 1 台，处理风量 2200～31000m^3/h。

2. 铸造生产线实例

江阴华天科技开发有限公司为南通超达机械科技有限公司于 2011 年设计并制造铝合金塑模 V 法铸造生产线，如图 10-47 所示。

该 V 法铸造生产线自投产以来，运转正常，用 V 法生产的铝合金塑模不仅满足国内的需求，还远销国外，同时该线还用 V 法生产其他铝合金铸件，如图 10-48 所示。

二、铝合金耐压罐体

河南南阳市汇森精密仪器铸造有限公司，使用中频感应炉熔化和坩埚保温炉变质精炼的方法，运用阶梯底注式浇注系统的设计，采用 V 法造型工艺铸造铝合金耐压罐，进行了试验研究，解决了技术和工艺上问题，通过几年的生产验证获得了成功，为今后 V 法铸造铝

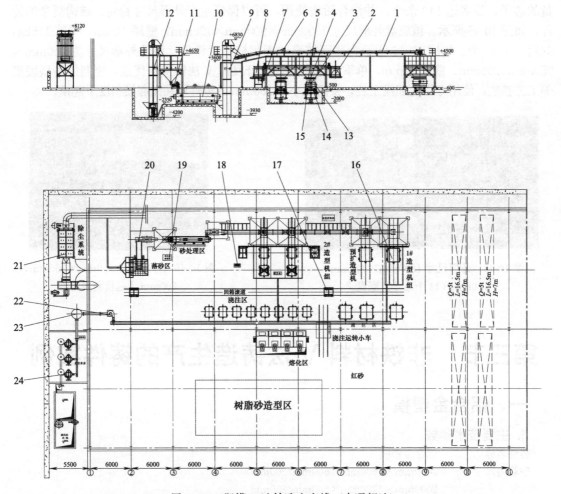

图 10-47　塑模 V 法铸造生产线（南通超达）

1—带式输送机；2—涂料烘干机；3—砂箱；4—负压箱；5—雨淋加砂机；6—犁刀卸料器；
7—切膜机；8—移动式自动覆膜机；9—斗式提升机；10—流化床；11—直线振动筛；
12—斗式提升机；13—顶箱起模机；14—电动台车；15—振实台；16—砂箱；17—砂
箱转运台车；18—造型操作台 19—造型电控柜；20—振动输送机；
21—袋式除尘器；22—旋风分离器；23—稳压滤气罐；24—真空泵

合金耐压罐提供了技术保证。耐压罐体铸件如图 10-49 所示。

1. 主要技术参数

耐压罐体材质	ZL101A
罐体尺寸	1272mm×862mm×720mm
重量	净重 372kg，毛坯重 520kg
硬度	≥90HB
水压试验	压力 1.72MPa/5min
气压试验	压力 0.60MPa
电炉熔化	650kg 中频感应电炉，铝液温度 730℃ 以下
坩埚保温炉	350kg，加精炼剂和变质剂处理，铝液温度 710～720℃
铸型使用真空度	40～53kPa
铸件设计参数	缩尺 1.2%，加工余量 3～4mm，起模斜度 1°

浇注温度　　　　　　　700～720℃
浇注速度　　　　　　　7～10kg/s。

图 10-48　铝合金 V 法铸件

图 10-49　耐压罐体铸件

2. 阶梯式底注及侧注式浇注系统的设计

浇注系统的设计原则是使铝液快速平稳充型，为保证型腔内液面平稳上升及防止铝液的喷射冲刷，采用阶梯式底注及侧注式浇注系统，其比例为内：横：直=1:(1.8～2.0):(3～4)，如图 10-50 所示。浇注开始时，铝液通过最下层的内浇道引入，随着型腔内液面的上升，当达到分型面时因内浇道截面加大，且下部型腔内铝液温度降低、黏度增大，大部分铝液通过立柱从中层内浇道浇入；型腔内液面继续上升达到最上层内浇道高度时，通过立柱又从该层内浇道注入了温度较高的铝液。这样不但保证了型腔上部及顶部冒口的铝液温度，形成正温梯度，有利于冒口补缩及

图 10-50　耐压罐体 V 法铸造工艺设计

型腔中的气渣的上浮和排出，开始浇注因流态相对不稳定而卷入的气体可通过立柱排出。不能让铝液瞬间充满立柱，否则就会在该瞬时上、下内浇道同时进铝液，而此时型腔液面还很低，上、下两层内浇道所进铝液因落差较大而造成严重的二次氧化、夹渣及吸气。

该铸件的浇注时间为 56～60s，浇注速度应较快，如果浇注较慢，就有可能在薄膜燃烧部位没有铝液来填补薄膜的位置而铸型内的负压无法保持就可能造成塌箱。经过多次试验，铸件的网状气缩缺陷完全消除，水压试验一次通过。

3. 铸件的质量控制和防止方法

① 在保证充型良好的情况下，尽可能增大铝液的冷却速度，如在易产生针孔的部分尽可能加铸铁冷铁，在冷铁的工作用面留排气槽并刷桐油挂砂烘干后使用，应注意是冷铁在塑料膜的内外都可放置，在使用冷铁时要确保薄膜在足够的温度下均匀加热。

② 通过控制熔炼温度来降低铝液中的氢含量及氧化铝夹杂，若提高液态铝的熔化质量，可设置陶瓷过滤网和纤维过滤网，用倾转吊包与坩埚直接吊出浇注，熔化温度应控制在 730℃以下，浇注温度应控制为 700～720℃。

③ 应选择含气和夹杂少而质量高的铝锭，回炉料控制在 30%以下，炉料入炉前均应

预热。

④ 浇注前，浇注工具应喷刷涂料，并充分预热；浇注时，当看到冒口内铝液上升到其2/3 的高度时，应在各冒口内补注高温铝水。

⑤ 降低树脂砂芯和涂料的发气量，树脂的加入量 0.8%～1.2%，涂料中严格控制有机物的加入量，可采用单独的浇口盆和堵塞，开放式浇注系统等各种铸造工艺措施，确保铝液平稳充型。

⑥ 严格控制铸型和砂芯涂料的烘烤温度在 120～150℃之间，时间不少于 1h，应保证铸型和砂芯排气畅通，如设置出气冒口，尽量将暗冒口改成明冒口。

第四节 工艺品 V 法铸造生产的铸件实例

一、景观工艺品铸件

日本川崎制铁株式会社研制成功了耐候性良好的景观用的 V 法薄壁铸件，该公司景观铸件分下列几种，如图 10-51 所示。

景观铸件必须注意到以下几点：

① 忠实地再现设计的构思，给人以艺术享受和刺激。

② 作为构件需要有一定的强度和可靠性。

③ 轻量化，从而价格便宜，经济实用。

景观铸件的铸造，主要采用了能够充分复制模样形状的 V 法铸造，因为 V 法铸造具有金属液的流动性好、适合铸造薄壁大型铸件的优点。为了确保铸件的尺寸精度和金属液的平稳液流，因此尽可能少下芯子。

该公司生产的大型铸件所使用砂箱尺寸为 1800mm×1800mm，为了保证大型景观件可采用拼接的方法，如图 10-52 所示，照明灯柱较长，可分段铸造采用熔入法生产，接合部位从外观上看不出来。

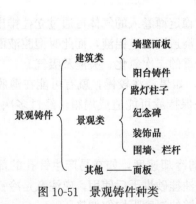

图 10-51　景观铸件种类

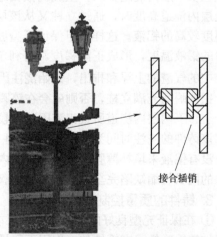

图 10-52　照明灯柱及拼接方法

该公司研制成功了具有普通铸件两倍的耐候性，并成功地防止大型薄壁铸件的白口化，而且还确保了良好铸造性的韧性铸铁材料，并且开发了新的制模技术，采用具有明显特征的 V 法造型工艺，从而确立了能够忠实地再现设计构思的稳定地生产轻景观铸铁件的制造技术。如图 10-53 所示，为景观铸件实例。

二、装饰门窗

　　城市的景观越来越引起人们的重视，街道景观能突出个性和文化品位，Ｖ法铸件具有上等的品位和庄重的观感，而且能自由地制作出优美的造型，江阴华天科技开发有限公司为福清市晨晖五金制品有限公司设计并制造了一条Ｖ法铸造生产线，如图 10-54 所示。主要生

(a) 花车

(b) 钟楼铭板

(c) 栏杆(围栏)

图 10-53　景观铸件实例

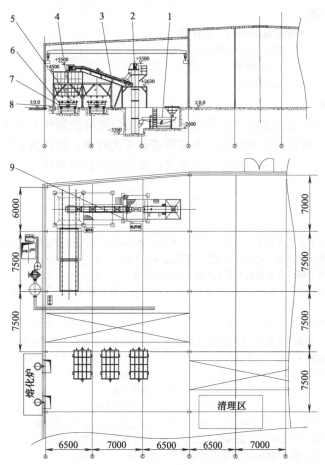

图 10-54　铝合金门窗 Ｖ法铸造生产线（福清晨晖）

1—直线振动筛；2—斗式提升机；3—带式输送机；4—料位控制器；
5—砂箱；6—负压箱；7—振实台；8—电动台车；9—电气控制柜

产铝合金别墅门窗及栏杆等产品，除满足国内需求外，大部分出口国外。

全线主要设备由电动台车、振实台、负压箱、模板和模样组成 V 法造型机组。电动台车可在轨道上移动，覆膜机装有电加热器固定在轨道上进行人工覆膜、工人喷涂，烘干后电动台车进入造型砂斗下进行加砂振实，随后电动台车移出，由行车起模，地面修型，合型等待浇注。旧砂经落砂格子板进入旧砂斗，由振动筛分机、斗式提升机、带式输送机进入造型砂斗回用。电气控制箱由主控柜和就地操作箱组成。真空泵及除尘系统由用户自配。整线结构紧凑、占地面积小、投资少，以机械化为主，人工为辅，比较适合中小型企业使用。如图10-55 所示为该公司生产的各种形式别墅门。

图 10-55　各种形式的别墅门

1. 主要技术参数

铸件名称材质　　　　　铝合金装饰门、栏杆等
砂箱内尺寸　　　　　　3500mm×2280mm×200mm/200mm
造型生产率　　　　　　1～2 型/h
砂处理量　　　　　　　8～10t/h

2. 模样的制作

景观铸件最重要的是图案的流畅和它的质感，所以模样的制作十分重要，一般是由用户提供图形制作石膏模进行整修和更改，考虑到铸造工艺特点，做成线条流畅的石膏模，再用硅铜橡胶翻制出它的形状，再用环氧树脂复制，就制出铸造的模样。

参 考 文 献

[1] 谢一华，刘世民. 耐磨件的 V 法铸造生产线 [C]. 无锡：全国铸造环保与清洁铸造学术会议论文，2000 年.
[2] 乔晓爱，张保杰. 制动毂铸造工艺性分析 [J]. 铸造设备与工艺，2009 (3)：13-15.
[3] 谢一华，孙长庚. 篦条铸件真空密封造型生产线 [J]. 中国铸机，1990 (3)：8-25.
[4] 张玉芳，刘祥泉，张现诚. V 法铸造机床床身的生产实践与气孔的控制 [C]. 合肥：第十一届消失模与 V 法铸造年会论文集，2013.
[5] 叶升平，周德刚，郝礼. V 法铸造图片集 [M]. 武汉：华中科技大学出版社，2011.
[6] 前田市也，刘汉勇. 消除铸铁锅炉片铸造内应力的措施 [J]. 中国铸造装备与技术，2001 (2)：45.
[7] 谢一华，张秀峦，谢海洋，等. V 法铸造装备及工艺 [J]. 中国铸造装备与技术，2002 (4)：48-51.
[8] 徐红飞，张羽. V 法铸造涂料在耐磨件上的应用 [J]. 铸造工程，2014 (3)：21-23.
[9] 高成勋，高远. 低碳合金钢引导轮的 V 法铸造工艺 [J]. 铸造工程，2014 (4)：37-39.
[10] 陶标，高华，汪大新. 一种厚大平板的 V 法生产工艺 [J]. 铸造设备与工艺，2014 (2)：51-52.
[11] 夏凤，马宏伟，武海军，等. V 法铸造生产铸铁锅炉片的工艺优化 [J]. 铸造. 2010，159 (11)：1220-1223.
[12] 高成勋. SW180 挖掘机平衡块的 V 法铸造工艺 [J]. 中国铸造装备与技术，2011 (5)：38-39.
[13] 蒋运泉，林尤栋，谢如德. 1200mm 湿地推土机履带负压铸造 [J]. 铸造技术，1992 (5)：4-16.
[14] 侯延秀. V 法铸造水泵叶轮的生产试验 [J]. 铸造技术，1989 (1)：19-21.
[15] 高成勋，颜鹏远. 汽车前桥的 V 法铸造工艺 [J]. 现代铸铁，2014 (5)：82-83.
[16] 马仁东，戴全法. 采用 V 法铸造工艺生产铸铁锅片 [J]. 中国铸造装备与技术，2001 (1)：35.

[17] 李自歧，孙志才，董树林. 采用V法生产钢琴骨架的体会 [J]. 中国铸造装备与技术，2006（2）：42-45.

[18] 谢一华，谢田. V法铸造生产线的设计及实例 [J]. 今日铸造，2011（12）：201-206.

[19] 谢一华，谢田. V法铸造装备特性对工艺过程的影响 [C]. 江阴：全国第三届V法铸造研讨班论文，2014.

[20] 崔明胜，吴友坤，单宝华，等. V法铸造铸件粘砂成因及对策 [J]. 铸造技术，1998（2）：18-19.

[21] 杨玉祥. 年产10000t高锰钢件的车间设计 [J]. 铸造设备研究，2007（2）：24.

[22] 谢一华，谢田，章舟. V法铸造生产及应用实例 [M]. 北京：化学工业出版社，2009.

[23] 郭自强，刘新江，岳迪. 货车摇枕侧架造型制芯工艺分析 [C]. 河南：河南省铸锻工业年会论文，2012.

[24] 周德刚. 用V法（真空密封）造型工艺铸造机床大板 [C]. 徐州：第九届消失模与V法铸造学术年会论文集，2009.

[25] 李茂林. 我国用V法生产耐磨铸件评价 [C]. 合肥：第十一届消失模与V法铸造学术年会论文集，2013.

[26] 庞胜仓，徐通生，赵松庆，等. 用V法造型铸造ZL101A-T6铝合金耐压罐体的工艺试验研究 [C]. 徐州：第九届消失模与V法铸造学术年会论文，2009.

[27] 田凤阁，邱培琪. 生产井式渗碳炉吊具V法工艺的应用及改进 [C]. 大连：第十届消失模与V法铸造学术年会论文集，2011.

[28] 谢一华，谢海洋. 年产12000t汽车后桥半自动V法铸造生产线 [J]. 中国铸造装备与技术，2010.

[29] 田凤阁，邱培琪. 采用V法铸造工艺生产热处理炉耐热底盘的体会 [C]. 徐州：第九届消失模与V法铸造学术年会论文集，2009.

[30] 张俊峰，闫建云，徐宗平. 浴缸转台式V法铸造生产线 [J]. 中国铸造装备与技术，2010（4）：55-56.

第十一章

V法铸造的质量控制及铸件的成本分析

第一节　V法铸造生产过程的质量控制

V法铸造是一种物理成型的铸造方法，在质量、技术和经济效益方面有显著的竞争优势，V法铸造在生产过程中如何保证和控制铸件质量十分重要，必须根据V法铸造工艺特点和操作程序的每一个环节加以控制。

一、模样的质量控制

模样在V法铸造生产中占有十分重要的地位，其质量的优劣直接影响铸件的质量，要想得到合格、高质量的产品，模样必须在以下几个方面进行质量控制。

1. 模样工艺设计和工艺参数

V法铸造所用的模样，由于本身特点的影响，在不考虑模样本身收缩的前提下，其工艺收缩率及起模斜度要小于黏土砂、水玻璃砂、树脂砂等其他铸造方法，根据不同材质及结构，收缩率在 $0.2\%\sim0.8\%$ 之间，起模斜度在 $1/100\sim1/80$ 之间。

在工艺方案制定时，要充分考虑V法铸造的铸型强度较低、耐冲击较差的特点，在开设浇注系统时尽量选用半开放式浇注系统，其浇道截面积比例关系是 $F_直：F_横：F_内＝1：(1.2\sim1.5)：(1.1\sim1.3)$ 较为适宜。

由于受到EVA塑料薄膜伸长的约束，充分考虑面膜的成型性。所谓成型性是指面膜加热烘烤到一定温度时，面膜在模样上吸附而不发生破裂时所具有的成型能力。其指标：$K＝H/B$。式中，H 为面膜吸附面的深度，在工艺设计时，K 值控制在 $1\sim1.2$ 的范围内较为理想，最大可达 1.5；B 为吸附面的宽度。

2. 模样的制作

模样的制作应充分考虑V法铸造抽真空的特点和保证吸膜成型的需要，必须采取以下措施：

① 局部强化抽真空吸膜成型。对于某些难以吸膜成型的凹腔部位可以在模样结构上采取强化抽真空措施，这样通过调节抽气的速度以达到局部区域面膜的吸附。

② 大平板及分型面处注意内部结构，要保证足够的强度和顺畅的通气性。

③ 模样制作时保证正确的定位，除利用定位销处，还可以用砂胎等定位。

二、涂料的质量控制

涂料层的性状不仅影响 EVA 薄膜的气化和气体的迁移，而且与铸件表面质量密切相关。

Ｖ法铸造涂料必须具有良好的涂挂性、强韧性。浇注时透气性适中，清理时易溃散。同时要求涂料具有良好的悬浮性、触变性、流平性和抗黏砂性。

Ｖ法涂料的载液一般采用乙醇、甲醇或异丙醇，考虑到 Ｖ法铸造的普遍性、广泛性及环保的要求，选用乙醇含量大于 95％的工业酒精，其沸点 70℃，密度 0.8g/cm³，闪点 12℃。对于 Ｖ法铸造用涂料应具有以下特点：

① 涂料层既应有适当的透气性，又应有良好的抗机械渗透黏砂的能力。

② 涂料剥离层，要求涂料含固量高，其中应含有耐火度较高的矿物和耐火度相对较低、易烧结的成分，涂料浇注后形成烧结剥离层。

③ 涂料要有较小的发气量，有适合喷涂的流动性和触变性。

④ 涂料能牢固地黏附在塑料薄膜上形成致密的涂层。

⑤ 保证抛丸清理后铸件的表面粗糙度可达 6.3μm，从而得到好的铸件表面。

三、铸型负压度的控制

铸型负压度的控制包括真空度和抽气速度，Ｖ法铸造在浇注和冷却期间，铸型必须保持一定的负压度，其主要作用如下：

① 固定松散的干砂，保持铸型有足够的强度和刚度，在浇注时防止铸型坍塌和铸件变形。

② 能消除浇注时涂料、薄膜气化产物对现场的污染。

铸型的强度与负压度的大小密切相关，浇注时铸型内负压度的变化，如图 11-1 所示。

生产实际表明，铸型内负压度大于 0.044MPa 时，铸型就可以保持足够的强度和稳定性。而当型内负压度小于 0.038MPa 时，铸型发生胀箱、变形及坍塌箱的倾向增大。

在生产中，一般依据稳压罐上的真空计及砂箱的桩头真空计反映出的真空度来调节生产。但是由于稳压罐容积大，浇注时罐上的负压表负压变化不是十分明显。而实际上，浇注时随着 EVA 薄膜的气化

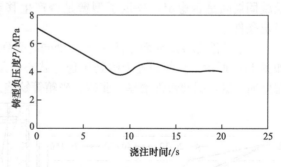

图 11-1 浇注时铸型内负压度的变化曲线

和密封涂料层受到破坏，铸型内的实际负压度却发生了很大变化，根据浇注条件的不同，负压度将减小 0.01～0.03MPa。因此，必须不断地抽气，才能维持铸型内一定的负压度。正确选择真空泵是保证 Ｖ法铸型维持合适负压度的前提，真空泵动力消耗可按下式计算：

$$W = Kn(V + \beta mQ + B) \tag{11-1}$$

式中　W——真空泵电机功率，kW；

　　　K——系数，取 $K = 2 \sim 6$kW/m³；

　　　n——砂箱数，个；

V——砂箱体积，m^3；

β——安全系数，取 $\beta=3\sim10$；

m——每个砂箱内 EVA 薄膜重量，kg；

Q——EVA 薄膜发气量，取 $Q=0.2\sim0.3m^3/kg$；

B——冒口的出气量，取 $B=0.2\sim0.3m^3$。

另外，浇注时还必须保护密封塑料薄膜不被烧失，否则，将显著降低铸型的负压度及强度。

四、造型材料的控制

V法造型需要铸型有良好的透气性和均匀且足够的紧实度。型砂一般选用单筛砂，但因为其颗粒分散度大，其中的小颗粒会降低铸型的透气性。而选用较粗的型砂，可提高铸型的透气性，但却影响浇注时负压度的变化。

型砂粒度对铸型负压度变化的影响，如图 11-2 所示。从图中看出，采用较粗粒度型砂时，在开始浇注瞬间，铸型负压度下降度速度快，这说明，气体能迅速地通过型砂被抽走。而浇注终了时，铸型仍能保持较高的负压度，这对于金属充填及保持铸型的强度和稳定性极为有利，从而有效地防止坍塌、胀砂、烂砂等铸型强度不足而引起的缺陷。

五、充型与凝固期间型壁移动的控制

V法铸造的铸型中无任何黏结剂，所以对充型及凝固过程中液态金属及铸件的约束作用受干砂紧实度、负压度、型腔结构、金属液引入位置、金属液静压头及浇注温度、速度等因素影响。当某些因素不满足要求时，就可能造成干砂的位移。这种位移表现出铸件增厚、坐箱、胀箱、坍塌、烂砂等铸造缺陷。

V法铸造铸型型腔在充型过程中存在两个区域，依次为液态金属区、气隙区。它们与干砂分别形成干砂液态金属界面、干砂气隙界面。在凝固期间只存在液态金属区（或液固两相区），相应地只有干砂液态金属界面。干砂液态金属界面和干砂气隙界面在充型及凝固期间是否稳定，决定了型壁是否产生移动、铸型是否坍塌。下面分析这两种界面稳定条件。

在干砂液态金属界面上任一点 A 处同时受到液态金属的压力 P_1、砂型压力 P_2 的作用，如图 11-3 所示。要使该处干砂处于稳定状态必须保证 $P_2\geqslant P_1$，否则干砂将产生移动，使型壁向后退，引起铸件增厚、胀砂、坐箱等缺陷。

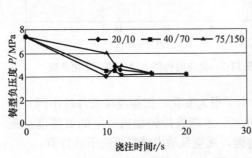

图 11-2　型砂粒度对铸型负压度变化的影响

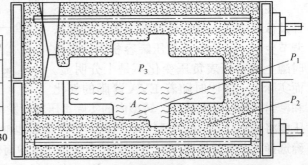

图 11-3　干砂液态金属界面上的力学平衡图

由流体力学知，P_1 是由于液态金属静压力 vZ_1 和液态金属顶部气隙中的气体压力 P_3 共同形成的；由粉体力学知，砂型的压力 $P_2=Z_2v_n\tan^2(45°+\phi/2)$。因此充型过程中，干砂液态金属界面稳定条件为：

$$Z_2 v_n \tan^2(45°+\phi/2) \geqslant v Z_1 + P_3 \tag{11-2}$$

式中　Z_2——A 点距干砂顶面的高度；

　　　v_n——干砂堆密度；

　　　ϕ——砂粒间形成的内摩擦角；

　　　v——液态金属密度；

　　　Z_1——A 点与金属液顶面的距离。

满足上式可有效地防止铸件增厚、坐箱、胀砂等型壁移动缺陷。

另外，干砂气隙界面稳定性条件为：

$$P_3 \geqslant (Z_2 g\rho + P_0 - P_1)(1-\sin\varphi)/(1+\sin\varphi) + P_0 \tag{11-3}$$

式中　ρ——型砂堆密度，kg/m^3；

　　　g——重力加速度，m/s^2；

　　　P_0——标准大气压，约 100kPa。

式 (11-2)、式 (11-3) 反映了几种力间的平衡关系，这些力受诸多因素影响，其中尤以气隙压力 P_3 的影响因素复杂，而且这些因素对各种力的影响具有相互作用。另外这两种稳定性条件对某一种力的要求不同，甚至相反。如 P_3 越小，干砂液态金属界面越稳定，但干砂气隙界面却越不稳定。

从生产实践经验中总结出以下几点：

① 当真空度较大时，增厚值随振动时间的延长而减小。

② 当真空度较小时，在一定振动的时间内增厚值减小，超过一定时间后增厚值反而加大。

③ 干砂型的抗压强度 σ，有效地抵御液态金静压力和气隙压力的作用，减少或消除型壁移动。

④ 堆密度 v_n 与干砂粒度有关，当粒度在一定范围内减小时，v_n 也随之减少，从而增大型壁移动倾向。

第二节　V 法铸件的缺陷分析

一、黏砂缺陷成因及对策

V 法铸件的黏砂是一种常见的铸造缺陷，黏砂特征为大面积均匀呈现片状，或型腔面膜受损贴补处，均属机械黏砂，大部分经强力抛丸可清理，但强力抛丸易破坏铸件的表面粗糙度。除了一些铸件黏砂的共性因素外，黏砂与 V 法铸造的独特的成型方法也有相当的关系。

1. 砂型特点与黏砂机理

V 法铸造使用单一干砂，可消除水、黏结剂及附加物所引起的铸造缺陷。但同时也为机械黏砂创造了条件：铸型中，型砂润湿角小，砂粒之间呈点接触，透气性增加，加之抽真空，几乎不存在铸型背压，造成金属液向型砂渗透；另外，单一干砂铸型热导率为 0.293～0.377W/(m·K)，而湿砂型热导率为 0.837W/(m·K) 左右，干砂的热导率小得多，延长了金属液温度在铸型中停留的时间，增加了金属液的渗透机会。

2. 防止黏砂的措施

（1）原砂的选择：要解决黏砂问题，除在其他方面采取措施外，应对原砂质量提出一定要求。型砂粒度的选择需要考虑充填流动性、铸件表面粗糙度及透气性与防止金属液渗透能力之间的关系。选择的型砂规格（质量分数）石英砂 $w(SiO_2) \geqslant 94\%$，含泥量小于 0.5%，粒度 3S75/150（○-□），砂温小于 $45℃$，型砂容积紧实率 $(V_堆 - V_型)/V_堆$ 为 $11\% \sim 13\%$。

（2）涂料的抗黏砂作用

① V法铸造涂料的作用和性能。V法铸造的涂料是在填砂之前涂挂在成型面膜上，其作用是防止黏砂和提高铸件表面质量及密封型面。

对 V 法涂料的性能要求主要有：良好的悬浮稳定性和触变性以利于涂挂和使涂层均匀，还要求其与面膜有足够的附着能力、较快的干燥速度、一定的常温和高温涂层强度及一定的涂层厚度。

② V法涂料的基本组成。a. 耐火骨料为防止铁水渗透、提高涂料耐高温性能及利于喷枪喷涂，使用石墨粉与锆英粉的级配粉，粒度 280/320 号筛。b. 溶剂：使用甲醇、乙醇或甲醇和乙醇混合溶剂。c. 黏结剂。使用酚醛树脂，为了改善涂料层的涂挂特性及与面膜的附着力，涂料中还应加入一些活性剂、润滑剂等附加物；另外，为形成防止黏砂的阻隔可加入少量氧化铁粉。

③ 涂料的主要指标。V 法涂料的主要质量指标，见表 11-1。一般铸件喷涂一遍即可，涂层厚度 $0.4 \sim 0.7mm$；厚大件需喷涂两遍，涂层厚度 $0.6 \sim 1mm$。

表 11-1　V法涂料的主要质量指标　　　　　　　　　　　单位：g/cm^3

黏度（$\phi 6mm$）	密度/$(g \cdot cm^{-3})$	悬浮性（24h）/%	附着力/g	自干时间（21℃）/min
$9 \sim 10$	$1.2 \sim 1.4$	>96	>300	$2 \sim 3$

3. 真空度的控制及薄膜性能与黏砂的关系

真空度的控制及保持铸型的密封状态是 V 法铸造的重要条件，也与铸件黏砂缺陷密切相关。

真空度过小，铸型强度刚性差，砂粒相对松散，且面膜与型砂贴合不紧密，浇注时受到烘烤，皱起翻翘，铸件容易产生黏砂。真空度过大，由于强力的抽吸作用，使金属液渗透，也容易产生黏砂。在保证铸型足够刚度的前提下，真空度不宜太高，以负压定型后砂型的表面硬度在 $85 \sim 95HB$ 时的真空度为宜。一般真空度为 $35 \sim 50kPa$。要使铸型内保持相对稳定的真空度并不容易，砂箱及系统管道的漏气、浇注时面膜的熔失及飞溅金属液对背膜的烧损，都使铸型内真空度产生很大波动。为了减少真空度的波动，可将砂箱箱壁做成两层并带有抽气室结构，且真空系统的稳压罐要有足够大的容积。

密封铸型的面膜要求能够热塑性成型，在金属液的高温烘烤下能保持一定时限的铸型密封性，目前使用的 EVA 具有伸长率高、方向性小、热塑应力小、加热温度敏感性小、软化温度范围大的特点，厚度要求 $0.1mm$ 左右，不得有夹杂、孔眼。面膜在覆膜等过程中，尽量避免破损，减小胶带贴补，因为贴补的胶带受金属液烘烤易翘起，露出砂层。背膜使用农用膜。保证型腔塑料膜的完好，是维持铸型真空度和减轻金属液渗透的重要措施之一。

4. 浇注系统设计及操作

V 法铸型的表面贴覆着一层塑料薄膜，如何避免浇注时薄膜受金属液长时间烧烤及过早烧失破损，是浇注系统设计及浇注操作首先需注意的问题。浇注系统的设计原则是使金属液快速平稳充型。为保证型腔内液面的平稳上升防止金属液的喷射冲刷，宜采用底注半开放式浇注系统，其浇道截面积比例关系按前述采用。浇注温度应控制适当，浇注时还应注意，不得停顿流断，并尽量减少金属液飞溅对背膜的烧损。另外，减少铁液中 P、S 含量，以及降低浇注温度，都能减轻铸件黏砂倾向。

二、气孔缺陷的成因及对策

气孔缺陷是由于气体卷入金属液中而形成的，在铸件表面呈圆形、椭圆形或泪滴形小孔。

1. 气孔缺陷的成因

① 因浇注系统设计不合理，在浇注过程中卷入了气体，在金属液凝固前没有及时排出而留在金属液中。

② 涂料不干，水分和有机物发气量大。

③ 塑料薄膜（EVA）气化不好或选用过厚，增加了发气量。

④ 芯头固定处的塑料薄膜没有采取措施，用割破和扎针孔来引导排气。

⑤ 制芯（包括水玻璃砂芯、树脂砂芯、覆膜砂芯）不干或过厚，发气量大，使排气孔不畅。

⑥ 浇注时，金属液温度低，浇注过快，在金属液凝固时把气体包裹在金属液里。

气孔缺陷的产生与浇注系统的设计，型砂质量、涂料、塑料薄膜的选用等都有重要的关系。

2. 防止铸件气孔的方法及措施

① 科学合理地设计V法铸件的浇注系统是防止铸件气孔缺陷的关键。一方面应保证金属液快速平稳充型，防止金属液产生紊流或涡流；另外，应保证一定的浇注速度，使直浇道始终充满金属液，加大出气孔，出气孔大小应为直浇道面积的 2～3 倍，型腔出气孔应安置在距型腔最高处。

② 控制好熔炼工艺，减少金属液中的气体。

③ 在保证V法造型工艺的情况下，尽可能减少塑料薄膜的厚度。

④ 严格控制V法制芯工艺，选择发气量少的制芯材料，合理地开设制芯的排气系统。

⑤ 正确地选用V法涂料，在保证涂料各项指标优良的前提下，最大限度地降低涂料的发气量，一般发气量应控制在 10mL/g（100℃±5℃）以内。在保证铸件质量的前提下，尽可能减少涂料的使用量，一般涂料厚度应控制在 0.5～0.8mm，最厚控制在 1～1.2mm。一般型腔及制芯的涂料层应烘干，尤其是使用的涂料快干性较差时，一定采用流动热风干燥。

⑥ 对某些平浇易产生气孔的铸件，可采用铸型倾斜浇注，倾斜角度可增大到 15°。

三、其他铸件缺陷及防止措施

1. 夹渣缺陷

夹渣常与夹砂和气孔缺陷伴生。其主要原因是薄膜从砂型表面脱落炭化嵌进铸件表面。防止方法及措施：

① 检查薄膜是否完全覆盖到模具上。

② 增加砂箱真空管的数量，提高对薄膜的抽吸力；使砂箱的分型面与真空管的距离尽可能小，以增大真空管抽气效率。

③ 使用平头钉将薄膜紧贴砂型，使薄膜定位。

④ 确保涂料对薄膜有良好的黏着力。

2. 夹砂缺陷

夹砂缺陷很少出现在铸件表面，往往在机加工后才被发现。金属液紊流、断流或者激烈冲刷型壁都会使砂子被冲离型壁造成夹砂缺陷。防止方法及措施：

① 用胶带修复破损的薄膜。

② 增加振动时间，确保铸型硬度大于或等于 90HB。

③ 改变金属液的流动路径，防止金属液直接冲刷薄膜。

④ 使用黏结剂砂团来抵抗金属液的冲刷。

⑤ 检查砂箱抽气量是否足够，确保真空度在 30～40kPa，合型前要清干净型腔和浇注系统，不能有活砂掉入型腔。

3. 金属渗透缺陷

V 法铸型在负压状态下，易使金属液渗透到干砂中。防止方法及措施：

① 使用较细的砂子。

② 加大振幅、延长激振时间，提高干砂密度。

③ 使用高耐火度涂料，适当增加涂料厚度。

④ 稍微减小真空压力。

4. 氧化缺陷

与铸铁件相比，铸钢件易氧化，而对于用 V 法生产的普通碳钢件就更明显。一般在型腔的高处始终有通气孔与大气相连，当金属液浇入铸型后，与金属液邻近的薄膜被烧光而漏气，在负压的作用下，从通气口进入的空气通过烧失的薄膜源源不断地进入型砂，这样，充型金属液的前沿始终接触空气而被氧化。

另一种氧化缺陷是在金属液充满铸型后凝固过程中形成的，浇注后为了保持铸型的紧实度，还要继续抽真空。通过烧损的薄膜，会有大量的空气被吸入，吸入的空气接触到炽热的铸件表面时，就能产生氧化反应。防止方法及措施：

① 增加涂料的密封性，使金属液前沿薄膜烧失后，涂料层仍起一定的密封作用。

② 在涂料内加入 0.5% 的铝粉，分解金属液表面的氧化膜。

③ 缩短浇注时间，注入金属液的速度一般不小于 5～10kg/s。

④ 在保证铸型强度的情况下，尽量降低真空度，一般取 35～45kPa。

⑤ 当铸件成型后，及时关闭真空系统，以减轻凝固过程的氧化。

5. 热裂缺陷

铸钢件常出现的热裂缺陷及其防止方法及措施：

① 浇注后可减少负压或提前切断真空源，使砂型变软提高铸型的退让性，从而减小铸件热裂倾向。

② 尽可能延长铸件在砂型中的冷却时间。

③ 可在热裂处增加冷铁，冷铁在薄膜的内外都可放置，为使冷铁固定，可采用黏结剂砂团辅助固定冷铁。

第三节　低碳不锈钢铸件的增碳问题

低碳不锈钢铸件为改善耐蚀性、可焊性和减少应力腐蚀开裂、点状腐蚀以及枝晶腐蚀的敏感性，近年来，在造型和芯砂方面，广泛地采用有机黏结剂，使上述铸件表面含碳量显著地增加，特别是当金属基体含碳量很低时，铸件表面碳量会影响铸件的热处理和机加工性能，易出现开裂等缺陷，将明显地降低铸件的使用寿命。因此，在生产低碳不锈钢铸件时，必须采取特殊的防止措施，以保证不发生表面增碳。显然，V 法造型因为没有黏结剂和有机材料只是涂料和塑料薄膜，因此，很适用于这类铸件的生产。

表 11-2 Ⅴ法生产低碳不锈钢表面含碳量（质量分数） 单位：％

离表面距离/mm	含碳量							
	0.05mm 薄膜				0.10mm 薄膜			
	12.7mm	25.4mm	38.0mm	50.8mm	12.7mm	25.4mm	38.0mm	50.8mm
0.127	0.09	0.07	0.05	0.04	0.17	0.10	0.07	
0.228	0.07			0.06			0.08	0.05
0.279	0.08	0.06	0.04	0.04	0.16	0.09	0.07	
0.332	0.09	0.05		0.04				
0.381	0.09			0.09			0.08	0.06
0.471	0.08	0.06	0.05	0.06	0.15	0.10		0.05
0.483	0.07	0.05		0.05				
0.533	0.07	0.06		0.05	0.14	0.09	0.07	
0.584	0.08	0.05	0.04	0.06	0.13	0.11		0.06
0.635	0.07	0.05		0.04	0.14	0.10		
0.685	0.07	0.06			0.09		0.05	
0.813		0.04	0.05	0.13		0.08	0.06	
0.940	0.06		0.04			0.08		
0.067								0.05
1.194	0.05	0.05	0.05		0.07			
1.321	0.05	0.05		0.12	0.08			
1.448	0.06		0.04	0.05		0.06		
1.575	0.06		0.05		0.07			0.04
1.702	0.04			0.11			0.05	
1.829	0.05		0.04				0.04	
1.956		0.03		0.10	0.08			

　　为了检测低碳不锈钢铸件增碳的情况，采用 0.05mm 和 0.10mm 的塑料薄膜制造厚度 12.7mm、25.4mm、38.0mm 和 50.8mm 的几种阶梯试样铸型，用不锈钢浇注，原含碳量（质量分数）为 0.035％，切开试样的各个断面，从铸件表面开始向里到 2mm 的深度，逐层铣削取样，将获得的铣屑分析，其结果列于表 11-2 并用图线表示，如图 11-4 所示。

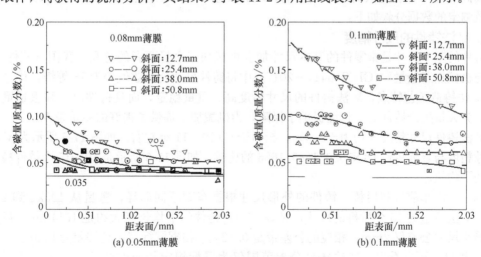

图 11-4　薄膜厚度试样截面尺寸对增碳的影响

　　从图 11-4 及表 11-2 中看出，增碳量与使用薄膜的厚度以及铸件的断面厚度有关，增碳的厚度也与断面厚度以及薄膜厚度有关。如果取 0.05％含碳量（该值十分接近于对钢的抗腐蚀性能影响最小的 0.035％的原含碳量），则渗碳深度的结果见表 11-3。因此，生产薄壁的低碳钢铸件有增碳现象，但生产厚壁低碳钢铸件，且使用较薄的塑料薄膜时，增碳的可能性较小。

表 11-3　铸件厚度、薄膜厚度与增碳层深度　　　　　　　　单位：mm

铸件厚度	增碳层深度	
	薄膜厚度 0.05	薄膜厚度 0.10
12.7	1.57	<1.96
25.4	0.69	
38.0	无	
50.8		0.81

V法铸造不锈钢件的增碳主要来源于 EVA 薄膜和涂料中的碳，在浇注过程中这些原材料中的碳游离出来，因不能及时排出而进入铸件中。所以，薄膜和涂料的技术改进将对 V 法不锈铸件的增碳缺陷产生很大的作用，如薄膜做得更薄将会减少碳源。低碳不锈钢铸件的增碳问题，至今也没有很好的办法去克服，要依靠铸造工作者的继续努力，探究材料方面的突破，从碳源和工艺双方面入手解决此问题。

第四节　V 法铸件的质量

铸件质量一般包括铸件内部的致密性及均匀性，铸件尺寸精度和表面粗糙度以及物理性能等方面。铸件的致密性包括铸件内部没有气洞，即没有因外缩不良而引起的缩孔、缩松和表面缩凹，也没有因内在气体而引起的孔洞缺陷。铸件尺寸精度包括铸件尺寸应符合技术条件要求，随着采用计算机控制的高速机械加工工艺的发展，对铸件尺寸精度要求日益严格，尤其是对大批量生产的铸件。对表面粗糙度的要求不像对装饰品那么高，但是铸件产生的黏砂、飞刺、毛边、结疤等缺陷，损坏了铸件的外观，增加了铸件的清理量，严重者将使铸件报废。

我们常说 V 法铸件具有尺寸精度高、表面质量好、加工性能好等优点。现根据收集的资料及测定的数据分叙如下：

1. V 法铸件的尺寸精度

铸件的基本尺寸是指零件的基本尺寸加上机械加工余量两者的总和。我国《铸件 尺寸公差与机械加工余量》（GB/T 6414—2017）中将铸件尺寸公差数值分为 16 等级，代号 CT。根据 V 法铸造工艺特点，V 法铸件的尺寸精度高、重量稳定，而且铸件尺寸和重量重复性很好，为大量生产铸件的一致性提供了保障，为机械加工提供了很好的初始条件。

V 法铸件尺寸精度大约为 ±0.3%，相当于 CT10～11 级左右。如图 11-5 所示为 V 法铸件尺寸精度与普通铸件 DIN1680/1685/1686 的比较。如图 11-6 所示是 10～15 个铸件精度测量点的平均值。

例如，汽车前桥和后桥，铸件的外形尺寸根据车型不同而异，重量从 100kg 到 280kg 不等，V 法铸造的 15 个后桥的尺寸，见表 11-4。铸件的平均长度大约是 1614mm，最大尺寸和最小尺寸公差仅 2mm，相应的公差带是 0.12%，根据国标规定允许差为 5mm。

由表 11-4 可以看出，V 法铸件公差范围仅为国标规定相应的公差的一半，甚至达到 DIN1680 的 CT11～12 级的精度。以铣床工作台为例，铸件重量为 495kg，用不同的砂箱，进行水平或垂直方式浇注，共 5 个 V 法铸造厂测定的结果：长度尺寸和宽度尺寸公差分别为 1.5mm（相当于 0.18%）和 2mm（相当于 0.18%），高度尺寸公差为 0.6mm（相当于 0.43%）。

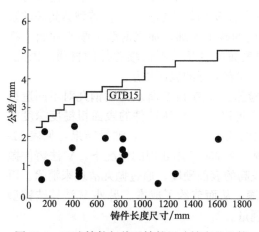

图 11-5　V法铸件与普通铸件尺寸精度的比较

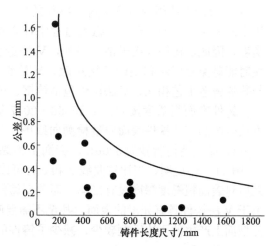

图 11-6　10～15 个测量点平均值

2. V法铸件重量公差

铸件的重量公差是对公称重量而言，公称重量是指机械加工余量和其他工艺余量的重量，按 GB/T 11351—2017 标准检测。从表 11-4 中可以看出 15 个后桥的重量公差只有 2.5kg，不大于 1.66%，铸件重量公差范围较小。

表 11-4　V法铸造 15 个后桥的重量和尺寸表

序号及参数	重量/kg	长/mm	宽/mm	高/mm
1	149.5	1615.0	182.3	386.0
2	150.0	1614.0		385.3
3	151.0	1614.0	182.1	385.6
4	151.0	1613.5	182.7	385.3
5	150.0	1614.0	181.5	384.9
6	152.0	1613.5	181.6	385.4
7	150.5	1613.0	182.4	385.3
8	151.0		181.6	385.2
9	150.5	1614.0	181.8	385.3
10			181.7	384.7
11	—		181.6	385.6
12	—		182.4	
13	—	1613.0	181.7	384.9
14	—	1614.0	181.9	384.9
15	—	1613.5	181.8	384.9
最大值	152.0	1615.0	182.7	386.0
最小值	149.5	1613.0	181.5	384.3
平均值	150.5	1613.8	182.0	385.2
公差	0.81	0.49	0.38	0.43
范围	≤1.66%	≤0.12%	≤0.66%	≤0.44%
允许公差范围		5.0	2.8	3.2

注：车桥铸件，材质 GGG 40/40-3。

3. V法铸件的表面质量

铸件的表面粗糙度是通过视觉或触觉对铸件表面与《表面粗糙度比较样块　铸造表面》GB/T 6060.1—2018 进行对比来评定，表面粗糙度参数值用 Ra 表示。检测不同材质的铸件要选择不同色泽为样块，钢铁为钢灰色，黄铜为金黄色，青铜为古铜色，铝合金为银白色。

在 V 法铸造中使用的造型材料和特殊的生产过程，使铸件表面质量很好，其原因是因为使用干的无黏结剂的干砂，在振实过程中各个砂粒之间坚实均匀并抽真空，使铸型达到高的紧实度，因此，铸件表面光洁。另外，V 法造型使用的砂子很细，加之薄膜上喷有涂料，浇注时能避免金属液和型砂直接接触，V 法铸件的表面质量几乎不依赖铸件的材质。因此，与普通铸造工艺相比，V 法铸件包括铸钢、铸铁件都有良好的表面质量。

铸件表面粗糙度按 GB/T 15056—2017 标准检测。如图 11-7 所示为喷钢丸对不同造型方法生产的灰铸铁件表面质量检测曲线图。从图中可以看出 V 法铸件的表面粗糙度深度为 80μm，而呋喃树脂砂为 330μm，膨润土为黏结剂的潮模砂为 270μm，测量结果，见表 11-5。图 11-7 还说明，当比较曲线 b 和 c 时可以发现，在 750℃热处理的情况下，V 法铸件抛丸后对表面粗糙度深度没有影响，而湿型铸件有较高的表面硬度，通过抛丸清理来消除。再由于 V 法铸件具有光滑的表面，甚至不需要喷底漆，从而节约了成本。另外 V 法铸造铸型分型面上产生的飞边毛刺较少，减少了铸件的清理量。

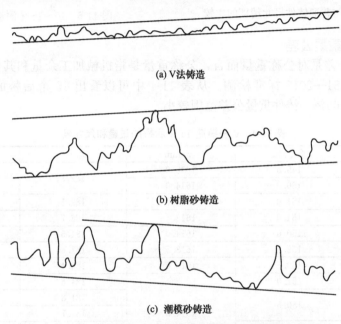

(a) V法铸造

(b) 树脂砂铸造

(c) 潮模砂铸造

图 11-7　喷钢丸对不同方法生产的灰铸铁件表面质量的影响

表 11-5　不同造型方法生产铸件表面粗糙度深度　　　　　　单位：mm

处理条件	造型方法		
	V法铸造	树脂砂铸造	潮模砂铸造
	最大表面粗糙度深度		
铸态(没热处量)钢刷清理	0.08	0.33	0.27
铸态(没热处理)喷钢丸清理	0.09～0.13	0.13～0.14	0.23～0.34
750℃热处理喷钢丸清理	0.13	0.15	0.16

4. V法铸件的力学性能

（1）提高了铸件的可加工性：V 法铸件浇注后，开始没有绝缘的气层，金属液直接与砂型相接触，冷却速度较快，随后冷却速度放缓，这是由于造型材料中没有水分，砂的热导率较差和造型材料缺少对流。因此，V 法铸件有稳定的力学性能，有较低的硬度，缓慢冷却对提高铸件韧性和机加工有利。同时，由于稳定缓慢冷却，可减少铸件的应力，对某些 V 法铸件而言，不需要进行热处理来消除应力。

（2）减少了机加工量：如前所述由于V法铸件尺寸精度高，表面质量好，基本没有起模斜度，可以大大减少机加工量，甚至不需要机加工。

（3）减轻了铸件重量，节约原材料：V法铸造与其他方法相比，金属液在V法铸型内的流动性提高20％，这是由于铸型中的空气和浇注过程中的抽吸发气量，这样提供了减轻铸件重量和结构的可能性，对减轻汽车铸件的重量十分重要，可减少燃油的消耗，增加载重能力，如车桥采用V法铸造其重量可减轻5％～7％，我国山东某厂同样的后桥铸件曾采用水玻璃砂、树脂砂和V法铸造生产，V法铸造的后桥铸件重量比树脂砂后桥铸件重量减轻大约5kg，而且壁厚比较均匀，表面光洁，外形尺寸精度高。因此，V法铸造工艺能获得满意的经济效益。

五种铸件用V法与潮模砂铸造其力学性能的比较，见表11-6。从表中看出，V法铸件比潮模砂铸件的综合力学性能好。

表 11-6　V法铸造的 5 种铸件和潮模砂铸件力学性能比较

序号	饱和度 SC	V法铸造			湿型铸造		
		抗拉强度/(N·mm^{-2})	水平力/kN	挠度/mm	抗拉强度/(N·mm^{-2})	水平力/kN	挠度/mm
1	0.84	346	14.1	11.2	321	12.7	9.6
2	0.87	303	13.1	11.5	277	12.6	9.0
3	0.89	274	12.4	10.8	268	11.8	8.7
4	0.92	236	10.6	9.8	237	10.5	7.8
5	0.96	216	10.1	7.8	228	10.3	7.0

第五节　V法铸件的成本分析

V法造型生产的铸件不仅质量好、表面光滑、尺寸精度高，而且综合成本比较低。因为，V法铸造虽然使用一次性塑料薄膜，但是砂型不用黏结剂，旧砂回收率高，铸件清理费用低，减少加工余量和提高劳动生产率。铸件成本较自硬砂、CO_2 水玻璃砂和潮模砂偏低。现将几种造型方法所生产铸件的价格进行比较，见表11-7。从表中看出，同一种铸件，采用潮模砂造型比V法造型生产每吨铸件的价格高出5％～15％，采用自硬砂造型比V法造型生产每吨铸件的价格高出5％～10％。一般，自硬砂生产铸件的价格会更高一些，这可能与铸件复杂程度、重量、材质、造型生产率和机械化程度有关。同时，国外几家公司生产

表 11-7　几种造型方法铸件价格比较

铸件种类	材质	造型生产率/(箱·h^{-1})	砂箱尺寸（长×宽×高）/mm	每吨铸件价格比		
				V法	湿型	自硬砂
薄壁框类	铝	60	700×800×210/160	1.00	1.38	—
薄板类		30	1400×1600×200/200		1.12	—
浴盆1		40	1100×1500×950/230		1.38	—
浴盆2	灰铁	60	1100×1400×850/230		1.23	—
人孔盖		100	850×950×180/180		1.12	—
汽车制品1		120	600×800×230/230		1.14	—
汽车制品2	球墨铸铁	120	800×1300×200/200		1.09	—
阀类		4	1200×1800×500/400		1.21	—
车辆制品	铸钢	5	1100×3250×400/500		1.16	—
工程车辆制品		20	1000×1000×250/250		1.05	—
一般机械		3	1800×1800×450/450		—	1.05
异形管类	球墨铸铁	4	1500×1500×300/300		—	1.10

同一种铸件，采用几种造型方法生产的铸件价格比较，见表11-8。从表中看出，英国 Crow 公司采用呋喃树脂砂造型比 V 法造型生产的铸钢件阀体的成本高出 1 倍多；日本雅马哈公司采用潮模砂造型比 V 法造型生产的浴盆价格高出 23%～38%。

表 11-8　几种造型方法铸件价格比较　　　　　单位：美元/件

厂名	铸件种类	材质	生产方式	铸件成本
英国 Crow 公司	泵体	铸钢	呋喃树脂砂法	51.40
			V法	19.42
日本雅马哈公司	浴盆	灰铁	湿模法	1.23～1.38
			V法	1.00
日本住友公司	车辆制品	球铁	湿模法	1.15
			V法	1.00

另外，日本新东公司提供了 V 法造型与潮模砂、自硬砂生产的铸件成本比较图表，可供国内 V 法生产厂家参考。V 法与自硬砂、潮模砂造型铸件成本比较，如图 11-8 所示。V 法与自硬砂造型铸件成本比较，如图 11-9 所示。图中包括了每生产 1t 合格铸件所需的废弃物处理费、设备折旧费、模具费、动力费、人工费、造型材料费、熔炼费等。从图中看出，树脂自硬砂比 V 法造型的铸件成本高出约 20%，潮模砂比 V 法造型铸件的成本高出 5%～8%。

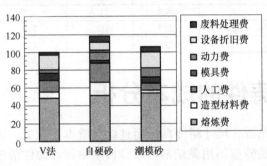

图 11-8　V法与自硬砂、潮模砂造型成本比较
（V法造型成本假设为 100 单位）

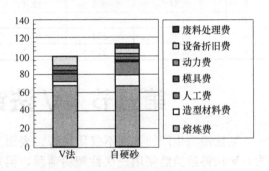

图 11-9　V法与自硬砂造型成本比较
（V法造型成本假设为 100 单位）

参 考 文 献

[1] 崔明胜，吴友坤，单宝华，等. V法铸造铸件粘砂成因及对策 [J]. 铸造技术，1998 (2)：18-19.
[2] 汪大新，牛德良. V法密封铸造生产过程的质量控制 [J]. 中国铸造装备与技术，2004 (4)：30-32.
[3] 王刚，陈福江. 大型薄壁航空铝合金铸件铸造缺陷分析及预防措施 [J]. 今日铸造，2009 (10)：170-171.
[4] 谢一华，谢田. 绿色环保型的 V法铸造及铸件质量 [C]. 太原：中国铸造活动周论文，2009.
[5] 周德刚. V法铸造工艺、设备和质量 [J]. 铸造设备研究，2008 (5)：14-17.
[6] 申小莉，李保良. V法气孔缺陷的成因及解决措施 [C]. 合肥：第十一届消失模与 V法铸造年会论文，2013.
[7] 马怀荣，刘祥泉. 消失模与 V法铸造增碳与夹杂质量缺陷的研究 [J]. 铸造设备与工艺，2014 (4)：24-26.
[8] 吕胜海，邹维，王任飞，等. V法铸钢件增碳缺陷及探究 [C]. 徐州：第九届消失模与 V法铸造年会论文，2009.
[9] 崔明胜，杨吉卿，吴友坤，等. V法铸造平衡重的重量偏差与控制 [J]. 铸造，1998 (8)：38-40.
[10] 张建满，涂益明，张海勋，等. V法铸造工艺装备对铸件质量的若干影响 [J]. 铸造设备与工艺，2014 (3)：1-4.

第十二章

V法铸造技术的发展及前景

V法铸造方法与潮模砂、自硬砂造型方法相比，具有铸件质量好、金属利用率高、设备较简单、投资较少、节约动力及原材料、模样及砂箱使用寿命长、工作环境较好等优点。但受塑料薄膜伸长率及成型性的制约，V法铸造难于生产复杂铸件，这限制了V法铸造技术的发展和广泛应用。近年来，铸造工作者做了大量的工作，提出了很多切实可行的措施，采用V法技术与其他造型技术并用的方法，扩大了V法铸造技术的应用范围。现介绍国内外在这方面的研究成果及发展前景。

第一节　V法-实型铸造

实体模造型简称实型铸造，由美国人斯洛耶（H. F. Shroyer）于1956年首次试验成功，于1958年以专利形式公布于世。早期浇注成功的艺术品铸件是麻省理工学院的约150kg的青铜飞马和3.5t的球墨铸铁钟架。随后德国、英国、苏联、日本等也相应开始研究，并获得很快的发展。

1964年英国考利（Cowley）铸造厂用实型铸造生产700多吨汽车铸件。我国从1965年也开始实型铸造的研究，上海机械制造工艺研究所于1976年浇注出11t重的大型铸钢件，上海重型机器厂和上海造纸机械厂于1970年和1974年成功地浇注出50t的铸钢件和32.5t的铸铁件。随着塑料、化工和机械工业的发展和实型铸造工艺的不断成熟，实型铸造获得迅速的发展。

实型铸造是用聚苯乙烯泡沫塑料做成实体模，起初是在有黏结剂的砂中造型，随后，又用实体模在无黏结剂的干砂中造型，后来发展成为磁丸造型法。这种造型法的铸型，在浇注过程中，由于聚苯乙烯发泡塑料的实体模烧失气化，产生一定的气体，污染环境，易使铸件产生气孔，对于铸钢件会产生表面渗碳现象。另外，如果实体模上的涂料过厚或不均匀，或铸型紧实度偏低，都会造成铸件表面粗糙度差和铸件尺寸偏差大等缺点，因此，这几种造型法的发展和使用受到了一定的限制。

随着V法铸造技术的发展，进入20世纪90年代，国内外都在致力于把实型法和V法结合起来，形成一种崭新的造型法——V法-实型铸造法。它继承了V法和实型铸造的部分优点，又弥补了各自的不足，充分发挥各自的特长。

一、工作原理

V法-实型铸造与传统的造型方法有着根本的区别，它采用洁净干燥的无黏结剂的干砂填充砂箱，并将其密封在砂箱内，靠负压的作用将其紧实，获得所需的紧实度。模样则采用聚苯乙烯泡沫塑料制成，放入砂箱后不再取出。当金属液浇入后迅速气化烧失，模样产生的气体压力，气化产物渗入砂粒空隙内的凝结物，以及耐火涂料层和金属液与未气化残存的模样共同支承着砂型，并保持一定的紧实度。当浇注结束，模样全部气化被金属液所取代，从而得到与模样相当的铸件。

二、工艺因素

（1）紧实特性：填砂过程微振使型砂堆密度明显提高。随负压度提高，型砂松散密度略有提高，紧实硬度随着铸型负压度增加而提高，当负压度为 35kPa 时，铸型的表面硬度可达 90HB 以上，保持铸型足够的稳定性。

（2）液体合金充型的特性：浇注过程中型内负压度开始急剧下降，浇满后又回升，为了保证成型效果好，浇注时型内负压度应大于 35kPa，因此，必须采用有足够排气速度的真空泵，建立合适的初始负压度，采用型内强化排气措施。V法实型铸造随负压度提高，金属液体流动性急剧增加。

（3）凝固特性：由于压差的作用，浇道具有一定的补缩能力。凝固速度受原砂的热导率及负压度的影响，由于负压的作用，铸件凝固收缩低于一般砂型铸造。

（4）冷却特性：在停止抽真空状态下，铸型导热缓慢、均匀，致使铸件冷却缓慢均匀，特别是在铸铁的弹塑转变温度范围（650～400℃），由于均匀缓慢冷却而使铸件残余应力降低，在同样的条件下，负压实型铸件比一般黏土砂型铸件应力降低 20% 左右。

（5）铸造材质特点：由于泡沫塑料模样气化产物的污染，使铸钢件略有增碳现象（0.04% 左右），对铸铁无明显影响，含氢量无明显变化，铸铁力学性能略有降低，但均匀性提高，其他性能无明显变化。

三、工艺过程

V法-实型铸造的工艺过程，如图 12-1 所示。

① 制作泡沫塑料实体模，并组合浇注系统，如图 12-1（a）（b）所示。

② 把带有浇冒口的模样经浸、淋或喷涂等方法均匀覆盖一层耐火涂料并烘干，如图 12-1（c）所示。

③ 将塑料薄膜密封下底的砂箱（或用有底砂箱）放在振实台上，填入部分干砂，砂的厚度可根据铸件的大小和尺寸予以确定，以保证底部有足够的吃砂量；把带有浇注系统的实体模样放入砂箱内，使其保持要求的工艺位置，用干砂将砂箱填满，如图 12-1（d）（e）所示。

④ 开始振动，使型砂经微振得到紧实。将砂箱顶部刮平，覆盖一层塑料薄膜，接通真空抽气系统，使密封在砂箱内的干砂通过负压作用得以紧实，获得强度或硬度，如图 12-1（f）所示。

⑤ 造型过程结束，得到一个含有实体模的铸型，把浇口杯放在直浇道部位，当准备好金属液后即可进行浇注，如图 12-1（g）所示。

⑥ 浇注时，泡沫塑料实体模在金属液的高温和真空系统的抽吸作用下，迅速气化烧失，金属液及时予以补充，填充其空间。浇注完毕待铸件凝固后，关闭真空系统，型腔内外压差

消失，砂型自行溃散，取出铸件，如图 12-1 (h) 所示。

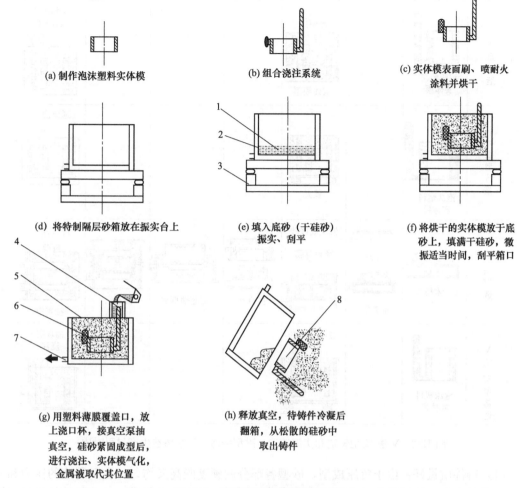

图 12-1　V法-实型铸造的工艺流程

1—干砂；2—砂箱；3—振实台；4—浇口杯；5—塑料薄膜；6—实体模；7—真空吸嘴；8—铸件

　　V法-实型铸造、V法铸造、实型铸造和磁型铸造法生产过程对比，如图 12-2 所示。从图中看出，V法-实型铸造综合了这几种新工艺的优点。例如，它利用了V法造型中用真空手段使松散流动的干砂紧固成铸型的造型原理，但去除了该法中仍然用木模或金属模造型的起模、下芯、合型等操作，克服了实型铸造中干砂需加黏结剂、需捣实、干砂回收困难、打箱清理较困难的缺点，也克服了磁型铸造中铸件尺寸受磁极间距大小限制的缺点。可以说，V法-实型铸造为进一步扩大实型铸造、磁型铸造和V法铸造的使用开辟了新途径，在生产实践中逐渐成为一种别具特色的新的铸造工艺方法。

　　又如与砂型铸造比较，在V法-实型铸造中，用单一的干砂取代了砂型铸造中多组分的型砂；用真空手段紧固铸型代替了繁重的手工捣砂劳动；用泡沫塑料气化模实体埋型取代了砂型铸造中的起模、修型、下芯、合型等繁杂操作；用释放真空的简便操作使型砂松散，代替人工打箱等沉重的体力劳动。

四、特点及应用范围

　　V法-实型铸造与传统的砂型铸造相比，具有以下特点。

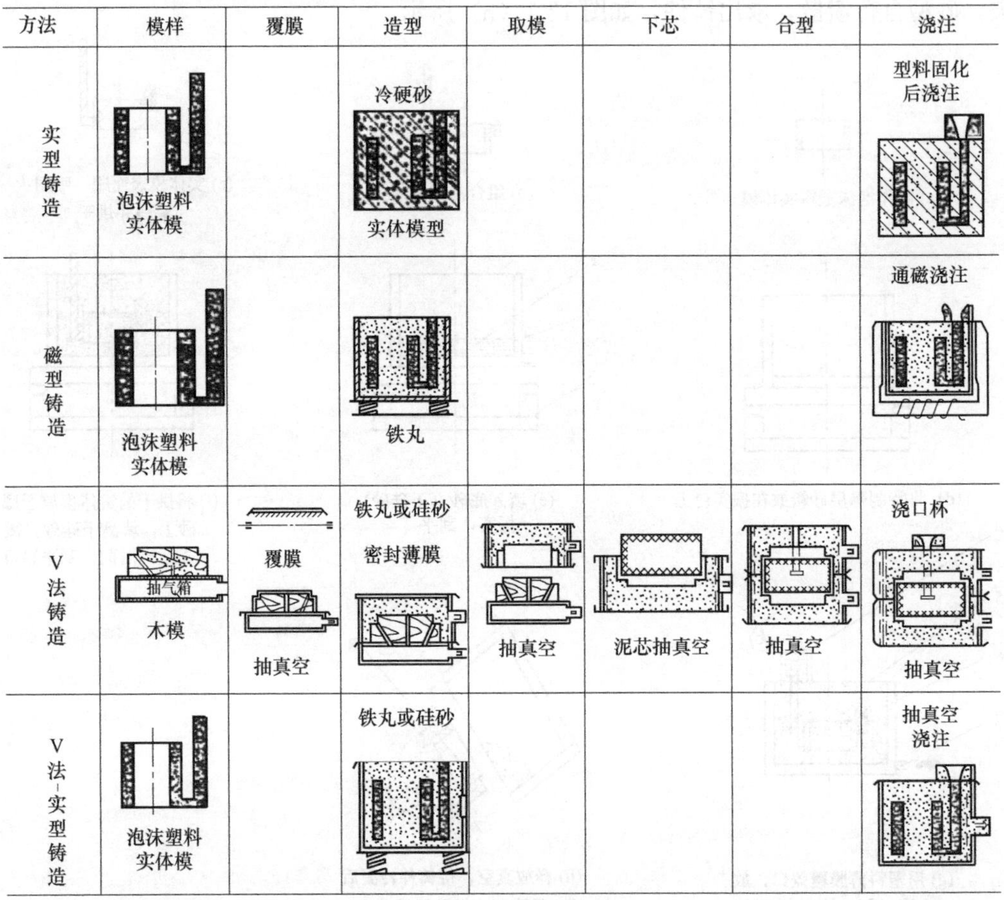

方法	模样	覆膜	造型	取模	下芯	合型	浇注
实型铸造	泡沫塑料实体模		冷硬砂 实体模型				型料固化后浇注
磁型铸造	泡沫塑料实体模		铁丸				通磁浇注
V法铸造	木模 抽气箱	覆膜 抽真空	铁丸或硅砂 密封薄膜	抽真空	泥芯抽真空	抽真空	浇口杯 抽真空
V法-实型铸造	泡沫塑料实体模		铁丸或硅砂				抽真空盒浇注

图 12-2 V法-实型铸造和实型铸造、磁型铸造、V法铸造生产过程对比

(1) 铸件质量好：由于负压成型，砂型各部分的硬度既高又均匀，在金属液的压力和热作用下不易变形，故铸件尺寸准确，表面光洁；同时，由于不必起模，可消除铸件错箱和披缝等铸造缺陷，进一步提高了铸件的表面质量。浇注时，真空系统不断地向外抽气，而且大部分被排出，且型砂中不含有水分等发气物质，故铸件不易产生气孔等缺陷，提高了铸件的内在质量。

(2) 金属的利用率高，型砂回收率高：铸件的精度较高，可以减少铸件的加工余量，另外，由于采用干砂造型，金属液在型腔中的冷却速度较慢，有利于金属的补缩。同时可灵活地设置暗冒口，减少金属液的消耗量，提高金属的利用率。铸件落砂后，型砂回收率高，几乎所有的干砂均可回用，损耗不超过 5%。

(3) 节约造型原材料和木模制造费：省去了混配砂工艺和设备，旧砂基本可以全部回用。同时，由于采用了泡沫塑料实体模，基本上不用型芯，节省了模样和芯盒的木材用量。

(4) 减轻劳动强度，改善工作环境：采用实体模，用干燥的干砂充填砂箱，故造型过程中不用舂砂、翻箱、起模、修型、合型等操作，大大减轻了劳动强度。由于采用了干净的原砂，作业现场洁净。

(5) 设备的投资费用少：不需混砂设备和型砂的再生及砂处理设备，可节省投资费用。

(6) 适用范围广，经济效益显著：既适用于手工操作的单件小批量生产，也适用于机械化、自动化的大批量生产；可用于铸铁、铸钢等黑色金属的铸造，也适用于铜、铝及其他合金等非铁材料（有色金属）的铸造，对于大中型的较精密铸件和薄壁件尤为适宜。

五、V法-实型铸造工艺参数的选择

V法-实型铸造与V法铸造工艺不同，因此，工艺参数的选择也不同。

1. 模样表面应覆耐火涂料

实体模的密度为 $16\sim20kg/m^3$，模样表面涂有硅石粉、糖浆混合涂料，并在 60℃ 以下的烘干窑中烘干。涂料的透气性控制在 $100\sim120℃$，涂料总厚度为 $1.5\sim2mm$。共涂 $2\sim3$ 层，具有一定厚度和强度的涂料层在金属液注入型腔后，能起到对松散干砂铸型支承作用，防止铸型崩溃。

2. 模样在砂箱内的放置

模样放置的位置要合理，应使其横截面积自下而上逐渐增大，还应使其侧表面积尽可能大，并使实体模的气化残渣排入冒口的距离尽量缩短。因此，这样的放置不仅有利于排气与浮渣，而且有利于补缩，减少气孔、缩孔等缺陷。

3. 干砂振实对铸型强度的影响

铸型振实是确保无黏结剂干砂获得铸型紧实度的重要措施。振实的工艺参数是，振动频率 50Hz，2900r/min，振幅小于 2mm，振动时间 $1\sim5min$，振动应分阶段进行。在正常情况下，加砂至砂箱或模样高度的 $1/3\sim2/3$ 时即可振动，之后继续加砂振实，直至达到所需铸型的紧实度。一般经过多次试验来确定振实的时间和振幅的大小。

4. 铸型的真空度

选择合适的真空度，应根据铸型的大小、合金种类、铸件的复杂程度等因素来确定。负压范围是铸铝 $10\sim20kPa$，铸铁 $0.03\sim0.04MPa$，铸钢 $40\sim50kPa$。铸件较小，负压偏低；铸件较大和较厚或一箱多件，顶注时，负压偏高。浇注时负压变化：开始浇注，负压降低，达到低值后，开始回升最终达到稳定值。对铸铁件浇注时负压最低不得低于 $0.025MPa$。

5. 浇注

浇注系统除低熔点合金铸件可酌情采用顶注外，一般采用底注封闭式的浇道，浇道比＝直浇道：横浇道：内浇道＝$(1.5\sim2):1.25:1$，冒口采用暗冒口，并设有聚渣冒口，利于排除气化残渣。直浇道的铸型应有一定的强度和抗冲刷能力，为避免在浇注过程中直浇道处铸型的破坏，对中小件在直浇道采用水玻璃自硬砂构成，对中大件选用耐火砖筒的直浇道，对批量生产的小件适宜增加涂料厚度和高强度涂料，均匀涂在泡沫塑料直浇道表面。

6. 浇注速度和浇道位置

正确选用浇注速度和浇道位置是确保铸型不崩溃和铸件成型的重要条件。因为慢的浇注速度或浇注停顿都易引起干砂铸型的溃散，使铸件无法成型。浇注速度（即金属液的上升速度）应与实体模的气化速度相协调，以创造良好的排气条件，浇注速度应根据铸件的形状和壁厚来确定，对 100kg 以下的铸件，浇注速度一般为 $2\sim4kg/s$。

7. 铸型上部可放压铁

因为干砂铸型虽有一定强度，但是有限的，特别是在浇注大中型或复杂的铸件时，金属液的向上浮力往往易抬起上部砂型损坏铸型，因此，在V法实型铸造的铸型上要适当地放置压铁。

8. 砂箱的选择

V法-实型铸造的砂箱与V法铸造的砂箱不同，常采用顶部开口有底的半封闭的砂箱。为了改善砂箱的排气，在箱壁钻有小孔，这种砂箱是用 $5\sim10mm$ 厚的钢板焊接成盒式或筒状的容器，为增加焊接砂箱的强度可选用带孔的双层砂箱。

9. 铸件的落砂时间与砂冷却能力的关系

对不锈钢铸件一般在铸件凝固后即可开箱落砂，以干燥的硅砂作为填充材料时，一般铸件待冷却 10min 之后才能落砂。落砂时间应根据铸件大小、壁厚大小及均匀程度、铸件材质通过试验而确定。

六、V法-实型铸造的工艺材料

1. 聚苯乙烯泡沫塑料

V法-实型铸造采用实体模，必须用泡沫塑料制成气化模。所谓气化模，就是在浇注过程中遇高温金属液后能很快气化的模样。这样，金属液取代气化模的位置，凝固冷却后便得到与模样完全一样的铸件。同时，由于 V 法-实型铸造每浇注一个铸件需要消耗一个模样，它的质量和性能的好坏直接影响到铸件的质量。

制作模样用的材料可以是各种泡沫塑料，但应满足以下的铸造工艺要求：

① 模样材料的密度要小，刚性要好，具有一定的抗压强度。

② 能承受机械加工，同时又要容易机械加工。在加工过程中不脱珠粒，容易得到光洁的外表面。

③ 气化温度要低，在高温金属液的热冲击作用下，能迅速分解气化。

④ 与液体金属相互作用而被破坏时，生产的残渣物要少，气体的生产量要小，且对人体无毒。

符合这些条件的泡沫塑料有：聚苯乙烯泡沫塑料、聚乙烯泡沫塑料、硬质聚氨酯泡沫塑料等。考虑到成本的原因，目前 V 法-实型铸造主要使用的材料是聚苯乙烯泡沫塑料，简称 EPS。它是一种高分子碳氢化合物，含有质量分数 92% 的碳和 8% 的氢，另含有微量的在发泡过程中渗透至塑料中的氧和氮，分子量（摩尔质量）一般在 60000 左右。经发泡处理后，内部结构呈蜂窝状，有无数封闭的空泡，密度很小，一般只有 $0.015 \sim 0.030 \text{g/cm}^3$，其净体积只占泡沫体积的 2% 左右。

聚苯乙烯泡沫塑料是一种极易在高温下分解气化的材料。在高温作用下，它首先是软化，继而熔融，随之气化或熔烧。

2. 塑料薄膜

在 V 法造型中，覆膜材料及覆膜操作是主要的技术关键。由于受到塑料薄膜延展性的限制，即使较好的覆膜材料，如 EVA、PP 塑料薄膜等，也只适用于那些较扁平的铸件。而对于 V 法-实型铸造而言，由于没有覆膜操作，对密封用的塑料薄膜的要求大大降低，只要具有以下条件：密封不透气；原材料来源广；具有一定的耐高温性能；在高温下不燃烧分解，即使燃烧分解，产生的气体应无毒或少毒。如乙烯-乙酸乙烯酯共聚物（EVA）、聚丙烯（PP）、聚乙烯（PE）、聚苯乙烯（PS）塑料薄膜以及普通的聚氯乙烯塑料薄膜等均可在 V 法-实型铸造中使用。薄膜的厚度 0.1mm 左右。国外还使用铝箔、锡箔、镀锌铁皮、白铁皮等耐火气密片来密封。在砂箱箱口加工平直的情况下，用一加工平整的钢板盖上，接触面上涂以适当的密封胶，也可以起到密封的作用。

3. 造型材料

对造型材料的性能要求：

① 适当的粒度：型料的粒度适当，既能使紧固后的铸型有适当的透气性，使模样气化后产生的气体容易通过型料颗粒之间的间隙被真空泵强行抽气；又可防止金属液的穿透，使铸件表面少针刺或黏砂缺陷。

② 良好的流动性：型料的流动性好，充填性能也好，则容易得到紧实度高的铸型，可

减少型壁在高温金属液的冲击下产生移动。

③ 高的耐火度：型料的耐火度高，可以防止铸件表面黏砂。

能满足上述要求的型料有很多，如铬铁矿砂、橄榄石砂、锆英砂和硅砂和铁丸等，选用型料时，除了考虑它对铸件质量以及铸型强度的影响之外，还必须考虑它的经济效果和来源是否充足。硅砂便宜，供应充足，选作型料比较合适。

4. 黏结剂

用泡沫塑料板材加工成气化模时，一般是先将零件分解成若干简单的几何体进行加工，然后按零件图样要求将其黏结成实体模。黏结质量的好坏，在很大程度上取决于所选用的黏结剂。

黏结聚苯乙烯泡沫塑料的黏结剂主要有：以 α-氰基丙烯酸乙酯为主要成分的"502 胶液"、由环氧化合物和异氰酸酯液聚合而成的 CAC 树胶等。

5. 耐火涂料

在泡沫塑料模样外挂上一层耐火涂料能隔金属液使其不黏砂，并确保泡沫模样热解的气态和液态产物通过涂层排出，涂料应具有涂挂性、常温和高温强度，以及透气性和吸附能力。每浸挂一次，涂料厚约 0.4~0.6mm。涂料的耐火骨料有：硅石粉、铝矾土粉、锆砂粉、铬铁矿粉、刚玉粉、云母粉、滑石粉等，根据不同金属液的浇注温度来选用；涂料的黏结剂有：白乳胶、水溶性酚醛树脂、膨润土、硅溶胶、有机胶、黏土粉等。涂料的增稠剂有：羧甲基纤维素（钠）等。另外还有其他助剂如表面活性剂、消泡剂等。

七、V法与实型铸造的选定

V法铸造和实型铸造具有共同特点：使用干砂、真空泵抽气、振实台紧实干砂型、塑料薄膜密封砂箱形成砂型、内外有压力差而紧实等。另外，V法铸造是空腔，而实型铸造是实腔，金属液浇入后而消失。二者各有特色和利弊，可依据铸件的特点和要求择其之一，使铸件生产出最优质量、最低成本、获得最大利润。

V法铸造与实型铸造有着共同的设备和相似的工艺，采用实型的厂家或车间有些铸件改用V法铸造更加合理，投入更少，产出更多。而有V法铸造的厂家由于铸件特征再扩加实型铸造，这样的选择主要出现在中小厂家和小中批量铸件的生产厂家，其目的是为了更有效发挥二者共同设备的使用率。

① 可组串，按电炉的容量比如 1000kg，则一箱单件或多件组串，铸件加浇注系统均在 1000kg 以内。比如高锰钢振动筛板，一箱 24 块，均为一炉一次发挥了实型铸造突出的优势。

不便组串，铸件面积大，体积大，重量又不重，如汽车后桥、铁路侧架摇枕等以 V 法铸造工艺为宜，一箱一件或二件或多件，适宜于模板平面上下分型布置，可下泥芯、冷铁等。

② 薄板铸件采用实型铸造，因为金属液流入热量不够气化裂化分解 EPS 起模而引发积炭、皱皮、炭黑表面缺陷；采用 V 法铸造因是空腔，克服了使用 EPS 的弊端，适于如钢琴骨架、工艺品、装饰品、铁锅、浴盆等铸造。

③ 起模 EPS 用量比较大的铸件，如叉车的平衡铁、工程车的配重压铁、V 形铁块等，这些铸件因起模耗量过大，制成空心又比较麻烦，直接上 V 法铸造，一方面降低起模消耗，另外也避免起模熔化带来问题，更有利于使铸件表面光洁、平滑。

④ 铸件对含碳的敏感性，有些铸件（合金液）对碳的含量不是很敏感，如高锰钢和中高碳多元合金钢，以及合金铸铁等抗磨件，如球磨、衬板、隔子板、导向板、滑槽、锤头、

铲齿等，采用实型铸造；而对于对含碳量比较敏感的，如 ZG20、ZG25、ZG30 等阀体、泵体、简单结构（便于水平分型或下芯、下冷铁）铸钢件，采用 V 法铸造为宜，避免了实型 EPS 的增碳。

八、V 法与实型铸造可共用设备的探讨

V 法与实型铸造选用型砂的粗细及筛号分布差异，并不是不可逾越的。实型铸造用砂在粒度方面细一些，由原来的 20/50 号筛，细到 70 号筛，而 V 法铸造用砂粗一点，由原来的 70/200 号筛，粗到 50 号筛，现在有一部分厂家已经在生产实践中验证了。至于筛号分布上的差异，在实践中几乎没有表现。无论实型厂家，还是 V 法铸造厂家，大部分都使用三筛砂，而且生产状况也较为良好，尚且没发现砂子粗细搭配不当带来的生产问题。例如，郑州玉升铸造有限公司自制简易生产线上同时用同一种型砂，分别用实型和 V 法生产铸件，见表 12-1。

表 12-1　同一种型砂用 V 法与实型铸造的铸件

铸造方法	V 法铸造	实型铸造
产品种类	颚板,轧臼壁,破碎壁,履带板	耐磨衬板,锤头,齿板
铸件材质	高锰钢,低合金钢	高锰钢

该厂无论是实型铸件，还是 V 法铸件，这条简易生产线都使用 40/70 号筛宝珠砂，通过同一条简单的自制砂处理线进行砂处理。该线运转正常，产品质量稳定，而且使用的宝珠砂粉化、扬尘都比较少，车间环境较好。

中小实型铸造厂家，由于铸件不稳定，仅使用实型铸造工艺往往不能适应市场客户的需要，比如低碳 ZG20、ZG25、ZG35 的法兰卷、泵、阀体，低碳合金钢铸件，薄壁的球铁件或铸铁件，只要加置 V 法铸造的砂箱和覆膜成型机的工艺装备，便可采用 V 法铸件的生产。

在用同一种型砂，同时在一个车间采用 V 法和实型生产时可共用的设备：

（1）真空泵和真空抽气管路系统：二者均采用真空泵，实型铸造对真空泵的选择要考虑抽气量，所以其真空泵比 V 法真空度要大，这两种工艺在浇注过程中发气量对砂子透气性要求的不同也可以通过真空度的控制来调节，并不一定非要通过控制型砂的粒度及分度来实现这一点，为采用统一砂提供了可能。

（2）振实台：实型铸造的振实台载荷比较大，如 500kg、1000kg 或更大，振实台载荷 5t、10t、20t 等。砂箱的容量恰为浇注一炉的金属液量（浇冒系统起模组串）。V 法铸造常见振实台载荷为 2t、4t、6t，因为砂箱扁平而浅，且上下合型。所以，利用实型铸造振实台来造 V 法铸型，上下箱载荷尽量接近实型铸造已具备的振实台载荷。将振实台面积展开，

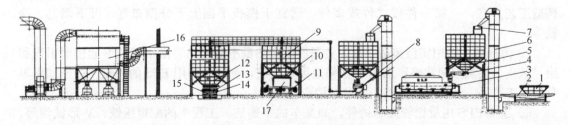

图 12-3　V 法与实型同用一种型砂铸造生产线布置图

1—落砂斗；2—振动输送机；3—流化床砂温调节装置；4—振动给料机；5—过渡砂斗；6—斗式提升机；7—永磁分选机；8—气力输送发送罐；9—砂斗；10—雨淋式加砂装置；11—三维振实台；12—V 法砂斗；13—V 法砂箱；14—型板；15—移动式振实台；16—除尘系统；17—实型砂箱

能放置扁平砂箱，充分利用其振实台载荷能力。实型铸造上下左右前后三维紧实为多，V法铸造仅上下一维紧实。

（3）砂处理系统：二者可交替使用。如果抽真空管路系统接口有多个砂箱可同时在真空状态下浇注，则可在生产线或辊道上顺序浇注。浇注时要注意不同的操作工艺。同用一种型砂，V法与实型铸造生产线，如图12-3所示。

（4）落砂及除尘系统：可以共用，便于集中处理。

第二节　V法-壳型铸造

用含黏结剂的型砂，在模样表面上均匀地敷上一层厚约20mm的砂层，借助于抽气作用将砂层内黏结剂所含的溶剂抽除掉，使它成为具有一定硬度的薄壳，来代替V法造型用塑料薄膜密封层，然后再按V法制成铸型。这种造型方法叫做V法-壳型法，如图12-4所示。

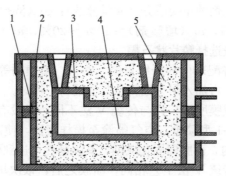

图12-4　V法壳型法的铸型结构
1—砂箱；2—薄膜；3—壳型；4—铸型型腔；5—干砂

用V法-壳型法制得的铸型，克服了V法造型的某些缺点，它可以生产厚大件而不受模样复杂程度的限制，制好的铸型可以不带抽气管，而放置较长时间，仅在浇注时才需接上抽气软管进行抽气。因此，这种方法扩大了V法的使用范围。

壳层砂的黏结剂，可采用硅酸乙酯和热塑性树脂的混合物。它按100份的S50/100硅砂和4份的黏结剂配制成壳层砂。

黏结剂的配方（质量分数）：w（硅酸乙酯）＝40％，w（乙醇）＝8.5％，w（盐酸）＝5％～8％，w（乙酸乙烯）＝40％～50％，w（酚醛树脂）＝3％，w（表面稳定剂）＝0.5％。

1. 树脂壳型

造型工艺是：在模样上放置砂箱后填入干砂，干砂填满后覆膜密封，然后在模板、模样上注液孔压入树脂液，则在模板、模样上的砂层中形成2～3mm厚的型砂树脂层，树脂固化后将铸型抽真空，即可得到要求的铸型形状。根据树脂的种类，可以采用不同的固化方法，如利用树脂中固化剂或吹气固化，使树脂中有机溶剂快速挥发固化或加热固化等。

2. 陶瓷壳型

在覆膜的薄膜表面上，涂一层耐火陶瓷涂料，再用热空气烘2～3min，就可形成具有密封性的陶瓷壳型，然后按V法工艺造型。起模后，可慢慢揭去型腔内的薄膜，揭下来的薄膜，一般可重复使用8～15次；第二次再用时，因已发生过塑性变形，此薄膜就不再加热了。这种造型方法的主要特点是用陶瓷涂层代替了V法中型腔面的薄膜层。陶瓷涂层的最佳厚度为0.7～1.0mm，如厚度过小，则密封性差；如厚度过大，则因消耗陶瓷材料过多而不经济。

耐火陶瓷材料的配方（质量分数）：w（水解硅酸乙酯）＝40％、w（锆砂）＝60％。

耐火陶瓷材料的性能：发气量8mm³/g，透气性10～20，气孔率7％～10％。

第三节　喷涂成膜技术

在V法造型中，由于塑料薄膜本身性能的限制，覆膜成型有一定的困难，尤其是对复杂的铸件，为了解决这一难题，研究出一种喷涂成膜技术。它是将成膜材料喷涂到模板及模样上，使其形成一个与型腔面密贴的均匀薄膜层，由于喷涂成膜具有不受铸件复杂程度的影响，所以目前国内外都在致力于这方面的试验研究，北京科技大学在这方面做了不少工作，现将他们所做的试验介绍如下：

一、试验方法

（1）材料：快速成膜配剂的主要成分（质量分数）：w（溶剂）＝60％～70％，w（可溶性纤维素酯）＝10％～15％，w（增塑剂）＝10％～20％，w（耐火涂料及其他辅料）＝10％～15％。耐火涂料一般选择鳞片状石墨。

（2）配制成膜配剂：将配剂中的纤维素酯、溶剂、增塑剂等各组分按比例加入玻璃容器，密闭放置一天，摇匀，再加入耐火涂料及其他辅料，摇匀。

（3）喷涂成膜：喷涂成膜所用模样与传统V法不同，它没有抽气孔，应预先刷涂一层脱模剂，将成膜配剂由PQ-1型喷枪，空气喷涂至模样表面，使薄膜厚约40～60μm。空气喷涂操作完毕后1～2min内，薄膜即固化成型，其强韧性可达到要求。

（4）起模及浇注：与传统V法工艺相同，喷膜之后，依次填砂、紧实、起模。由于脱模剂的作用，薄膜可顺利脱离模样。起模之后，可直接浇注。若使用塑料薄膜的传统V法工艺，可在覆膜后，再涂刷一层耐火涂料。

（5）浇注试样：为了便于观察，试验均采用敞浇。浇注试样有：①阶梯试样，如图12-5所示。采用木质模样，浇注Zn-Al合金，浇注温度600℃左右；②空心圆柱试样，如图12-6所示。起模斜度为零，在木模表面先刷涂脱模剂，再喷涂成膜配剂，起模，浇注铁液，浇注温度1400℃左右。

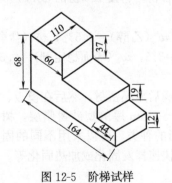

图12-5　阶梯试样　　　　　　　　　　　图12-6　空心圆柱试样

二、试验结果

1. 喷涂操作方法

空气喷涂操作方法：喷枪移动速度一般在4～15cm/s中调整，喷涂距离一般在10～

20cm 中调整；为了使薄膜的强韧性达到要求，使起模顺利进行，可将喷涂成膜的厚度控制在 40~60μm。当喷涂工序一经完成，薄膜即形成。

2. 试样浇注及结果分析

（1）铸铁浇注阶梯试样：试验表明，金属液充型过程十分平稳；薄膜密封性能良好，无明显变化；铸件表面光洁，轮廓清晰。试验还表明，所喷涂的薄膜，可以直接应用于小型铸铁件的 V 法生产，无需烤膜及另刷耐火涂料。

（2）Zn-Al 合金浇注空心圆柱体试样：金属液由浇口浇入，浇注过程十分平稳，无燃烧。最终铸件表面质量与 V 法传统工艺浇注表面质量一样光洁，无黏砂。

（3）适用于复杂铸件铸造：喷涂成膜法可以有效解决 V 法工艺中由于塑料薄膜有限成型性所造成的复杂铸件无法覆膜问题，特别是将铸件的深宽比从小于 1.2 扩大到小于等于 2.39。

喷涂内含耐火涂料的成膜配剂，可以省去 V 法工艺中的烤膜、上涂料两道工序，直接浇注非铁金属及铸铁铸件。

第四节 复杂铸型型腔的形成方法

近年来，国内外提出了许多新的方法，用以改善 V 法铸造生产复杂铸件的能力。

一、改善薄膜的成型能力

1. 使用溶剂软化成膜

用 V 法造型时，覆膜后先在塑料薄膜的表面上喷涂一种能溶解塑料薄膜的溶剂，然后按一般 V 法进行造型。溶解的塑料膜连同溶剂一起，在真空吸力的作用下，吸入铸型表面并形成固化层。这种工艺一方面改善了薄膜的成型能力，可用于生产复杂铸件；另一方面也克服了一般 V 法铸型浇注时，因塑料薄膜燃烧引起的塌型、冲砂等缺陷，改善了铸件质量。

若使用的薄膜为水溶性聚乙烯醇薄膜，覆膜前，先在薄膜上喷水或水蒸气，渗透于薄膜内的水分使薄膜充分软化而具有伸长性。使用这种材料和工艺，不必加热，真空吸力就可以使薄膜紧附于模样上成型。此外，覆膜前如果在模样上喷涂分型剂将有利于起模。分型剂可采用机油、硅油、液体石蜡等，但效果都不太理想。改用 50％的滑石粉加 50％的液体石蜡，另加适当酒精混成溶液，使用效果较好。

2. 使用橡胶质薄膜

日本研制出高伸长率、高成型性的橡胶质薄膜，这种薄膜不必加热，在室温下就可以覆膜。薄膜的成型能力一般用凹孔的深宽比来衡量。使用通常的塑料膜，烘烤后薄膜的成型能力为 1.1~1.3；而这种橡胶质薄膜，在室温下的成型能力就可达到普通塑料膜的 5~6 倍。用这种橡胶膜可以生产出极复杂的铸件。

3. 热风加压覆膜

在由模板、模样上的小孔抽气使薄膜成型的同时，通过薄膜上面放置的金属密闭箱体上的小孔压入热风，借助于薄膜上下较大的压力差和提供的热量，薄膜的成型能力得以明显提高，使之在凸凹度比较大的模样上也能成型。

二、使用新的成膜方法

1. 粉状树脂加热成膜法

把热塑性树脂粉末或以水作为分散剂的树脂悬浊液喷涂于模样及模板上，然后加热使树脂塑化成膜。所用的热塑性树脂为氯化乙烯树脂、聚乙烯树脂、聚丙烯树脂等。为保证脱模容易，模样可用烧结金属、素陶瓷等多孔性材料制成。起模时，向模板下的空腔内吹入压缩空气，在压力的作用下，薄膜脱离模板的同时被砂箱内真空吸力所吸引而牢固地贴附于铸型型面上。

2. 纤维素溶液成膜法

将纤维素，如硝基纤维素、乙酸丁酸纤维素、丙酸纤维素、乙基纤维素等，溶于挥发性有机溶剂中，形成溶液。造型时，将这种溶液喷涂于模样和模板上，由于有机溶剂的快速挥发，在模样的表面很快就形成了一层纤维素薄膜，然后放上砂箱，按正常 V 法工艺造型。溶液中还可以加入增塑剂、可溶性树脂等以改善薄膜的柔韧性、伸长性、抗拉强度等。通常，在喷涂纤维素溶液前，模样和模板的表面上要黏附一层硅酮橡胶膜，用以改善纤维素塑料薄膜的脱模能力。黏附一次硅酮橡胶膜可以多次造型使用。

3. 静电成膜法

用静电将电导率低的环氧树脂等粉末喷涂于模样表面，使之在模样上形成粉体层，然后向这一粉体层上喷涂溶剂或液体树脂，使之与粉体层一起形成密封薄膜。

三、复合造型形成密封层

1. 复合造型法

这种工艺采用两种型砂造型。先在模样上均匀地覆盖一层面砂，面砂中含有较多的黏结剂和能促使黏结剂固化的有机溶剂，然后由模板和模样上的通气孔吹气，快速除去其中的溶剂使砂层固化，此后再填入不含黏结剂的干砂，按一般 V 法造型。这种工艺也可用模板加热使黏结剂固化，加热的同时吹气可以大大缩短固化时间。这种工艺常用的黏结剂为硅酸乙酯、共聚尼龙树脂、乙烯-乙酸乙烯酯树脂等。

2. V法复合造型

在模板上放好砂箱后，覆盖含有黏结剂的型砂，平面上砂层很薄，形状复杂处及深凹处覆以较厚的砂层，甚至可以将整个深凹处填满，然后在该砂层上面覆以薄膜，由模样上的小孔抽真空使砂层及薄膜紧贴于模样上，此后在薄膜上开数个小孔，再填以干砂并按正常 V 法造型。这种工艺解决了因薄膜伸长性限制 V 法难以在较大凹凸处成型的困难。

第五节　V法铸造工艺的扩大

一、大件覆膜

虽然 V 法工艺在铸造生产中显示出极大的优越性，但 V 法也有一定的局限性，形状复杂的模样很难覆膜，制造大型箱体件时常遇到这种难题，而且在整个工艺周期中，必须在型中保持负压。现介绍国外研制出几种方法。

（1）给较大和较高的模样覆膜的装置：如图 12-7 所示是一个吸嘴框架，几个边可移动，负压使薄膜 1 吸到框架 3 上，电加热器 2 将其加热至塑性状态，然后，便附在带模样 5 的模板上。框架各边移动机构由拉杆 4 与传动装置相连。框架各边由铰接元件固定。整个框架由柔性真空管道连接并经过套管抽真空。由于框架周边缩短，在负压过程中，薄膜好像帐篷一样包住了模样，这可用薄膜给高 1.2～1.4m 上面有凸出部分和冒口的模样覆膜，还可使用伸长性不大的膜，如聚乙烯膜，这可减少膜的耗量。

（2）用手动柄轴给模样覆膜：该轴上有两个手柄 1，有一卷条状薄膜 2 和内装电加热器

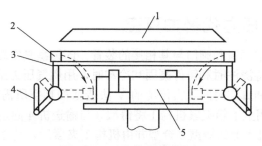

图 12-7　Ⅴ法薄膜覆膜设备
1—薄膜；2—电加热器；3—框架；4—拉杆；5—模样

的辊子 3，在将成条的薄膜 5 附在模样上之前，如图 12-8 所示，要用膜罩 4（如聚乙烯膜制成的）将其罩住，使模样密封起来。经过通道孔 6 给整个模样表面抽真空。模样表面部分逐渐从膜罩松脱的同时，在其上覆内衬薄膜条，并用辊子 4 将其加热至所需的塑性程度。薄膜条搭接时，对接宽度 5～10mm。然后，用抗黏砂涂料涂刷辅面薄膜，以添满时常在膜条对接处出现的缝隙。不使用膜罩很难将辅面薄膜条保持在模样表面，因为模样表面与空气接触时负压锐减。所使用的薄膜条接点要薄，要不会降低铸件表面质量。

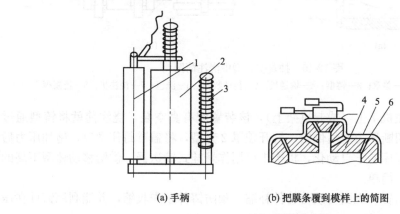

(a) 手柄　　　　　　(b) 把膜条覆到模样上的简图

图 12-8　用手柄给模样覆膜
1—手柄；2—薄膜；3—电加热器辊子；4—膜罩；5—薄膜；6—通道孔

　　（3）利用铸坑进行Ⅴ法造型：如图 12-9 所示，造型前，用膜熔接成的壳，塑料将铸坑表面封好。坑底放有减振器 2，它们上面装有真空管框架 3，这些框架是由标准型材焊接起来的刚性结构，拥有腔和穿孔壁。然后将砂子倒入铸坑，形成砂枕，再将模样 4 装在上面。通过抽真空，使辅面薄膜在模样上。给铸坑撒砂，使之高度接近安在框上和模样上的特制平台 5，然后固定住便携式振动器 6，振实后抽掉振动器，用薄膜把铸坑坑口封好，将框架接到真空源上，给砂子抽真空，然后停止给模样抽真空，进行漏模。

　　上述大件造型的方法无需复杂的覆膜设备和复杂的砂振实设备。尽管采用了手工工序，但从Ⅴ法造型劳动量和材料耗费来看较潮模砂造型或自硬砂造型更经济些。

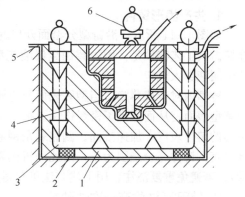

图 12-9　用铸坑进行Ⅴ法造型
1—塑料壳；2—减振器；3—真空管框架；
4—模样；5—平台；6—振动器

二、利用燃气压力代替抽真空

该法可减少使用真空管道和阀门与其相接的装置，即铸型真空跟踪系统，尤其是在输送器上移动。铸型合型等待浇注时和铸件凝固和冷却时，用燃气压力给铸型紧实，只是在造型和浇注时才使用真空，抽真空时间只占传统的 V 法造型抽真空所需时间的 10％～12％。其方法如图 12-10 所示。用上下箱夹紧机构 1 将铸型 3 与输送机 4 固定起来，并密封带有传动装置 5 的盖罩 2。输送机 4 上的铸型 3 合型并由机构 1 夹紧后，铸型箱口被密封罩盖住，以130～150kPa 的压力经软管抽真空，以使压差保持在 30～50kPa 之间。

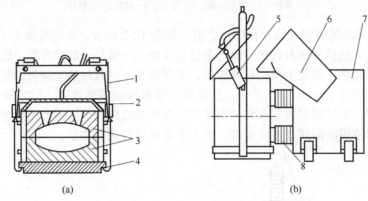

图 12-10　抽真空铸型中浇注简图
1—夹紧机构；2—盖罩；3—铸型；4—输送机；5—传动装置；6—浇包；7—浇注机；8—连接阀

浇包 6 安置在浇注机 7 上（或起重架上），该装置配有真空泵，浇注前就将铸型通过连接阀 8 与真空接通，切断压力空气供给，打开盖罩 2 充型，将盖罩封住型口，施加压力后停止铸型抽真空。上述工序易于自动化，机构 1 可用作悬挂式输送器，供给移动铸型不高的气压时，结构上较抽真空简单。

此外，把气压供给冒口表面可改善铸件补缩，预防铸件预先收缩，并能利用铸件在压力下凝固所具有的优点。

三、用真空吸收法生产铸件

该法也叫真空吸铸，它是从 V 法造型演变而来的。

1. 生产齿形铸件

如图 12-11 所示，沿铸型分型面开出的并由芯砂塞 4 封住的溢流槽 3 与浇注系统 2 下部连接。其工艺特性是：用耐磨钢金属液充型，停留近 1min，从槽中取出塞子，再将未凝固的金属液倒入浇包。

铸型内衬合成薄膜，当型腔表面与金属液接触时，薄膜气化，由于给砂子抽真空使膜贴于铸型表面，从而起到了密封作用。抽真空可提高金属液与砂子接触界面的压力，促进铸件密实的铸件表皮 1 加速凝固。倒完剩余钢液后，砂芯塞将槽封闭，注入碳化钢液，给铸型抽真空直到铸件完全凝固为止，由此而得的双金属铸件拥有坚固的耐磨表层（尤其是刀刃边缘）。若避免重复浇注，用上述方法可获得具有观赏性的薄壁空心铸件。

2. 使用 V 法生产一次性砂芯

如图 12-12 所示，管件砂芯 5 部分浸入金属液 4 里，给某一轴颈 2 中的孔减压时，经带吸气孔的管状形芯骨 3 给砂芯抽真空，带减速器的电动机装在横臂 1 上，砂芯浸入金属液后，它驱动砂芯 5 旋转。该法可通过真空吸附砂芯表面将实现第一层金属铸造并结块。铸件回铸多层管，对下一层铸造而言都是一个引锭器。

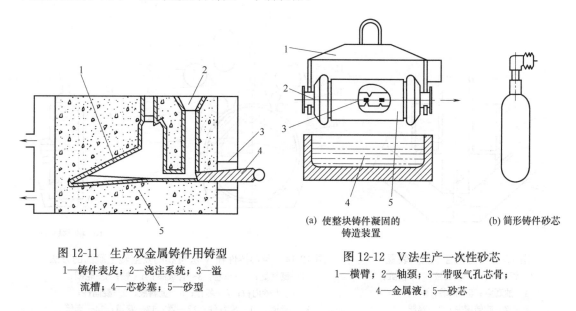

图 12-11　生产双金属铸件用铸型
1—铸件表皮；2—浇注系统；3—溢流槽；4—芯砂塞；5—砂型

图 12-12　Ｖ法生产一次性砂芯
1—横臂；2—轴颈；3—带吸气孔芯骨；4—金属液；5—砂芯

(a) 使整块铸件凝固的铸造装置　　(b) 筒形铸件砂芯

生产筒形件，可采用图 12-12 中展示的砂芯。在这种情况下，为获得多层铸件，要多次浸入金属液并在金属液面上方停一会儿。更换金属液槽缸时，可获得多层铸件。为避免金属液与大气相互作用，可采用惰性气体吹件装置或把金属液槽缸和砂芯放入带惰性气体的封闭室内。有时采用 Ｖ 法制成的带吊芯的半型代替砂芯，这样便于获得槽缸件和不同器皿件。

使用真空吸注与真空吸入方法，可将金属液涂抹和保持在型砂表面并形成金属皮。当金属液将砂芯或吊芯封闭时，其强度在真空结束前不会改变。

3. 以连续抽真空为基础的连续铸造法

如图 12-13 所示，它适于连续生产薄壁管子。通过用旋转搅龙 7 紧实砂子和通过喷嘴 6 挤压被紧实的砂子来生产砂芯 5。喷嘴 6 由一整块材料制成，内壁穿孔，其内腔经套管抽真空。喷嘴出孔与充满金属液 2 的槽缸 3 的底部孔并行，这可经金属液放出砂芯。金属液 2 被吸附在砂芯 5 上呈管状件 1 凝固，该管子从金属液面方向排出。金属液和管子封闭砂芯，取代按 Ｖ 法工艺使用的薄膜，要紧实砂芯，采用 60kPa±30kPa 的负压即可。

在 0.3～0.4m 的距离给硅砂芯抽真空是很有效的，由于过滤时砂粒间的气体丧失，负压继而降低 50%。在上述高度以下，砂芯强度足以接触金属液。铸造过程应如此进行：在距喷嘴 0.3～0.4m 处在金属液中移动时，砂芯上会形成足够牢固的外皮；当支承点在丧失强度、离开喷嘴的砂芯上时，不应形成外皮；将生产出的管子切成规定尺寸，从砂块中倒出。

该法可经过槽中心线为曲线的喷嘴挤出砂芯，以生产螺旋状管子，并将砂芯与金属液面成一定角度放入槽缸中，从而获得壁厚不等的管子。若其他金属液或非金属材料的熔融层在金属液面上移动，则可生产出带有上述材料涂层的管子。

四、利用在真空辊上凝固的方法浇注条形铸件

条形铸件采用真空辊（带透气轮圈）铸造的方法，如图 12-14 所示。该法的原理是，轮圈 5 带干砂内衬 6，可被看作用 Ｖ 法制成的，通过轮圈状的管形穿孔型芯骨 7 抽真空的旋转

砂芯，在与金属液 8 接触期间，在轮圈表面凝固成件 9，然后沿辊道 10 卷成卷 11。冷却气体（如在筒 1 中从液态变为气态的氮）沿管道 13 靠罩 12 来到砂衬表面。

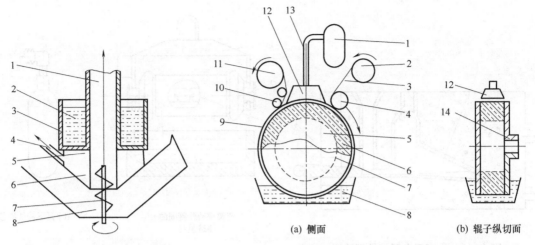

图 12-13　薄壁管子生产装置
1—管状件；2—金属液；3—槽缸；
4—抽真空；5—砂芯；6—喷嘴；
7—旋转搅龙；8—容器

图 12-14　条形铸件在 V 法覆膜的真空辊上凝固的方法
1—氮气筒；2—膜卷；3—合成膜；4—轴；5—轮圈；
6—干砂内衬；7—芯骨；8—金属液；9—凝固件；
10—辊道；11—成卷件；12—罩；13—管道；14—套管

(a) 侧面　　　　　　　　　　　(b) 辊子纵切面

　　从膜卷 2 用轴 4 将合成膜 3 附在辊子表面，使其密封。经套管 14 从穿孔轮圈中抽气时，其负压或被降低的压力为 20～50kPa。负压不仅用于保护轮圈上用 V 法敷上的内衬，而且用于吸取（通过过滤）从罩 12 下面送出的冷气。

　　与金属液接触时，内衬合成膜气化，并被条状的凝固金属外皮薄膜代替，气化物从轴中抽出，这样一来，由于熔融金属（金属条）对内衬表面具有额外压力，在通过气化内衬传播的同时形成负压。例如，高 1m、金属静压约 7kPa 的钢柱，对于这种钢液来说，大气压力与被降低压力的压差产生了额外的应力，该应力等于高为 1.1～0.7m 的钢柱的金属静压。这就强化了接触区中的散热并可靠地将条形件保持在辊子上。

第六节　铸件力学性能的改善方法

一、V法铸件存在的性能问题

　　与湿型铸造相比，在 V 法铸型中铸件冷却速度较慢，其原因是：V 法铸型中空气稀薄，空气的导热能力、对流换热能力低；造型材料中没有充填于砂粒间的黏结剂，砂粒间接触面积小，铸型的蓄热能力、导热能力低；而湿型或其他铸型浇注时，其中的水分汽化、有机物挥发会加速铸件冷却，V 法铸型对铸件没有这样的作用。由于冷却速度慢，V 法铸造生产的铸件，尤其是大型铸件，组织晶粒粗大，强度、硬度较低。

二、改善铸件力学性能的方法

　　（1）表面合金化：用铁磁性材料制作模样，或模样内装有磁铁。造型时当模样、模板上覆好塑料薄膜后，先在薄膜上涂刷一层快干耐火涂料，待耐火涂料干燥后将模板翻转过去，即将模样朝下放入装有活性填料的箱体内，模样表面将吸附一层活性填料，然后把模样翻转过来，放上砂箱，填入普通干砂，按一般 V 法造型。活性填料成分为：w（铝铁）＝40％～48％，w（氯化铵）＝2％～3％，w（铁磁粉）＝30％～40％，其余为硅砂。用这种方法对铸件进行表面合金化处理可大大节省活性填料中合金元素的加入量，能明显提高铸件表面层的力学性能。

（2）使用促进形核的涂料：用 V 法生产铸件时，为防止黏砂，提高型腔表面强度，维持铸型的真空度，型腔表面需要喷刷涂料。试验表明，若在涂料中加入能促进形核的孕育剂，则能起到细化铸件组织，提高力学性能的目的。生产铝合金铸件时，有效的孕育剂是钛盐、锆盐、硼盐等，涂料中的这些盐类能明显地细化铝合金铸态组织。

（3）使用有效激冷作用的造型材料：国内外一些铸造厂曾使用铁丸、铁屑、钢珠等激冷作用强、导热能力强的造型材料代替硅砂，用于制作 V 法铸型，使生产出的铸件的力学性能，尤其是表面层的力学性能得以改善。

第七节　计算机在 V 法铸造生产中的应用

近年来，计算机在铸造行业的应用日逐增多：用于凝固过程的分析，各企业的生产管理，计算机辅助设计（CAD），3D 造型和工艺分析等。

但是，在采用计算机时，最关键的还是如何实现数据化，现场作业的窍门和方案的确定，设计拥有的知识等变成数值化是极其困难的。因为 V 法造型发展的历史不长，传统的技巧较少，计算机控制项目还不多，因此，在 V 法上应用计算机，会有更多的工作可以尝试。

1. 铸造缺陷的分析装置

关于 V 法铸造缺陷的分析、对策和生产管理，采用具有人工智能的分析装置是有利的。用这些软件与硬件相结合，就能对铸造缺陷进行总体判断。利用该装置，可以对现有 V 法造型的工艺等进行深入探讨，能够找到工艺方面更加合理的技术方案。

2. 方案设计系统

V 法造型的方案设计也和铸造缺陷数据一样，可以分成几种类型。如图 12-15 所示为目前已基本成型的模板设计制作时的工艺方案。其中，浇道比、浇道尺寸都数值化了，模样布置等图样数据也实现数值化了，已将这些图样数据存在电子计算机的数据库内。有了这套系统，就可以按工件图自动设计出铸造工艺方案图和铸件毛坯图，再配上 CAM（电子计算机辅助制造），就可以实现数据库控制下设计、制作和生产过程及管理的自动化。这套系统，如图 12-16 所示。

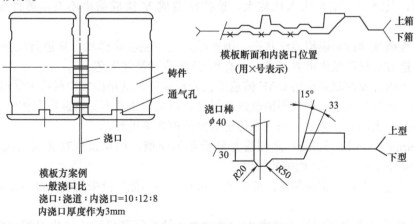

图 12-15　模板设计工艺方案

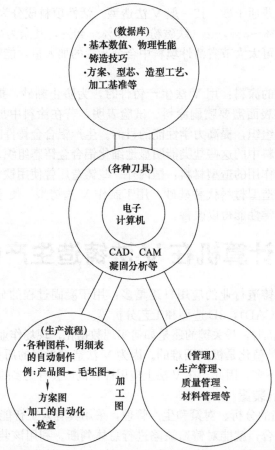

图 12-16 计算机数字库进行设计、管理的综合系统

另外，借助于广泛采用的金属凝固分析方法对 V 法造型工艺进行分析和研究，以进一步促进 V 法造型技术的发展。

3. V法模样浇注设计软件

在整个 V 法铸造的每个环节中，至关重要的是浇注工艺，包括浇道、冒口、内芯、冷铁，及砂箱倾斜角度等。目前大部分的工艺设计是根据普通浇注工艺来考虑 V 法的浇注工艺设计，V 法具有自己的特点，按普通浇注来设计往往达不到预期的效果，由于零件形状和尺寸的不同，其浇注的结果出入比较大，这往往造成 V 法成品率不高，铸件会有气孔等缺陷。

为了最准确地预计和模拟浇注状态，国外都是应用浇注模样软件来进行浇注工艺设计。豪斯公司在这方面早就领先世界水平，一直用 SMS 设计浇注工艺。

目前，国内开发的就是华铸 CAE 铸造工艺分析软件，这是由华中科技大学经 20 余年研究开发，虽然此软件经过长期的不断改进和提升，但相对于众多的铸造厂家和设计单位，用户并不是很多，大部分工艺设计仍是在传统的经验模式下进行。

SM（Simulation Modeling）是创建并分析数学模型，用来预测在真实情况下的表现。SMS（SM Software）是 SM 相关的软件。

铸造生产之所以仍停留在传统经验模式下进行，而不能广泛采用有关计算机软件，其原因是：

① 软件应用于各种不同的铸造方式。国内许多铸造厂和设计单位仍然相对传统，对新

生事物不是很了解，有个学习实践过程。

② 事实是计算机模拟和实际还有所差距，影响实际的因素太多，软件只能依赖部分初始条件的给出。

③ 软件对浇注、成型、冷却、热交换的模拟是对多种铸造方式，并不是对 V 法的特指，而 V 法相对于其他传统的铸造是独树一帜，是第三代铸造模式的代表。这种对第二代铸造模式的模拟放到第三代上，明显有些力不从心。例如，软件并没有对膜的燃烧、熔化、结壳进行模拟；并没有对产生的气体的抽量、压力、成分进行模拟；没有对有可能塌箱的压力分析进行模拟，即压力对整个浇注过程的影响的分析等。

④ 软件的建模是要建立在 CAD、CAM、CAE 的项目基础，目前国外的铸件设计大部分是在二维图样阶段，并没有多少实例。BIM 的三维建模，从铸件设计的 BIM 提取有关零件数据比较困难，致使对软件输入的初始数据可能出现缺陷。

结论：创建 V 法特有的更准确的模拟软件是提高 V 法工艺的发展方向。

第八节　Ｖ法铸造的应用前景及展望

V 法铸造技术自 1971 年被日本开发以来，至今已有几十年的发展历史了。日本的新东工业公司在世界范围内主导着 V 法铸造技术的潮流，在它和它在英国、美国、德国、澳大利亚、南非的五家联合公司的积极推广下，在各国铸造工作者对这一新技术进行了大量卓有成效的研究下，目前 V 法造型技术已经成为当今几种先进的造型工艺方法之一，被广泛地应用于生产各种铸造合金的各类铸件，生产的铸件小至几十千克，大至十几吨，有铸铁件、铸钢件、铸铜件、铸铝件。

新东工业公司早期主要以出口设备为主，后来开始向国外输出 V 法技术，先后向美国、英国、德国、意大利、南非、俄罗斯、南斯拉夫、保加利亚等国输出了 V 法设备的制造技术，并在当地生产 V 法设备。

我国对 V 法造型的研究和应用在世界上并不算晚，但却经历了一个"马鞍形"的发展过程。早在 1974 年上海机械制造工艺研究所就开始了对 V 法造型工艺的研究，以后华中科技大学等 20 多个院校、研究所、设计院、工厂先后都投入了这项新工艺的研究和试验。随着 V 法铸造技术、设备、材料、工艺的不断发展，以及全社会对环保的重视，我国的 V 法铸造即将进入一个快速发展时期。

但国内仍然认为 V 法只是一个普通铸造模式，只是用来取代传统的其他模式，并没有认识到 V 法的优点不只是环保上的问题，而是可以制造更精确和更复杂的零件。

具体地说，国内 V 法在工艺上仍和国外产品有着巨大的差别，这不是 V 法原理和理论上问题，是各个环节上的工艺问题，包括设备和工艺。例如，公差可达 ± 0.010 mm，壁厚可达 2.3mm，表面粗糙度达 $Ra40\mu m$ 以上。另外，垂直起模是 V 法特有的优点，是其他铸造不可比拟的，我国目前在铸造生产中并没有很好利用这一点。

V 法 4 个特点将是 V 法从业者共同努力的目标。

① 垂直起模。大部分铸件侧壁是垂直的传统，总是留加工预留量，这浪费材料和人工。

② 零公差。一个铸件最后的加工面往往很少，大部分面是用原面作为最终零件表面，对大部分尺寸的控制在传统上都是经过加工形成的，这就是大家认为铸件是毛坯，就应该加工，V 法应该改变对此看法。铸造面即是机械零件的表面才是我们共同追求的目标。

③ 表面质量。$Ra40\mu m$ 相当于▽2，对一般铸造面来满足一般机械零件的表面粗糙度是绰绰有余的。

④ 复杂零件。一般认为 V 法不易制作复杂零件，这主要是国内的铸造工艺特别是制芯和浇注工艺和国外相差太远，制芯和浇注两项工艺仍然停留在传统铸造层面上，并没有研究出专门适合 V 法的制芯和浇注的特别工艺，故使得铸造复杂零件非常困难。国外，特别是豪斯公司的铸件复杂程度使我们看到了差距。

编著者根据多年在 V 法铸造领域的工作实践，提出对 V 法铸造的一些看法，并展望其应用前景，愿和广大 V 法铸造工作者商榷。

从 V 法铸造诞生伊始，由于其表面质量好、环保无污染、工艺性好等显著特点，让铸造界广大工作者为之振奋，并迅速进行了深入研究和快速推广。但是，V 法铸造的局限性一直伴随并困扰着这一特殊工艺的成长和发展，造型效率低、成型性差。

时至今日，环境保护被中国和全世界越来越高度地重视，在污染和废弃物的排放已经开始制约铸造业发展的今天，V 法铸造又迎来了大发展的机遇。如何汇集和推广近年来 V 法铸造的发展成果，解决困扰 V 法铸造制约因素，是铸造工作者的历史使命。

一、V 法铸造在关键和重要零件上的应用

铁路货车中的关键铸件是摇枕、侧架，在一辆货车中起着特殊的承重作用，使用中不仅要承载整车的重量，还要承受高速运动时的交变载荷，一旦出现问题，将危及铁路的行车安全。随着日本、俄罗斯、中国等国的铸造工厂的不断努力和攻关，目前，V 法铸造的摇枕、侧架已经在铁路运输中使用多年，实践证明是安全可靠的，这样的实践，对于消除铸造厂家的担心，扩大 V 法铸造的应用领域，有着极大的意义。

二、V 法造型效率和自动化

一直以来，V 法造型的效率与自动化是困扰 V 法造型发展的一个因素，为此，设备厂家、铸造厂家都做了很多的努力，也取得了极大的进展，德国 HWS 公司设计的天瑞铸造公司的自动化生产线就代表了当今先进的 V 法设备自动化水平，除了喷涂料、放冷铁、下芯等工序需要人工操作外，全部实现了自动化，而且完全没有"拖辫子""插管子""黏薄膜"等 V 法造型的固有操作。

正如表面质量好、环保无污染、工艺性好等显著特点一样，大部分生产线造型效率不高的问题是 V 法铸造的一个特点，因为有不少的工序需要人工操作。造型效率的高低也是一个比较值，潮模砂造型随着设备的发展与进步，其造型效率已经达到了非常高的水平，而树脂砂造型、酯硬化水玻璃造型、V 法造型则是效率比较低。针对于此，设备制造厂家、材料制造厂家、工程技术人员也在进行着不懈努力。

在工艺和产品特征合适的情况下，V 法造型生产线的效率也可以与潮模砂造型线相媲美，目前，已生产出了砂箱内尺寸为 950mm×850mm×180mm/180mm，造型生产率为 35s/型的全自动高速造型线，这让人们看到了 V 法造型生产线更广阔的未来。

三、V 法造型要不断借鉴其他行业发展成果

当前，世界范围内的技术呈现着跨越式的飞速发展，V 法铸造要置身于这个发展大潮中，不断地借鉴其他行业的发展成果，加快吸收、应用，从而使 V 法铸造能跟上时代发展的步伐。

四、新材料研究与应用

就 V 法铸造的发展而言至关重要的因素是塑料薄膜，因为目前薄膜的成型性限制了 V

法应用领域的扩大，正在努力改善薄膜的成型性。最近，有使用伸长率的橡胶系薄膜的倾向，另外，已尝试塑料薄膜在恒温气氛下形成，这就使塑料薄膜的伸长率能达到高度与直径比 5：1 或 6：1，而普通成形法仅为 1.5：1。这种技术将使 Ｖ法造型的效率大大提高，也将使其得到更广泛的应用。

涂料及喷涂方法是 Ｖ法铸造中涉及工艺性、造型效率、经济性关键材料和环节，在涂料部分有所突破必将带动 Ｖ法铸造的发展。

五、Ｖ法铸造的经济性

就投资和运行成本而言，Ｖ法铸造已经显示出明显的经济优势，随着环境保护水平的提高，Ｖ法铸造的经济性将会具有越来越大的优势。

六、加强技术合作和交流，促进我国 Ｖ法技术的快速发展

中国铸造协会和中国机械工程学会铸造分会，相继成立了消失模和 Ｖ法铸造技术委员会，在协会和学会的带头和组织下，我们定期进行学术交流，并组织相关的研究单位、院校、工厂进行攻关，解决 Ｖ法铸造生产上的工艺难题，同时开展 Ｖ法成套设备的开发和研制，集中力量对引进设备进行消化吸收和创新，实现国产化，提高 Ｖ法设备的制造水平自动化程度，为 Ｖ法设备的出口创造条件。

参 考 文 献

[1] 中国机电数据. 我国铸造机械发展迅速　贸易顺差逐年增大 [J]. 铸造设备与工艺，2009 (2)：61-62.

[2] 谢一华. Ｖ法铸造工艺及装备 [J]. 今日铸造，2005 (2)：109-111.

[3] 刘小龙. 我国铸造装备发展展望 [J]. 铸造设备与工艺，2009 (1)：4-7.

[4] 李澍臻，梁兴旺，关春京，等. 真空密封造型喷涂成膜技术研究 [J]. 特种铸造及有色合金，1998 (3)：22-23.

[5] 谢一华，章舟，蔡玉初. Ｖ法与消失模铸造生产线 [J]. 铸造设备研究，2008 (4)：29-31.

[6] 柳百成，沈厚发. 面向 21 世纪的铸造技术 [J]. 特种铸造及有色合金，2000 (6)：11-12.

[7] 宫海波. Ｖ法用生产异形件和连接铸件 [J]. 国外铸造. 1994 (1)：46-48.

[8] 刘景武. Ｖ法—实型铸造 [J]. 现代铸铁，1996 (4)：22-28.

[9] 梁济，蔡惠民. "Ｖ"法生产中几个问题的探讨 [J]. 特种铸造及有色合金，1994 (2)：8-11.

[10] 杨正山，李德宝. Ｖ法造型及其经济性评述 [M]. 北京：机械工业出版社，1985.

[11] 土田正信，奥村洁. Ｖ法的现状和展望 [J]. 金属，1987 (2)：42-45.

[12] 铁道部武汉工程机械厂. 真空密封造型 [M]. 北京：中国铁道出版社，1982.

[13] 韩修玉. 日本铸造技术 [M]. 天津-机工业局，1982.

[14] 傅其蔼，喻德顺. 真空实型铸造 [M]. 北京：新时代出版社，1991.

[15] 王家藩，侯锡亮. 实型真空铸造 [M]. 北京：兵器工业出版社，1995.

[16] 张亚辉. Ｖ法现状及其在我国应用前景的展望 [J]. 铸造技术，1998 (4)：39-41.

[17] 王其东. Ｖ法造型在国内外的应用及发展 [J]. 铸造技术，2004，25 (8)：637-638.

[18] 叶升平，刘德汉. 国内外 Ｖ法铸造技术的发展现状与问题 [J]. 特种铸造及有色合金，2009，29 (2)：158-161.

[19] 王莉珠. 日本 Ｖ法铸造工艺和设备的发展概况 [J]. 中国铸造装备及技术，1999 (5)：11-12.

[20] 叶升平，张建满. Ｖ法铸造在黑色合金铸件上的拓展与提升 [C]. 合肥：第十一届消失模与 Ｖ法铸造学术年会论文，2013.

[21] 樊自田，王继娜，黄乃瑜. 实现绿色环保铸造的工艺方法及关键技术 [J]. 铸造设备与工艺，2009 (2)：2-7.

[22] 叶升平，谢一华，周德刚. Ｖ法铸造与消失模铸造之比较及复合铸造实践 [C]. 徐州：第九届消失模与 Ｖ法铸造学术年会论文，2009.

[23] 罗吉荣，叶升平，黄乃瑜，等. EPC-Ｖ法在钢铁铸件生产中的实际应用 [J]. 特种铸造及有色合金. 1994 (5)9-12.

V

附录

国内外V法
铸件图集

1. 车桥轴承座（一）
材质：ZG 重量：743kg

2. 车桥轴承座（二）
材质：ZG 重量：725kg

3. 齿轮箱壳体
材质：HT25 重量：495kg

4. 剪床侧护板
材质HT 或 QT 重量：52kg

5. 磨削工具套
材质：QT 重量：1005kg

6. 车钩
材质：ZG 重量：190kg
材质：球铁 重量：104kg

7. 卡车半轴
材质：QT450-7
重量：79kg

8. 砂箱
材质：QT500-7　重量：800kg
尺寸：1790mm×1400mm×350mm

9. 护圈
材质：QT500-7　重量：330kg

10. 压铸机支架
材质：QT500-7　重量：270kg
尺寸 580mm×550mm×400mm

11. 过滤器板
材质：QT500-7
尺寸：2000mm×2000mm×80mm

12. 人孔盖
材质：HT20　重量：约80kg
直径：700mm

13. 水表壳体
材质：HT 或 QT
重量：250kg

14. 滚轮壳体
材质：QT400-18　重量：420kg

15. 冷却器壳体
材质：ZAlSi10-Mg　重量：10kg
尺寸：710mm×210mm

16. 造型机托盘
材质：QT　重量：1070kg
尺寸：1800mm×1200mm×160mm

17. 壳体
材质：ZAlSi12　重量：33kg；
尺寸：650mm×610mm×470mm

18. 过滤器壳体
材质：HT25　重量：112kg

19. 旁通阀体
规格：DN10～DN400
材质：QT400-18

20. 卡车车桥
材质：QT40　重量：190kg

21. 电气机车箱
材质：QT400-18
重量：200kg

22. 印刷机侧板
材质：HT25　重量：480kg

23. 机壳
材质：HT25　重量：144kg

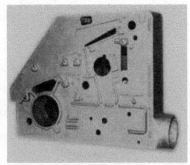

24. 侧箱体
材质：ZAlSi8Cu3　重量：11kg
尺寸：650mm×480mm×150mm

25. 通风机叶片
材质：ZG40CY 重量：75kg

26. 旁通阀阀体
材质：QT400-18

27. 铣床工作台（一）
材质：QT450-10 重量：500kg
尺寸：810mm×810mm×140mm

28. 环形隧道拱形体
材质：QT500-7
尺寸：2200mm×1100mm

29. 前桥
材质：ZG40Cr12 重量：170kg

30. 耐压罐体
材质：ZAlSi12 重量：520kg

31. 铣床工作台（二）
材质：QT400-18 重量：560kg
尺寸：1250mm×800mm×140mm

32. 绕绳毂
材质：QT400-18 重量：280kg
尺寸：800m×φ650mm

33. 浴盆
材质：HT 重量：70kg
尺寸：1000mm×720mm×600mm

34. 行车轮
材质：ZG50SiMn 重量：70～255kg

35. 减速机壳
材质：HT 重量：150kg

36. 后桥
材质：ZG40Cr 重量：280kg

37. 锅炉片
材质：HT20　重量：160kg
尺寸：210mm×540mm×1320mm

38. 叉车配重
材质：HT15　重量：1770kg

39. 阳极钢爪
材质：ZG200-400　重量：180kg

40. 排气管
材质：QT400-18　重量：45kg

41. 铁路辙叉
材质：ZGU71Mn　重量：约1.3t
尺寸：6300mm

42. 机车侧架
材质：ZG　重量：480kg

43. 八角座体
材质：ZAlSi12

44. 槽体
材质：ZAlSi12

45. 游艇壳体
材质：ZAl
尺寸：7000mm×4000mm×
100mm/800mm

46. 装饰屏风
材质：ZAl　重量25kg

47. 差壳
材质：QT　重量：47kg

48. 机车摇枕
材质：ZG　重量：880kg

49. 轧臼壁（定锥）
材料：ZGMn13　重量：250kg

50. 料盘（一）
材质：GH1015　重量：176kg

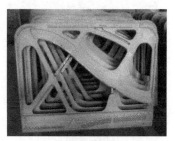

51. 钢琴琴排（一）
材质：HT15　重量：约100kg

52. 料盘（二）
材质：GH1035　重量：235kg
尺寸：1700mm×1550mm×60mm

53. 钢琴琴排（二）
材质：HT20　重量：180kg

54. 压延机支腿
材质：ZG200-400
重量：2000kg

55. 铁路联接件
材质：ZG200-400　重量：95kg

56. 排污阀体
材质：HT20　重量：70kg

57. 变速箱
材质：HT20　重量：260kg
尺寸：1035mm×607mm×570mm

58. 异形弯管
材质：ZAlSi12　重量：3.5kg

59. 耐热钢料框
材质：Ni13Mn7

60. 注塑机闭合气缸
材质：HT25　重量：148kg
尺寸：440mm×440mm×400mm

61. 泵壳
材质：HT35　重量：840kg

62. 造型机臂架
材质：HT20　重量：41kg
尺寸：200mm×600mm

63. 支框
材质：HT20　重量：50kg
尺寸：320mm×520mm×
90mm/120mm

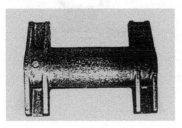

64. 压延机撑臂
材质：ZG200-400　重量：2000kg

65. 框架
材质：ZAlSi12　重量：20kg
尺寸：900mm×500mm×500mm

66. 罩壳
材质：HT20　重量：54kg
尺寸：140mm×φ630mm

67. 异形三通管
材质：HT30　重量：300kg
尺寸：1000mm×850mm×720mm

68. 链轮（一）
材质：ZG200-400　重量：170kg
尺寸：1024mm×105mm

69. 减速机下箱
材质：ZG200-400　重量：270kg
尺寸：897mm×620mm×480mm

70. 纺机挡板
材质：HT25　重量：260kg
尺寸：76mm×800mm×1400mm

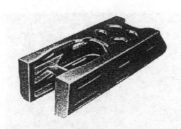

71. 伴板
材质：ZG230-400　重量：195kg
尺寸：573mm×345mm

72. 钻座
材质：HT25　重量：700kg
尺寸：φ400mm×φ240mm×680mm

73. 齿轮换向器
材质：ZG230-450　重量：92kg
尺寸：φ568mm×121mm

74. 链轮（二）
材质：ZG230-450　重量：57kg
尺寸：φ510mm×150mm

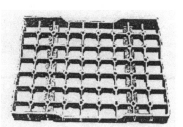

75. 格子板
材质：SCHZZ　重量：60kg
尺寸：1200mm×800mm

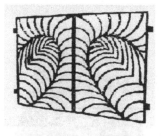

76. 装饰板
材质：ZA1Si7Mn
重量：35kg

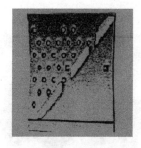

77. 抛刃滚筒衬板
材质：NM360 或 QT400-18　重量：24kg
尺寸：410mm×410mm

78. 铁道车辆电机框架
材质：ZG230-450
重量：1100kg

79. 链轮（三）
材质：ZG200-400　重量：71kg
尺寸：φ552mm×120mm

80. 桥梁支架
材质：ZG200-400　重量：90kg

81. 覆带机底座
材质：ZG200-400　重量：47kg
尺寸：800mm×340mm×90mm

82. 冲床滑块
材质：HT25　重量：120～300kg

83. 弯管
材质：QT450-18　重量：40kg

84. 纺机端架
材质：HT25　重量：50kg

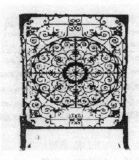

85. 屏风板
材质：ZAlSi12　重量：20kg
尺寸：885mm×1185mm

86. 床身
材质：HT25　重量：350kg

87. 加速器壳
材质：ZG230-450
重量：300kg

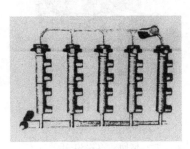

88. 滚筒缸
材质：HT30　重量：10kg

89. 压缩机螺杆
材质：QT500-7　重量：70kg

90. 破碎机衬板
材质：ZGMn13　重量：30kg

91. 球墨机衬板
材质：ZGMn13　重量：63kg

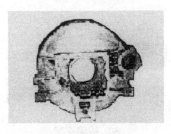

92. 汽车飞轮壳
材质：QT400-18　重量：40kg

93. 别墅门
材质：ZAlSi12　重量：102kg
尺寸：3880mm×3250mm

94. 颚式破碎机颚板
材质：ZGMn13　重量：2000kg
尺寸：1884mm×1057mm×170mm

95. 球磨机筒体衬板
材质：ZGMn13　重量：98kg

96. 球磨机格栅板
材质：ZGMn13　重量：63kg

97. 散热灯罩
材质：ZAlSi12
尺寸：995mm×480mm×140mm

98. 压力机用金属型
材质：ZAlSi7Mn　重量：20kg
尺寸：900mm×500mm×500mm

99. 建筑车辆用轮毂
材质：QT450-10
重量：190kg

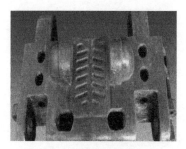

100. 电铲履带板
材质：ZGMn13Cr2-3　重量：295kg
尺寸：1052mm×441mm×262mm

101. 电机壳体
材质：ZG200-400　重量：800kg

102. 侧炉门
材质：RuT260　重量：2564kg
尺寸：7410mm×690mm×285mm

103. 炉门框
材质：RuT260　重量：3190kg
尺寸：7700mm×930mm×190mm

104. 球磨机上机座
材质：ZG200-400　重量：4010kg

江阴华天科技开发有限公司

　　江阴华天科技开发有限公司座落于经济发达的长三角地区，是集科、工、贸为一体的高新技术企业，专业从事工程机械装备中气力输送装置，V法铸造及消失模铸造、砂处理成套设备，机械化运输设备及环保设备的设计开发、生产制造、工程承包。公司通过了ISO 9000国际质量体系认证，是中国铸造协会理事、中国机械工程学会铸造分会消失模与V法铸造技术委员会副主任、中国机械工程学会物料工程分会管道物料输送技术委员会副主任、荣誉理事，世界杰出华商协会会员单位。

　　公司以其先进扎实的技术、丰富的实践经验，为客户提供了上百条V法铸造、消失模等铸造生产线、数百套各种物料的气力输送装置，得到广大客户的广泛赞许和好评。

公司办公楼

人文景观

车间外景

气力输送试验台

企业信念——言必信 行必果 诺必践

企业发展动力——坚持不断创新，适应用户需求

企业持久不衰的灵魂——坚守诚实、信誉、质量、服务

先进的数控车床

数控激光切割机

地址：江苏省江阴市月城镇月翔路17号　　　联系人：谢 田　　手机：139 6168 8156
电话/传真：0510-86273026　　　邮箱：infor@jy-dannier.com　13961688156@139.com
网址：http://www.jy-dannier.com　　　　　　　　http://www.jyry0510.com

密相 双管气力输送系统

双管输送系统，能更好地保证物料高浓度、低速输送，大大降低耗气量，降低输送速度，减少管道磨损。

伴吹增压补气系统能使物料在管道内呈一段料一段气的栓流状态输送，在系统意外停机后重新启动时，能正常启动输送，不会堵塞管道，每套辅助进气组件中都包含精密过滤器和单向阀，输送管道内的粉尘不能进入伴吹空气管道，这样就能保证伴吹系统各配件能正常使用、保证整个输送状态的稳定可靠。

垂直伴吹气管现场

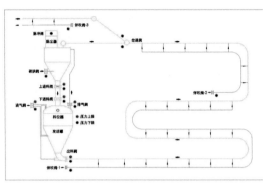

水平伴吹气管现场

发送罐

本公司建立的气力输送试验台

涡流式发送罐

流态化式发送罐

江阴华天科技开发有限公司专业生产各种机械化运输设备，如斗提、皮带、振动、筛分、流化等，尤其是气力输送为主要特色。产品不断创新发展，自主设计具有知识产权的双管伴吹气力输送系统，已广泛用于铸造、化工、橡胶、冶金等行业。2021年为湖北海洋工程装备研究院有限公司研发设计深远海大型智能渔业养殖装备鱼饲料投喂系统。

海洋渔业饲料气力输送自动投料装置

13961688156
华天科技
Huatian
www.jy-dannier.com

消失模主要设备

消失模铸造（又称实型铸造），是用可发泡性原料制成泡沫模型，涂刷涂料，烘干后用无粘结剂、不含水分的干砂埋入砂箱中，微震后在负压下进行浇注，从而获得表面光洁、尺寸精确、无飞边毛刺的精密铸件。

1、按铸件实样、图纸、设计模具、试制合格的白模。

2、按要求提供消失模生产线成套设备和配件。

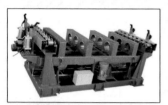
三维震实台

专用砂箱

滚筒冷却落砂机

流化床砂温调节控制装置

立式流化床

真空系统

消失模生产线布置图

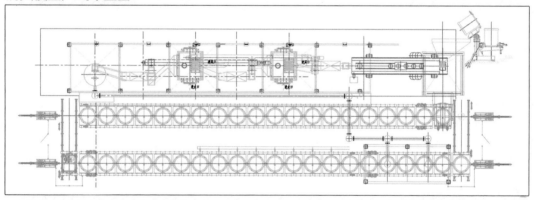

消失模生产线实例

消失模生产线车间

砂处理

造型

13961688156
华天 科技
Huatian
www.jy-dannier.com

江陰華天 V 真空密封造型法 acuum sealed moulding Process

智能翻箱、合箱机械手

江阴华天科技开发有限公司是我国较早生产V法铸造生产线的厂家之一。三十多年来为铸造行业提供了近百套V法铸造设备，随着不断创新，基本实现了V法铸造造型的半自动化。采用本公司设计的造型翻箱、合箱智能机械手，大大提高造型质量和速度，减轻体力劳动。于2021年为河北鼎坚机械制造公司以交钥匙工程的形式交付国内首条制动鼓自动V法铸造生产线。随后又承接了辽宁恒通冶金科技有限公司双翻合箱机自动V法铸造生产线，实现了生产过程机械化和自动化生产。

V法铸造生产线造型现场

移动式覆膜机

移动式振实台

车载真空泵

液压顶箱起模机

振动输送筛分机

就地翻箱机

V法专用砂箱

13961685156

Huatian
www.jy-dannier.com